污水处理与水环境修复技术

朱　亮　陈　琳　姜龙杰　编著

东南大学出版社
SOUTHEAST UNIVERSITY PRESS
·南京·

图书在版编目（CIP）数据

污水处理与水环境修复技术 / 朱亮，陈琳，姜龙杰
编著. — 南京：东南大学出版社，2024.12. — ISBN
978 - 7 - 5766 - 1940 - 9

Ⅰ. X703；X143

中国国家版本馆 CIP 数据核字第 2025X383U0 号

责任编辑：周荣虎　责任校对：子雪莲　封面设计：王　玥　责任印制：周荣虎

污水处理与水环境修复技术
WUSHUI CHULI YU SHUIHUANJING XIUFU JISHU

编　著	朱　亮　陈　琳　姜龙杰
出版发行	东南大学出版社
出版人	白云飞
社　址	南京四牌楼 2 号　邮编：210096　电话：025 - 83793330
网　址	http://www.seupress.com
电子邮件	press@seupress.com
经　销	全国各地新华书店
印　刷	广东虎彩云印刷有限公司
开　本	787 mm×1 092 mm　1/16
印　张	19.75
字　数	475 千字
版　次	2024 年 12 月第 1 版
印　次	2024 年 12 月第 1 次印刷
书　号	ISBN 978 - 7 - 5766 - 1940 - 9
定　价	88.00 元

* 本社图书若有印装质量问题，请直接与营销部调换。电话（传真）：025 - 83791830。

前　言

　　《污水处理与水环境修复技术》是一本致力于探讨水污染控制理论与技术的重要教材,同时也是河海大学"211工程"研究生精品课程建设的重要组成部分。本书旨在系统整合水污染规划、污水处理工程技术以及水环境质量改善与生态修复技术等方面的理论与实践,以期为环境工程专业学生及相关研究人员提供全面研究的依据与方法。

　　全书共分为十章,涵盖了水环境污染源分析、水污染控制规划及其优化方法、化学动力学、传统水处理工艺、新型污水处理工艺、非点源污染控制技术、湖泊水质改善与生态修复技术、河流水质改善与生态修复技术以及水污染控制与生态补偿经济学方法等内容。每一章节都从不同的角度深入探讨了水污染控制与水环境修复领域的重要议题,为读者提供了系统全面的知识体系。

　　本书的编写特点是将水污染控制技术与水环境改善与生态修复技术有机地结合起来,旨在满足当前水污染治理从严厉的防治向治理和修复转变的趋势,以流域水生态系统的健康保护为目标,体现了水资源保护与管理的新理念。

　　本书既适用于高等学校环境工程专业及相关水专业的研究生教学,也可供从事环境工程、水资源管理以及相关专业的技术、管理和研究人员参考。

　　本教材编写过程中,参阅并引用了大量的国内外有关文献和资料,在此向所引用的参考文献的作者致以谢意。

　　特别鸣谢,朱睿超、吴进、李昱、张紫静、张星宇、殷志伟、钱昱栋、朱玥、王荣超在本书成书过程中付出了大量的辛勤劳动。

　　由于本教材内容涉及领域广泛,编者水平有限,难免有疏漏和错误之处,敬请广大读者不吝指正。

目　录

第一章　绪　论

1.1　水资源

1.1.1　水资源概况

（一）水资源定义

水资源是指地球上可以被人类直接或间接利用的水，它是人类生存和发展的基本条件。水资源包括地表水资源和地下水资源两大类。地表水资源是指江河、湖泊、水库、湿地等水体，它们主要由降水形成，受气候、地形、植被等因素的影响。地下水资源是指储存在土壤和岩石中的水，它们主要由地表水渗透形成，受地质、水文等因素的影响。地表水资源和地下水资源之间相互联系和影响，它们共同构成了水循环系统。

水资源的数量和质量是衡量水资源的两个重要指标。数量指的是水资源的总量和可利用量，它反映了水资源的供给能力。质量指的是水资源的化学、物理和生物特性，它反映了水资源的使用价值。数量和质量之间存在着密切的关系，数量不足会导致质量下降，质量恶化会影响数量利用。因此，保护和提高水资源的数量和质量是水资源管理的重要目标。

水资源的利用是指人类为了满足各种需求而对水资源进行开发和使用的过程。水资源的利用可以分为生产性利用和非生产性利用两大类。生产性利用是指为了获取经济效益而对水资源进行消耗性或非消耗性的利用，如农业灌溉、工业生产、发电等。非生产性利用是指为了维持生命或改善环境而对水资源进行非消耗性或微消耗性的利用，如饮用、卫生、生态等。不同类型和目的的水资源利用之间存在着竞争和冲突，需要进行合理的配置和调节。

水资源是一种可再生但有限的自然资源，它具有循环性、区域性、季节性等特点。随着人口增长、经济发展、环境变化等因素的影响，水资源面临着供需矛盾、污染恶化、生态退化等问题，需要采取科学有效的措施进行保护和管理。实现可持续利用是当代人类面临的重大挑战和责任。

随着我国进入全面建设社会主义现代化国家的新发展阶段，社会主要矛盾发生了历史性变化，发展中的矛盾和问题集中体现在发展质量上。这就要求我们必须把发展质量问题摆在更为突出的位置，着力提升发展质量和效益。因此，水资源在新时代的新定义应该反映出以下几个方面：

（1）水资源在新时代应该更加注重高质量发展。这就要求我们完整、准确、全面贯彻新发展理念，以创新为第一动力，以协调为内生特点，以绿色为普遍形态，以开放为必由之路,以共享为根本目的,以安全为底线要求,推动水利向形态更高级、基础更牢固、保障更有力、功能更优化的阶段演进。

(2)水资源在新时代应该更加注重综合管理。这就要求我们立足流域整体和水资源空间均衡配置,加快构建"系统完备、安全可靠,集约高效、绿色智能,循环通畅、调控有序"的国家水网,实现供给与需求在更高水平的动态平衡。

(3)水资源在新时代应该更加注重节约利用。这就要求我们坚持节水优先方针,强化水资源刚性约束,推动用水方式由粗放低效向集约高效转变,提高用水效率和效益。

(4)水资源在新时代应该更加注重生态保护。这就要求我们坚持"绿水青山就是金山银山"理念,以更大力度、更快速度推进江河湖泊生态保护治理,实现人水和谐共生。

(二)世界水资源

地球上的水分布在海洋、湖泊、沼泽、河流、冰川、雪山,以及大气、生物体、土壤和地层中。水的总量约为 $1.4 \times 10^9 \ km^3$,其中约 96.5% 在海洋中,约覆盖地球总面积的70%。陆地上、大气和生物体中的水只占很少的一部分。地球上的水量分布见表 1−1。

表 1−1 地球上的水量分布

水分类型	水量/$10^4 \ km^3$	比例/%
海洋水	133 800	96.538
冰川和冰帽	2 406.4	1.736
地下水	2 340	1.688
地下冰和永久冻结带	30	0.022
淡水湖	9.1	0.007
盐水湖	8.54	0.006
土壤水	1.65	0.001
大气水	1.29	0.001
沼泽水	1.147	0.000 8
河水	0.212	0.000 2
生物体内水	0.112	0.000 1
总量	138 598.451	≈100

地球上的水是不断地相互转化和运动的,这称为水循环。水循环是一个多环节的自然过程,涉及水在不同形态和不同位置的转换,影响地球表面和大气层的能量平衡、气候变化、生态系统健康和人类生活。水循环可以分为海陆间循环(大循环)和陆地内循环、海上内循环(小循环)三种形式。

地球上的水以不同的周期或速度更新。这种循环复原特性,可以用水的交换周期表示。交换周期是指某种形式的水在自然界中更新一次所需要的时间。由于各种形式水的贮存形式不一致,各种水的交换周期也不一致。例如,大气中的水分更新周期约为0.025~0.03 年,河流中的外流更新周期约为 0.03~0.05 年,湖泊中的淡水更新周期约为 10~100 年,地下水更新周期约为 100~1 000 年,海洋水更新周期约为 5 000 年,冰川水更新周期约为 10 000 年。

淡水资源是人类生存和发展所必需的物质,也是生命代谢活动所必需的物质,又是人类进行生产活动的重要资源。但淡水资源只占全球总储水量的 2.53%,其中 68.7% 储存在冰帽、冰川和永久积雪中,30.1% 储存在地下水中,只有 0.26% 储存在淡水湖中。淡水资源在空间和时间上分布不均匀,受到自然因素和人为因素的影响。全球有 22 亿人无法获得安全的饮用水服务,近 20 亿人依赖没有基本供水服务的医疗卫生机构,全球超过半数的人缺乏安全的卫生设施服务。保护和合理利用淡水资源是人类面临的重要挑战之一。

(三)中国水资源

1. 中国水资源总量

中国的水资源总量是指地表水和地下水的总和,扣除两者之间的重复水量。2020 年,中国的水资源总量为 31 605.2 亿 m^3,其中地表水资源量为 30 407 亿 m^3,地下水资源量为 8 553.5 亿 m^3,地下水与地表水资源不重复量为 1 198.2 亿 m^3。2020 年中国的水资源总量占全球水资源的 6%,居世界第四位,但人均只有 2 200 m^3,仅为世界平均水平的 1/4、美国的 1/5,在世界上位于第 121 位,是全球 13 个人均水资源最贫乏的国家之一。中国水资源的主要特征如下:

(1)水资源总量丰富,但人均占有量少。中国是世界上用水量最多的国家,2020 年全国用水总量为 5 812.9 亿 m^3。但由于人口众多,人均水资源占有量仅为 2 200 m^3,低于世界平均水平的 1/4,是世界上缺水国家之一。

(2)水资源地区分布不均,东多西少,南多北少。中国国土面积约 960 万 km^2,降水量从东南沿海向西北内陆递减,依次可划分为多雨、湿润、半湿润、半干旱、干旱等五种地带。长江流域和长江以南耕地只占全国的 36%,而水资源量却占全国的 80%;黄河、淮河、海河三大流域,水资源量只占全国的 8%,而耕地却占全国的 40%。

(3)水资源时间分配不均,夏秋季多,冬春季少。中国位于太平洋西岸,地域辽阔,地形复杂,大陆性季风气候非常显著,造成了降水量和径流量的年内、年际变化很大,并有少水年或多水年连续出现。全国大部分地区冬春少雨、夏秋多雨,东南沿海各省雨季较长较早。降水量最集中的为黄淮海平原的山前地区,汛期多以暴雨形式出现。

2. 中国面临的主要水资源问题

(1)水资源紧缺问题:中国西北、东北等地区仍然面临着严重的水资源短缺问题。近年来,东南沿海地区也出现了一些水资源紧张的情况,尤其是在干旱和高温的情况下。

(2)水环境污染问题:尽管中国政府在治理水污染方面采取了一系列措施,但仍然存在一些水环境污染问题。例如,一些地区的饮用水和农业用水受到了严重污染。

(3)水资源分配不均问题:中国水资源在地理分布和时间分布上都不平衡,江南、东南等地水资源相对较丰富,而西北、东北等地区则面临着严重的水资源短缺问题。同时,由于历史、地理、政治和经济等因素,中国各地水资源分配不均衡的问题也比较突出。

(4)水利设施建设问题:中国水利设施建设还存在一些问题,例如建设滞后、资金不足等。这些问题对水资源利用和保护带来了挑战,需要进一步加强水利设施的建设和维护。

为了应对这些问题,我国采取了多种措施,包括加强水资源管理和保护、推广节水技术、治理水污染、提高用水效率等。同时,也采取了推动南水北调等水资源调配措施,以缓解地区性水资源短缺问题。

1.1.2 水循环

(一)水的自然循环与社会循环

自然界的水在自然和人为作用下是不断运动的,这种运动过程被称为水循环。水循环包括自然循环和社会循环。

1. 水的自然循环

水的自然循环是指在太阳能的作用下,海洋和陆地表面的水蒸发到大气中形成水汽,水汽随大气环流运动,一部分进入陆地上空,在一定条件下形成雨雪等降水;大气降水转化为地表水、地下水、土壤水,最终经河流又回到海洋,由此形成淡水的动态循环。水的自然循环是维持地球生命和气候的重要机制,也是水资源的主要来源。水的自然循环如图1-1所示。

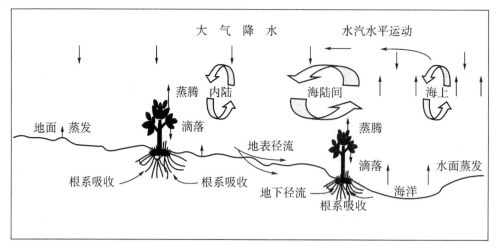

图1-1 水的自然循环示意图

水的自然循环可以分为以下几个环节:

蒸发:由于太阳辐射和风力作用,地表水、土壤水会不断蒸发到大气中,形成水蒸气。蒸发是水循环中最重要的环节之一。植物体内的水分通过气孔蒸腾到大气中,称为蒸腾作用。蒸发和蒸腾作用是陆地向大气输送水分的主要方式。

水汽输送:大气中的水汽随着风向和温度的变化而运动。海洋上空的水汽可以被输送到陆地上空,称为外来水汽降水;大陆上空的水汽直接凝结降水,称为内部水汽降水。一地总降水量与外来水汽降水量的比值称为该地的水分循环系数。

降水:当大气中的水汽遇到冷空气或者障碍物时,会凝结成小滴或小冰晶,形成云或雾。当这些小滴或小冰晶增长到一定程度时,就会因为重力作用而落下,形成雨、雪、露、霜、雾、霾等各种形式的降水。

径流量:径流量是指一个地区(流域)的降水量与蒸发量的差值。多年平均的海洋水量平衡方程为:蒸发量＝降水量－径流量;多年平均的陆地水量平衡方程是:降水量＝径流量＋蒸发量。但是,无论是海洋还是陆地,降水量和蒸发量的地理分布都是不均匀的,这种差异最明显的就是不同纬度的差异。流域径流是陆地水循环中最重要的现象之一。

渗透:降落到地面上的部分降水会渗入土壤或岩石中,形成土壤水或地下水。土壤中含有不同大小和形状的孔隙,这些孔隙中充满了空气和水。土壤中含有一定数量的空气和可供植物吸收利用的可移动性较强的水,称为土壤水。土壤水的含量和分布受到土壤类型、降水量、蒸发量、植被覆盖等因素的影响。土壤水对植物生长和土壤肥力有重要作用。地下水是指渗透到地下一定深度的水,它充填在地下岩石或沉积物的孔隙或裂缝中,形成地下含水层。地下水的运动主要受到重力、压力和摩擦力等因素的影响,其运动速度一般比地表水慢得多。地下水是人类重要的淡水资源之一,也是维持河流、湖泊和湿地的重要补给源。地下水和地表水的相互转换是水量关系研究的主要内容之一,也是现代水资源计算需考虑的重要方面。地下水可以通过泉眼、井或裂缝等方式流出地面,成为地表水的一部分;反之,地表水也可以通过渗透或渗漏等方式进入地下,成为地下水的一部分。这种相互转换的过程称为补给和排泄。

2. 水的社会循环

水的社会循环是指在水的自然循环当中,人类不断地利用其中的地下或地表径流满足生活与生产活动之需而产生的人为水循环。水的社会循环反映了人类社会对水资源的开发利用和影响,也是水资源管理的主要对象。水的社会循环示意图如图1-2所示。

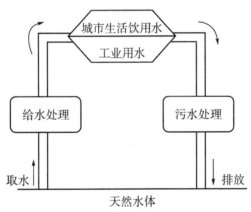

图1-2 水的社会循环示意图

水的社会循环可以分为以下几个环节:

取水:人类从各种天然水体(如河流、湖泊、地下水等)中取用大量的水,满足生活和工业生产所需。取水量受到人口、经济、技术、政策等因素的影响,也影响着天然水体的水量和水质状况。

用水:人类利用取得的水进行各种生活和生产活动,如饮用、洗涤、灌溉、制造、发电等。用水量反映了人类对水资源的需求和消耗程度,也影响着用水效率和节约程度。

排水:人类用过的水中混入各种污染物质,如有机物、无机物、微生物、重金属等,形成生活污水和工业废水。排水量反映了人类对水资源的排放和浪费程度,也影响着排入天然水体的污染负荷和环境风险。

处理:人类为了保护天然水体和回收利用污废水,对排出的污废水进行一定程度的净化处理,如采用物理、化学、生物等方法。处理量反映了人类对水资源的保护和利用程度,也影响着处理后的污废水的回用和排放可能性。

回用：人类为了节约和扩大水资源，对处理后的污废水进行再利用，如农业灌溉、工业循环、城市景观等。回用量反映了人类对水资源的再生和再造程度，也影响着回用后的污废水的质量和安全性。

排放：人类将处理后或未经处理的污废水排放到天然水体中，如河流、湖泊、海洋等。排放量反映了人类对天然水体的影响程度，也影响着天然水体的自净能力和生态功能。

水的社会循环与水的自然循环之间既存在着密切的联系又相互影响。水的社会循环是在水的自然循环的基础上发生的，水的自然循环为水的社会循环提供了水资源的来源和载体。水的社会循环是对水的自然循环的干扰和改变，水的社会循环影响了水的自然循环的水量和水质状况。水的社会循环与水的自然循环之间形成了一个动态的平衡和协调关系，这种关系受人类社会经济发展和自然环境变化等多种因素的影响。在这种关系中，人类既是主动者，也是被动者；既是受益者，也是受害者。因此，人类应该科学地认识和把握水的社会循环与水的自然循环之间的关系，合理地开发利用和保护水资源，实现水资源与人类社会经济发展和自然环境保护之间的协调和可持续。水的社会循环和自然循环的相互影响示意图如图 1-3 所示。

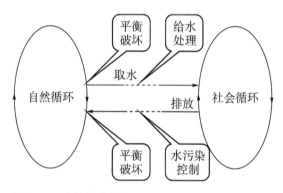

图 1-3　水的社会循环和自然循环相互影响示意图

（二）城市水循环

1. 城市水循环过程

城市水循环是指城市内水的循环过程，包括水的供应、使用、收集、处理和再利用等环节。城市水循环示意图如图 1-4 所示。

城市水循环可以分为以下几个阶段：

水的供应阶段：城市的水资源主要来源于自来水厂供水，自来水厂抽取地下水、地表水等进行净化处理后，向市民家庭、工业生产单位和农业用水单位等供应。

水的使用阶段：城市居民在日常生活中使用自来水维持生活、进行工业生产和农业生产等，经过使用后，自来水成为废水。

废水收集阶段：城市的污水通过下水道系统收集到污水处理厂进行处理。同时，雨水也被收集到排水管道中，与污水混合在一起运输到污水处理厂。

污水处理阶段：污水处理厂通过生物处理、化学处理等方式对污水进行净化处理，达到环保排放标准后再排放到河流或海洋中。同时，处理后的水也可以用于再生水和再利用。

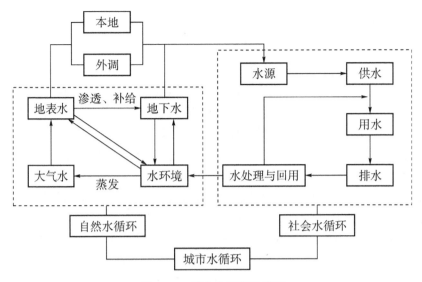

图 1 - 4　城市水循环示意图

雨水收集和利用阶段:城市内的雨水通过收集、存储、处理后,可以用于灌溉、景观、公共绿地等方面,减轻城市雨水径流压力。

再生水和再利用阶段:污水处理厂通过深度净化等方式将污水转化为可再生水资源,用于公园、高尔夫球场、冲洗马路等方面。这种水的利用可以减轻城市水资源压力,实现水资源的可持续利用。

2. 研究城市水循环意义

研究城市水循环对于实现城市的可持续发展具有重要意义,主要包括以下几个方面:

促进城市水资源的可持续利用:城市水循环的研究可以优化城市水资源的利用和分配,减轻城市水资源压力,实现城市水资源的可持续利用。

缓解城市水环境污染问题:城市水循环的研究可以实现污水的收集和处理,减少对自然环境的污染,缓解城市水环境污染问题,保护水资源的质量。

优化城市水资源管理和保护:城市水循环的研究可以优化城市水资源管理和保护,加强水资源的保护、减少浪费和污染,提高水资源的利用效率,为城市的可持续发展提供有力支撑。

推动城市水资源节约和再利用:城市水循环的研究可以推动城市水资源的节约和再利用,例如推广雨水收集、再生水利用等技术,实现城市水资源的可持续利用和保护。

促进城市绿色发展:城市水循环的研究可以促进城市绿色发展,例如通过生态修复、河道治理等措施,提高城市的生态环境质量,实现城市的可持续发展。

综上所述,研究城市水循环具有重要意义,可以推动城市水资源的可持续利用和保护,缓解城市水环境污染问题,优化城市水资源管理和保护,推动城市水资源节约和再利用,促进城市绿色发展。

1.1.3 水利

（一）水利历史

在人类漫长的历史进程中，从依靠自然的赐予，逐水草而居，以渔牧为生，避水害，择丘陵而处，到农业生产和定居的出现，降雨的多寡便威胁着人类的生产与生活，于是人类开始了主动设法取水和排水，由此形成水利并逐渐深化发展。

水利是指人类对水资源的开发、利用、保护和管理等一系列综合性活动和技术。水利主要包括以下方面：

水资源的开发利用：包括各种水利工程的建设、水资源的分配和利用，以满足社会经济发展和人类生活需求，如灌溉、城市供水、工业用水等。

水环境保护：包括减少水污染、水质治理等一系列措施，以保护水资源的可持续利用和生态环境。

水资源管理：包括对水资源的规划、调配、监测和管理等活动，以保障水资源的合理利用和管理。

水利科技研究：包括对水利学理论和技术的研究与创新，以提高水资源的利用效率和管理水平。

水利在人类历史和社会发展中具有重要的地位和作用，是社会和经济发展的重要基础和保障。同时，随着社会经济的发展和人口的增长，水资源也面临着越来越严峻的挑战，这就要求加强水资源的保护和管理，实现水资源的可持续利用。

水利历史是指人类为了适应和改造水环境，进行的水资源开发利用和防洪治水等活动及其成果的历史。水利历史可以分为以下几个阶段：

古代水利：从远古时期到公元前220年，人们主要依靠自然条件和简单的工具，进行防洪、灌溉、航运等水利活动，形成了一些著名的水利工程，如都江堰、郑国渠等。

中世纪水利：从公元前220年到公元1643年，人们开始使用铁器、木器等材料和机械，进行规模较大的水利建设和管理，形成了一些著名的水利工程，如灵渠、大运河、黄河治理等。

近代水利：从公元1644年到公元1910年，人们开始引进西方的水利技术和理论，进行一些现代化的水利改革和创新，形成了一些著名的水利工程，如京杭大运河改造、黄河决口治理等。

现代水利：从公元1911年至今，人们开始广泛使用电力、化学、计算机等科学技术，进行规模巨大的水资源开发和综合利用，形成了一些著名的水利工程，如三峡工程、南水北调工程等。

1. 中国古代水利

中国的水利始于公元前2000年或更早年代。河南省渑池县仰韶村、山西省夏县阴村、陕西省西安市半坡村、浙江省余姚市河姆渡等遗址中，都先后发现人类主动取水或排水的遗迹。河南省登封市王城岗考古发掘的龙山文化，证明公元前2800—前2000年，已有了凿井技术和陶制排水管道。传说中的大禹治水，也是在公元前2000年前后发生的。有关水利的文字记载，最早的记录是公元前1600—前1100年，商代实行的井田制度。井田即为井字形的 9 个田块,是由开挖的沟洫而分开的。沟洫既是井田田块的分界,又是灌溉排水系统。

中国古代水旱频繁,由于发展水利,人民得以安居乐业。因此,历代的统治者都重视水利,视水利为治国安邦的重要条件,先后修建了许多伟大的工程。著名的有:公元前613—前591年楚庄王时,楚国令尹孙叔敖,在今安徽省金寨县和河南省固始县修建期思雩娄灌区;公元前422年西门豹受魏文侯之命任邺(今河北磁县、临漳一带)令后,主持修筑无坝引水工程(低滚水坝)——引漳十二渠;公元前256—前251年秦昭襄王时,李冰在今四川省灌县修建都江堰灌区;韩国水工郑国于秦始皇元年(公元前246年)在秦国的关中地区修建从泾河引水的郑国渠;史禄受秦始皇之命,于公元前219年在今广西壮族自治区兴安县动工修建灵渠航运工程;还有起源于春秋时期的黄河大堤和大运河工程,以及开创于东汉(公元25—220年)的浙江海塘等;自西汉至清末,黄河的治理,南北运河的开通,经济中心地区的农田水利以及水力的利用等,都是历代水利建设的重点。

中国古代水利建设成就辉煌,有大量的历史文献典籍。

水利志:水利志是记述兴水利除水害事实的志书。全国、地区或流域都有与本身范围相应的水利志。中国治水历史悠久,地域广大,各地区或流域都有不同的自然特色,历史上曾出现多种水利志,成为治水经验与教训的汇集。主要包括:① 历代正史中的水利志,例如,《史记·河渠书》《汉书·沟洫志》《宋史·河渠志》等。② 通志中的水利志,通志记述了国家政治、经济、文化等各方面的事实,形成各个分志,水利常被列入,例如,《通典》食货门中的"水利田""漕运"两个部分。《通志》食货略中的"陂渠""漕运"两个部分。《文献通考》田赋门中的"水利田"、国用门中的"漕运"部分等。③ 地方志中的水利志,据统计,国内现存历代所修省、府、州、县、厅、卫各级地方志8 000余种,其中大部分有河川志和水利志,是相应于行政管辖范围的水利建设记述,地方特色鲜明。由于地方志种类多,覆盖面大,由此反映的水利建设内容也最丰富。④ 水利专志,是单独存在的水利志,其中以记述黄河和京杭大运河的数量最多,其余为记述地区水利、江河湖泊水利、海塘等内容。还有专门记述单个水利工程的工程专志。历代所修水利专志散失很多,现存约300余种。

《水经》:《水经》是我国第一部记述全国河道水系的专著,成书约在三国初期(220—232年)。著者姓名失传,唐代虽有桑钦撰《水经》之说,但无确证。《水经》学术上的成就在于首次系统地以水道为纲,面向全国,每水独立成篇,记述其起源和流经地点,确立了因水证地的方法,对后世影响深远,郦道元《水经注》便是在它的基础上发展起来的。原书单行本早已失传,一直借《水经注》流传后世。由于《水经注》在10—11世纪部分佚失,以及辗转传抄,曾造成经、注混淆,字句错误等缺陷。据《唐六典·注》称,《水经注》所记水道有137条,现存本仅123条,其中属于黄河水系有20条,海河14条,黄淮之间8条,淮河19条,长江44条,珠江6条,山东半岛5条,辽河2条,滦河、钱塘江各1条,其他3条,此外书末附载日南郡水名20个及"禹贡山水泽地所在"60条。此书各条字数繁简不等,共约7 000余字。

2. 中国现代水利

中国现代水利是指新中国成立以来,对水资源的开发利用、保护和管理等一系列综合性活动和技术的发展和应用,建设现代水利体系和水利设施,为促进国民经济的发展和人民生活水平的提高提供了重要保障。

中国现代水利的发展可以分为以下几个阶段：

初期发展阶段：该阶段是新中国水利事业的起步阶段，主要是基础设施的修复和建设，如水库、系统等，解决农田灌溉和城市供水的需求问题。

➢ 大中型水库：如平津、杨树浦等。

➢ 灌溉工程：如太原渠、南海灌区等。

➢ 河道整治：如松花江、黄河等。

➢ 水利枢纽工程：如蔡河等。

大规模建设阶段：在该阶段，中国大力发展水利工程，包括大型水利枢纽、引黄入淀工程等重大工程，以解决水资源的供需矛盾，提高水资源的利用效率。

➢ 大型水利枢纽：引黄入冀补淀、七大水利枢纽（丹江口、蔡河、松花江等）。

➢ 灌溉工程：引黄灌区、新安江水利枢纽等。

➢ 河流治理：如大庆油田排污治理、长江防洪工程等。

技术创新与综合利用阶段：改革开放后，中国水利事业进入了新的发展阶段。该阶段的发展重点是技术创新，推广水资源综合利用技术，包括节水灌溉、水资源调度、水资源调度管理等，以提高水资源利用效率和保护生态环境。

➢ 节水灌溉工程：如滴灌、喷灌等技术的推广应用。

➢ 调度水资源：南水北调工程、西电东输工程等。

➢ 生态环境保护：泾河、汾河等流域的水环境综合治理。

生态环境保护与可持续发展阶段：近年来，中国水利事业更加关注生态环境保护和可持续发展。在水利工程建设中，强调生态环境影响评价和生态补偿机制，推动生态修复与可持续发展、经济发展协调发展。

➢ 生态修复工程：黄河三角洲湿地恢复工程、淮河流域生态补偿工程等。

➢ 水资源管理：实施河长制、建立水资源监测网络等措施。

➢ 水利生态工程：如南水北调中线引水工程的生态补水。

总的来说，中国现代水利在技术、管理、环保等方面取得了巨大的进步和成就，为促进经济社会的可持续发展、提高人民生活水平和保护水环境作出了重要贡献。未来，中国将继续加强现代水利的发展，努力实现"绿色水利、智慧水利、节水型社会"的目标，促进水资源的可持续利用和生态环境的保护，推动水利事业不断发展和进步。为此，需要加强水利科技创新，提高水资源的利用效率和管理水平；加强水环境保护和治理，维护水资源的生态安全；加强水利管理和服务，提高水资源的综合利用效益。同时，还需要加强对水文化的保护和传承，推动水文化旅游和水文化产业的发展，让更多的人了解水文化的历史和价值，促进水文化的传承和发展。

（二）水利名词

1. 流域面积

流域面积是指一条河流或江河流域的面积，是水文学和水资源管理中重要的概念。流域面积是指在一个地理区域中，所有汇入一个河流、湖泊或海洋的水体流域内的地表面积。它是一个自然地理单位，包括了一系列的自然因素，如地形、降水、土壤、植被、水文等。

流域面积的大小直接影响着河流径流量的大小。通常情况下,流域面积越大,流经该流域的河流的水量就越大。因此,在水文学和水资源管理中,流域面积是进行水文分析、预测洪水、计算水资源的重要参数之一。

2. 水系

水系是指流域内所有河流、湖泊等各种水体组成的水网系统。水系可以按照水流的去向分为外流水系和内流水系,也可以按照水系的形状分为树枝状、平行状、格子状、放射状、向心状、梳状、扇形等类型。水系是地理学和水文学的重要概念,它反映了一个地区的自然条件、气候特征、地貌形态等。

3. 河系

两条以上大小不等的支流以不同形式汇入主流,构成一个河道体系,称为河系或水系。河系结构形式主要和岩性、地质构造有关。在岩性比较均一的地区,河系通常呈树枝状;在岩层节理比较发育并有断层构造的地区,河系形式也比较规则;在有褶皱出露地表因而出现软硬岩层交替的地区,河系往往呈格子状;在没有破坏的火山锥地区,则常呈现典型的辐射状水系等。一般较大的河流,往往由两种或两种以上的河系类型所组成。

4. 河流

河流是指由一定区域内地表水和地下水补给,经常或间歇地沿着狭长凹地流动的水流。河流是水循环的一环,主要来自其流域内降水形成的地表径流和其他诸如地下水补给、泉以及自然积雪(比如冰川)存水融化。河流可以按照不同的原则分类,比如按注入地、河床材料、河道形态等。河流对人类生存环境有重大意义,河水污染是当今严重的环境问题之一。

5. 湖泊

湖泊是指内陆洼地中相对静止、有一定面积,不与海洋发生直接联系的水体。全世界共有约 1.17 亿个湖泊,共覆盖了地球近 500 万 km^2。湖泊一旦形成,就受到外部自然因素和内部各种过程的持续作用而不断演变。

1.2 水环境

水环境是指水体、水生态和水文化等水资源的物理、化学、生物和社会经济环境。它是由水体、水生态和水文化等因素相互作用而形成的一个复杂的系统。水环境不仅包括水质和水量,还包括水生态和水文化等方面,同时也受到气候、地形、人类活动等因素的影响。水环境的改变会对生态系统、经济发展和人类健康等产生重要影响,因此维护水环境的健康和稳定,具有极其重要的意义。

国务院关于 2021 年度环境状况和环境保护目标完成情况的报告指出,2021 年度我国水环境质量总体稳中向好,但仍面临一些挑战。水生态环境改善成效还不稳固。少数地区消除劣 V 类断面难度较大,部分重点湖泊蓝藻水华居高不下,污染源周边和地下水型饮用水水源保护区存在污染风险,水生态系统失衡等问题亟待解决。

水环境问题,是指影响水资源的质量、数量和生态的各种不利因素。我国的水环境目前面临以下几个主要问题:

（1）水体污染。由于工业、农业和生活排放的废水、废物和有害物质，河流、湖泊、水库等水体的水质恶化，影响人类健康和生态安全。

（2）河湖萎缩退化。由于气候变化、水资源开发和人为干扰，河流断流、湖泊干涸、湿地退化等现象，影响水循环和生物多样性。

（3）地下水超采。由于人口增长、经济发展和用水需求增加，地下水开采量超过补给量，造成地下水位下降、地面沉降、地下水污染等问题。

（4）水土流失。由于自然因素和人为活动，土壤被风吹或雨冲带走，造成土地退化、水库淤积、泥沙淤塞等问题。

（5）水资源短缺。由于人多水少、水资源时空分布不均匀、供需矛盾尖锐等原因，我国人均占有量很低，属于"缺水国家"。

（6）水生态环境恶化。由于各种原因，全国七大流域的水生态环境面临五方面问题：生态系统退化、生物多样性减少、生态功能衰退、生态风险增加和生态补偿不足。

这些问题都需要我们高度重视和积极应对。习近平总书记指出，要坚持以人民为中心的发展思想，坚持节约优先、保护优先、自然恢复为主的方针，坚持以水治水、以河养河、以湖养湖、以海养海的理念，推进山水林田湖草系统治理，建设美丽中国。

1.2.1 水化学组成及特征

（一）河流水化学组成及特征

1. 河水的化学组成

河水的化学组成主要包括其中溶解和分散的气体、离子、分子、胶体物质、悬浮固体、微生物等。河水的化学组成受到河水流经地区的岩石、土壤、气候、人类活动等因素的影响，因此不同地区的河水的化学组成有所差异。河水的化学组成也随着河水的矿化度而变化，矿化度是指河水中溶解固体的总量。一般来说，河水的矿化度比湖水、地下水和海水的低，大多数河水为弱矿化水和中矿化水。河水中溶解的主要无机离子有 HCO_3^-、Ca^{2+}、SO_4^{2-}、Cl^-、Na^+、Mg^{2+} 和 K^+，它们的含量按其丰度的顺序排列是：$HCO_3^- > Ca^{2+} > SO_4^{2-} > Cl^- > Na^+ > Mg^{2+} > K^+$。河水中还有一些有机物，如腐殖酸、蛋白质、碳水化合物等，它们主要来源于植物和动物的分解。河水的化学组成也会随着季节变化而变化，主要受到降雨量和径流量的影响。一般来说，雨季期间，河水中的离子浓度会降低，而干季期间，河水中的离子浓度会升高。此外，河水中的有机物和微生物也会随着季节变化而变化，主要受到温度和有机物来源的影响。河水中各种离子含量见表1-2。

表1-2　世界河水平均化学成分

主要组分		微量组分	
名称	含量/(mg/kg)	名称	含量
HCO_3^-	58.4	卤素：F^-	< 1 mg/kg
SO_4^{2-}	11.2	Br^-	约 0.02 mg/kg
Cl^-	7.8	I^-	约 0.002 mg/kg
NO_3^-	1	过渡元素：V	$\ll 1$ μg/kg

主要组分		微量组分	
名称	含量/(mg/kg)	名称	含量
Ca^{2+}	15	Ni	约 $10\ \mu g/kg$
Mg^{2+}	4.1	Cu	约 $10\ \mu g/kg$
Na^+	6.3	其他:B	约 $18\ \mu g/kg$
K^+	2.3	Rb	约 $1\ \mu g/kg$
Fe	0.67	Ba	约 $50\ \mu g/kg$
SiO_2	13.1	Zn	约 $10\ \mu g/kg$
离子总量	119.87	P	$1\sim10\ \mu g/kg$
		U	约 $1\ \mu g/kg$

2. 河水的化学特征

河水的化学特征是指河水在物理、化学和生物等方面所表现出来的特性和特征。河水的化学特征包括以下几个方面：

酸碱性：河水的酸碱性通常以 pH 表示，pH 越小，河水酸性越强；pH 越大，河水碱性越强。大部分河水的 pH 在 6.5～8.5 之间，属于中性或弱碱性。

溶解性盐类：河水中的溶解性盐类是河水的主要组成部分之一，主要包括钠、钾、镁、钙、氯、硫酸盐和碳酸盐等。这些物质对河水的化学特征有着重要的影响，例如可以影响河水的电导率、硬度等。

溶解气体：河水中溶解气体的种类和含量也对河水的化学特征有着重要影响。主要的溶解气体包括氧气、二氧化碳和氮气等，其中氧气对水体生态系统的维持和生物生长至关重要。

有机物质：河水中的有机物质主要包括溶解性有机物和悬浮物，其中悬浮物主要由生物和沉积物等物质组成。有机物质可以对水质和水生态系统产生重要的影响，例如可以影响河水的透明度、色度等。

微量元素：河水中的微量元素对生态系统和人类健康也有一定的影响。例如，铁、锰、铜等元素的含量过高会对水质和水生态系统造成影响，而钙、镁等元素则可以起到硬化水的作用。

总的来说，河水的化学特征受到地形、气候和人类活动等因素的影响，不同河流和流域的河水的化学特征也有所差异。了解和掌握河水的化学特征，对于水资源的管理和保护具有重要的意义。河水中溶质的来源如表 1-3 所示。

表 1-3　世界河流平均溶质成分来源比例

来源	阴离子/(m. e. /mg)*			阳离子/(m. e. /mg)*				中性分子/(mmol/kg)
	HCO_3^-	SO_4^{2-}	Cl^-	Ca^{2+}	Mg^{2+}	Na^+	K^+	SiO_2
大气圈	0.58	0.09	0.06	0.01	≤0.01	0.05	≤0.01	≤0.01
硅酸盐	0	0	0	0.14	0.2	0.1	0.05	0.21
碳酸盐	0.31	0	0	0.5	0.13	0	0	0
硫酸盐	0	0.07	0	0.07	0	0	0	0
硫化物	0	0.07	0	0	0	0	0	0
氯化物	0	0	0.16	0.03	≤0.01	0.11	0.01	0
有机碳	0.07	0	0	0	0	0	0	0
总量	0.96	0.23	0.22	0.75	≤0.35	0.26	≤0.07	≤0.22

注：* m.e.表示摩尔当量。

(二)湖泊水化学组成及特征

1. 湖水的化学组成

湖水的化学组成主要包括溶解在其中的气体、离子、分子、胶体物质等。湖水中主要有 K^+、Na^+、Ca^{2+}、Mg^{2+}、Cl^-、SO_4^{2-}、HCO_3^- 和 CO_3^{2-} 八大离子。湖水的矿化度是指湖水中溶解的无机盐的总量，一般用克/升(g/L)表示。根据矿化度的大小，湖泊可以分为淡水湖(矿化度小于 1 g/L)、咸水湖(矿化度 1~35 g/L)和盐湖(矿化度大于 35 g/L)。不同类型的湖泊有不同的水化学类型，分类依据是主要离子在水体中的相对含量。例如，淡水湖多属于重碳酸盐类型，咸水湖多属于氯化盐类型或硫酸盐类型。

影响湖水化学组成的因素有很多，主要包括流入和排出的水量、日照和蒸发的强度、湖水流动缓慢程度、湖泊水文条件及气候条件等。湖水化学组成也会随着地理位置以及季节变化而发生变化。例如，不同地区的湖泊有不同的水化学类型，淡水湖多分布在东部和南部，咸水湖多分布在西部和北部。不同季节的湖泊沉积物类型和厚度也有所不同，夏季入湖径流量大，沉积量较大；秋季水生植物枯萎，生物沉积也能增加沉积厚度；冬、春季沉积较少。

2. 湖水的化学特征

湖水的化学特征是指湖水在物理、化学和生物等方面所表现出来的特性和特征。湖水的化学特征与河水和地下水等水体也存在一定的差异。下面是湖水的主要化学特征：

pH：湖水的 pH 一般在 6.5~8.5 之间，呈中性或微碱性。

溶解氧：湖水的溶解氧含量受到湖泊的深度、面积、水温、湖泊交换和湖泊生态系统等多种因素的影响，一般在 5~10 mg/L 之间。

总硬度：湖水的总硬度主要受到含钙、镁等离子的影响，一般在 30~300 mg/L 之间。

碱度：湖水的碱度多为氢氧根离子含量，一般在 50~200 mg/L 之间。

氨氮：湖水中的氨氮含量受到生活污水、农业污水和工业废水等多种因素的影响，一般在 0.1~1.0 mg/L 之间。

总磷:湖水中的总磷含量主要受到农业污水和生活污水的影响,一般在 0.01~0.1 mg/L 之间。

总氮:湖水中的总氮含量主要受到农业污水、工业废水和生活污水等多种因素的影响,一般在 0.5~5 mg/L 之间。

1.2.2 水环境特征

虽然我国的水生态环境治理取得了显著成效,但水生态环境保护面临的结构性、根源性、趋势性压力尚未根本缓解,与美丽中国建设目标要求仍有不小差距。七大流域水生态环境面临的主要问题存在差异性。长江流域水生生物多样性下降,沿江水环境风险高,大型湖库富营养化加剧;黄河流域高耗水发展方式与水资源短缺并存,生态环境脆弱;珠江流域城市水体防返黑返臭压力大,中游重金属污染风险高;松花江流域城镇基础设施建设短板明显,农业种植、养殖污染量大面广;淮河流域水利设施多、水系连通性差,农业面源污染防治压力大;海河流域生态流量严重不足,水体污染严重;辽河流域水环境质量改善成效不稳固,生态流量保障不足。我国湖库个数为 32 个,较 2016 年上升 7 个,太湖、巢湖、滇池等湖库蓝藻水华发生面积及频次居高不下。综合分析,水环境特征主要表现在以下三个方面。

(一)水资源短缺和不均衡

我国水资源总量丰富,但分布不均匀,水资源利用效率低下,水资源短缺问题突出。截止至 2020 年我国人均水资源量只有 2 100 m³,仅为世界平均水平的 28%,比人均耕地占比还要低 12 个百分点。全国年平均缺水量 500 多亿 m³,三分之二的城市缺水,农村有近 3 亿人口饮水不安全。水资源南方多、北方少,沿海多内地少,山地多平原少,耕地面积占全国 64.6% 的长江以北地区仅为 20%,近 31% 的国土是干旱区(年降雨量在 250 mm 以下),生产力布局和水土资源不相匹配,供需矛盾尖锐,缺口很大。

(二)水环境质量低下和恶化

水环境质量总体较差,地表水、地下水、饮用水源等各类水体污染现象普遍,部分流域和区域水环境质量恶化趋势明显。我国地表水中有超过 60% 的断面水质不达标,其中有近 20% 的断面为劣Ⅴ类或者无法确定类别。我国地下水中有超过 80% 的监测井位于轻度污染和重度污染之间。我国饮用水源地中有超过 10% 的监测点不符合相关标准。我国重点流域中有超过 40% 的湖泊和水库受到富营养化影响。我国沿海海域中有超过 10% 的海域受到重度污染。

(三)水环境治理体系不完善和不足

水环境治理体系不完善,监测监管能力不足,污染防治技术落后,污水处理和资源化利用水平低,水环境治理投入不足。我国尚未建立全国统一、全面覆盖的实时在线环境监测监控系统,水质监测向水生态监测转变的步伐缓慢。我国尚未形成有效的跨部门、跨区域、跨流域的协调机制,水环境管理责任主体不明确,执法力度不够。我国尚未掌握先进的污染源控制技术和综合治理技术,污染物排放标准滞后于发达国家。我国尚未实现污水处理设施全覆盖和高效运行,污水资源化利用率低于 10%。我国尚未建立健全的节约用水和保护环境的经济政策体系,水环境治理资金缺口巨大。

1.2.3　城市水环境

(一) 城市水环境定义

城市水环境是指与防洪排涝、城市供水排水、航运交通、城市景观、娱乐功能相关的各种水体条件。水体条件包括水体平面、剖面、深度等形态条件,以及由雨水、地表水、地下水、城市用水等构成的水体水质条件等。自然形态的河流、湖泊的各种自然条件包括地形地貌条件、水体循环交换条件、点源面源污染条件、生境条件等。城市水环境的构成要素包括:① 水体形态条件:岸坡条件、基底条件、周边条件;② 水动力条件:流动条件、交换条件、容量条件和泥沙条件;③ 水环境条件:污染源、水质;④ 水景观条件:水体景观、周边景观;⑤ 水生态条件:物种多样性、生境多样性。

城市水环境的条件更为多样和复杂,城市水环境条件也更多地受到人为活动的影响,同时也更为密切地影响着人类的社会活动。从城市水环境的自然属性看,整个生态系统是完整的、稳定的、可持续的,对外界不利因素具有抵抗力。从城市水环境的环境属性看,具有持续改善生态系统的服务功能和能满足城市居民观赏游憩和休闲娱乐的需要。

从城市水环境系统特征来看,城市水环境具有以下特征:① 整体性。既包括城市河流和湖泊,又包括城市供水和排水系统。② 系统性。既有地理的边界,又有法定的边界。③ 经济性。既有水自身的商品属性,又有水环境的商品属性。

(二) 城市水环境的特征

1. 城市用水的特点

用水量大:城市人口密集,经济活动发达,用水量相对较大。城市用水还包括工业、商业、公共设施等领域的用水,用水量更为巨大。

水质要求高:城市用水大多用于生活和工业生产等领域,对水质要求较高,需要达到一定的卫生、安全和品质标准。

水源条件复杂:城市用水的水源比较复杂,既包括自来水、河水、湖水、地下水等自然水源,也包括回用水、海水淡化水等人工水源。

供水管网复杂:城市用水的供水管网较为复杂,需要建设大型的供水设施,如水库、水厂、输水管道等,同时还需要建设配套的供水管网,以保障城市用水的稳定供应。

水资源短缺:城市用水的水资源不足,特别是在干旱地区和人口密集的大城市,水资源更为紧缺,需要采取合理的节水措施,保护水资源的合理利用。

2. 城市用水的依赖性

城市用水的依赖性指的是城市的供水依赖于外部水源的情况。由于城市用水需求量大、供水水源有限,往往需要通过引水、调水、输水等方式从远处的水源地调配水资源,以满足城市用水的需求。城市用水的依赖性还体现在以下几个方面:

水资源的远距离调配:由于城市用水需求量大,水源地资源有限,往往需要从远处调配水资源。比如,中国南北方水资源分布不均,南方水资源丰富,而北方水资源短缺,因此北方城市需要从南方引水,以满足城市用水需求。

非稳定性:城市用水的供给往往受到水源地水文条件、气候变化等因素的影响,供水不稳定。例如,旱季水源地缺水,或者气候异常导致水源干旱等情况都可能造成城市用水短缺。

供水链路的复杂性:城市用水的供应链路复杂,需要通过多个环节的输送和处理才能最终供应到城市。在这个过程中,往往需要考虑水源地的质量、水库、输水管道、水处理厂等环节的影响。

3. 城市水环境的脆弱性

城市水环境的脆弱性指的是城市水环境受到外界干扰、影响或破坏时,容易引起严重后果或难以恢复原状的情况。城市水环境的脆弱性主要表现在以下几个方面:

水资源的紧缺性:城市水环境的脆弱性在于水资源的紧缺性,城市用水需求量大,一旦出现供水短缺,就会导致水资源的紧缺,甚至引发供水危机。

污染物的积累性:城市水环境中的污染物往往具有积累性,如重金属等,一旦污染物进入水体,就很难彻底清除,会对水体造成长期的污染。

水体的破坏性:城市用水过程中,会对水体造成人为破坏。比如水库、堤坝、引水渠等工程建设,会对水体造成破坏性影响,破坏水体生态系统的平衡。

水体自净能力的不足:比如过度捕捞、非法排污等,会使水体的自净能力减弱,造成水体污染或富营养化等现象。

4. 城市地下水环境的恶化

城市地下水环境的恶化是指城市地下水中的污染物逐渐增多,水质逐渐恶化,对城市环境和人类健康产生负面影响的现象。城市地下水环境的恶化主要表现在以下几个方面:

地下水质污染:人类在工业、农业和生活活动中产生了大量的污染物,这些污染物会随着地下水的流动而进入地下水系统,污染地下水资源。

地下水位的下降:城市地下水环境中,由于城市化进程中大量开采地下水,地下水位不断下降,地下水补给减少,水质易受污染,导致地下水质量恶化。

地下水流动方向的改变:城市地下水环境中,人类活动和工程建设等原因导致地下水流动方向改变,使得污染物的扩散范围扩大,导致地下水质量恶化。

地下水与地表水的互通性:城市地下水与地表水的互通性较强,如果地表水污染,地下水也很容易被污染,导致地下水质量恶化。

(三) 城市化对水环境的胁迫

城市化是人口集聚、城市规模扩大、城市功能增强的过程,是现代城市化进程中最为重要的一个阶段。然而,城市化进程中的水资源利用和管理问题,对水环境造成了重大胁迫。以下是针对城市化对水环境的胁迫的几个方面的详细说明:

水污染:城市化加剧了污水排放、垃圾处理、化工废料等工业污染的程度。随着城市规模的扩大和人口的增加,城市内的污水、废弃物和化学物质也大量增加,这些废水、废弃物的排放和处理,往往导致水体污染,对水环境造成危害。

水资源的过度利用:城市化进程中,城市规模扩大,人口密集,对水资源的需求也越来越大,而城市内的水资源本身是有限的,这就会造成供水不足的问题。此时,政府和居民就会从周围地区和外地引水,而这往往导致了其他地区水资源的过度开采和污染,使周边的水环境受到威胁。

洪涝灾害：城市化进程中，城市建设对地表覆盖和土地利用方式的改变，使得城市区域内的地表径流增加，排水系统能力不足，水泵和排水管道系统容易被堵塞，导致城市洪涝灾害的发生。此时，城市内的排水系统往往无法承受大量的雨水和洪水，导致城市区域内的道路、房屋和基础设施受到严重的破坏，影响城市内的交通和生活。

地下水位下降：城市化进程中，城市内大量的人口需要大量的用水，使得城市内的地下水位不断下降，对城市周边的地表水、湖泊和河流等水体造成影响，生态系统失去平衡，水资源和水生态环境逐渐恶化。

1.3　水生态

1.3.1　水生态系统概述

水生态是指水体和水与周围环境相互作用的生态系统。水生态系统由水、土壤、植物和动物等生物和非生物因素组成，具有独特的结构和功能特点。水生态是生态系统中非常重要的一部分，对维护全球生态平衡和保障人类生存和发展具有重要作用。

水生态系统的特点包括循环性、耐受性和适应性等。水生态系统具有自我净化能力，水循环和物质循环不断发生，从而保持系统的稳定性。水生态系统对环境的变化和扰动有一定的耐受性和适应性，能够调整和恢复生态系统的平衡。

水生态对生态环境和人类社会都具有重要意义。首先，水生态对生态系统的稳定和健康具有重要作用，是生态系统中不可或缺的一部分。水生态可以净化水质、调节气候、保护生物多样性等，维持着生态系统的平衡和稳定。其次，水生态对人类生存和社会的发展也具有重要作用。水生态系统提供了丰富的水资源，支撑着人类的生产和生活；水生态系统还为人类提供了一系列的生态系统服务，如水资源供应、水质净化、洪水调节和景观美化等，对人类社会具有重要的经济、社会和生态价值。

水生态系统可分为淡水生态系统和海水生态系统。按照现代生物学概念，每个池塘、湖泊、水库、河流等都是一个水生态系统，均由生物群落与非生物环境两部分组成。

淡水生态系统可以分为以下几类：

河流生态系统：河流生态系统是指河流及其周围环境所构成的生态系统。河流生态系统包括河流底部、河岸带和河水本身，这些部分与生态系统中的其他部分相互作用，形成复杂的生态系统。

湖泊生态系统：湖泊生态系统是指由水体、底泥、植被、浮游生物、底栖生物等组成的生态系统。湖泊生态系统的生物多样性和水体的物理化学特征对其稳定性和健康具有重要影响。

水库生态系统：水库生态系统是指由堤坝、水库和周围环境组成的生态系统。水库生态系统主要是人工建造的，因此受到人类活动的影响，如水利工程、排污和土地利用等。

沼泽生态系统：沼泽生态系统是指由沼泽植物、水体、土壤和微生物等组成的湿地生态系统。沼泽生态系统是重要的生态服务提供者，能够净化水质、固碳等。

泉眼生态系统：泉眼生态系统是指由地下水和泉眼周围环境所组成的生态系统。泉眼生态系统对地下水和地表水的形成和分布具有重要影响。

溪流生态系统:溪流生态系统是指由溪流、河床、河岸带、水体和周围环境组成的生态系统。溪流生态系统是淡水生态系统中非常重要的一部分,对水循环、生物多样性和土地保持等方面具有重要作用。

城市水生态系统也属于淡水生态系统的一种。城市水生态系统是指由城市水体及其周边生态系统所组成的生态系统。城市水生态系统包括河流、湖泊、水库、池塘、城市河道等城市内的淡水水域,以及这些水域周围的生境和生物群落。城市水生态系统具有淡水生态系统的一般特点和特殊性质。城市水生态系统的形成和发展受到城市化和人类活动的影响,如排放废水、建设水利工程、改变土地利用等,因此,需要对城市水生态系统进行保护和管理,以维护城市生态系统的稳定性和健康性。

城市水生态系统的主要功能包括:① 哺育城市的发展。所有城市都是依水而建,依水而兴,水生态系统是城市的重要特征及财富,为居民休闲嬉戏提供场所,为城市提供开阔的空间。② 维护生物多样性,保护自然生态环境。宽阔的水面改善周围小气候,维持地球的生态支持系统,为生物物种的丰富创造了有利条件,提高水体自净能力。③ 提供自然景观和人文景观。通过水生态系统展示城市文化内涵,传承历史文化,提供教育、研究、美学和娱乐功能。

1.3.2　水生态系统组成

水生态系统的组成包括水生生物、水、土壤和植被等要素。水生生物包括各种水生植物和动物,如水藻、水生昆虫、鱼类、龟类等。水体是水生态系统的重要组成部分,包括河流、湖泊、水库、海洋等水域。土壤和植被则是水生态系统的边界和过渡区,起到缓冲和稳定水体环境的作用。

水生态系统中的生物组分包括浮游生物、底栖生物和水生植物等。它们是水生态系统中最为重要的组成部分,也是维持水生态系统平衡和稳定的关键因素。

浮游生物:浮游生物是指水中自由漂浮的微生物和动物,包括浮游植物、浮游动物、浮游菌等。浮游生物对水体的生态环境和营养循环具有重要影响。

底栖生物:底栖生物是指生活在水底或水底沉积物中的微生物和动植物,包括藻类、甲壳动物、蠕虫、贝类、鱼类等。底栖生物对水生态系统的生态功能、水质净化和营养物质的循环等都具有重要作用。

水生植物:水生植物是指生长在水中或与水接触的植物,包括浮叶植物、沉水植物、半水生植物等。水生植物通过光合作用为水体提供氧气,同时吸收水中的养分,能够改善水质和水生态系统的生态环境。

水生态系统中的非生物组成包括以下几个方面:

水质:水质是水生态系统中最为基本的非生物组成部分,它包括水的物理、化学和生物学特性。水质对水生态系统的健康和稳定性具有至关重要的作用,它能够影响水中生物的生存和繁殖,调节水生态系统的生态功能。

水文:水文是指水文循环和水文地理学,包括水的来源、水的流向、水的分布等。水文对水生态系统的形成和发展具有重要影响,它能够影响水生态系统的生态功能和生态环境。

水体结构:水体结构包括水体的深度、面积、形态和流速等因素。水体结构对水生态系统的生物多样性和生态功能具有重要影响,它能够影响水体中的生物的分布和生长环境,调节水生态系统的生态功能和生态环境。

水土:水生态系统的水土包括水体底部的沉积物和周围的土壤等。水生态系统的水土能够影响水体的物质循环和水生态系统的生态环境。

气候:气候是指水生态系统的气候环境,包括气温、降水量、湿度和风等。气候对水生态系统的生物分布和生态功能具有重要影响,它能够影响水生态系统的生态位和生态平衡。

1.3.3　水生态系统功能

水净化功能:水生态系统的自净作用是通过微生物、植物和动物等生物的代谢和活动,以及物理和化学作用将水中的污染物去除。其中,微生物是最主要的净化因素,其通过分解、降解、氧化等作用将水中的污染物转化为无害的物质。植物则通过吸收、富集、转化和降解等作用将水中的营养盐和污染物去除,动物则通过食物链的关系将污染物逐级转化和降解。水生态系统的净化功能是保障水质的重要手段。

水源涵养功能:水生态系统通过土地、植被和地下水储存等方式来储存和输送水资源。其中,土地和植被是地表水涵养和调蓄的重要手段,可以减少降雨径流、增加地表径流和土壤含水量,从而维持水文循环和补给地下水。地下水则是重要的地下水源涵养和供应途径,为人类提供了重要的饮用水和生产用水。

生物生态功能:水生态系统是大量生物的栖息地和繁殖场所,维护和促进生物多样性。水生态系统中有大量的水生植物、浮游生物、底栖生物和水生动物,这些生物之间形成了复杂的生态系统,相互依存、相互制约,维持着生态平衡。同时,水生态系统还为人类提供了丰富的食物和药物来源,如淡水鱼、藻类、田螺等。

防洪调蓄功能:水生态系统通过河流湖泊等水体的水位和流速等自然调节机制,发挥防洪、调蓄的功能。水生态系统中的河流、湖泊、洼地等水体可以减缓降雨径流速度和侵蚀力度,从而减少水灾和泥石流等自然灾害的发生。此外,水生态系统中的植被、土壤和地形等因素也可以起到减缓径流、调节水流、保水等作用,提高水体的防洪能力和调蓄能力。

土壤保持功能:水生态系统可以减缓水流速度和侵蚀力度,促进土壤保持和土地的保育。水生态系统中的植被和土壤可以起到减缓水流速度和吸收水分的作用,从而防止水流对土壤的侵蚀和土壤流失,保护和改善土地资源。此外,水生态系统中的土壤和植被也可以对水体中污染物进行吸附和降解,减少污染物进入水体和土壤的可能性,保障土地的生态环境。

旅游和文化功能:水生态系统的美丽风景和文化传承,吸引着大量游客前来游览和观赏,对当地经济发展和文化传承有着积极的推动作用。水生态系统中的河流、湖泊、瀑布等自然景观和文化遗产,是重要的旅游和文化资源,可以为当地的旅游业和文化产业带来丰厚的经济效益。同时,旅游和文化也可以提高人们对水生态系统的认识和重视程度,促进人们对水生态系统的保护和管理。

1.3.4　水生态系统保护

水生态系统保护是指通过各种手段和措施来维护水生态系统的稳定性和健康状态,保护水生态系统的功能和价值,提高水资源利用效率和可持续性。水生态系统保护需要全社会的共同参与和努力,包括政府部门、企事业单位、科研机构和公众等各方力量。

具体来说,水生态系统保护需要做好以下几个方面的工作:

制定和实施水生态系统保护规划和政策。政府部门需要制定科学合理的水生态系统保护规划和政策,明确水资源的管理和利用方式,完善水资源的保护和监管制度,强化水资源的保护和管理责任。

加强水生态系统保护监测和评价。建立健全水生态系统保护监测和评价体系,开展水生态系统的水质、生物、水量等方面的监测和评价,及时掌握水生态系统的变化和趋势,为水生态系统保护和管理提供科学依据。

推广水资源的可持续利用和管理方式。采用科学的水资源管理技术和手段,推广水资源的可持续利用方式,提高水资源利用效率和可持续性,降低水资源的浪费和污染。

加强水生态环境保护。通过建立水生态环境保护制度和机制,加强对水生态环境的保护和治理,防止水污染和生态破坏,提高水环境质量和水资源的可持续利用能力。

推动生态修复和重建。通过采用植被恢复、生态修复、湿地重建等手段,恢复和改善受损的水生态系统,提高水生态系统的稳定性和健康状态。

积极推动公众参与和宣传教育。加强对公众的教育和宣传,提高公众对水资源的认识和保护意识,激发公众的积极性和参与度,形成全社会共同保护水生态系统的良好氛围。

1.4 水文化

1.4.1 水文化概念

(一)水文化历史意义

水是生存之本,文明之源。中华民族有着善治水的优良传统,中华民族几千年的历史,从某种意义上说就是一部治水史。悠久的中华传统文化宝库中,水文化是中华文化的重要组成部分,是其中极具光辉的文化财富。黄河文化、长江文化、大运河文化等,见证了中华文化的起源、兴盛、交融和积累、传承,丰富了中华民族的集体记忆。以治水实践为核心,积极推进水文化建设,是推动新阶段水利高质量发展的应有之义。适应新阶段水利高质量发展对水文化建设提出的更高要求,迫切需要深入挖掘中华优秀治水文化的丰富内涵和时代价值,切实加强水利遗产的保护和利用,提升水利工程的文化品位,满足广大人民群众日益增长的精神文化需求;迫切需要加大水文化传播力度,增进全社会节水护水爱水的思想自觉和行动自觉,引导建立人水和谐的生产生活方式。

(二)水文化特征

中国作为一个水资源丰富的国家,拥有悠久的水文化历史和独特的水文化特征,主要体现在以下几个方面:

水文化的悠久历史:中国有着悠久的水文化历史,早在几千年前的古代,就已经出现了一系列关于水的文化和传统,如尊水崇水、水利兴邦、防洪治水等思想和实践,形成了独特的水文化体系。

水的崇拜与信仰:中国水文化中,水被视为生命之源和灵魂之物,受到人们的崇拜和敬仰。许多中国古文化中都存在着与水相关的信仰和祭祀活动,如龙舟竞渡、祭龙等。

水的利用与保护:中国古代注重水资源的利用与保护,不断发掘水资源的价值和潜力。同时,中国水文化中也有强烈的环保意识,注重水资源的保护和管理,如开辟水利工程、治理水灾等。

水的文学艺术表现:中国水文化在文学、艺术等方面也有着丰富的表现。中国古代文学中存在着大量的水文化题材,如《离骚》《天问》等,古代绘画中也有很多以水为题材的作品,如《水图》《潇湘图》《江山如此多娇》等。

水的哲学思想:中国水文化中还蕴含着深刻的哲学思想,如水的柔性与刚性、水的物质与精神等,对人们的生活、社会、文化、艺术等方面都有着深远的影响。

1.4.2 水文化建设

(一)水文化建设主要任务

《"十四五"水文化建设规划》中提出的重点任务有四个方面,分别是水文化保护、传承、弘扬、利用。具体包括21项任务,例如"水利遗产系统保护""水文化基础理论与实践研究""长江文化传承创新工程""建设一批重要水文化展览展示场所(馆)""讲好黄河故事""水文化工程与文化融合提升工程"等。这些任务旨在弘扬中华优秀治水文化,提高公众水文化素养,增强水利行业文化软实力和社会影响力,促进文化与经济社会协调发展。

水文化保护是指对具有重要历史价值、文化价值的水利遗产进行系统保护,包括水利工程、水利文物、水利史料、水利文献等。水文化传承是指对中华优秀治水文化进行深入研究,提炼出治水理念、治水精神、治水方法等,并将其融入现代水利建设和管理中。水文化弘扬是指通过多种形式的宣传教育,讲好中国故事水利篇,提高公众对水文化的认知和尊重,增强公众的节水意识和责任感。水文化利用是指通过开发水文化公共产品和服务,满足公众的多元需求,促进水文化与旅游、教育、科技等领域的交流合作,实现水文化的社会价值和经济价值。

(二)水文化建设措施

1. 促进中华优秀治水文化保护传承

(1)加强水利遗产的资源调查研究

编制水利遗产调查规范,分流域、分省(自治区、直辖市)因地制宜组织开展水利遗产资源调查,逐步摸清全国水利遗产资源家底,编制国家水利遗产名录。梳理工程类水利遗产分布,建立数据库。在条件成熟的地区,开展非工程类水利遗产调查和整理。创新水利遗产资源管理模式,推动资料、档案的保护、开放和共享,加强水利遗产及水利史研究。

(2)推动国家水利遗产认定

开展国家水利遗产认定工作,逐步完善国家水利遗产认定标准,编制国家水利遗产认定管理办法和申报导则等政策性文件,推进国家水利遗产规范管理工作。"十四五"期间,初步认定30处以上的国家水利遗产,基本形成兼顾各种类型、各种特点、各区域的遗产分布格局。

(3)完善水利遗产管理体系

鼓励有条件的地区分级开展水利遗产认定工作,指导遗产所在地政府部门出台相应保护与利用规划。推进世界灌溉工程遗产遴选与管理制度建设,建立协调工作机制,加强动态管理,推动更多水利遗产申报世界文化遗产和世界灌溉工程遗产。

（4）保护利用好党领导人民治水的红色资源

对具有红色基因的重要治水工程、治水制度等资源进行调查,逐步建立台账、摸清底数。开展深入系统研究,科学阐释党领导人民治水的经验与优势。打造党领导人民治水的精品展陈,从治水角度生动传播红色文化。认定一批具有红色基因的国家水利遗产,从中遴选并确定一批重要标识地,发挥教育功能,赓续红色血脉。

2. 推动当代治水文化繁荣发展

（1）提升水利工程文化内涵

对已建工程,充分挖掘水利工程文化功能,从保护、传承、弘扬角度将水利工程与其蕴含的水文化元素有机融合,提升水利工程文化品位。对新建、在建工程,在工程规划、设计、建设中融入水文化元素,依据工程特点配建水文化、水利科普展示场所,面向社会公众开放。重点建设一批富含水文化元素的精品水利工程,积极开展水工程与水文化有机融合案例推选、示范推广工作。

（2）完善水利工程建设规划与标准等政策体系

将水文化元素纳入水利工程建设标准体系,确保水利工程与文化建设同步规划、同步设计、同步实施。梳理现有水利工程建设管理政策文件中相关条款,补充水文化建设相关内容,把水文化元素列入工程建设规范、标准、定额及评价指标体系等。积极推动制定国家、行业水文化建设方面的规范或标准,鼓励社团和地方出台水文化建设领域的相关规范或标准。强化创新设计引领,鼓励体现中国文化魅力的水利工程设计,积极推动具有时代特色的水利工程建设。

（3）以江河为纽带推动水文化普及提升

总结推广水生态文明建设试点成果和经验,推动以江河为纽带的水文化建设及地域水文化挖掘与利用,重点推进黄河文化、长江文化、大运河文化的传承与弘扬。结合河湖水系连通、河湖生态修复、流域综合治理等工程,推进河湖水域岸线生态化以及与文化融合建设的实践探索,打造示范"美丽健康河湖""水美乡村",展现河湖治理成效。开展河流溯源及发源地立碑标识工作。在国家文化公园建设体系中,积极融入水文化主题。

（4）努力创造体现中国精神的水利文艺精品力作

中国精神是社会主义文艺的灵魂。鼓励、引导文艺工作者紧扣时代脉搏,充分挖掘水文化中的思想理念、人文精神,讴歌、记录新时代气壮山河的治水实践,运用丰富多彩的艺术形式进行当代表达,创作出一批水利文艺精品力作。

3. 加强新发展阶段水文化传播弘扬

（1）加强水文化阵地建设

以水利工程为依托,采取"工程＋文化"等形式,鼓励水文化的多元化、多样化发展。以水利风景区、水情教育基地、水保科教园（示范园）、博物馆、档案馆、展示（览）馆、水文化园区、主题公园等为载体,加强面向社会公众的水文化宣传教育。

（2）丰富宣传模式与手段

拓宽水文化宣传教育渠道,积极开展水文化进社区、进机关、进企业、进基层等活动。通过展览、读物、博览会、讲坛、比赛等形式,利用"世界水日""中国水周"等时间节点,面向社会公众广泛开展水文化传播活动。多渠道创新传播模式，综合利用传统媒体、新媒体以及数字技术、网络技术、虚拟现实技术等，大力传播水文化。

（3）加强水利行业精神文明建设

加强水利单位文化建设，探索水利系统单位精神文明建设、文化建设和思想政治工作融合发展的路径，把水文化建设与群众性精神文明创建活动结合起来，引导水利干部职工更加自觉、主动地弘扬水文化。

（4）促进水文化国际交流与合作

坚持"引进来"与"走出去"相结合，积极借鉴国外水文化建设管理和宣传等方面的经验，加强中国水文化对外交流合作。充分利用国际水事活动和国际水组织平台，加大中国水文化对外宣传力度，提升中国水文化的国际地位与影响力。加强与联合国涉水组织的联系交流，研究推动设立国际水文化中心，积极申报世界灌溉工程遗产。

4. 保障措施

（1）加强组织领导

水利系统各级党组织要加强对水文化建设的领导，将水文化建设纳入意识形态工作责任制，列入重要议事日程和水利系统文明单位测评体系、水利工程建设考核体系，强化水文化建设工作落实情况的监督评价，统筹推进水文化建设工作。

（2）健全体制机制

各流域、各省（自治区、直辖市）结合各自实际情况，研究编制配套的管理办法和建设规划，将水文化建设内容纳入相应的水利改革发展规划体系、国民经济和社会发展规划体系，逐步形成完善的水文化建设、管理、传播等制度保障体系。各流域管理机构、各省级水行政主管部门明确负责水文化工作的机构、人员，负责辖区内水文化具体管理工作，将水文化建设工作纳入各级单位年度工作计划。加强水文化基础理论与政策制度体系研究，推动水文化制度体系建设，逐步完善水文化制度框架体系。研究建立与文化和旅游、自然资源、生态环境、工业、农业等有关部门的协调机制，促进水文化持续健康发展。

（3）强化资金保障

加大水利遗产管理、水利工程与文化融合、水文化研究与传播载体建设等重点项目资金投入。编制《水利工程水文化设计导则》，将文化投入纳入水利工程建设、运行和维护概算。积极协调各级财政、发改等部门，加大水文化建设财政支持力度。有条件的地区积极争取资金支持，挖掘保护水利遗产，充分发挥其传承与弘扬功能。以政府为主导，不断拓宽资金渠道，积极稳妥吸引社会资本进入水文化建设领域。

（4）加强能力建设

加大水利行业水文化建设、管理、传播领域人才培养力度。推动水利高校水文化学科建设。深入开展水文化教育培训，逐步把水文化知识纳入水利部门有关培训课程。定期举办水文化建设专项活动或培训。加强水文化咨询专家队伍建设，吸纳具有较高学术造诣的专家学者参与水文化建设。

1.5 水安全

1.5.1 水安全概述

（一）水安全

水安全是指保障人类社会获得足够的安全、可靠、可持续的水资源，以维持人类社会的健康、发展和生存的一种状态。它包括保障水资源的可持续利用、保证水的质量、保障水的供应和提高水资源利用效率等方面。水安全不仅是保障人类健康和生存的基本需求，也是实现可持续发展和保障全球生态环境的基础。水安全是一个综合性概念，涉及政治、经济、环境、社会和文化等多个方面，需要从多个层面进行协同管理和综合治理。

（二）水安全系统

水安全系统可分解为水系统和社会经济系统，它由水资源、水环境、社会、经济等相关要素构成，通过物质、能量、信息的运动、交换、储存和反馈而形成一定的结构和功能，并由于人的主动性而朝相互适应的方向演化。

水安全系统是以水为载体，由水资源、水环境、社会、经济、生态等子系统构成的复合系统，各个系统内部又由若干子系统组成。任何一个子系统的行为都会影响水安全系统整体功能的发挥。图1-5为水安全系统结构组成。

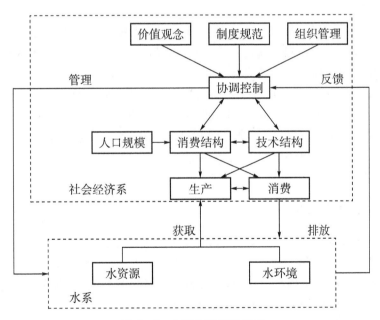

图1-5 水安全系统的结构

根据对系统结构的分析，决定水安全系统的基本要素主要由承载力、缓冲力、恢复力、生产力、需求力、调控力描述。其中，承载力、缓冲力、恢复力出自水系统，生产力、需求力、调控力来自社会经济系统。

1.5.2　中国的水安全问题及对策

（一）水安全问题

水作为一种重要的战略资源，在社会生活中起着举足轻重的作用。然而，由于水资源受到人类活动的严重破坏，它的负面作用也日益凸显，并逐渐渗透到社会活动的各个方面。

1. 水生态安全

随着人类对水资源不合理的开发利用，水资源受到了极大的破坏，并引发了严重的生态问题。地表水的过度使用造成了河川断流、河湖干枯、湿地消失，土壤沙化、草地退化现象日益严重；地下水超采引起了地下水位下降，形成了地下漏斗，致使海水入侵、地面沉降、含水层疏干、建筑物受损等一系列问题的发生；水体污染使水质不断恶化，生物多样性受到影响。

2. 水供需安全

我国如今已是举世闻名的"世界工厂"，在 GDP 增长屡创纪录的同时，水污染及水资源短缺问题也日益突出，给工业和农业生产带来极大的损失。据推算，全国每年因缺水造成的经济损失达到 2 500 亿元，其中工业产值 2 300 亿元，农业产值 200 亿元；由水污染造成的经济损失 400 多亿元，其中工业损失为 137.8 亿元，农业损失为 96.2 亿元。水污染及水资源短缺还遏制了与水关系密切的产业的发展。

3. 饮用水安全

水污染对人类健康的影响分为直接影响和间接影响两个方面。受污染的水中含有严重超标的化学物质和致病性微生物等，对人体健康造成最直接最严重的伤害。目前我国约有 3.2 亿农村人口喝不上符合标准的饮用水，尤其在一些偏远地区，人们不得不饮用氟含量严重超标的水，从而引起了影响骨骼和牙齿等硬组织为主的全身性疾病。

饮用水水源地污染事件频发，严重威胁供水的安全。受污染的水还可以通过食物链间接对人体产生影响。据统计，人类 90% 的癌症是由化学致癌物引起的。近些年，我国陆续出现了水污染造成的癌症村。如：河南沈丘的黄孟营村、江苏无锡的广丰村、广东韶关的上坝村等。

（二）水安全问题对策

针对我国水安全的严峻形势，必须做出及时的反应，制定有效的策略，从整体上防止水安全形势的进一步恶化。

（1）加强水资源保护和水污染治理，实施最严格的水资源管理制度，控制水资源消耗总量和强度，提高水资源利用效率和水环境质量。

（2）推进节水型社会建设，大力推进农业节水、工业节水、生活节水，加快推进节水技术应用和节水产品改造，积极开发利用海水、中水、微咸水等非常规水源。

（3）完善水资源配置体系，加快建设南水北调工程后续项目和重大跨流域调水工程，优化区域和流域内部的水资源配置，保障北方地区和沿海地区的供水安全。

（4）保障饮用水安全，全面系统修订《地表水环境质量标准》，强化其在水生态文明建设中的引领作用;科学评估我国湖泊氮磷营养物的时空差异,实施差异化营养物标准;科学评估我国水生态现状,深入推进水生态监测和评估;构建基于大数据融合的饮用水安全保障智慧化监管平台。

(5) 加强防洪减灾能力建设,完善防洪工程体系,加强堤防、控制性枢纽、蓄滞洪区等重要防洪设施的建设和管理,提高防洪标准和调度能力;强化洪涝灾害监测预报预警,科学抗御各类洪涝灾害。

第二章　水环境污染源分析

2.1　污染源与污染物

2.1.1　污染源定义及其分类

污染源是指造成环境污染的污染物发生源,通常指向环境排放有害物质或对环境产生有害影响的场所、设备、装置或人体。

污染源有多种分类方法,其中一种是按排放污染的种类,可分为有机污染源、无机污染源、热污染源、噪声污染源、放射性污染源、病原体污染源和同时排放多种污染物的混合污染源等。不同类型的污染源有不同的特点,例如:

有机污染源:主要指排放含碳化合物的废气或废水的设备或场所,如石油化工、制药、造纸等行业。有机污染物可能导致空气恶臭、水体缺氧、土壤退化等问题。

无机污染源:主要指排放含金属元素或非金属元素的废气或废水的设备或场所,如冶金、电镀、化肥等行业。无机污染物可能导致空气酸化、水体富营养化、土壤重金属累积等问题。

热污染源:主要指排放高温废热的设备或场所,如火力发电厂、冷却塔等。热污染可能导致空气温室效应、水体温度升高、生物代谢失调等问题。

噪声污染源:主要指产生噪声的设备或活动,如机械设备、交通工具、建筑施工等。噪声污染可能导致人体听力损伤、心理压力、生物干扰等问题。

放射性污染源:主要指排放放射性物质的设备或场所,如核电站、核武器试验、医疗诊断设备等。放射性污染可能导致人体患癌、遗传变异、生态失衡等问题。

病原体污染源:主要指排放含有细菌、病毒等微生物的废水或废弃物的设备或场所,如医院、畜禽养殖场、垃圾填埋场等。病原体污染可能导致人体感染疾病、水质恶化、土壤传播病原等问题。

混合污染源:主要指同时排放多种类型的污染物的设备或场所,如燃煤锅炉、汽车尾气等。混合污染可能导致多重危害和复杂反应。

按排放污染物的空间分布方式,可分为点污染源(集中在一点或一个可当作一点的小范围排放污染物)、面污染源(在一个大面积范围排放污染物)和线污染源(移动污染源在一定街道上造成污染)。按照污染源存在的空间形态分类是最常用的污染源分类方式。图 2-1 是按照空间形态分类的污染源。

2.1.2　污染物的定义及其分类

任何以不适当的浓度、数量、速度、形态和途径进入环境系统并对环境造成污染或破

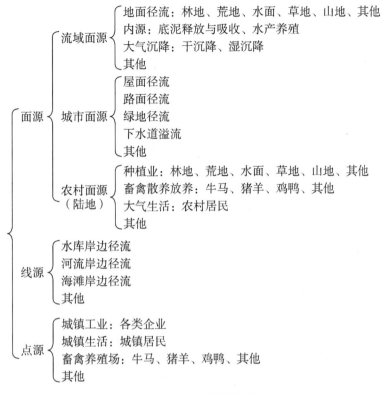

图 2 - 1　水环境污染源

坏的物质或能量,统称为污染物。环境中存在的污染物种类繁多,形态各异,存在不同的分类方法。

(一) 按照污染物的理化特性分类

按照理化特性可以将污染物分为物理类污染物、化学类污染物、生物类污染物和综合类污染物。

物理类污染物是指在物理变化过程中产生的污染物。如热污染、噪声污染、颗粒污染物等。物理类污染物通常通过物理方法进行处理,例如稀释、淋洗、沉淀、过滤等。

化学类污染物是指通过化学变化或化学反应产生的污染物,如废水中的金属化合物、有机化合物、各种络合物等。化学类污染物的治理方法纷繁复杂,各种物理方法、化学方法、物理化学方法、生物学方法可广泛应用于化学类污染物的治理。

生物类污染物是指存在于污水中的有害微生物、寄生虫和病原体等。生物类污染物是水介传染病的重要病因,消毒是去除生物类污染物的主要方法。其他物理方法、化学方法和物理化学方法也常用于处理含生物类污染物的污水。

(二) 按照污染物的存在形态分类

按照污染物的存在形态,可以将污染物分为离子态、分子态、胶体态、颗粒态等。废水中的化学类污染物,如重金属、氮、磷等大多以离子态的形式存在。有机污染物则多以分子态的形式存在。一定条件下,金属和有机物都可能以胶体态存在于废水中。颗粒物一般是指那些粒径比较大的无机类污染物。

（三）根据水质标准分类

根据水质标准可以将污染物分为感观污染物、毒理学污染物、细菌污染物、放射性污染物等。

感观污染物是指那些对人的视觉、味觉和嗅觉等感觉器官产生刺激作用的污染物。如水的颜色、嗅味、油膜、漂浮物、混浊度等。

毒理学污染物是指那些直接或间接为生物摄入体内后，导致该生物或者其后代发病、行为反常、遗传变异、生理机能失常、集体变形或者死亡的污染物。如砷、镉、铬、氰化物、氟化物、铅、汞、硝酸盐、硒、四氯化碳和氯仿。这些污染物是一些可能致畸、致癌、致突变的物质，其对环境的影响严重且持续时间长。

细菌学污染是衡量来自人类或动物排泄物污染的重要指标。在《生活饮用水卫生标准》中将细菌总数、总大肠杆菌群、粪大肠菌群和游离余氯作为细菌学污染的指标。

2.2　点污染源调查

污染源排放的污染物质的种类、数量，排放方式、途径及污染源的类型和位置，直接关系到其影响对象、范围和程度。污染源调查就是要了解、掌握上述情况及其他有关问题。通过污染源调查，找出建设项目和所在区域内现有的主要污染源和主要污染物，作为评价的基础。

根据污染源调查的目的要求，先制定出调查工作计划、程序、步骤、方法。一般污染源调查可分为三个阶段：准备阶段、调查阶段、总结阶段。

2.2.1　点污染源概述

（一）空间属性

污染源及其排放口在流域中的位置是界定污染源与水质之间关系的重要依据。通常污染源的影响总是发生在排放口的下游河段，入海河流的河口部分由于受潮汐影响，污水的排放不仅对下游产生影响，也对上游产生一定影响。

（二）时间属性

污染源的介质流量是时间的函数，污染源所排放的污染物类型也随时间发生变化。介质流量的模式需要考虑平均值、最大值和最小值，同时要考虑在不同的季节、生产不同的产品时污染物类型的变化等。

（三）污染物的类型和性质

污染物类型和性质是污染源调查的重要内容。通常可以通过对生产产品、原料和生产工艺的调查来识别，也可以通过对相似的污染源进行类比分析，作出判断。污染物类型和性质对污水处理工艺选择及是否可以与其他污水联合处理的决策有重要意义。

（四）污染物排放强度

污染物的排放强度是指某个污染源或排放口在单位时间内排放的污染物量,单位可以用 t/a 或 kg/d 表示。排放强度可以通过测量介质(污废水)的流量和介质中各种污染物浓度计算:

$$M = CQ \qquad\qquad (2-1)$$

式中,M 为污染源中某种污染物的排放强度;C 为污废水中某种污染物的浓度;Q 为污废水的流量。

2.2.2　工业污染源调查

日常环境管理中已经对各类工业污染源建立了较为详尽的档案资料,如环境统计报告、排污申报表等,它们是水污染防治的重要依据。对于新建企业、生产工艺或废水治理工艺发生变化的企业,需要进行补充调查。调查内容包括以下几项。

（一）污染源的基本情况

污染源的基本情况包括:企业或项目名称、厂址、污染源所在位置,项目组成、规模、主要生产产品类型和产量,主要的生产工艺,主要生产原料的品种、用量和来源,企业的清洁生产情况、生产用水来源、水的循环利用和重复利用率等,辅助设施、配套工程、运输和储存方式等。

（二）排放介质流量

污染源排放的介质(废水)流量通常可以通过下述方法计量:① 排放口测量,在废水排放口测量的废水可信度高。在条件具备时,可以对流量进行连续测量。为加大环境管理力度,需要逐步加强排放口的标准化、规范化建设。② 根据用水量换算:一般工业企业都装有用水计量设备,而且运转比较正常,可以通过换算求得废水排放量。③ 类比分析:在缺乏资料且难以调查的情况下,可以参考采用同样原料和工艺条件企业的用水量与废水量,根据生产能力换算。

（三）污染物排放量

污染物排放量一般可以采用以下几种方法测量:

1. 常规统计

目前我国环保部门主要通过两个渠道对工业污染源进行调查,一是环境统计报告,该报告所统计的工业企业的排污负荷约占到全部负荷的 70% 以上;二是在全国范围内不定期进行的"排污申报登记",它的调查范围几乎涵盖所有的工业企业。

2. 现场调查

现场调查通常作为例行调查的补充,针对那些新建的或生产工艺变动较大的企业进行,在污染源的排放口测量废水量,实地采集水样,在现场或在实验室内检测废水的污染物的浓度。

3. 类比分析

很多情况下工业单位产品产量的废水排放量和污染物浓度可以参照已有的相同生产工艺确定,污染物排放总量可以按照产品产量的比例换算。

4. 物料衡算

物料衡算方法的基础是物质守恒定律,依据工厂的原料、辅料、燃料、产品、副产品、肥料的平衡数据来推求污染物的排放量。

(四)污水处理状况

主要包括:污水处理工艺原理、工艺流程、工艺水平、设备水平及环保设施,企业的污水处理率、污水处理方法、污水处理效果、污泥处置、水处理设备运行情况、污水最终出路(进入城市污水处理厂或排放口名称)以及污水处理成本及其构成。

(五)污染源排放规律

工业污染源的废水排放有比较恒定的变化规律。例如废水量随着生产制度(如每天开、停工时间,法定休息日等)而变化。要根据具体生产规律安排调查,一个完善的污染源调查,不仅应该查清污染源的平均数据,同时应掌握污染源排放的时间变化规律。

2.2.3 城市生活污染源调查

(一)污水与污染物排放量

生活污染源的调查可以选择一个或多个住宅小区为样本进行,通过对小区(街区)居住人口数量 R(人)的调查和对下水道出口的流量 $Q(\mathrm{cm^3/s})$ 与某种污染物浓度 $C_i(\mathrm{g/L})$ 的监测,可以计算人均的生活污水排放量 $\overline{Q}$ 和人均的污染物排放量 $\overline{m_i}$:

$$\overline{Q} = \frac{Q}{R}[\mathrm{cm^3/(人 \cdot s)}] = 86.4\frac{Q}{R}[\mathrm{L/(人 \cdot d)}] \qquad (2-2)$$

$$\overline{m_i} = \frac{QC_i}{R}[\mathrm{mg/(人 \cdot s)}] = 86.4\frac{QC_i}{R}[\mathrm{g/(人 \cdot d)}] \qquad (2-3)$$

典型小区(街区)的调查结果可以用于计算其他类似性质的小区 j(街区)的污水排放量 Q_j 和该街区某种污染物的排放量 M_{ij},计算时以该小区(街区)人口 R_j 为基数。

第 j 小区(街区)的污水排放量

$$Q_j = \overline{Q}R_j \qquad (2-4)$$

第 j 小区第 i 种污染物排放量

$$M_{ij} = \overline{m_i}R_j \qquad (2-5)$$

(二)生活污染源调查内容

生活污染源主要指住宅、学校、医院、商业及其他公共设施。它排放的主要污染物有:污水、粪便、垃圾、污泥、废气等。生活污染源调查内容包括:

城市居民人口调查:总人数、总户数、流动人口、人口构成、人口分布、人口密度、居住环境。

城市居民用水和排水调查:用水类型(城市集中供水、自备水源分布及供水能力),人均用水量,办公楼、旅馆、商店、医院及其他单位的用水量。

污水处理系统调查:下水道设置情况,现有和规划的污水处理设施位置、占地面积、处理工艺、技术水平及运营情况,污水回用情况,再生水处理工艺、处理成本、潜在的用户及水质要求等,污水的最终出路及潜在的污水排放口的候选位置及其附近的水体水文水质条件等。

民用燃料调查:燃料构成(煤、煤气、液化气)、来源、成分、供应方式、消耗情况(年、月、日用量,每人消耗量、各区消耗量)。

城市垃圾及处置方法调查:垃圾种类、成分、数量,垃圾场的分布,输送方式、处置方式,处理站自然环境、处理效果、投资、运行费用、管理人员、管理水平。

2.2.4　农村(业)污染源解析

农村(业)污染源调查较之工业污染源调查更为复杂,因为农村(业)污染源中,既含有农业污染源,也含有工业污染源(特别是乡镇工业);既含有点污染源,也含有面污染源。由于社会形态的急速变化,各类污染源的稳定性很差,水量、水质随时间和地点的变化差异很大。

农业污染源调查内容包括:① 农药使用情况的调查:农药品种,使用剂量、方式、时间,施用总量、年限,有效成分(有机氯、有机磷、汞制剂、砷制剂等)含量,稳定性等。② 化肥使用情况的调查:使用化肥的品种、数量、方式、时间,每年平均施用量。③ 农业废弃物调查:农作物秸秆、牲畜粪便、农用机油渣。④ 农业机械使用情况调查:汽车、拖拉机台数,月、年耗油量,行驶范围和路线。

2.2.5　交通污染源解析

交通污染源包括固定源和流动源。固定源包括码头、火车站、汽车站、飞机场等,对它们的调查方法与工业污染源相同。流动污染源主要是在水面上航行的船舶。船舶机油泄漏造成水体油污染,船舶生活污水排放造成有机污染,装运有毒物品的船只的航行存在发生水质灾害和生态灾害的风险。目前很多地方建有船舶污废水的岸上集中处理、处置设施,因此这些地方的船舶不再是流动污染源。

交通污染源调查的主要内容有:机动车的种类、数量、年耗油量、单耗指标、燃油构成、燃油成分、排气量,O_x、CO_x、C_xH_x、Pb、S 含量等,以及交通噪声的类别、数量、声源规律、等级与居民的关系。

2.3　点污染源预测

预测是水环境保护与水污染控制最基本的方法。预测的内容通常包括:经济、人口、资源预测;用水、排水、水污染物预测;水环境影响预测;地面水、水生生物、地下水影响预测;土壤、农作物、人体健康影响预测;生态环境、自然及人文景观、社会经济发展预测;对水资源开发利用影响预测;水环境容量预测、污水处理状况预测、环保投资预测等。

预测的基本程序包括确定预测目标、对象、内容、时限、特征参数；建立模型及模型的检验、修正和完善；进行数学模型预测；得出预测结果，对初步结果再次征询专家意见，并进一步验证预测模型，结果输出。

污染源预测是水污染控制的重要工作，是水污染控制规划的基础。污染源预测关乎规划方案的建立、污染控制设施的布局与规模以及实现规划方案所需的费用。污染源预测的主要内容包括废水量预测和污染物量预测。污染源预测是水污染防治中一个最不确定的因素，如受到流域或区域经济结构和布局的变化、经济发展速度的增减、国内外市场走向和发展趋势、居民生活水平和生活习惯的改变以及水文和气候条件的变化的影响。考虑到预测结果的不确定性，水污染防治的应对措施是，以现有的污废水和污染物总量或可信的近期预测量为基础，规划水污染防治的工程设施，并留出一定的余量，作为发展之需。

2.3.1 废水量预测

（一）回归分析法

我国多数地区已经具有 20 年以上的污染源数据积累，为回归分析提供了有利条件。废水量预测的线性函数表达式：

$$Q = a + bt \tag{2-6}$$

式中，Q 为预测年的废水排放量；t 为从基准年到预测年的时间间隔；a 和 b 是可以根据历史资料通过回归分析标定的系数，分别称为截距和斜率。

如果已知多年（t_i）的废水排放量数据（Q_i），按下式计算 a 和 b：

$$a = \frac{\sum_{i=1}^{n} Q_i t_i \sum_{i=1}^{n} (t_i - t_0) - \sum_{i=1}^{n} Q_i \sum_{i=1}^{n} t_i}{(\sum_{i=1}^{n} t_i)^2 - n \sum_{i=1}^{n} t_i}, b = \frac{\sum_{i=1}^{n} t_i \sum_{i=1}^{n} Q_i - n \sum_{i=1}^{n} Q_i t_i}{(\sum_{i=1}^{n} t_i)^2 - n \sum_{i=1}^{n} t_i^2} \tag{2-7}$$

式中，t_i 为计算数据的任一年份；Q_i 为对应 t_i 的废水排放量；n 为用于计算的数据年限。

公式与曲线的拟合精度可以用相关系数 $r(r \leqslant 1)$ 表示，r 越大，拟合程度越好。

$$r = \frac{\sum_{i=1}^{n} [(Q_i - \overline{Q}) \times (Q'_i - \overline{Q'_i})]}{\sqrt{\sum_{i=1}^{n} (Q'_i - \overline{Q'_i})^2 \sum_{i=1}^{n} (Q_i - \overline{Q})^2}} \tag{2-8}$$

（二）弹性系数法

1. 弹性系数预测

一个系统中如果存在两个相关的变量 x_i 和 y_i，弹性系数 ε 定义为两个变量相对增长量的比值，即

$$\varepsilon = \frac{\dfrac{y'-y}{y}}{\dfrac{x'-x}{x}} = \frac{\dfrac{\Delta y}{y}}{\dfrac{\Delta x}{x}} \tag{2-9}$$

当 $\varepsilon > 0$，y 的变化率与 x 的变化率同向；$\varepsilon = 0$，y 不随 x 变化；$\varepsilon < 0$，y 的变化率与 x 的变化率反向。如果 $|\varepsilon| < 1$，y 的变化率大于 x 的变化率；$|\varepsilon| = 1$，y 的变化率与 x 的变化率相等，$|\varepsilon| > 1$，y 的变化率小于 x 的变化率。

弹性系数法是根据变量之间的变化率的相对关系来预测的，与回归分析法相比，可靠性和预测精度都有一定提高。弹性系数法可以用于废水量的宏观预测。

如果定义弹性系数 ε 为废水排放量 Q 的增长率与国内生产总值 M 增长率的比值，即

$$\varepsilon = \frac{\Delta Q}{Q} \Big/ \frac{\Delta M}{M} \tag{2-10}$$

如果知道弹性系数 ε，根据今后经济发展的速度，就可以预计废水增长的速度，进而求得预测年的废水排放量：

$$\frac{\Delta Q}{Q} = \varepsilon \frac{\Delta M}{M} \tag{2-11}$$

根据：$\dfrac{\Delta Q}{Q} = \varepsilon \dfrac{\Delta M}{M} \Rightarrow \dfrac{Q - Q_0}{Q} = \varepsilon \dfrac{M - M_0}{M}$

如果给定预测年的经济发展水平 M，就可以根据基准年的经济发展水平 M_0 和废水排放量 Q_0，求出预测年的废水排放量 Q：

$$Q = \frac{Q_0}{1 - \varepsilon\left(1 - \dfrac{M_0}{M}\right)} \tag{2-12}$$

2. 弹性系数的计算

设废水排放量 Q 的年平均增长率为 α，GDP（国内生产总值）M 的年平均增长率为 β，则：

$$Q = Q_0(1 + \alpha)^{(t-t_0)} \tag{2-13}$$

$$M = M_0(1 + \beta)^{(t-t_0)} \tag{2-14}$$

将上式进行变换，可得：

$$\alpha = \left(\frac{Q}{Q_0}\right)^{\frac{1}{t-t_0}} - 1, \quad \beta = \left(\frac{M}{M_0}\right)^{\frac{1}{t-t_0}} - 1 \tag{2-15}$$

那么，弹性系数就可以根据给定的起始年份和终了年份的 GDP 数据 (M_0, M) 和废水排放量数据 (Q_0, Q) 计算：

$$\varepsilon = \frac{\alpha}{\beta} = \left[\left(\frac{Q}{Q_0}\right)^{\frac{1}{t-t_0}} - 1\right] \Big/ \left[\left(\frac{M}{M_0}\right)^{\frac{1}{t-t_0}} - 1\right] \tag{2-16}$$

弹性系数法建立在废水排放量与 GDP 的相关关系之上，其预测原理较时间序列预

测有所改进,其预测精度也有所提高。

(三) 定额法

1. 生活用水定额

根据《城市给水工程规划规范》(GB 50282—2016)中的用水定额,城市最高日用水量可采用下列方法预测。

① 城市综合用水量指标法,可按下式计算:

$$Q = q_1 P \qquad\qquad (2-17)$$

式中:Q——城市最高日用水量(万 m^3/d);

q_1——城市综合用水量指标[万 $m^3/$(万人·d)];

P——用水人口(万人)。

② 综合生活用水比例相关法,可按下式计算:

$$Q = 10^{-7} q_2 P(1+s)(1+m) \qquad\qquad (2-18)$$

式中:q_2——综合生活用水量指标[L/(人·d)];

s——工业用水量与综合生活用水量比值;

m——其他用水(市政用水及管网漏损)系数,当缺乏资料时可取 0.1~0.15。

用水量指标应根据城市的地理位置、水资源状况、城市性质和规模、产业结构、国民经济发展情况和居民生活水平、工业用水重复利用率等因素,在一定时期用水量和现状用水量调查基础上,结合节水要求,综合分析确定。

当缺乏资料时,最高日用水量指标可按表 2-1、表 2-2 选用。

表 2-1　城市综合用水量指标 q_1 　　　[单位:万 $m^3/$(万人·d)]

区域	城市规模						
	超大城市 ($P \geqslant 1\,000$)	特大城市 ($500 \leqslant P$ $< 1\,000$)	大城市		中等城市 ($50 \leqslant P$ < 100)	小城市	
			Ⅰ 型 ($300 \leqslant P$ < 500)	Ⅱ 型 ($100 \leqslant P$ < 300)		Ⅰ 型 ($20 \leqslant P$ < 50)	Ⅱ 型 ($P < 20$)
一区	0.50~0.80	0.50~0.75	0.45~0.75	0.40~0.70	0.35~0.65	0.30~0.60	0.25~0.55
二区	0.40~0.60	0.40~0.60	0.35~0.55	0.30~0.55	0.25~0.50	0.20~0.45	0.15~0.40
三区	—	—	—	0.30~0.50	0.25~0.45	0.20~0.40	0.15~0.35

注:1. 一区包括:湖北、湖南、江西、浙江、福建、广东、广西壮族自治区、海南、上海、江苏、安徽;二区包括:重庆、四川、贵州、云南、黑龙江、吉林、辽宁、北京、天津、河北、山西、河南、山东、宁夏回族自治区、陕西、内蒙古河套以东和甘肃黄河以东地区;三区包括:新疆维吾尔自治区、青海、西藏自治区、内蒙古河套以西和甘肃黄河以西地区。

2. 本指标已包括管网漏失水量。

3. P 为城区常住人口,单位:万人。

表 2-2　综合生活用水量指标 q_2　　　　　　　　［单位:L/(人·d)］

区域	城市规模						
	超大城市 ($P \geqslant 1\ 000$)	特大城市 ($500 \leqslant P$ $< 1\ 000$)	大城市		中等城市 ($50 \leqslant P$ < 100)	小城市	
			Ⅰ型 ($300 \leqslant P$ < 500)	Ⅱ型 ($100 \leqslant P$ < 300)		Ⅰ型 ($20 \leqslant P$ < 50)	Ⅱ型 ($P < 20$)
一区	250～480	240～450	230～420	220～400	200～380	190～350	180～320
二区	200～300	170～280	160～270	150～260	130～240	120～230	110～220
三区	—	—	—	150～250	130～230	120～220	110～210

注:综合生活用水为城市居民生活用水与公共设施用水之和,不包括市政用水和管网漏失水量。

2. 规划供水定额

根据《城市给水工程规划规范》(GB 50282—2016),可以按用地性质,分地块预测用水量。在缺乏初始人口的确切预测数据时,根据初始土地利用规划进行用水与排水量预测是可行的选择(表 2-3)。不同类别用地用水量指标,可按下式计算:

$$Q = 10^{-4} \sum q_i a_i \tag{2-19}$$

式中: q_i——不同类别用地用水量指标[$m^3/(hm^2 \cdot d)$];

a_i——不同类别用地规模(hm^2)。

表 2-3　不同性质用地的用水定额

类别代码	用地性质		用水量指标/ ($m^3/(hm^2 \cdot d)$)
R	居住用地		50～130
A	公共管理与公共服务设施用地	行政办公用地	50～100
		文化设施用地	50～100
		教育科研用地	40～100
		体育用地	30～50
		医疗卫生用地	70～130
B	商业服务业设施用地	商业用地	50～200
		商务用地	50～120
M	工业用地		30～150
W	物流仓储用地		20～50
S	道路与交通设施用地	道路用地	20～30
		交通设施用地	50～80
U	公共设施用地		25～50
G	绿地与广场用地		10～30

注:1. 类别代码引自现行国家标准《城市用地分类与规划建设用地标准》(GB 50137)。

2. 本指标已包括管网漏失水量。

3. 超出本表的其他各类建设用地的用水量指标可根据所在城市具体情况确定。

2.3.2 污染物排放量预测

(一) 污染物排放量的计算

影响污染物排放量的三个因素是污废水的流量、污染物浓度和对污废水的处理程度。污染物排放量可以表示为：

$$W_{排放} = Q_{预} C_0 (1 - \eta) \tag{2-20}$$

式中，$W_{排放}$ 为污染物的排放量；$Q_{预}$ 为污废水预测排放量；C_0 为污废水中污染物的原始浓度；η 为污废水的处理程度。

(二) 工业废水中的污染物浓度

确定污染物浓度的主要方法是现场采样分析，对于拟建企业则可以通过对采用类似原料和生产工艺的已有企业的调查进行类比分析。原国家环保局组织编写的《工业污染物产生和排放系数手册》为水污染防治提供了丰富的材料。表 2-4～表 2-8 是若干工业生产过程废水中的污染物排放量和各类水质指标。

表 2-4 钢铁生产过程废水中污染物排放量

污染物	烧结/ (t/t)	炼焦/ (t/t)	炼铁/ (t/t)	炼钢/ (t/t)	轧钢/ (t/t)	总量/ (t/t)
SS	0.28	0.08	0.25	0.07	0.20	0.88
COD	0.05	0.08	0.16	0.20	0.14	0.63
NH$_3$	—	0.03	0.08	—	—	0.11
酚	—	0.005	—	—	—	0.005
氰化物	—	0.02	0.03	—	—	0.05

表 2-5 合成氨工业的污染物组成及浓度

废水量/(m³/t 氨)	30～70	挥发性酚/(mg/L)	0.01～0.5
水温/℃	50～80	硫化物/(mg/L)	0.1～30
pH	7～8	COD/(mg/L)	23～300
SS/(mg/L)	50～500	氨氮/(mg/L)	40～47
氰化物(以 CN⁻计)/(mg/L)	10～30		

表 2-6 乳品生产洗涤水水质指标

pH	COD /(mg/L)	BOD$_5$ /(mg/L)	NH$_3$—N /(mg/L)	TN /(mg/L)	TP /(mg/L)	SS /(mg/L)
5～7.5	2 000～11 000	1 000～7 500	0.6～2.2	30～300	15～50	143～785

表 2-7 啤酒废水水质指标

pH	水温 /℃	COD_{Cr} /(mg/L)	BOD_5 /(mg/L)	$CaCO_3$ /(mg/L)	SS /(mg/L)	TN /(mg/L)	TP /(mg/L)
5～6	16～30	1 000～2 500	600～1 500	400～450	300～600	25～85	5～7

表 2-8 皮革废水水质情况

pH	色度/稀释倍数	COD_{Cr} /(mg/L)	SS /(mg/L)	Cr^{3+} /(mg/L)	S^{2-} /(mg/L)	BOD_5 /(mg/L)	Cl^- /(mg/L)
8～10	800～2 500	3 000～4 000	2 000～4 000	80～100	50～100	1 500～2 000	2 000～3 000

（三）生活污水中的污染物浓度

根据实测数据,我国生活污水中的 BOD_5 在 20～35 g/(人·d),悬浮固体(SS)在 35～50 g/(人·d)的范围内。表 2-9 是生活污水中常见污染物的浓度。

表 2-9 典型的生活污水水质指标

序号	指标	浓度/(mg/L)			序号	指标	浓度/(mg/L)		
		高	中	低			高	中	低
1	总固体(TS)	1 200	720	350	8	可生化降解部分	750	300	200
2	溶解性总固体	850	500	250		其中:溶解性	375	150	100
	其中:挥发性	525	300	145		悬浮性	375	150	100
	非挥发性	325	200	105	9	总氮(N)	85	40	20
3	悬浮物(SS)	350	220	100		其中:有机氮	35	15	8
	其中:挥发性	75	55	20		游离氮	50	25	12
	非挥发性	275	165	80	10	亚硝酸盐	0	0	0
4	可沉降物	20	10	5	11	硝酸盐	0	0	0
5	生化需氧量(BOD_5)	400	200	100	12	总磷(P)	15	8	4
	其中:溶解性	200	100	50		其中:有机磷	5	3	1
	悬浮性	200	100	50		无机磷	10	5	3
6	总有机碳(TOC)	290	160	80	13	氯化物(Cl^-)	200	100	60
7	化学需氧量(COD)	1 000	400	250	14	碱度($CaCO_3$)	200	100	50
	其中:溶解性	400	150	100	15	油脂	150	100	50
	悬浮性	600	250	150					

2.4 陆地面污染源解析

2.4.1 陆地面污染源的特征

面污染源是降水形成的径流冲刷过程中挟带进入水体的污染物的发生源。以面源为主要来源的氮、磷等营养物质已经成为湖泊富营养化的重要原因。面源污染发生机理复杂，影响因素众多，具有以下特点。

（一）时间上的随机性和间歇性

面源污染的发生主要受降雨—径流过程的影响，受复杂的气象因素所控制，具有随机性，面污染源的产生在年内和年际的变化都很大。

（二）空间分布上的广泛性

面污染源没有固定的排放口，是在流域尺度上发生的，即流域的任何一处都有可能产生面源污染。

（三）发生机理的复杂性

面源污染的发生与传输机理涉及多个学科范畴。例如水文学、水力学、土壤学、物理学、化学、生物学等，它们之间的关系盘根错节，以至于面污染源的监测、建模和污染控制都显得极其复杂。

（四）污染物组成和负荷的不确定性

面污染源污染负荷与组成不仅随土地利用类型、土壤性质等因素改变，和降雨类型、降雨前期条件等有关，也和人类的活动（如施肥、施药、灌溉等）有关，不确定性因素很多，使得面污染源污染负荷的定量计算和预测非常困难。

（五）控制和管理上的困难性

面源污染发生时间的随机性、发生地点的广泛性、发生机理的复杂性，以及污染组成和负荷等的不确定性，使得传统的末端处理方法难以实现，难以形成规范化的管理体系和设计有效的防治方案。

从图2-2可以看出，一个流域由一个河流系统组成，根据地形地貌可以将整个流域划分为若干个汇水区。汇水区的数量与大小取决于流域的尺度和需求的精度。汇水区

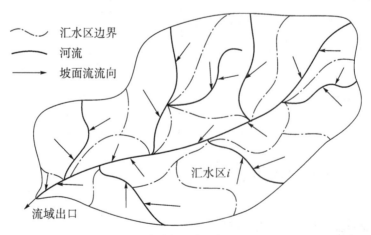

图2-2　陆地面源产生与迁移示意

愈小,计算精度愈高,计算工作量愈大。汇水区是面源计算的基础,以汇水区为单元统计面源污染物的发生量,因为在降水形成的坡面流的作用下,污染物随水流进入河道,开始在河流系统中迁移。

2.4.2 径流系数

径流系数是一定汇水面积的径流量与降雨量的比值,是任意时段内的径流深度与同时段内的降水深度的比值。径流系数说明在降水量中有多少降水形成了径流,它综合反映了流域内自然地理要素对径流的影响。

径流系数的数值介于 0~1 之间,地面坡度愈大、植被覆盖度愈低、次降水强度愈大,径流系数愈大,反之则愈小。对于一般的小流域而言,在山地坡度较大的暴雨区径流系数可高达 0.70 或以上;在地形较为平缓、植被发达的地区,径流系数在 0.40 左右或以下;丘陵河谷地区,介于其间。表 2-10 和表 2-11 是城市雨水系统规划中常用的径流系数。

表 2-10 单一覆盖径流系数

覆盖种类	径流系数
各种屋面混凝土和沥青路面	0.9
大块石铺砌路面、沥青表面处理的碎石路面	0.6
级配碎石路面	0.45
干砌砖石和碎石路面	0.4
非铺砌土路面	0.3
绿地和草地	0.15

表 2-11 城市综合径流系数

不透水覆盖面积情况	综合径流系数
建筑稠密的中心区(不透水覆盖面积>70%)	0.6~0.8
建筑稠密的中心区(不透水覆盖面积 50%~70%)	0.5~0.7
建筑稠密的中心区(不透水覆盖面积 30%~50%)	0.4~0.6
建筑稠密的中心区(不透水覆盖面积<30%)	0.3~0.5

2.4.3 陆地面源污染发生量估算

面污染源是一个复杂的系统,在水污染防治中,主要考虑那些对水质影响较大的或可以进行人为控制和管理的面源。包括:农村面源(种植业、畜禽散养、农村生活)、城市面源和流域面源(内源、大气沉降)等。

(一)农村面污染源

农村面源污染主要来自 4 个方面:种植业的肥料和农药流失,散养和放养的畜禽粪尿随降水径流的流失,农村居民生活污水流失和生活垃圾淋滤液的流失。

目前,面源已成为世界范围内地表水与地下水污染的主要来源,而农村面源居首位。美国环保局在提交给国会的报告中指出,大量的农田养分流失是造成内陆湖泊富营养化的主要原因,美国46%的河流和57%的湖泊受到农田径流的污染。在进入地表水体的污染物中,46%的沉积物、47%的总磷、52%的总氮都是来自农业径流污染。我国各类面源污染也已日益明显和突出,东部地区湖泊的污染负荷中,农村面源污染已超过50%。

1. 种植业面源

2020年上半年,全国化肥使用量为2 797.8万t,其中氮肥使用量为1 017.8万t、磷肥使用量为247.6万t、钾肥使用量为284.2万t。单位面积化肥使用量为94.2 kg/hm²,其中氮肥使用量为57.9 kg/hm²、磷肥使用量为13.9 kg/hm²、钾肥使用量为14.4 kg/hm²。在肥料配比上,全国N∶P∶K比例为1∶0.45∶0.17,氮肥用量偏高。普遍重化肥,轻有机肥,致使土壤酸化,地力下降。目前,我国氮肥施用粗放,2020年上半年,我国化肥平均利用率为34.9%,其中氮肥利用率为34.7%、磷肥利用率为27.4%、钾肥利用率为43.6%,相当于发达国家的1/2;未被利用的氮或者以氨和氮氧化物的形态进入大气,或者随着降水和灌溉尾水进入地面水和地下水。

有研究表明,化肥施用量是造成水稻田非点源污染的主要因素,一个水稻种植期内,磷、氮流失量分别高达0.69 kg/hm²和11.2 kg/hm²,是不施肥情况下的10～30倍,尤其是在水稻生长前期的15 d内。水稻田磷、氮径流流失量可通过下述模型估算:

$$Q = A[C_{Ri}R_1 + H_1(C_{1i} - C_{0i})(1 - e^{-R_2/H_0})] \tag{2-21}$$

式中,H_0为临界状态时水稻田水层高度(m),此时开始产生径流,它由排水堰高度决定;C_{1i}为降雨开始时水稻田水层中磷、氮浓度(mg/L);H_1为初始状态时(降雨前)水稻田水层高度(m);C_{Ri}为雨水中磷、氮浓度(mg/L);R_1为使水层达到临界状态时的降雨水深(m);C_{0i}为达到临界状态时水稻田水层中的磷、氮浓度(mg/L);R_2为达到临界状态后的持续降雨水深(m);A为土地面积。

2. 畜禽散养和放养

散养和放养的畜禽排污是随机的,但是在一个空间和时间范围内,畜禽污染物排放总量与畜禽的养殖量成正比,识别畜禽养殖面污染源的基础就是按照一定的时间和空间范围识别畜禽的养殖数量。

某地区一年内畜禽面源中某种污染物(i)的排放总量G_i可以按下式计算:

$$G_i = 0.365 \sum_{j=1}^{n} A_{ij}E_j \tag{2-22}$$

式中,A_{ij}为第j种畜禽第i种污染物的排污系数[g/(只·d)];E_j为第j种畜禽的养殖量(只)。

3. 生活污水

据调查,全国农村管网建设覆盖率不到30%,甚至有的地区覆盖率不到10%,管网建设质量不高,管网维护管理不到位。农村居民大多数还是按照传统习惯将生活污水随处泼洒或就势排入低洼处,从而导致水源的污染,影响了农民的身体健康。加之近年乡镇企业、集约化养殖场的污(废)水排放,河流、水塘污染加剧。

农村生活污水主要来自洗涤、沐浴和部分卫生洁具排水,污水量因地区经济程度的差异而不同。由于用水量较低,污水量的日变化系数较高(一般为 3.0~5.0),污水中的污染物浓度亦较城市污水为高(表 2-12)。

表 2-12　农村生活污水中的污染物浓度

污染物名称	COD /(mg/L)	BOD$_5$ /(mg/L)	SS /(mg/L)	TKN /(mg/L)	TP /(mg/L)	pH	BOD$_5$ /COD
浓度	350~770	200~400	250	30~40	2.5~3.5	6~9	0.45~0.55

4. 生活垃圾

2019 年,我国农村每年产生的生活垃圾量约为 1.77 亿 t,按照 2015 年底全国 6 亿农村常住人口测算,每天每人生活垃圾产生量约为 0.86 kg。其中有 0.7 亿 t 的垃圾没有经过任何处理。

(二)城市面污染源

城市面源是仅次于农村面源的第二大面污染源。城市地表沉积物是城市地表径流中污染物的主要来源,沉积物的组成决定了污染的性质。城市土地使用功能不同,其沉积物的组成也不同。径流污染物的成分还与车辆交通流量、生活垃圾堆存与清运、居民生活习惯以及商业活动等因素有关。表 2-13 是常见的地面沉积物的类型、来源及危害。

表 2-13　城市面源污染物的种类、来源及危害

污染物类型	污染物来源	危害
固体物质	轮胎磨损颗粒,筑路材料磨损颗粒,运输物品的泄漏,刹车,大气降尘,路面除冰剂,混凝土及沥青路面,杂物	是重金属及有毒化合物 PAHs 等黏附的载体;沉积于水体会降低水体的生态功能
还原性有机物	有机废物,下水道淤泥,植物残体,工业废物	消耗水中的氧,引起富营养化
重金属(Cd,Cr,Cu,Pb,Ni,Zn 等)	汽车尾气的排放,燃料或润滑油的泄漏,除冰剂的撒播,轮胎的磨损,制动器,杂物,工业排放,农药	有毒
油和脂	燃料及润滑油的泄漏,废油的抛弃,工业用油的泄漏	有毒
毒性有机物(PHC、PAHs 等)	汽油的不完全燃烧,润滑油的泄漏,塑化剂,染料,垃圾掩埋,石油工业	有毒
氮、磷营养物	大气沉降,对植物的施肥,杂物	引起水体富营养化
农药	绿地的施用,空气中飘浮的农药颗粒的沉降	有毒

雨水径流中的污染物浓度与降雨强度、降雨历时、地方环境条件(如年降水量、空气清洁度等)有关。国内外对城市径流污染的研究尚不够成熟,缺乏规范性的指标体系和数据,表 2-14 是国内外几个城市面源污染的实测统计数据。

表 2-14　国内外城市地表径流水质监测结果对比　　　　（单位：mg/L）

污染物	巴黎		柏林		北京		武汉	
	屋面	路面	屋面	路面	屋面	路面	屋面	路面
SS	29	92.5	—	—	77.9	243.47	40～60	350～650
COD	31	131	47	87	140.13	140.18	44.9～54.6	60～110
BOD₅	4	36	—	—	17.62	25.17	—	—
TN	—	—	6	2.25	8.21	6.89	4.09～6.04	4.9～6.04
TP	—	—	0.2	0.55	0.17	0.61	0.22～0.25	0.3～0.53

（三）流域面污染源

流域面源指除农村面源和城市面源以外的各种土地利用形式上的面污染源。如林地、草地、荒地上产生的面源。在流域范围内，一般的土地利用性质都是综合型的，既有农村，也有城市；既有草地，也有荒滩。表 2-15～表 2-17 是各地采用的数据。表 2-15 中"东片"代表质地比轻壤更砂的土壤，约占上海市郊区总土地面积的 25%；"西片"代表质地重于轻壤的土壤，约占上海市郊区总土地面积的 75%。

表 2-15　上海郊区地表径流和稻田渗漏的污染系数

类型		COD	TN	TP	径流深度
		kg/(hm² · a)			mm
水田径流	东片	71.93	10.2	1.65	236.9
	西片	10.35	14.7	2.37	329.9
旱地径流	东片	105.7	9.0	1.54	181.6
	西片	144.1	12.4	2.21	247.6
村径流	东片	261.5	18.1	5.21	309.8
	西片	262.8	18.2	5.24	311.3
镇径流	东片	166.5	12.2	2.64	309.8
	西片	167.4	12.3	2.65	311.3
稻田渗漏	东片	99.9	19.6	1.22	600
	西片	66.6	13.0	0.88	400

表 2-16　巢湖流域塘西地区不同土地利用类型地表径流监测结果

土地利用类型	TP /(mg/L)	TN /(mg/L)	COD /(mg/L)	水溶性TP /(mg/L)	水溶性TN /(mg/L)	水溶性COD /(mg/L)
A 大豆地	1.14	12.78	15.06	0.53	4.94	5.68
B 水稻田	0.08	2.47	10.12	0.03	1.33	5.80
C 菜园地	0.41	7.62	15.11	0.26	5.75	7.32

（续表）

土地利用类型	TP /(mg/L)	TN /(mg/L)	COD /(mg/L)	水溶性TP /(mg/L)	水溶性TN /(mg/L)	水溶性COD /(mg/L)
D 山芋地	0.60	4.36	51.48	0.07	3.01	5.76
E 小麦地	0.38	5.94	33.45	0.15	4.46	5.11
F 集镇道路	0.56	7.01	184.58	0.45	4.31	5.15
G 山坡地	0.22	5.04	10.90	0.11	4.42	9.95
H 饲养场	0.25	8.53	48.11	0.14	7.79	5.07
I 农村道路	0.20	6.02	6.29	0.07	5.01	5.67
J 湖滩苇地	0.41	5.30	111.74	0.71	11.54	8.39
K 荒地	0.11	2.32	8.40	0.11	1.22	2.89

表 2‑17　长江上游污染物表

类型	TN	TP	类型	TN	TP
耕地/[t/(km²·a)]	2.900	0.090	人/[t/(万人·a)]	19.547	2.142
林地/[t/(km²·a)]	0.238	0.015	大牲畜/[t/(万头·a)]	113.715	2.179
草地/[t/(km²·a)]	1.000	0.020	猪/[t/(万头·a)]	26.667	1.417
城镇/[t/(km²·a)]	1.100	0.024	羊/[t/(万头·a)]	15.134	0.450
荒地/[t/(km²·a)]	1.490	0.051	家禽/[t/(万只·a)]	0.459	0.054

2.4.4　陆地面源污染物入河量估算

（一）入河系数法

1. 计算过程

入河系数，应该理解为堆存在某一个汇流区地面上的面源污染物在降水坡面流的作用下，进入最近一个河道的分数。入河系数对于宏观估算一个地区面源污染物进入水体的总量具有一定价值。

估算面源污染物入河量是一件非常复杂的工作，处于静止状态的污染物，在降雨径流的推动下，沿着地面运动，一部分污染物随着水流下渗，下渗过程中，一些被土壤颗粒吸附、截流，一些进入地下水或挥发到大气中；另一部分污染物则随着径流（坡面流）进入最近的沟道，继而汇集到河流系统的支流、干流。因此，进入河道的面源污染物只是积存在地面上的污染物的一部分。通过入河系数估计污染物的入河量不失为一种简便易行的方法。

采用入河系数估算污染物入河量的方法属于黑箱模型，它主要根据污染物的输入和输出关系建立统计模型。假定某个汇流区内第 i 种面源污染物发生量为 S_i，则

$$S_i = \sum_{j=1}^{n} A_{ij} I_{ij} \qquad (2-23)$$

式中，A_{ij} 为产生第 i 种污染物的第 j 种污染源的土地利用面积，或畜禽数目，或人口数量，如汇水区内种植水田的公顷数，养殖的奶牛数等；I_{ij} 为产生第 i 种污染物的第 j 种污染源的单位强度，如每公顷农田每年的氮肥（折纯）施用量，每头奶牛每年的排泄物中总磷含量等；n 为面污染源的种类数目。

在降雨径流作用下，第 i 种面源污染物的入河量 L_i 为：

$$L_i = \lambda_i S_i = \lambda_i \sum_{j=1}^{n} A_{ij} I_{ij} \tag{2-24}$$

式中，λ_i 称为第 i 种污染物的入河系数，由上式得：

$$\lambda_i = \frac{L_i}{S_i} = \frac{L_i}{\sum\limits_{j=1}^{n} A_{ij} I_{ij}} \tag{2-25}$$

入河系数和汇流区的年径流模数存在较好的相关关系，其经验表达式为：

$$\lambda_i = \frac{1}{1 + aq^b} \tag{2-26}$$

式中，q 为年径流模数 $[\mathrm{m^3/(km^2 \cdot a)}]$；$a, b$ 为计算参数。

2. 降水影响修正

蔡明等研究了降水对面源污染物输出的影响，并进一步将面污染源的产生归纳为农业种植、城镇、自然、牲畜养殖和人类生活 5 种类型。

改进的输出系数方法认为，面源污染物年入河量 L 是年降水量 P 的函数：

$$L = mP^n \tag{2-27}$$

降水影响系数 α_i 定义为

$$\alpha_i = \frac{L_i}{\overline{L}} = \frac{m(P_i)^n}{m(\overline{P})^n} = \left(\frac{P_i}{\overline{P}}\right)^n \tag{2-28}$$

式中，L_i 是计算年的污染物入河量；$\overline{L}$ 是多年平均的污染物入河量；P_i 是计算年的流域降水量；$\overline{P}$ 是多年平均的流域降水量；参数 m 和 n 可以通过历年降水量和污染物负荷量取值。

考虑了降水影响的面源污染物入河量计算式为

$$L_i = \alpha_i \lambda_i S_i = \alpha_i \lambda_i \sum_{j=1}^{n} A_{ij} I_{ij} \tag{2-29}$$

如果估计面源污染的目的是模拟湖泊或水库的营养状态和研究面源污染控制对策，则只需考虑多年平均面源污染负荷，不必考虑降水修正。

（二）计算参数确定

1. 入河系数 λ_i

面源污染物入河系数 λ_i 与地形地貌、土地利用类型、各种污染物的发生源有关。农业种植业、畜禽养殖业、居民生活面源的入河系数可以通过典型小流域的污染物输入-输出关系试验求得。郝芳华等对我国各大水系三级区的面源污染物入河系数进行了系统研究,大部分数值处在 0.5～0.7 之间,最高值为 0.80,最低值为 0.50。表 2-18 是松花江流域调查中采用的数据。

表 2-18　松花江流域畜禽粪便污染物进入水体流失率(%)

污染物	牛	大牲畜	羊	猪	禽类
COD	6.16	6.16	5.50	5.58	8.59
NH_3—N	2.22	2.22	4.10	3.04	4.15
TN	5.68	5.68	5.30	5.25	8.47
TP	5.50	5.50	5.20	5.25	8.42

蔡明等根据多年观测数据,估计了入河系数经验公式中的参数:对于 $\lambda = \dfrac{1}{1+aq^b}$, $a = 7.8662, b = -1.5143, \lambda$ 值在 0.0654～0.2789 之间(表 2-19)。

表 2-19　某流域入河系数估算

年份	年径流模数/ $[m^3/(m^2 \cdot s)]$	λ 值	年份	年径流模数/ $[m^3/(m^2 \cdot s)]$	λ 值
1991	1.529	0.1947	1996	1.766	0.2312
1992	2.085	0.2789	1997	1.517	0.1927
1993	1.787	0.2344	1998	1.695	0.2204
1994	1.296	0.1584	1999	1.657	0.2145
1995	0.674	0.0654			

2. 降水影响修正系数

流域降水量与流域面源污染物负荷存在良好的相关关系,对于模型 $L = mP^n, m = 7.4021, n = 1.2046; \alpha$ 值在 0.3886～1.7361 之间。

(三) 实用系数系列修正

中国环境规划院在 2004 年提出点源和面源污染物入河量计算的修正方法。

1. 点源取值与修正

(1) 入河系数取值:以企业排放口和城市污水处理厂污水排放口到入河排污口的距离(L)远近,确定入河系数。参考值如表 2-20 所示。

表 2-20　入河系数的取值

污水排放口至入河排污口的距离/km	$L \leqslant 1$	$1 < L \leqslant 10$	$10 < L \leqslant 20$	$20 < L \leqslant 40$	$L > 40$
入河系数(λ)取值	1.0	0.9	0.8	0.7	0.6

（2）入河系数修正：见表 2-21。

表 2-21　点源入河系数的修正

修正内容	输水方式		气温		
	未衬砌明渠	衬砌暗管	<10 ℃	10～30 ℃	>30 ℃
取值	0.6～0.9	0.9～1.0	0.95～1.0	0.8～0.95	0.7～0.8

2. 农田径流污染物面源计算

（1）标准农田：标准农田指平原、种植作物为小麦、土壤类型为壤土，化肥施用量为 25～35 kg/（亩·a），年降水量在 400～800 mm 范围内的农田。

标准农田源强系数为：COD：10 kg/（亩·a）；氨氮 2 kg/（亩·a）。

（2）其他农田：对应的源强系数需要修正，见表 2-22。

表 2-22　农田源强系数修正

修正内容	坡度修正		土壤类型修正			化肥施用量（kg/亩）修正			年降水量（mm）修正		
	<25°	≥25°	壤土	砂土	黏土	<25	25～35	>35	<400	400～800	>800
取值	1.0～1.2	1.2～1.5	1.0	0.8～1.0	0.6～0.8	0.8～1.0	1.0～1.2	1.2～1.5	0.6～1.0	1.0～1.2	1.2～1.5

（3）农作物类型修正：以玉米、高粱、小麦、大麦、水稻、大豆、棉花、油料、糖料、经济林等主要作物作为对象，确定不同作物的污染物流失修正系数。此修正系数需通过科学实验或者经验数据进行验证。

3. 畜禽养殖（散养）污染物排放量计算

畜禽养殖污染物产生量可参照经验系数估算。猪：COD 50 g/（头·d）；氨氮 10 g/（头·d）。其他畜禽的污染物产生量可以按照下述关系转换：30 只蛋鸡或 60 只肉鸡折合为 1 头猪，3 只羊折合为 1 头猪，5 头猪折合为 1 头牛。

4. 城市径流污染物排放量计算

（1）标准城市的污染物排放量：所谓标准城市，是指地处平原地带，城市非农业人口在 100 万～200 万人之间，建成区面积在 100 km² 左右，年降水量在 400～800 mm 之间，城市雨水收集管网普及率在 50%～70% 之间的城市。一般城市人均产污系数约为：COD 60～100 g/（人·d），氨氮 4～8 g/（人·d）。

（2）非标准城市污染物排放量的修正：见表 2-23。

表 2-23　非标准城市污染物排放量的修正

修正内容		取值	修正内容		取值
地形修正	平原	1	面积(km²)修正	≥150,<250	1.6
	山区	3.8		≥250	2.3
	丘陵	2.5	降雨量(mm)修正	400 以下	0.7
人口(万人)修正	<100	0.3		400~800	1
	≥100,<200	1		>800	1.4
	≥200,<500	2.3	管网覆盖率(%)修正	<30	0.6
	≥500	3.3		≥30,<50	0.8
面积(km²)修正	<75	0.5		≥50,<70	1
	75~<150	1		≥70	1.2

5. 矿山(固体废物)污染物排放量计算

所谓标准矿山企业,是指地处平原地带,面积在 10 km² 左右,年降水量在 400~800 mm 之间的企业。非标准矿山污染物排放量的修正见表 2-24。

表 2-24　非标准矿山污染物排放量的修正

修正内容	地形修正			面积(km²)修正			降水量(mm/a)修正		
	平原	地区	丘陵	<10	10~30	>30	<400	400~800	>800
取值	1	3.8	2.5	0.5	1	1.6	0.7	1	1.4

第三章　水污染控制规划及其优化方法

3.1　水污染控制系统分析

3.1.1　系统概述

(一) 系统及其特征

系统是由一组相互依存、相互作用和相互转化的客观事物所构成的有机整体。例如,环境系统、排水系统、工业系统、农业系统等。系统可以看作是由子系统构成的,而子系统又可以进一步细分,从而形成多级递阶系统。

系统一般具有以下五个基本特征:① 集合性:系统由两个或两个以上的不同要素构成。这些要素具有不同的性能,但它们是根据逻辑统一性的要求构成的整体。② 相关性:系统内部各要素相互作用且相互关联,形成有机联系的整体。③ 目的性:系统的功能根据特定的目的而设计,因此具有一定的目的性。④ 整体性:系统以一个整体出现,以整体的形式存在于环境之中,与环境相互作用、相互关联。因此,在研究系统时,需要考虑系统的各个构成要素。⑤ 环境适应性:系统存在于一定的物质环境中,与环境之间进行信息、物质、气象等交换。因此,系统必须适应外部环境的变化。

(二) 系统分类

1. 按组成部分的属性划分

按照组成部分的属性划分,系统可以分为自然系统、人造系统和复合系统。

(1) 自然系统:由各种自然物质构成,例如水、大气、土壤、矿物、植物、动物等自然物质构成的系统,如森林系统、草原系统、湿地系统、海洋系统和矿藏系统等。这些系统是自然形成的,其特点是受到自然规律支配,不受人类干预的影响。

(2) 人造系统:人类为了达到某一需求目的而建立起来的系统,例如环境系统、排水系统、给水系统等。这些系统的特点是人为设计和建造,是人类的创造物,需要进行维护和管理,以确保其正常运行和实现预期目标。

(3) 复合系统:人们借助于认识和利用自然规律,为人类服务而建造的系统。例如,气象预报系统,它通过结合人工采集的数据和自然规律模型来预测天气。这些系统是由人类设计和建造的,但其运行也受到自然规律的制约,具有复杂性和多样性的特点。

2. 按形态划分

系统可以被划分为实体系统和概念系统两种形态。

（1）实体系统：由物质实体组成的系统，例如生物、管道、构件、机械等。这些实体系统的组成元素是具体的物质，其性质和行为可以通过物理、化学等自然科学的方法进行研究和描述。

（2）概念系统：由概念、原理、原则、法则、制度等非物质构成的系统，例如法律系统、教育系统等。这些概念系统的组成元素是抽象的概念和规则，其性质和行为不能直接通过自然科学的方法进行研究和描述，需要通过社会科学和人文科学的方法进行研究和理解。

实体系统和概念系统通常是相互依存和不可分割的，概念系统为实体系统提供指导和规范，而实体系统是概念系统服务的对象，二者相互作用共同构成了复杂的现实世界。

3. 按所处的状态划分

按所处的状态划分，系统可分为静态系统和动态系统。

（1）静态系统：系统的状态不随时间而变化，即处于稳态的系统。在静态系统中，系统的状态变量保持不变，系统不受外界干扰或内部变化的影响。

（2）动态系统：系统的状态随着时间变化而变化，即系统的状态变量是时间的函数。在动态系统中，系统的状态随着时间的推移而发生变化，通常受到外部因素或内部因素的干扰或变化的影响。

4. 按与环境的关系划分

按与环境的关系划分，系统可分为闭环境系统与开环境系统。

（1）闭环境系统：系统内部与外界环境没有交换的系统。

（2）开环境系统：系统与外界发生能量、物质、信息等交流的系统。

实际生产和生活中，一个系统不可能与外界环境绝对封闭，所以闭环境系统是基于研究问题需要而忽略外界环境影响的一种近似，它是有条件的。

5. 按系统内变量之间的关系划分

按系统内变量之间的关系划分，可分为线性系统和非线性系统。

（1）线性系统：系统内变量之间互动关系呈线性。

（2）非线性系统：系统内变量之间互动关系呈非线性。

6. 按系统的规模划分

根据系统的规模，可以将系统划分为不同的级别，包括小型系统、中型系统、大型系统和超大型系统等。

不同的系统形态可能会有各种组合方式，它们之间相互交叉和渗透，因此系统形态具有千变万化的特点。不过，这些系统形态通常可以归纳为前文所述的几种基本形态，包括自然系统、人造系统、实体系统、概念系统、静态系统和动态系统等。通过对这些基本形态的深入理解和综合应用，可以更好地研究和设计复杂的实际系统。

（三）水污染控制系统

1. 流域系统

流域系统是一个相当大的系统，它包括一条河流流域范围内的全部支流、城镇、工业区、农村和一些市政设施等。流域内的城镇、工业区的给排水系统、农田灌溉系统等都是它的子系统，所有子系统都从该河流中取水，也向它排水，从而对河水水质产生影响。

一个普通的流域水污染控制系统由多个子系统组成。子系统包括:污水处理厂系统、城市水质系统、从流域面积上排放出来的面源污染系统、储存池、电厂、水库等。从这些子系统输入和输出的物质有:河流的溶解氧(DO)、管道输入的物质、输送到污水处理厂的污染物、水和废水处理所需要的化学品。信息量包括:决定处理厂的负荷或效率所需的流量记录、设计污水处理厂需要的污水特征、为区域废水管理系统的发展提供工业废水量及其特性、为适应厂际间控制和调整需要的污水处理厂效率等。系统的最优目标是用最小的费用,达到需要的 BOD_5 等的去除率。最后还要对系统做出评价,希望在众多方案中决策出技术先进和经济合理的设计方案。

现阶段,在水生态建设的指导方针下,我国水环境治理也从流域系统的角度进行。通过对流域调研分析,采取问题导向,以保护水资源、保障水安全、改善水环境、修复水生态、彰显水文化为目的,对水资源、水环境、水安全、水景观、水文化、水智慧等多方面加以考虑,以实现对流域前瞻性、科学性和整体性的规划治理。

2. 城镇给排水系统

城镇给排水是流域水污染控制系统中的一个重要的子系统。该系统有它自己的许多子系统,如水源、取水系统、输水系统、配水系统、水处理系统、排水系统、废水处理系统、水再循环系统等,其构成了城市污水和雨水处理的工程设施系统,是城市公用设施的重要组成部分。

3. 污水处理系统

污水处理系统是处理污水的几种单元过程合理组合成的整体,污水处理系统一般都由几个处理系列组成,处理系列就是用来完成某特定处理目标的一种或几种方法组合的序列。污水处理通常按所去除物质颗粒大小、性质来确定处理目标。废水处理厂是市政系统的子系统,可分隔为若干单独的过程,如初步沉淀、生化分解(活性污泥法)、曝气厌氧消化等。

一个污水处理系统还可分为水污染处理和污泥处理两个子系统。为了达到预期处理的效果,使投资、运行成本最低,管理方便,必须将整个处理过程作为一个系统来研究。

3.1.2　系统分析

(一)系统分析概念

系统分析是一种从系统的角度对所研究的问题进行全面、系统分析的方法。其主要目的是明确系统所期望达到的目标,分析系统的结构、性能、优缺点、潜力和隐患,同时考虑系统所处的环境背景和历史背景等因素。

在系统分析中,通常会使用模拟计算等方法,以找出系统中各要素之间的定量关系。同时,还需要依靠分析人员的直观判断和经验的定性分析等方法,从众多的可行方案中优选出最佳的可行方案。因此,系统分析是一种综合性的分析方法,可以帮助人们深入理解和研究复杂的系统问题,并从中找到最佳的解决方案。

(二)系统分析准则

1. 外部条件与内部条件相结合

将系统内外部各种有关因素结合起来进行综合分析,才能实现方案的最优化。例如,一个废水处理系统不仅受内部因素的影响,而且受外部条件的制约。因此,不仅要考虑其内部的处理工艺、设备、规模及人员组成等各种因素,而且还必须考虑周围环境、污泥出路、能源、交通状况等外部因素。

2. 当前利益与长远利益相结合

在选择最佳方案时,不仅需要考虑当前利益,还需要考虑长远利益。如果方案能够同时对当前利益和长远利益都有利,那么这就是最理想的方案。在选择方案时,应以长远利益为主,但也要兼顾当前利益。在服从长远利益的前提下,尽可能地将当前的损失减少到最低。

为了确保方案考虑到长远利益,需要对其可能的影响进行全面的预测和评估,以确定方案是否能够在未来的发展中持续产生价值。同时,还需要考虑不同利益相关者的需要和利益,并通过协商和妥协等方式来实现长远利益和当前利益的平衡和统一。只有在平衡和统一的基础上,才能够选择出最佳的方案。

3. 局部利益和整体利益相结合

系统与子系统的关系是整体与局部的关系。如果每个局部效果都好,则整体效益自然得到保证。在系统分析中,强调局部服从整体,在确保系统整体效益最优的情况下,将局部利益和整体利益结合起来。

4. 定量分析与定性分析相结合

定量分析就是指对那些可以用数量表示的指标的分析。定性分析是指对那些不容易用数量表示的指标的分析。如环境污染对人类健康、经济、环境等的影响,对这些因素往往只能是根据经验统计和主观判断来分析。

系统分析通常遵循的是"定性－定量－定性"这一循环过程。定性分析是定量分析的基础,而定量分析则是定性分析的量化。

(三) 系统分析步骤

系统分析作为一种解决问题的方法,可以帮助决策者从大量可行方案中鉴别和选择一个最合适的方案,以在满足所有约束的条件下,最优地达到系统设计者和决策者的总目标。一般来说,系统分析步骤可以概括为如下 5 个阶段。

1. 确定目的

首先要明确所分析问题的远期目标和当前目标。目的和目标间既联系又相区别。所谓目的,多偏重于原则性、理想的期待;而目标则是在特定目的下,具有实际可行的具体的期待。目的一般要由多个目标来完成。确定目的通常要考虑将来的效果,全局的可行性、经济性等。

2. 收集分析资料

数据的监测和收集是系统分析的基础工作。应首先调查影响目的的各种因素现状及其历史统计数据、专家意见、国内外有关问题的各种资料,必要时对现场进行考察,确定影响目的的各个要素;其次,确定研究的范围。

3. 系统模型化

系统模型化是掌握系统各个功能以及功能间的相互关系,通过说明系统的构成和行为,用适当的数学方程、图像,甚至是物理模型来表达系统实体的一种科学方法。一般情况下将我们所研究的环境系统分解为若干个可以多级递阶控制的或分散控制的子系统,然后用简洁的可以进行实验和逻辑处理的模型替代子系统,通过这些模型的分析与计算,为研究系统的有关决策问题提供必要的可靠信息。

4. 系统最优化

运用优化理论和方法,对若干替换模型进行最优化,求出几个替换解。进行系统最优化时首先必须根据最优化问题的性质,探讨最优化方法的应用。如对确定性问题,可采用线性规划、动态规划、非线性规划、整数规划等理论。对于非确定性的问题可用层次分析法(AHP法)以及马尔可夫过程、相对论、对策论等方法进行最优化。有的系统还应用网络理论和图论进行最优化等。

5. 系统评价

系统评价是系统分析中一个复杂而重要的步骤,其主要目的是判断所设计的系统是否达到预定的各项指标,能否投入正常运行,并为决策者提供正确的决策依据。具体来说,系统评价需要根据系统的目的,利用模型、资料和相关信息,从环境、技术、经济、社会等多个方面,对系统的各种可行方案的价值进行评估,从中选出环境适宜、技术先进、经济合理的最佳可行方案。

在系统评价过程中,需要考虑各种因素的相互作用和影响,对系统的优劣进行全面、系统的评估,以确定最佳可行方案。评价过程中,需要使用各种分析方法和工具,例如模拟计算、风险分析、成本效益分析等,以帮助评价人员更好地理解和分析各种方案的优缺点,为决策者提供有力的支持和建议。

3.1.3 水污染控制系统概念及组成

(一) 基本概念

水污染控制系统是由污染物产生、输送、排放、处理和水体迁移转化等过程及其影响因素组成的复合系统。这个系统涉及资源开发、人口规划、经济发展和水环境保护之间的协调问题。这个系统可以在一条河流的整个流域进行水资源开发、利用和水污染整治规划,也可以在小流域(城市、工业区)内进行污水处理系统规划,或者是具体的污水处理设施的规划、设计和运营。

该系统是由自然系统和人工系统组成的复合系统。自然系统包括源头、河段、河口、湖泊以及流动的水流、水体中的生物和各种天然污染源等。人工系统包括各种水工构筑物、点污染源、面污染源和各种污水处理构筑物等。

从系统自身看,城市污水排放受到系统结构变化、各个子系统内部污染源头控制和末端治理技术、减排政策等多方面因素的影响,研究整个水系统污染控制问题,就需要在一个综合性系统框架下进行系统优化和技术筛选,深入解析水污染在各个子系统中产生、治理和排放的特点,从系统结构调整和技术优选组合两个方面对水污染控制规划和策略进行综合评估。此外,气候、环境的显著变化,社会经济的迅速发展,也导致了对水污染控制和水资源需求的多变性,对水污染控制系统提出经济、环境、资源性能要求。

（二）组成

水污染控制系统由污染源子系统、污染物收集与输送子系统、污水处理与回用子系统、污水排放口子系统、接受水体子系统和管理系统组成（图3-1）。

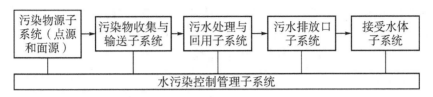

图3-1 水污染防治系统的组成

1. 污染源子系统

污染源是污水和污染物的发生源，工业污染源和城镇生活污染源是当前水体污染的主要来源。随着农药化肥使用量的增加，农业面源污染日益突出；随着工业和城镇点源污水处理程度的提高，农业及其他面源污染所占比重日趋增高。

2. 污染物收集与输送子系统

水污染物的收集和输送是随着水流运动进行的。污染物的收集和输送系统分为自然系统和人工系统两大类。自然系统是指江水到达地面后，经过地面径流、汇流、进入沟渠、河道，最后汇入海洋。在水流输送过程中，既有杂质进入水中污染水质的过程，也有杂质从水中分离净化的过程。面源污染物的收集和输送过程，基本上是一个复合系统。

生活污水和工业废水的收集与输送子系统基本上是由人工建造的。从污废水的发生源开始至将它们输送到污水处理厂，沿途经过各种收集设备和管道。对于一个城市的排水工程，污水收集和输送管道子系统的建设费用和建设难度都大大高于污水处理厂。在水污染防治规划过程中需要考虑的主要问题是污水转输管道，这类问题通常发生在权衡污水的集中和分散治理或选择污水处理厂厂址时。

3. 污水处理与回用子系统

污水处理与回用子系统是改善水体水质的核心部分。在污水处理系统中，污染物的去除量是可控变量，通过调节污水处理程度来调节污染物的排放量，从而达到改善水环境目标。在水资源短缺地区，污水处理的另一个目的是作为再生水资源实现重复使用。

根据当地的水资源紧缺情况和经济社会发展水平，合理选择污水处理方法和设备是水污染防治规划的重要内容。

4. 污水排放口子系统

合理选择排放口的位置也是水污染防治规划的重要内容。一个合格的排放口位置必须符合下述条件：① 位于取水口和城市的下游；② 不得设置在一、二类水环境功能区，以及作为饮用水水源的保护区内；③ 要有利于污染物的扩散和迁移；④ 便于污水量的测量和水质采样。由于人口的增加和城市的扩张，在经济发达和人口稠密地区，逐渐形成了城市群，一个城市的下游可能是另一个城市的上游，这时的排放口位置选择不仅要符合本市的需求，还应该与下游城市协调，妥善安排。

5. 接受水体子系统

水体是污水的最终出路,接受污水的水体包括河流、湖泊、河口、海湾等。水体的水质是一个地区环境质量的一部分。水体的水质标准是根据一个地区的自然条件和政治、经济、文化等因素制定的,是水污染防治规划的最高目标和主要依据。

确定水域的水环境功能区是水污染防治规划的重要内容,是规划的出发点,也是规划的归宿。从预设水环境功能区的水质目标,通过水污染防治规划的论证和修订,到最终确定水质目标,是水污染防治规划的完整过程。

6. 管理子系统

一个完整的水污染控制系统应该包括管理子系统,管理子系统是规划实施和运行的保障。管理子系统一般应该包括管理体制和运行机制、规划项目资金筹措、监督管理、严格法规和公众参与等内容。

3.2 水污染控制规划方法学

3.2.1 水污染控制规划的目标与任务

(一)水污染控制规划概述

水污染控制规划是为了防治水体污染而制定的防治目标和措施。该规划是在进行污染源调查和水质现状评价的基础上,依照国家或城市对相应水体功能的环境质量要求,建立相应的数学模型计算出水体中各污染物的最大允许排放量(即水环境容量),然后根据规划水平预测的污染负荷计算出污染物削减量,以使水域功能满足所要求的环境质量标准。满足污染物削减量可以有多种方法和措施,水污染控制规划必须通过经济效益、环境效益和社会效益的分析和比较,优选出最佳的实施方案。

水污染控制规划的对象可以是江河、湖泊、水库、海湾,范围可以是河段、城市区段、河流、水系和流域等。该规划的主要内容包括:① 水质功能区的规划:按照不同的水体使用功能、水文条件、排污方式、水体自净能力特性,划分水质功能区、监控断面,建立功能区内水质管理信息系统等;② 水质目标和污染物总量控制指标规划:规定水质目标与污染物排放的总量控制指标;③ 治理污水规划:提出推荐的水域污染控制方案,提出分期实施的工程设施和投资概算等。

水污染控制规划以流域的边界为边界,流域内凡是与水相关的问题都与水污染控制有关。同时水污染控制涉及社会、经济和生态环境的所有领域,这种特征决定了水污染控制系统是一个复杂的巨系统。水污染控制规划的复杂性表现在以下方面:① 目标的复杂性。水污染控制的目标包括社会效益、经济效益和环境效益等方面,而这些效益还包含很多具体的利益。② 结构的复杂性。污染物从发生源到接受水体,要经过无数的构筑物和无数道工序,这些对水质都会产生影响。③ 关系的复杂性。要考虑地理上的上下游、左右岸的关系,还要处理保护与发展、工业和农业、生产与生活、个人与社会等关系。④ 工程上和技术上的复杂性。规划过程和规划的实施需要建设大量的工程项目,需要先进技术的支持。

在水污染控制规划过程中，水污染系统分析是前提，水功能区划是首要条件，水质模型是基础，以最小费用实现水体环境保护是最终目标，选择一个合适的规划模型是关键，费用效益分析是保证。

(二) 不同层次规划目标与任务

1. 流域水环境功能区划的目标与任务

流域水环境功能区划的目标是科学、合理地确定流域内各水域的水环境质量要求，其主要任务是根据水域的水资源利用要求和现状，考虑水环境与生态保护、经济与社会发展，以及人民生活水平的不断改善的需求，在一个流域的范围内合理划分水环境功能区以及制定相应的水质目标，流域尺度和时间尺度上统筹权衡人类需求功能与水生态需求功能，以实现分类管理功能区并实行针对性的动态管理目标。流域水环境功能区划所要确定的是水污染控制的战略目标，战略目标的实现有赖于水环境功能区水污染控制规划的制定和实施。在初始的功能区划阶段，功能区的划分以及功能区目标建设的主要依据是对水质的需求和水环境现状，是一种设定，是否可行与合理要在功能区规划阶段进行验证和修订。

2. 功能区水污染控制规划的目标与任务

功能区的水污染控制目标也是实施流域水环境功能区划所确定的水质目标，其主要任务是在流域水环境功能区划的指导下，协调与功能区相对应的污染控制区内的污染源，以经济合理的代价和适用技术控制污染，保护水环境。我们在对流域水污染进行治理时，应该以流域内水资源重复利用为理念，以资源再利用、协同净化为原则，充分将废弃河道以及闲置的荒地利用起来，科学地进行污水回收再利用。

相关部门要有针对性地对典型代表行业和企业的节水现状进行系统的调查和分析，建立科学的方法来对企业污水进行处理以及最大程度上回收利用；在日常城市生活中，相关部门也要研究分析城市水环境现状，并且与污水处理厂达成高效率的合作，发展对城市污水毒性消减技术，研究城市废水再利用的方法，提出城市污水资源化的规划方法；在农业耕作中，推广用喷灌和微灌技术来代替漫灌的方法，减少水资源的无效蒸发浪费，研究和发展科学节水的农业技术，使水资源在农业生产中达到最高的利用率。

在治理流域水体污染中，要综合运用经济、法律、科技等手段，注重市场和宏观管理机制，调动社会各界力量。要加强环保生产、污水资源利用、生态环境保护和基础设施建设，不仅保护水体，也要关注流域水体与经济、社会、生态环境的联系。规划模式要进行多次研究，大胆试验和努力创新治理手段。流域污染控制规划中的水质目标和治理措施对改善水质和推进生态文明建设至关重要。

一个好的水污染控制规划是各种手段的巧妙组合，达到环境效益、经济效益和社会效益的统一。表3-1总结了水污染控制规划的两个层次的主要目标和主要任务。

表 3 - 1　不同层次规划的目标与任务

规划层次	主要目标	主要任务
流域功能区划	以流域为单元,协调流域内各区域之间的关系,确定和实施水环境质量目标	1. 识别流域层次及其边界;2. 划分流域中的区域;3. 识别主要的水环境功能区及水质要求;4. 协调并分配各区域的污染物允许排放总量
功能区规划	在流域规划的指导下,进行水环境功能区范围内的水质管理与污染源治理规划	1. 细化水环境功能区划;2. 识别现有的和预测的污染源;3. 优化水污染综合防治措施的布局与结构;4. 协调并分配各污染源的允许排放量;5. 规划水污染防治项目

3.2.2　水污染控制规划一般方法

水污染控制规划是一个复杂的过程,每一个子过程都包含一个甚至多个方法。就其核心问题允许排放量的分配而言,大体可以将水污染控制规划的方法归纳为最优化规划法、公平规划法、情景分析法、多目标决策法、层次分析法和其他方法。

(一)最优化规划法

最优化规划法是利用各种数学最优化技术,在给定约束条件下寻求最佳解决方案的方法,如图 3 - 2 所示。它主要应用于决策过程中的优化问题,如成本最小化、效益最大化等。水污染控制规划中最优化规划法的最大特点是以设定的控制断面的水质标准为目标对规划范围内的污染源进行允许排污量的分配。按照规划方法可以分为排放口最优规划、均匀处理规划和区域最优规划。

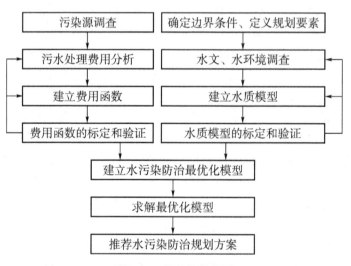

图 3 - 2　最优化技术图

最优化规划法的缺点:一是只能解决单目标问题,而水污染控制规划通常属于多目标规划问题,通过最优化方法得到的水污染控制方案至多是众多解决方案中的一个;二是该方法对实际条件进行了较多的简化,结果与实际的工程措施之间难以衔接;三是由于追求单一目标最优,规划结果公平性较差。

（二）公平规划法

公平规划法首先要确定规划水体的环境容量和污染物允许排放总量，然后通过一系列规则将允许排放总量逐级分配到地区和污染源。与最优化规划法强调分配效率不同，逐级分配方法更强调允许排放量在各地区、各污染源之间的分配方法，包括基于公理体系的排污总量分配法、按贡献率分配法、等比例分配法等。这是一种在决策过程中，充分考虑环境公平性的规划方法。

（三）情景分析法

情景分析法是根据污染源和接受水体的实际状况以及水处理技术条件，生成一系列的污染源治理方案，然后对方案进行情景分析，根据经济、技术约束筛选可行方案，进而通过两两比较筛选非劣方案，最后通过多目标分析从非劣方案中提出推荐方案。情景分析法可以帮助决策者预测未来可能的发展趋势，从而制定更有效的水污染控制措施。

情景分析法有两个出发点，一是从"水上"出发，计算环境容量和污染物允许排放量；二是从"陆上"出发建立和筛选水污染控制方案。这是两条从不同起点出发的、互相平行的计算路线，与最优化规划和公平规划法不同，情景分析法属于"双向计算法"。

情景分析法中，污染源的治理方案是从污染源的实际条件出发生成的，可以最大限度保证方案的工程可行性；在方案生成过程中，可以接纳各方面代表和人士的意见，进行充分的协调和论证，尽可能做到效率与公平的统一。只要列出尽可能多的备选方案，就一定可以选出满意方案。方案的生成和情景分析过程是水污染控制的利益相关方的合作与博弈过程。

情景分析法的一般步骤如下：

① 确定目标：首先明确情景分析的目标，如降低污染物排放量、提高水质等。② 收集数据：收集与水污染相关的数据，包括水质监测数据、水资源状况、污染源排放量等。③ 确定关键驱动因素：识别影响水污染的关键驱动因素，如经济发展、人口增长、技术进步等。④ 设计情景：基于关键驱动因素，设计多个可能的未来情景，情景应该是具有代表性和可信度的，能反映不同的发展路径和政策选择。⑤ 分析情景影响：针对每个情景，分析其对水污染的影响，包括污染物排放量、水质变化等。⑥ 评估控制策略：根据情景分析结果，评估不同控制策略的效果，如减排技术、水资源保护措施等。⑦ 比较情景：对不同情景下的控制策略效果进行比较，找出最符合预期目标的情景。⑧ 制定政策建议：根据比较结果，为决策者提供政策建议，包括优化控制策略、调整发展路径等。⑨ 模拟与预测：使用计算机模型对所选情景进行模拟和预测，以评估控制策略的长期效果。⑩ 跟踪与调整：在实施过程中对所选情景进行跟踪和调整，以适应不断变化的实际需求。

（四）多目标决策法

水污染控制规划的目的是促进环境、经济与社会三者的可持续发展，故规划过程为一个多目标决策过程。多目标决策常采用化多目标为单目标的解法，如：线性加权求和法，将多个目标函数乘以加权因子然后求和构成新的目标函数；数学规划法，选出一个最重要的目标函数，其余目标作为约束条件；目标规划法，对所有目标先确定一个预期的目标值,使决策方案与该值越接近越好。然而,实际上直接确定加权因子或是目标值都存在较大的困难,需要决策者充分的经验。

(五)层次分析法

为解决定性与定量分析相结合的多目标决策分析问题,20世纪70年代中期人们提出了层次分析法。其特色是能够将分析人员的经验判断给予量化。该方法首先将问题层次化,建立最高层(总目标层)、中间层(分项目标层)及最低层(方案层);然后逐层逐项采用1~9标度的评分方法进行两两对比,建立判断矩阵;通过计算判断矩阵的最大特征值及特征向量计算出该层各要素对上层某一要素的权重,最终得出不同方案的权值,为优化方案提供依据。

与最优化规划法相比,层次分析法能够从多个方面综合比较方案的优劣;与线性加权的多目标决策法相比,其方案的权值由判断矩阵计算得出,操作简单。层次分析法的关键在于判断矩阵的建立,对要素的评分上需要经过专家多次讨论,统一判断。

(六)其他方法

排污权交易法是完全市场化的分配方法,按照市场经济学的观点,通过市场竞争,可以达到资源利用的高效和公平。排污权的法律定位、初始排污权的分配和一个公平、公正的市场环境建立不是一件容易的事情。

3.2.3 水污染控制规划技术路线

(一)水污染控制规划类型

水污染控制规划的技术路线取决于水体的污染类型。水质变化的季节特征有4种:① 枯水期水质不达标,丰水期达标;② 枯水期水质达标,丰水期水质不达标;③ 枯水期、丰水期水质全不达标;④ 全年水质达标。根据这几类污染类型,水污染控制规划可以分为三类。

1. 第一类规划

点源防治为主,面源防治为辅。

该类规划主要针对第一类水污染情形。由于点源的时空特征比较明确,污染源的排放规律性较好,通过水质模型建立污染源排放与水质之间的响应关系相对较为容易。通过对水质目标的分析可以推求对污染源的控制要求(污染物允许排放总量),同时通过各种方法将允许排放总量分配到各污染源。第一类规划问题较多出现在河流与河口的水污染控制中,是我国当前面临的最为普遍的一类问题。图3-3是采用情景分析法解决第一类规划问题的技术路线。

图3-3体现了"双向规划"的特点:在"水上",从水环境功能区划开始,确定水体的纳污能力和污染物允许排放总量;在"陆上",从污染控制区开始,通过污染源调查和分析建立污染源综合治理方案,计算方案的污染物期望排放总量。如果污染物的期望排放总量不超过允许排放总量,该方案就是可行方案;通过对所有可行方案的情景分析,从中优选出推荐方案。

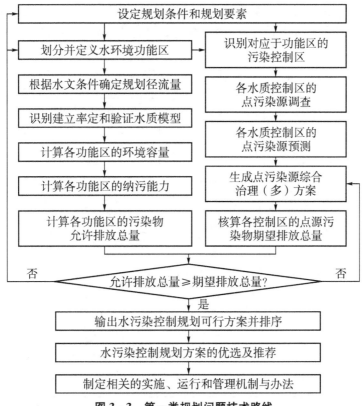

图 3-3 第一类规划问题技术路线

在规划过程中某些计算环节可能需要多次反复。当规划方案的污染物期望排放总量超过允许排放总量时,表示规划方案不可行,需要重新制订方案,如增加点源的治理数目或提高处理效率;如果经过最大努力(如污水处理率和处理程度都已经达到极限),所有方案都还不能满足要求,则需要检查水环境功能区和水质目标的设置是否合理,考虑是否需要适当放宽水质限制。更进一步的问题是,如果水质目标的限制已经放宽到极限,仍然不能满足要求,就需要探讨污染控制区内部的经济结构和经济布局以及城市发展规划的合理性,当然这个问题已经超出了水污染控制规划的范畴。从水污染控制规划的角度,可以通过制定更为严格的污染排放标准,引导产业结构升级,减少污染物的排放量。

2. 第二类规划

面源防治为主,点源防治为辅。

该类规划主要针对第二类水污染情形。第二类规划问题多见于湖泊、水库的水污染控制,特别是营养物的排放控制。该类问题也可能出现在河流、河口。由于面源的随机性和不确定性,确定面源排放和水质响应的关系非常困难,主要原因是降雨的时间空间和强度难以预计。对于根据水质目标确定污染物的允许排放总量以及如何在各类面源之间进行总量的分配问题,目前尚未有成功的解决方法。

图 3-4 是采用情景分析法进行规划的技术路线。与第一类规划问题一样,也体现了双向规划的特点。在"水上",通过对比实际水质与环境功能区的水质要求,确定面污染源的削减率;在"陆上",从污染控制区开始,通过对面污染源的调查和分析建立污染源

综合治理方案,计算每一个方案的污染物削减量和期望削减率。如果污染物的期望削减量高于应削减量,该方案是可行方案;通过对可行方案的情景分析,从中优选出推荐方案。

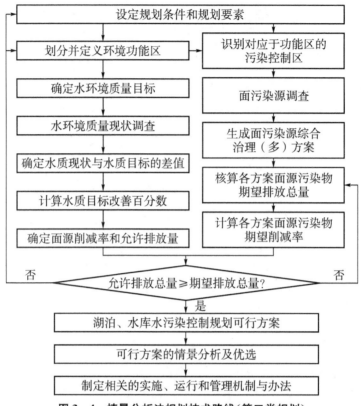

图3-4 情景分析法规划技术路线(第二类规划)

在规划过程中,需要对规划方案的建立,以及水环境功能区划与水质目标的设定进行多次反馈和协调。在考虑了所有可能的治理方案和可接受的水质目标之后仍然不能满足要求的情况下,就需要探讨污染控制区的经济结构和经济布局,城市发展规划的合理性以及调整水环境功能区划的可能性。

3. 第三类规划

点源、面源防治并重。

该类规划主要针对第三类水污染情形。第三类规划问题的复杂性体现在既要在点源或面源内部进行污染物允许排放总量的分配,还要在点源和面源之间进行分配。这类规划问题多发生在湖泊、水库的污染控制中。

在面源和点源之间进行污染物允许排放总量的分配时,公平性和有效性依然是基本原则。在制订规划方案时,合作博弈可能是比较好的选择,在合作博弈过程中体现公平性和有效性。

很多面源的治理可以通过管理实现,如控制和减少化肥农药的施用量,改变畜禽的饲养方式等,不需要建设处理构筑物;推广环保农业技术,减少化肥和农药的过量使用,实施种植结构调整,采用覆盖作物、水土保持等措施减少侵蚀和径流;城市建设雨水收集系统、生态湿地、渗透式铺装等绿色基础设施,减少雨水径流中的污染物;土地开发实行严格的土地管理政策,降低土地开发对水体的影响,保护水源地和水生态系统。对于点源的治理可以采用与第一类规划问题同样的方法。

图3-5为第三类水污染控制规划的技术路线。同样,所表达的也是一个双向规划问题。规划方案的面源污染物期望排放量与点源污染物期望排放量之和小于或等于允许排放量,该方案就属于可行方案,对所有的可行方案进行情景分析,从中优选较佳的方案作为规划结果的推荐方案。

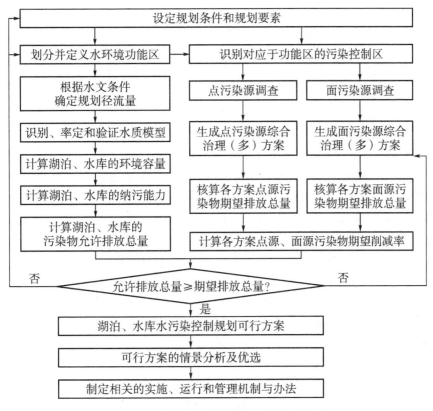

图3-5　第三类水污染控制规划技术路线

与第一、第二类规划一样,第三类规划也需要在污染源治理方案和水环境功能区划方面进行协调和反馈。在考虑所有可能的治理方案和可接受的水质目标之后仍然不能满足要求的情况下,就需要探讨污染控制区的经济结构和经济布局以及城市发展规划的合理性,甚至考虑调整水环境功能区划的必要性。

水污染控制规划可以归纳为以下步骤:① 城市水污染问题辨识。判明集中控制系统建立与诊断的必要、存在的问题与态势。② 集中控制系统目标分析。可以是总体目标和适合计算的多目标集,需说明系统的所有基本要素、目标的尺度、系统的边界和环境、目标的层次。③ 集中控制系统模拟。确定变量及逻辑关系,可以通过水质模型、费用函数、多目标规划模型、优化规划等手段完成。④ 集中控制决策分析。从大量的可行方案中进行分析、评价,作出最终决策。⑤ 优化方案实施。可以根据过去的经验制定一个可行的组合方案,按照试探原则进行搜索,找出一个有所改进的可行方案;然后根据这些原则再向前探索,这样逐步探索前进,最后找到一个满意的组合方案,即既能达到环境目标值又使环境投资费用最少的组合方案。

水污染控制规划技术要求必须达到：① 水污染系统分析，定量结论：总系统、子系统、每一控制单元要体现系统分析；定量结论包括环境目标、技术措施、治理投资。② 水质模拟，目标评价：必须依靠水质模型，建立输入响应关系；评价环境保护目标的可达性。③ 负荷分配，综合优化：负荷分配到源，方案满足环境目标下投资最小；优化分配过程。

（二）水污染控制规划要素、原则与依据

1. 规划要素

所谓规划要素，是指决策者给出或设定的、希望在规划过程中实现的一些期望，或者由决策者和分析者在规划实施前约定的一些边界条件。一般来说，规划要素是规划编制的出发点。一项完整的水污染控制规划所包含的要素有规划的水质因子、预期的水质目标、规划的时空范围、有代表性的水文特征等。

（1）规划水质因子

存在于水环境中的水质因子基本上可以分为四类。① 可降解有机物，包括各种含碳有机物、含氮有机物、含磷有机物等。这类污染物在水体中可降解，但它们在降解过程中消耗水体中的氧，造成水体中溶解氧的降低；各种有机营养物可能导致水体富营养化。② 持久性有毒有机污染物（POPs），指那些在环境中难以降解，但危害极大的一类有机污染物，俗称"三致物质"。这类污染物直接或间接为生物体摄入后，导致该生物或者其后代发病、行为反常、遗传变异、生理机能失常、机体变形或者死亡。③ 在环境中难以降解的金属或其他惰性物质或放射性物质。这一类污染物在环境中可以长期停留，对生物体造成急性或慢性中毒。④ 生物性污染物质，包含细菌、病毒、寄生虫等，这些污染物通过我们日常卫生习惯污染水源，例如手接触细菌，然后用水冲洗，可能水流入地下水，后经一系列的转化变成我们饮食所需的水源，对人体造成伤害。

第二类和第三类污染物原则上不允许进入环境中，对它们的排放有非常严格的要求，应该在污染源中严格控制。第一类污染物是工业、农业、城镇排放的共同污染物，量大面广，水环境对它们有一定的稀释、输移和降解能力，称为自净能力。

溶解氧是一种特殊水质因子，它不属于污染物质，但它是水中一切生物生存的最基本的必要条件，是最重要的生镜因子，受到普遍重视。为了从根本上改善水环境，除了控制污染物，还需要保证溶解氧的含量保持在一定的水平。

对于河流污染，一般有机污染物和溶解氧是主要的控制和规划对象；对于湖泊和水库，需要特别注意控制以总磷（TP）、总氮（TN）为代表的营养盐。

（2）规划水质目标

通过一项规划期望达到的水质水平，称为规划的水质目标。水质目标一般用地表水环境质量标准来表达。

规划水质目标的设定主要取决于两个因素：水质现状值和水质期望值。水质目标是水污染控制规划的出发点，也是其目标点。

规划水质目标的确定是一个需要与可能相统一的过程。一般来说，期望的水质目标越高，所要付出的经济代价越大。在规划的开始阶段，通常可以提出高、中、低三个层次的目标，以备选择和权衡。水污染控制规划重点在于解决那些多数污染源具有的共同性的污染物问题，例如，有机物（氨氮、BOD、COD 等）和营养物（总氮、总磷等）。随着对水生态要求的提高，反映生境的重要指标溶解氧（DO）也应该被列为规划的水质

目标。

　　需要说明的是,在水污染控制规划中,一般是将水环境功能区的水质标准作为规划的水质目标,在很多情况下,这可能是一个在短时间内,或者在局部区域内无法达到的目标。编制规划方案时,要从实际出发,提出阶段性的目标。

　　(3) 规划空间范围

　　规划空间范围是指规划所涉及的地域的广度,它通常与水环境功能区相对应。由于水污染控制规划属于政府行为,规划的空间范围通常与行政区的地域管辖范围相互对应。从行政资源利用的角度,特别是对污染源的控制管理,将规划区与行政区相对应是较为有利的。但是水环境的污染与治理是一项系统性很强的工程,任何一个区域或地区的规划都是流域水污染控制规划的一部分。一个地域的水环境质量必定受到上游区域水污染控制状况的影响,同时也必然会对下游区域产生影响,这种影响可能是正面的,也可能是负面的。因此,与其上下游的相邻区域进行协商是必要的。与水环境功能区对应的、可能对该功能区产生污染的地域称为水污染控制区。

　　根据不同的管理模式和划分依据,控制单元主要有三大类,即基于行政区的控制单元、基于水文单元的控制单元和基于水生态区的控制单元。其中基于行政区的控制单元以行政区划为基础,有利于国家层面和各级地方政府的水质管理,因而一直以来行政单元是国内水质管理的基本单元,而为了处理好与上下游行政区之间、行政区与水污染控制区之间的关系,在规划过程中常需要做好各方面的协调工作,协调的主要内容在于确定区域边界的水质目标和共同的污染控制措施。水文单元通常体现了汇集到某个测量点以上的表层以及亚表层径流,而径流情况决定了流域的特性,如流域点源与非点源污染的运动都与径流相关,因此适合对流域水污染控制的研究。水生态区则从流域内区域生态承载力的角度出发,通过水生态分区来确定不同水生态区的水环境保护目标。

　　(4) 规划时间范围

　　规划的时间范围是指规划的年限,通常分为基准年、近期目标年和远期目标年,有的项目还设有规划远景年。基准年的数据是规划的基础,一般选择具备比较完整数据资料的最近年份。

　　(5) 特征污废水量

　　特征污废水量是指水污染控制规划中所采用的污废水的规划流量。水污染控制规划的污废水来自三个方面:生活污水、工业废水和面源排水。

　　(6) 特征水文条件

　　特征水文条件是指水污染控制规划所采用的径流量、流速、水深等水文参数,是水污染控制规划的重要内容,对后续的允许排放量、污染物削减量计算以及水污染治理工程的规模都具有决定性的影响。

　　水体的环境容量随着径流量的提高而提高,环境容量的提高可以降低对污水处理程度的需求,节省污水处理的建设和运行成本。径流量的设定直接影响到规划水质的重现期,从需求的角度,对那些重要的水域,要求重现期较高,这就需要设定较高的径流量保证率;对那些较不重要的水域,可以设置较低的径流量保证率,其水质重现期也相应较低。

　　2. 规划原则

　　(1) 水污染控制规划的基本原则

　　① 协同控制原则:在各污染源都按照水污染协同控制理论和模型所确定的污水排放

量和排放浓度控制污水排放时,河流的水质在国家或地方设定的监测点断面上将达到国家与地方要求的相关标准。

② 个体合理性原则:由水污染协同控制理论和模型所确定的各污染源应该控制的污水排放量和排放浓度,是根据各污染源对污染的贡献并考虑了其对自然降解能力的合理利用权利来确定的。

③ 重污染源重点控制原则:由水污染协同控制理论和模型所确定的各污染源污水排放量和排放浓度,将保证重污染源得到重点控制。

④ 最大化原则:由水污染协同控制理论和模型所确定的各污染源的污水排放总量和排放浓度,是各污染源合作控制水污染,保证水质达到国家相关标准的最大允许排放量和排放浓度。

⑤ 最小化原则:是指在确保水质达到国家和地方设定的标准的前提下,通过合理控制污染源的排放量和浓度,最大限度地减少污染物的排放,以实现水污染的最小化。

⑥ 对等性原则:是指在污染控制中,对污染影响相当的污染源,其排放控制要求应当相同,以确保公平的排污影响分配。

⑦ 经济效益原则:污水处理监测由水污染协同控制理论和模型所确定的污染源污水排放量和排放浓度,控制要求排污时间较长,已通过污染而获得较多经济效益的地区和污染源变的地区的污水排放量和排放浓度

⑧ 最优经济治污原则:水污染协同控制理论和模型所确定的治理水污染方案,将从合作治理水污染的角度,以各污染源之间的效用转移为基础,实现最经济的治理水污染目标。

(2) 总量分配原则

根据上述原则建立的水污染协同控制理论和模型,将水质按国家和地方以及环保要求,逐级分段控制,并将水污染的宏观总量控制思想落实到具体的目标控制上,建立起一套公平合理的排污量控制分配机制。按照上述原则建立的水污染协同控制理论和模型将具体地解决总量控制分配问题。

① 环境与经济协调发展:环境与经济的协调是人类社会可持续发展的前提,保持协调发展是一个极其复杂的问题,环境经济协调的内涵、评估准则和标准因时因地而异。

② 生态保护与总量控制:水污染控制规划的目标是保证水体的水质满足一定的标准和一定的生物生存条件,将水体的生态保护列为水污染控制规划和管理的目标,才能保持水生态系统的良性循环。总量控制是相对于浓度控制而言的,实施总量控制是体现水体环境容量的保证。

③ 综合治理与防治结合:水环境污染成因十分复杂,水污染治理必须采用综合措施、标本兼治。在水污染控制上,"防"和"治"是两条基本的技术路线,它们都可以在水污染控制中发挥重要作用。

④ 上下游兼顾与条块结合:流域的上游和下游同处于一个系统之中,只能通过协商的方式,互利互惠、统筹兼顾、共同发展。同时,建立和健全流域综合管理体制和补偿机制以解决上下游矛盾。

⑤ 统筹规划与远近结合:水污染控制规划成果的利益和风险涉及社会各个层面,在规划过程中必须贯彻"利益同享、风险共担"。对于预期出现的利益和风险需要进行认真的评估和统筹安排。

⑥ 水环境标准一元化：水环境标准一元化是指实施污染物总量控制的地方，污染物排放应遵守按照允许排放量制定的更为严格的地方排放标准，国家排放标准只是对污染物排放的最低要求。

⑦ 处理与利用相结合：污废水处理的目的是分离水中的污染成分，达到水质净化。此外，污水和废水处理的另一个重要目的是污废水的综合利用。

⑧ 便于操作与有效管理：水污染控制的复杂性决定了规划和工程技术的复杂性。在一项需要付诸实施的规划中，采用成熟或比较成熟的、便于实施和有效管理的技术是规划成功的重要保证。

3. 规划依据

（1）法律依据

《中华人民共和国环境保护法》《中华人民共和国水污染防治法》《饮用水水源保护区污染防治管理规定》《中华人民共和国水法》以及一系列地方性水污染防治法规及细则，是我国水污染控制规划的法律依据。

（2）各种标准与规范

包括《地表水环境质量标准》《城市污水再生利用　景观环境用水水质》《污水综合排放标准》和行业排放标准。除了环境领域的标准，还有其他相关领域具体的标准及地方标准。

（3）环境保护技术经济政策

国务院和地方政府根据环境保护要求以及经济社会发展要求，发布了一系列技术经济政策，这也是水污染控制规划的依据。

（4）上级流域规划及其他相关规划

流域的规划成果应该成为子流域规划和管理的指导和依据，而子流域的规划结果应该反馈到上级流域，此外水污染控制规划与产业发展规划、土地利用规划、城市规划等关系密切。

3.2.4　水污染控制原理

流域水资源具有自然统一性，一个流域水体必然具有整体流动的特性，地表水和地下水的水质和水量也结合为一个整体。上游下游、左岸右岸的开发利用、治理互相影响。在一个流域中，上中下游和干支流之间有着密切的利害关系，它们之间有着相互依存的关系。水污染控制系统是一个复杂的大系统，解决大系统问题的基本方法是分解协调。即首先将一个系统分解成若干个小系统，对每一个小系统提出若干个可行的独立解决方案，然后在较高的层次上对各子系统的方案进行协调，找出全局上较为满意的综合方案。

实施综合整治的基础是控制单元的划分、控制对象的选择、优先控制顺序决策。因此，依据水环境问题分析结论，考虑行政区划、水域特征、污染源分布的特点，将源所在的区域与受纳水域划分为一个个水污染控制单元，可以将区域的概念落实于一个个水污染控制单元。每一个控制单元有单独进行环境评价，实施不同控制路线的可能。环境目标责任制可分期落实于每一个水污染控制单元。环境综合整治定量考核指标、环境分解指标和负荷分解指标都可以在一个个水污染控制单元内落实。同时，可以进一步确定哪些污染物、哪些控制单元应考虑实施总量控制、浓度控制或双轨制路线控制。

（一）系统分解

水污染控制规划可以分解为两方面内容：一是以流域为单元的水环境功能区划；二是以行政区为基础的水污染控制规划。

前者的主要任务是在流域层次上解决水域的功能定位，协调功能定位过程中可能出现的各种冲突和矛盾。根据水体的自然特征、社会经济用途和水质状况，将水域划分为不同功能区进行管理。其主要目的是合理规划水资源利用，保障水环境质量，并为水污染防治提供依据。水环境功能区根据用水需求和保护目标，通常划分为生活饮用水源保护区、工农业用水区、生态环境保护区等。各功能区需满足不同的水质标准，确保水资源的可持续利用和水环境的保护。后者的主要任务是通过对污染源的控制和调节，实现水环境功能区划所确定的目标。这种规划考虑地方特点，重视污染源管控，合理安排水资源利用。以行政区为基础的规划，有助于实现水环境质量的区域协同治理，提高水污染防治工作的针对性和实效性，最终实现水资源可持续利用和水环境保护的目标。在流域水环境的功能区划中确定的水域目标是否合理可行，需要在功能区污染控制规划阶段才能最后得到验证。流域水环境功能区划和功能区水污染控制规划的目标、任务、对象并不完全一致，将其分解为两个问题，可以提高可操作性。

（二）系统协调

研究区域水资源与水污染控制综合系统，首先要分析该系统的基本要素（子系统）及它们之间的协调机制，这些要素与区域水资源的开发利用与保护活动密切相关。流域（区域）发展和水环境保护的协调，从水污染控制规划的角度，集中体现在如何确定合理的水质目标，即选用何种标准作为水污染控制规划的水环境目标。流域和子流域（或上游与下游）的协调，是规划与管理中最常见的问题。这一类问题集中体现在交界断面处的水质指标或执行标准上，需要依靠子流域之间或上下游之间的协调解决。

流域和区域的协调，水污染控制规划需要统筹处理各个区域的利益，处理好地方与流域之间的关系是流域水污染控制规划成败的关键。

地方与污染源的协调，排污总量分配是协调污染源与流域关系的重要环节，公平和效率这两个社会发展的基本原则在这里得到充分体现。

（三）分散、综合、集成规划

分散规划是一种单目标的单项规划，即将一个大型规划项目拆分为多个相对独立、分布在不同区域的小型规划项目，例如，污水处理厂规划、污水管理系统规划、水利工程规划等，以便于更好地满足各区域的特定需求和发展目标。在水污染控制领域，分散规划可以根据各地的地理、气候、经济和社会条件，制定定制化的水污染防治措施。这样的规划方法具有针对性强、灵活性高、适应性强、可持续性更高的特点。但是单个规划不能保证对资源的合理分配和利用，一旦出现资源危机，各种规划之间的矛盾就会凸现。

综合规划是建立在多目标规划基础上的，规划目标力求最优、规划过程高度集中。因此，规划过程中很难兼顾各方利益特别是小目标所代表的部门或团体或个人利益。它关注水质、水量、水生态等多方面因素，采取预防、治理与修复相结合的措施，旨在实现水资源的可持续利用、水环境质量的改善和生态系统健康。为达到这一目标，需充分考虑区域特点、污染源特性和社会经济发展需求，同时强调法律法规的执行和公众参与，从而确保水污染控制工作的有效性和可持续性。

集成规划是针对分散规划和综合规划而言的。集成规划和集成管理理论的提出，为流域水污染防治规划和管理方法学提供了指导。集成规划强调多目标规划中的每一个目标都应该受到尊重，各个目标之间的关系，是相互促进、相互制约。集成规划强调各个目标之间的协商和协调。

（四）污染物总量控制

总量控制是一种管理污染物排放的方法，其中包括目标总量控制、容量总量控制和行业总量控制等不同类型。这些控制方法的主要目的是确保在一定的时间内，污染物排放总量不超过一定限制，从而控制环境质量和保护人类健康。

目标总量控制和容量总量控制的区别仅在于总量控制目标的确定方法不同。容量总量控制是通过科学研究的成果根据当地实际的环境容量来确定污染物排放总量控制指标的一种总量控制方法，即主要是根据环境容量确定总量控制指标。"目标总量控制"则是指环境保护行政主管部门依据历史统计资料，根据环保目标要求和技术经济水平确定各地区污染物排放总量控制指标的一种总量控制方法，即主要是根据环境目标来确定总量控制指标。

基于环境容量的"总量控制"是连接环境目标与污染源治理的桥梁，是实现水环境功能区划的量化指标。目标总量控制中的总量实际上是污染物现状或预测的排放量的一个"分量"。在日常管理工作中引入目标总量的概念，有助于提高环境管理的可操作性、易于目标的分解和落实。

实施总量控制条件：实施浓度控制仍不能实现环境目标；有治理投资和治理重点污染源；重要水源保护区内存在无法关停并转的老污染源；有确定的环境、技术、经济效益最佳的优先治理方案。

实施浓度控制条件：实施浓度控制可实现环境保护目标；石油类、有机毒物、重金属应控制车间或处理装置出口；无治理投资，无治理规划。

实施双轨控制条件：有些污染物应实施总量控制，有些应实施浓度控制；不同投资条件，可选用不同控制路线；因目标管理有不同要求，同一控制单元可有不同控制路线。

1. 分散处理与集中处理

污水的集中处理抑或分散处理是水污染控制规划中经常遇见的问题。分散和集中是相对的概念，是相对于一定的候选方案而言的。一般说来，集中处理具有处理效果稳定、单位污水处理费用较低等优点，但也存在占地面积集中、首期投资需求大、见效周期长、对水体形成较大的冲击负荷以及不利于处理后的污水回用等缺点；而分散的污水处理处于集中污水处理和就地处理之间，但从某种意义上来说不单纯指小规模系统，而是建立在"水资源按用途分类并重复利用，维护最小能量消耗"的基础上，强调分质就地处理和尽可能回收营养物而形成的一种概念，意味着社区内的水和营养物循环过程的再调整。因此，污水是否需要集中处理，或集中到什么程度，需要具体问题具体分析。

对于处在规划中的城市污水处理系统，是否需要考虑集中处理，或对于一个新的城市小区，是将污水送往邻近的污水处理厂进行集中处理还是建设独立的污水处理厂进行处理，需要从以下几个方面考虑：① 是否有合适的厂址：足够的面积和适宜的环境？

② 对于城市建成区,是否有条件建设污水转输管道? ③ 是否便于污水再生与回用? ④ 集中与分散的费用权衡,污水集中处理所节省的费用是否能够补偿污水转输的费用?

集中污水处理方式存在的主要问题有:① 集中污水处理厂需要较大的工程费用来建立复杂的排水管网部分。而在人口密度低的地区,这项投资将比整个污水处理厂的总投资高出一个数量级。特别是在农村地区,居住群比较分散,这项费用将更高。此外管道修复费用也非常昂贵。② 建立集中污水处理厂可以有效解决短期或者一定范围内的污水处理问题,但是从长远和全局角度看,必然会造成能量和物质损耗,即使是最有效的污水处理厂,也存在超过 20% 的氮、5% 的磷以及 90% 的钾流失。③ 各种废水和雨水的混合导致污染物种类十分复杂,而且污染物质成分和浓度波动很大,因此有效去除污染物会变得比较困难,同时污水处理过程中产生的污泥污染很严重,多与致病生物、家用化学物、药物和重金属等有害物质混杂,要转化为有用产品困难较大。

规划区内的工业废水与城市污水合并处理也是水污染控制规划中一个重要的问题。处理时除需考虑上面提到的几个问题以外,还需要考虑工业废水的水质是否满足进入城市污水处理厂的要求,城市污水处理厂的处理工艺大多采用生物处理方法,工业废水的进入不应该影响城市污水处理厂的正常运行。

2. 全部处理或全不处理

由于污水处理规模经济效应的存在,一个小区的污水不可能被"分裂"成两部分或多部分进行处理。对一个小区来说,它本身的污水加上由其他小区转输来的污水的处理,只存在两种可能的选择:或者全部就地处理,或者全部转输到其他小区去处理。这就是"全部处理或全不处理"的策略,这个策略是由污水处理费用函数的性质决定的。该策略可用以确定污水处理厂的规模。假设一个水污染控制系统可以分成 n 个小区,每个小区设有一个潜在的污水处理厂,各小区之间可以互相转输污水(图 3-6)。

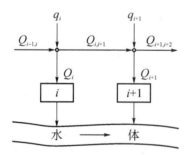

图 3-6 全部处理与全不处理

对 i 小区来说,污水处理的费用为:

$$C_{i1} = k_1 Q_i^{k_2} + k_3 Q_i^{k_2} \qquad (3-1)$$

如果 i 小区的污水没有就地处理,而转输到 $i+1$ 小区联合处理。这时的污水输送费用为:

$$C_{i2} = k_4 Q_{i,i+1}^{k_5} l_{i,i+1} \qquad (3-2)$$

式中,$Q_{i,i+1}$ 为由小区 i 输往小区 $i+1$ 的转输水量;$l_{i,i+1}$ 为输水管线的长度;$k_i (i=1,2,3,$

4,5)为转输管线费用函数的系数。

对一个包括 n 个小区的水污染控制系统,总费用可以表示为:

$$Z = \sum_{i=1}^{n} (C_{i1} + C_{i2}) \tag{3-3}$$

或

$$Z = \sum_{i=1}^{n} \left[(k_1 Q_i^{k_2} + k_3 Q_i^{k_2}) + k_4 Q_{i,i+1}^{k_5} l_{i,i+1} \right] \tag{3-4}$$

约束条件可以写为:

$$\begin{cases} Q_{i,i+1} = Q_{i-1,i} + q_i - Q_i \\ Q_{n,n+1} = 0 \end{cases} \tag{3-5}$$

对任意一个小区,如何确定就地处理的污水量和转输的污水量呢? 可以首先定义如下的拉格朗日函数:

$$L = \sum_{i=1}^{n} (C_{i1} + C_{i2}) + \sum_{i=1}^{n} \varphi_i (Q_{i-1,i} + q_i - Q_{i,i-1}) + \varphi_n (Q_{n,n-1} + q_n - Q_n) \tag{3-6}$$

式中,$\varphi_i (i = 1, 2, \cdots, n)$ 是拉格朗日乘子。

为了检验 Q_i 和 $Q_{i,i+1}$ 的变化对目标函数的影响,计算拉格朗日函数的海塞矩阵:

$$A = \begin{bmatrix} \dfrac{\partial^2 L}{\partial Q_1^2} & 0 & \cdots & 0 & 0 & 0 & \cdots & 0 \\ 0 & \dfrac{\partial^2 L}{\partial Q_2^2} & \cdots & 0 & 0 & 0 & \cdots & 0 \\ \vdots & \vdots & & \vdots & \vdots & \vdots & & \vdots \\ 0 & 0 & \cdots & \dfrac{\partial^2 L}{\partial Q_n^2} & 0 & 0 & \cdots & 0 \\ 0 & 0 & \cdots & 0 & \dfrac{\partial^2 L}{\partial Q_{1,2}^2} & 0 & \cdots & 0 \\ 0 & 0 & \cdots & 0 & 0 & \dfrac{\partial^2 L}{\partial Q_{2,3}^2} & \cdots & 0 \\ \vdots & \vdots & & \vdots & \vdots & \vdots & & \vdots \\ 0 & 0 & \cdots & 0 & 0 & 0 & \cdots & \dfrac{\partial^2 L}{\partial Q_{n-1,n}^2} \end{bmatrix} \tag{3-7}$$

在上述海塞矩阵中,除对角线外,全部元素的数值为 0。由于污水处理和输送的规模经济效应的存在,即 $k_2 < 1$ 和 $k_5 > 1$,得到:

$$\frac{\partial^2 L}{\partial Q_{i,i+1}^2} = \frac{\partial^2 C_{i2}}{\partial Q_{i,i+1}^2} < 0 \text{ 和} \frac{\partial^2 L}{\partial Q_i^2} = \frac{\partial^2 C_{i1}}{\partial Q_i^2} < 0 \tag{3-8}$$

由于海塞矩阵主对角线上的元素全部小于 0,其余元素全部为 0,因此,海塞矩阵的奇数阶主子式全部小于 0,偶数阶主子式全部大于 0。根据多元函数的极值定理,原函数(即区域水污染防治系统的总费用)在区间 $0 < Q_i < (Q_{i-1,i} + q_i)$ 内取得极大值(图 3-7)。这就意味着,对 i 小区来说,将全部污水(包括当地收集的污水和由其他小区转输来的污水)分成两部分,一部分就地处理,一部分转输到其他小区去处理的策略是不经济的。只

有在 $Q_i = 0$（全不处理），或 $Q_i = Q_{i-1,i} + q_i$（全部处理）时，水污染控制费用才能取得最小值。根据这种特性确定污水处理厂规模的策略称为"全部处理或全不处理"策略。

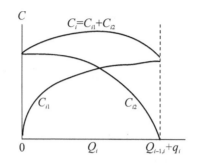

图 3-7　"全部处理与全不处理"的策略

"全部处理或全不处理"的策略对水污染控制规划有着重要意义。运用这种策略来研究水污染控制系统内部的分解与结合时，可以将一个具有无穷多组解的流量组合问题降阶为一个有限组解的问题。

3.3　水污染总量控制与分配方法

3.3.1　水环境质量与污染物排放的响应

水质是水体的自然条件（如河流的径流量、流速、水深、污染物降解速度等）和各社会经济条件（如污水流量、污染物浓度、排放口位置等）综合作用的结果。在这些条件中，一旦确定了规划要素之后，自然条件的各个变量在水污染控制规划中就是确定的量，亦即属于非可控量，只有那些社会经济条件变量属于可控量。因此，控制水质就需要控制污水排放口的位置和污染物排放量。在排放口位置固定的条件下，一定的水质目标对应于一定的污染物排放量。水污染控制规划的一个重要任务就是将水质目标转换成污染源控制目标，也就是确定所谓的"水陆响应"关系，这个污染源控制目标就是污染物允许排放总量。

3.3.2　水环境容量

环境容量指在人类生存和自然生态不受危害的前提下，某一地区的某一环境要素中某种污染物的最大容纳量。也有人把它定义为在污染物浓度不超过环境标准或基准的前提下，某地区所能允许的最大排放量。

环境容量是一个变量，因地域的不同、时期的不同、环境要素的不同以及对环境质量要求的不同而不同。它由基本环境容量（或称差值容量）和变动的环境容量（或称同化容量）组成。前者是环境标准值与环境本底值之差，后者是指该环境单元的自净（同化）能力。

水环境容量是指在一定环境目标下，某一水域所能承担的外加的某种污染物的最大允许负荷量。它与水体所处的自然条件（如流量、流速等）、水体中生物类群组成及污染物本身的性质有关。水环境容量 W_v 的一般表达式为：

$$W_V = V(S_W - B_W) + C_W \qquad (3-9)$$

式中,V 是水的体积;S_W 是某污染物的环境标准;B_W 是污染物的环境本底值;C_W 是水的同化能力(自净容量)。

水环境容量的大小取决于环境自身的特征,亦与污水的特性及排放方式有关。具体取决于以下方面:① 受纳环境的自身特点;② 污染物质的特性;③ 人们对环境的利用方式;④ 环境质量目标。上述四个因素在一个实际的环境单元里相互影响、相互制约。

环境容量作为一种公共资源,具有下述特点:① 可再生性:水环境对于污染物具有稀释、迁移和净化的能力,在环境可接受的范围内,这种能力具有可再生的特点。即在一定的条件下,水环境具有自修复的能力。② 稀缺性:环境容量或污染物允许排放量的稀缺性取决于水环境的稀释、迁移和降解能力的有限性,这是水环境的自然属性决定的。③ 外部性:外部性是指生产者或消费者在他们的经济活动中把外部费用部分或全部通过具有真正价值的物理效果转嫁给其他消费者或生产者的现象。

3.3.3　水体纳污能力

一般情况下,排放的污染物不可能均匀分布在水体中,水体的环境容量不可能被完全利用。此外,在很多情况下,排放污染物的位置和形式会受到限制,不允许随意排放。

一般情况下,污水排入水体以后,排放口周围的污染物浓度高于水环境功能区的水质标准。经过掺混、稀释、扩散等过程,浓度逐渐降低,直至达到给定的水环境质量标准,这一过程所占有的面积称为混合区。在环境条件确定时,混合区的面积大小与污染物排放强度相对应。水环境功能区划中规定,污水排入水体形成的混合区可以不执行所在功能区的水质标准。为了将水污染控制在一个合理的范围内,有必要限定混合区的面积。

在部分水体被用于接纳污水时污染物的排放量被称为水体的纳污能力。如果限定混合区的容积为目标水体容积的 1%,在其他条件保持不变时,该水体的纳污能力约等于其环境容量的 1%。

混合区的大小决定了污染物排放的源强,允许的混合区的面积大小取决于受纳水体的性质和对水质的要求,但是必须遵守"污水集中排放形成的混合区不得影响邻近功能区的水质和鱼类回游通道"的规定。

这里以一维河流模型为例,计算某河段纳污能力。被定义为特定功能区的河段要保证满足该功能区的水环境质量标准,但是在功能区内允许存在一个混合区,一维河流混合区可以定义为一定的河段长度。一维河流水环境功能区与排放口的关系可以有三种方式(图 3-8),不同的排放方式对应不同的水环境容量的计算方法。污染源 1、污染源 2 和污染源 3 分别位于功能区的首端、中间和末端。

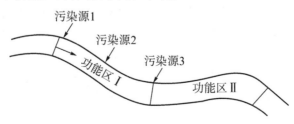

图 3-8　一维河流水环境功能区与排放口关系图

（1）对于污染源 1：若给定的混合区长度为 x，即污水在功能区的起始端处与和水混合后，向下游流 x 时，要达到功能区的水质标准，即

$$C = C_0 e^{-k_1 x / u_x} \tag{3-10}$$

式中，C 为功能区某种污染物的水质标准；C_0 为其实断面的污染物浓度；x 为给定的混合区长度；k_1 为污染物的降解速度，常数；u_x 为河段的平均流速。式中 C_0 可以按下式计算：

$$C_0 = \frac{C_1 Q + q C'}{Q + q} \tag{3-11}$$

式中，q 为污水流量；C' 为污水中污染物的浓度；C_1 为上游水环境功能区的水质标准；Q 是河流的流量。于是：

$$C = \left(\frac{C_1 Q + q C'}{Q + q} \right) e^{-k_1 x / u_x} \tag{3-12}$$

在给定混合区长度 x 的条件下，当混合区末端的污染物浓度等于水环境质量标准（即 $C = C_s$）时，输入的污染物量即为纳污能力：

$$W = q C' = (Q + q) C_s e^{k_1 x / u_x} - C_1 Q \tag{3-13}$$

若忽略污水流量 q，则纳污能力为：

$$W = Q C_s e^{k_1 x / u_x} - C_1 Q = Q(C_s e^{k_1 x / u_x} - C_1) \tag{3-14}$$

由式（3-14）可以看出，在其他条件确定时，河流的纳污能力仅是混合区长度 x 的函数。在一维河流的水污染控制规划中，确定了混合区长度就可以确定纳污能力。

（2）对于污染源 2：若排放口距河段末端的距离大于给定的混合区长度 x，计算方法同（1）；若小于 x，则以实际长度取代 x 进行计算。

（3）对于污染源 3：因为污染源处在河段末端，$x = 0$，所以：

$$W = Q(C_s e^{k_1 x / u_x} - C_1) = Q(C_s - C_1) \tag{3-15}$$

这种情况说明，在河段末端排放时，只能利用其目标容量。

3.3.4 污染物允许排放量分配

（一）分配原则

所谓允许排放量的分配，是指污染控制区的允许排放总量在各个可控污染源之间的分配。水体的纳污能力可以通过计算确定，污染物的三个来源（陆地、大气和水体）都不同程度地受到人为因素的影响，要将污染物的排放总量控制在一定范围（水体的纳污能力）之内，就需要在三个不同来源之间进行协调控制。在各种类型的污染物中，如何排列削减顺序、确定各种类型污染物的削减量，成为水污染控制规划需要解决的重要内容。

如果假定陆地污染源、大气污染源和水体污染源的污染物削减率分别为 α、β 和 γ，则有

$$(1-\alpha) S_{\text{陆地}} + (1-\beta) S_{\text{大气}} + (1-\gamma) S_{\text{水体}} \leqslant S_{\text{允许}} \tag{3-16}$$

在这里,允许排放量的概念实际上就是指将水体的纳污能力合理分配给陆地污染源、大气污染源和水体污染源,也就是合理确定各种污染源的削减率 α、β 和 γ,进而确定点源、面源、干湿沉降污染源、水体底质污染源、水产养殖污染源、水面交通污染源等的削减率。

确定污染源削减率是一个非常复杂的理论问题,也是一个复杂的管理问题。有一些基本准则需要遵循:① 公平性:相等的外部影响在内在化时应该相等。即排放相等污染物量或造成相同环境影响的污染源应该承担相同的消除环境污染的责任。② 有效性:在水污染控制规划中费用最优规划所追求的就是污水处理的高效率。在公平的基础上,提高效率,是一种合理的选择。③ 外部不经济性内在化:环境污染是外部不经济性的典型例子。因此,消除污染的一个基本原则就是将外部的不经济性内在化。④ 易于操作与方便管理:要将允许排放量的分配落到实处,分配方法要简便易行。

(二)分配方法

允许排放量的分配是水污染控制规划的核心,基本上可以归结为:最优化分配法、公平分配法、合作博弈法和排污权交易四类方法。

1. 最优化分配法

最优化分配法的最显著特征是具有单一的追求最大化(或最小化)的目标,这个目标可以是污染物去除的总费用,也可以是污染物的去除总量。

(1) 排放口最优化

排放口最优化以每个小区的污水排放口为基础,在水体水质目标的约束下,求解各排放口的污水处理效率的最佳组合。目标是各排放口的污水处理厂建设(或运行)费用最低。在进行排放口最优规划时,污水处理厂的规模不变。费用最小化的结果必然导致处理费用较低的污染源承担较大的污染物处理量。

排放口最优规划模型如下:

目标函数:
$$\min Z = \sum_{i=1}^{n} C_i(\eta_i) \tag{3-17}$$

约束条件:
$$\left. \begin{array}{l} \boldsymbol{UL} + \boldsymbol{m} \leqslant \boldsymbol{L^0} \\ \boldsymbol{VL} + \boldsymbol{n} \geqslant \boldsymbol{O^0} \\ L \geqslant 0 \\ \eta_i^1 \leqslant \eta_i \leqslant \eta_i^2 \end{array} \right\} \tag{3-18}$$

式中,$C_i(\eta_i)$ 为 i 小区的污水处理费用;η_i 为 i 小区的污水处理效率;$\boldsymbol{U}$、$\boldsymbol{V}$ 为河流 BOD 与 DO 的响应矩阵;$\boldsymbol{L^0}$、$\boldsymbol{O^0}$ 为河流各断面的 BOD 约束和 DO 约束;L 为输入河流各断面的污水 BOD 浓度;$\boldsymbol{m}$、$\boldsymbol{n}$ 为常数向量;η_i^1、η_i^2 为对污水处理厂的处理效率约束。允许排放量分配结果的表达形式是各污染源的污染物处理程度(污染物的削减量)。

(2) 均匀处理最优化

均匀处理最优化的目的是在区域范围内寻求最佳的污水处理厂的位置与处理效率的组合,在同一污水处理效率的条件下,追求区域的处理费用最低。均匀处理最优规划模型如下:

目标函数 $$\min Z = \sum_{i=1}^{n} C_i(Q_i) + \sum_{i=1}^{n} \sum_{j=1}^{n} C_{ij}(Q_{ij}) \qquad (3-19)$$

约束条件 $$\text{s. t} \begin{cases} q_i + \sum_{j=1}^{n} Q_{ji} - \sum_{j=1}^{n} Q_{ij} - Q_i = 0 \\ Q_i, q_i \geqslant 0, \forall i \\ Q_i, Q_{ij} \geqslant 0, \forall i, j \end{cases} \qquad (3-20)$$

式中，$C_i(Q_i)$ 为 i 污水处理厂的污水处理费用，它是污水处理厂规模的单值函数；$C_{ij}(Q_{ij})$ 为由节点 i 输水至节点 j 的输水费用，它是输水量 Q_{ij} 的函数；q_i 为 i 小区本地收集的污水量；Q_{ij} 为由 i 小区输往 j 小区的污水处理厂的污水量；Q_i 为 i 小区的污水处理厂接受处理的污水量。

由于费用函数是非线性函数，均匀处理最优规划属于非线性规划。

（3）区域最优化

$$\min Z = \sum_{i=1}^{n} C_i(Q_i, \eta_i) + \sum_{i=1}^{n} \sum_{j=1}^{n} C_{ij}(Q_{ij}) \qquad (3-21)$$

$$\text{s. t} \begin{cases} UL + m \leqslant S_L \\ VL + n \geqslant S_0 \\ q_i + \sum_{j=1}^{n} Q_{ji} - \sum_{j=1}^{n} Q_{ij} - Q_i = 0, \forall i \\ S_L \geqslant S_0 \\ Q_i, q_i \geqslant 0, \forall i \\ Q_i, Q_{ij} \geqslant 0, \forall i, j \\ \eta_i^{\mathrm{F}} \leqslant \eta_i \leqslant \eta_i^{\pm}, \forall i \end{cases} \qquad (3-22)$$

式中，$C_i(Q_i, \eta_i)$ 为污水处理厂的费用，它既是污水处理规模的函数，也是污水处理效率的函数。

区域污水处理最优规划的任务是既要确定污水处理厂的位置和容量，又要确定污水处理效率，是全面协调水体自净能力、污水处理规模和效率的经济效应、污水输送费用经济效应的复杂课题，目前还缺乏有效的精确求解方法，常用的求解方法有试探法等。

2. 公平分配法

目前关注较多的公平分配法有以下几种：

（1）区域差异法

区域差异法适用于国家层面上宏观的污染物分配。该方法以省、自治区和直辖市为单位，用 5 个综合性指数（经济发达水平、人口质量、资源拥有量、地表水体污染承受能力和水污染综合指数）对各地区进行分类，对 5 个综合性指数进行分析，将全国分成 5 类地区，对每一类地区提出允许排放量的指导性建议。

（2）基尼系数法

基尼系数是经济学中用以衡量社会居民群体收入差异的标准，可以较直观地反映各社会阶层之间收入分配的公平性。图 3-9 中的曲线是社会实际分配线，称为洛伦兹曲线，曲线下的面积为 B，图中的直线代表绝对平均分配线，曲线与直线之间的面积为 A，基尼系数定义为：$A/(A+B)$。如果 $A=0$，则基尼系数为 0，表示社会分配绝对平等；如果 $B=0$，则基尼系数为 1，表示社会分配绝对不平等。

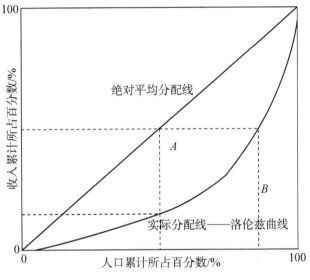

图 3-9　基尼系数定义图示

作为经济分配的评价指标，联合国对基尼系数的定义如下：若低于 0.2 表示收入绝对平均；0.2~0.3 表示比较平均；0.3~0.4 表示相对合理；0.4~0.5 表示收入差距较大；0.5 以上表示收入差距悬殊。在水污染控制规划中，可以参照基尼系数的表达方式，处理允许排放总量的合理分配问题。

基尼系数的计算包括以下七步：

第一步，选择状态变量，即规划的水质因子，例如高锰酸盐指数、氨氮、总磷、总氮等；

第二步，选择自变量，即横坐标变量，例如人口数量、GDP、水资源量、环境容量等；

第三步，确定计算对象，即总量分配的对象，如省、自治区、直辖市，或者各流域；

第四步，对状态变量和自变量进行归一化处理；

第五步，绘制洛伦兹曲线；

第六步，计算基尼系数，因为洛伦兹曲线下面的形状不规则，面积计算可以按多个梯形叠加计算；

$$B = \sum_{i=1}^{n} \frac{1}{2}(x_i - x_{i-1})(y_i + y_{i-1}) \qquad (3-23)$$

式中，x_i 为评估变量的累计值；y_i 为污染物变量的累计值，n 为评估变量的数目。当 $i=1$，$x_{i-1}=y_{i-1}=0$；当 $x=y=n$，$x_i=y_i=100$。

第七步，根据基尼系数评估总量分配的公平性，对原分配方案进行调整。调整过程可以采用目视比较法，对主要因子按照基尼系数的高低顺序进行调整。

（3）基于宏观经济优化模型的分配方法

基于宏观经济优化模型的分配方法的主要思路是在充分考虑区域内部各个控制单元环境容量的条件下，将行业部门的最大经济效益与区域污染负荷公平分配的原则进行合理的协调。基于宏观经济优化模型预测得到的区域污染负荷排放总量在效益上已经达到了最大化,即所获得的是区域经济最优条件下的污染负荷总量。因此,污染负荷的分配与削减将更加关注公平的原则,即在考虑各污染控制单元公平的前提下对污染负荷目标总量进行分配,求得各单元的污染负荷允许排放量和削减量,完成区域污染负荷总量分配过程。污染负荷的允许排放总量由生活允许排放总量和工业允许排放总量两部分构成。

污染控制单元的生活污染负荷允许排放量和削减量为:

$$U_{生活} = W_{生活} - Q_{生活}C_{达标} \times 10^{-6} \tag{3-24}$$

$$V_{生活} = Q_{生活}C_{达标} \times 10^{-6} \tag{3-25}$$

式中,$U_{生活}$ 为区域生活污染负荷削减量(10^4 t/a);$W_{生活}$ 为生活污染负荷产生量(10^4 t/a);$V_{生活}$ 为区域生活污染负荷允许排放量(10^4 t/a);$Q_{生活}$ 为区域生活废水排放总量(10^4 m³/a);$C_{达标}$ 为污水处理厂废水达标排放时的浓度(mg/L)。

区域工业污染负荷允许排放总量的计算类比点源总量控制中的等比例削减法,对各污染控制单元中的工业污染负荷进行等比例削减,使工业污染负荷控制在基准年的目标总量上,具体的计算公式为:

$$\frac{U_{i工业}}{W_{i工业}} = \frac{W_{i工业} - V_{i工业}}{W_{i工业}} \tag{3-26}$$

且

$$\sum_i V_{i工业} = W_{基} \tag{3-27}$$

式中,$W_{i工业}$ 为 i 污染控制单元的工业污染负荷排放总量;$U_{i工业}$ 为 i 单元的工业污染负荷削减总量;$V_{i工业}$ 为 i 单元的工业污染负荷允许排放总量;$W_{基}$ 为基准年的工业污染负荷目标总量。

根据以上两式得

$$k = \frac{\sum_i W_{i工业} - \sum_i V_{i工业}}{\sum_i W_{i工业}} = \frac{W_{工业} - W_{基}}{W_{工业}} \tag{3-28}$$

式中,$W_{工业}$ 为区域工业污染负荷排放总量。

各污染控制单元的工业污染负荷允许排放总量,即各污染控制单元分配到的目标总量为

$$V_{i工业} = \frac{W_{基}}{W_{工业}} \times W_{i工业} \tag{3-29}$$

各污染控制单元的工业污染负荷削减量可根据预测的工业污染负荷排放总量与工业污染负荷允许排放总量之差求得。

(4)等比例削减法

等比例削减法是一种较为简单的分配方法,在污染源排放现状的基础上,将允许排放总量按照污染物的排放量等比例地分配到各污染源。假设参与分配的污染源数目为 n,各污染源的污染物排放量相应为 $W_1, W_2, \cdots, W_n$,如果污染物允许排放总量为 W,则每个污染源分配到的污染物允许排放量为:

$$Q_i = \frac{W_i Q}{\sum\limits_{i}^{n} W_i} \tag{3-30}$$

等比例削减法的前提是承认排污现状,即现状中的排放大户,分到的允许排放量较多。这种方法看似公允,实则不公平,因为等比例削减忽视了不同污染源的治理历史。

（5）按贡献率分配法

按贡献率分配是指按照污染源的贡献大小来分配允许排放量。对于污染源贡献率的定义目前还不统一,至少存在两种看法:① 产生污染物的企业对社会的贡献;② 企业排放的污染物对环境的贡献。

3. 合作博弈法

（1）合作博弈的基本概念

具有竞争或对抗性质的行为称为博弈行为。合作博弈和非合作博弈是博弈论的两大分支。合作博弈和非合作博弈的区别在于相互发生作用的当事人之间有没有一个具有约束力的协议。如果有就是合作博弈,如果没有就是非合作博弈。

合作博弈法的概念主要包括:核（core）、稳定集（stable set）、内核（kernel）、核仁（nucleolus）、夏普利值（Shapely value）和群体决策时重要权重指数等。

纳什定理:任何具有有限纯策略的二人博弈至少有一个均衡偶。这一均衡偶就称为纳什均衡点。纳什均衡点概念提供了一种非常重要的分析手段,使博弈论研究可以在一个博弈结构里寻找比较有意义的结果。合作博弈理论提供了一个解决"公平""合理"的分配机制的有效的理论工具。

（2）允许排放量分配是一个合作博弈问题

按照公平分配原则,人们设计了很多负荷公平分配的策略,每一个策略服务于一个公平目标。与公平分配法不同,基于合作博弈的情景分析法从建立可行方案出发,经过充分的协商博弈,使公平和效率隐含在水污染防治的实施方案之中。

情景分析法有两个明显特征:① 所建立的水污染防治方案在技术上是成熟的,在经济上是合理的;② 在方案建立的过程中,各方充分协商、互相质疑,方案的成熟度大为提高。

利用合作博弈法建立水污染防治方案时,已经考虑了污染物允许排放量分配的各种关系。主要有:① 不可控污染源与可控污染源的关系,不可控污染源的排放量所占份额要从水体纳污能力中扣除;② 陆地污染源、水体内部污染源、大气干湿沉降污染源三者之间的关系中,水体内部污染源中的人为污染源部分要严格控制,大气污染源要通过其他规划进行控制;③ 陆地污染源中,点源污染要全面、从严治理,面源污染要全面管理、重点治理;④ 点源中的城市生活污染源和工业污染源要得到同样重视,严格治理。

（3）合作博弈的一般模型

一个区域有 n 个污染源,每个污染源存在污染物去除的最佳区间,超越这个区间都会引起处理成本的急剧变化。对于一个合作博弈问题,可以这样表述:在区域污染物治理总费用最小的情况下,每个污染源分担的污染物去除量是合理的。在这里污染物治理总费用最小,反映了水污染防治的效率,而污染源的合理分担反映了分配的公平。根据这一思路,提出了如下合作博弈模型:

目标函数:
$$\min \sum_{i \in IS}^{n} F_i(\Delta Q_i) \tag{3-31}$$

约束条件：
$$\begin{cases} 0 \leqslant Z_k \leqslant X_k, \forall k \in K \\ \sum_{k \subset S} Z_k \leqslant C(S), \forall S \in K, |S| \neq 1 \\ \sum_{k \subset K} Z_k = C(K) \end{cases} \tag{3-32}$$

式中，$F_i(\Delta Q_i)$ 为污染源 i 的纯利费用函数；ΔQ_i 为污染源 i 的污染物去除量；IS 为联盟 S 中所有污染源的集合；Z_k、X_k 分别为污染源 k 的分摊污染物治理费用和单独治理费用；K 为所有污染源形成的集合；$C(K)$ 为优化后的各污染源的治理费用之和；S 为某些污染源形成的集合，这些污染源通过合作使其治理总费用最小，S 可以称为联盟；$|S|$ 为联盟中的污染源数目；$C(S)$ 为污染源形成联盟 S 时，优化治理的投资费用总和。

这个模型的物理意义：一个污染源单独治理时的费用大于参加"联盟"后的费用；联盟中的任意污染源治理费用之和小于或等于优化后的总费用；所有污染源治理费用之和等于优化后的总费用。

（4）水污染物总量分配的合作博弈模型

针对合作博弈优化费用的费用分摊问题，20 世纪 60 年代以来给出了多个解法：Shapely 值法、核心法、CGA 法、MCRS 法等。各种方法力求在"联盟"成员之间分配的合理性。

在水污染防治领域，近年有学者开始探讨博弈论的应用，但是能够付诸实用的方法几乎没有。有学者结合水污染防治领域的实际，尝试提出了三种模型：非线性规划模型、满意度模型和基于多人合作对策的协商仲裁模型。

① 非线性规划模型。

目标函数：
$$\min S = \sum_{k=1}^{n} \min S_k \tag{3-33}$$

约束条件：
$$\begin{cases} \sum_{k=1}^{n} Y_k = T \\ X_{k-1} < Z_k < X_k \end{cases} \tag{3-34}$$

式中，Y_k 为各污染源分摊的污染物削减量；T 为污染物削减总量；S_k 为各污染源削减污染物的单位费用，根据费用函数计算。

② 满意度模型。

各排污单位分摊的污染物削减量越少，满意度就越高。如果某一分摊方案能使各排污单位的满意度都一样，可认为该方案比较公平合理。基于投入产出中的效益分析，可以定义满意度为：

$$y_k = \frac{f_k}{S_k}, \forall k \in K \tag{3-35}$$

式中，y_k 为污染物削减的边际效益与边际费用的比值，即满意度；f_k 是收益函数；S_k 是费用函数。

在实际运用中，由于所考虑的因素复杂，可以假定：如果各排污单位的满意度差值在一定范围内则认为各排污单位的满意度相同。

③ 协商仲裁模型。

水污染防治规划中,通过各排污单位的合作博弈,在满足水环境质量目标的同时,使得水污染治理的费用和收益之差最小。由于各排污单位都希望自身的收益越大越好,费用越小越好,故将治理的费用和效益联系起来,将有利于通过协商仲裁的方法解决污染物削减量的分配问题。协商仲裁模型表示如下:

目标函数:

$$\min S = \sum \min(S_k - f_k) \tag{3-36}$$

约束条件:

$$\begin{cases} \sum Y_k = T \\ X_{k-1} < Z_k < X_k \end{cases} \tag{3-37}$$

式中,S_k 是费用函数;f_k 是收益函数;其余符号的意义同前。

(5) 建立合作博弈的平台

水污染防治规划是典型的合作博弈问题。从技术的角度,目前还不能期待博弈论的研究能够直接指导水污染防治规划方案的制定和优选,但是合作博弈的思想为水污染防治规划的发展指出了方向。即通过多次的谈判博弈,达到水污染防治规划的最优(较优)解。为了推动合作博弈在水污染防治规划中的健康发展,建立合作博弈平台很有必要。

4. 排污权交易

排污权交易是指在一定区域内,在污染物排放总量不超过允许排放量的前提下,各个相关污染源之间通过货币交换的方式调剂排污量,从而达到减少排污、保护环境的目的。经济学家认为,采用排污权交易可以最大限度降低污染防治的成本,提高污染防治效率。

排污权交易的主要思想是通过货币交换取得合法的污染物排放权利(其表现形式为排污许可证),这种权利可以在市场上买入和卖出,通过市场调节对污染物排放的需求。

一个运行有序的排污权交易市场,必须具备 4 个要素:① 确定水环境单元的水环境质量目标及水环境容量(允许纳污量);② 确定污染控制区的污染物允许排放总量;③ 进行允许排放量的初始分配,即确定初始排污权;④ 建立排污权交易市场,制定市场运营管理机制,在污染物允许排放量规定的范围内展开排污权交易。

一般说来,在水污染防治领域,排污权交易只适于在同一个水环境功能区或同一个污染控制区内部进行,这在某种意义上使排污权交易受到限制。此外,环境容量属于公共资源,在分配公共资源时,还必须顾及一些非营利机构或社会弱势群体的利益,在环境容量的分配上,仅仅追求经济效益最大化有违社会和谐的目标。

3.4 水污染控制系统方案与决策

3.4.1 方案制定原则

在水污染控制技术的基础上建立水污染控制方案,每一个方案都是各种技术的有机组合,表 3-2 列出了水污染控制的主要技术。从理论上讲,各种技术组合的数量将非常多,但是由于各种约束因素的存在,对于一个具体的水环境功能区而言,生成的方案是有限的。例如,一个地区候选的污水排放口只有有限的几处,可供建设污水处理厂或生态湿地的地块也不会很多,适用的污水处理方法只有几种。

表 3-2　水污染控制技术汇总

类别	主要技术方法
生活污水处理	一级处理、强化一级处理、二级处理、人工湿地处理
工业废水处理	按废水分类:酸碱中和、含油废水处理 按方法分类:膜分离、吸附、高级氧化、离子交换、电解
畜禽养殖场污水处理	一级处理、强化一级处理、二级处理、人工湿地处理
污水深度处理	污水脱氮、污水除磷、混凝沉淀砂滤、活性炭吸附、膜分离、高级氧化
农村面源污染控制	化肥减量化、生活污水和垃圾收集、前置库技术
城市面源污染控制	生态工程、雨污分流、采用透水地面
水体内源处置、处理	底泥处理与处置、水产养殖业污染治理
节水减排技术	城市污水回用、工业节水、农业节水
水污染控制其他技术	水资源调配、择地排放、检测预警、BMPs、限磷控磷

在水污染控制规划中,初始生成的方案并不一定都是可行方案,但是要求初始方案满足一定的原则,这些原则包括以下内容。

(一) 工程可行性原则

一个初始方案的工程可行性是可以预期的,也是可以保证、可以实现的。初始方案的工程可行性大体包含以下内容:① 污水排放口的候选位置可行,包括可供设置污水排放口的地点和接纳污水的水体部位。② 候选的污水处理厂位置的土地使用不存在争议,有足够的用于污水处理厂建设的面积,周边的环境条件可行。③ 建设污水管线所必需的基本条件可行。④ 其他,如场地交通条件、电力供应等。

(二) 技术适用性原则

水污染控制技术种类繁多,其处理效果有高低之分,其造价有高低之分,其管理有繁简之差。可以从如下几个方面衡量技术适用性:① 能够针对主要的污染问题和主要的污染物,解决当前的和预期的环境污染;② 技术的复杂程度要与当地的条件相匹配,一般来说,应该优先采用管理简单、操作方便的技术;③ 所采用的技术能够实现当前的环境保护目标,同时又为社会经济发展和技术进步留有余地;④ 技术成熟程度。在规划方案中尽量采用成熟的技术,以提高建设和运行的可靠性,便于操作和管理。

(三) 允许排放量分配的公平性原则

在制定规划方案时,公平性主要体现在以下几个方面:① 面源和点源之间的分配;② 面源与面源之间的分配;③ 点源与点源之间的分配;④ 其他的公平性问题。

各方面对于公平性的认识不可能是一致的,允许排放量的公平分配也是较大的难题,但是并不等于要放弃公平性原则,公平性原则在整个水污染控制规划过程中必须始终坚持。

3.4.2　方案生成

（一）方案建立的方法

水污染控制方案的建立要遵守工程可行性原则、技术适用性原则和允许排放量分配的公平性原则。通过合作博弈法建立和筛选规划方案可能是实现上述原则的最好方法。

2022年6月，国家发展改革委、自然资源部等六部门印发了新一轮《太湖流域水环境综合治理总体方案》。由国家发展改革委主持制定《太湖流域水环境综合治理总体方案》并加以修编的过程就是通过合作博弈取得满意结果的范例。由国家发展改革委牵头，组织咨询专家组，协助发展改革委审查水污染防治方案和研究报告，并组成总体方案编制组，负责调研编制和水污染防治方案。参加合作博弈的国务院有关部门和省市，全面参与方案的制定。在太湖流域水环境综合治理省部联席会议制度的框架下，各方通过充分的各抒己见和民主协商，形成了最终方案并加以修编，成为太湖流域水环境治理的纲领。

（二）初始排污权分配策略考量

允许排放量的分配包括行政区之间的分配和污染源之间的分配，后者又包括点源和面源之间的分配；点源中生活污染源和工业污染源之间的分配等。不管哪一种分配类型，合作博弈是必经之路。但是每一种类型都有自己的特点，在方案建立过程中需要注意。

1. 行政区之间的分配

如果一个污染控制区分属两个或两个以上行政区，就涉及允许排放量在行政区之间的分配问题。按照公平性原则，径流量大的地方应该获得较高的允许排放量。

影响径流量大小的因素主要是降水量、径流系数和地域面积。假设一个污染控制区内有 n 个行政区，每个行政区的面积为 $A_1, A_2, \cdots, A_i, \cdots, A_n$，对应的降水量为 $P_1, P_2, \cdots, P_i, \cdots, P_n$，径流系数为 $f_1, f_2, \cdots, f_i, \cdots, f_n$，水环境功能区的允许排放量为 S，每个行政区分配到的允许排放量为 $S_1, S_2, \cdots, S_i, \cdots, S_n$，则

$$S_i = \frac{A_i f_i P_i}{\sum_{i=1}^{n} A_i f_i P_i} \qquad (3-38)$$

如果污染控制区内的降水量地区差异不大，则允许排放量的分配与行政区的面积和径流系数成正比：

$$S_i = \frac{A_i f_i}{\sum_{i=1}^{n} A_i f_i} \qquad (3-39)$$

由于社会经济发展的不平衡，每个行政区的实际污染物产生量与可能分配到的允许排放量会有很大差异，可以通过排污权交易与经济补偿解决。

2. 污染源之间的分配

（1）点源和面源之间的分配

点源和面源之间的允许排放量分配几乎没有原则可循。目前，面源控制的逻辑还只是"可以做些什么"，而几乎不是"需要做些什么"。因此，在考虑点源和面源之间的关系

时,需要先看看面源控制可以做到什么地步,再考虑点源的控制程度。

一般来说,面源控制管理难度大、见效慢。但是,在湖泊、水库的污染控制中,面源是不可忽视的因素。在点源的控制达到一定水平时,面源控制自然要跟进,总体机制还是"合作博弈",在追求广义的处理费用最小化和社会的公平中统筹和均衡各方面的利益。

(2)生活污染源和工业污染源之间的分配

城市生活污染源和工业污染源一般都属于点源,允许排放量在它们之间的分配也要追求一个平衡点。从总体上讲,在用水量得到控制的情况下,工业废水排放的污染物浓度与城市生活污水应该大体相当,这样才能保持平衡与和谐。

(3)面源内部的分配

在面源内部,种植业、养殖业和农村生活污水之间难以找到分配的依据,可以根据实际条件制定减排措施。对于种植业,减少化肥施用和改进施肥方法的关键是管理落实。鼓励改畜禽散养为圈养,是将面源转化为点源,从而便于治理的措施。在没有建设下水道的农村,生活污水对水环境的污染所占份额很小,可不计入分配,建设下水道后应该计入点源。

(三)方案生成的过程

水污染控制规划方案由一系列的可控变量组成,可控变量的不同组合可以形成众多的初始方案,这些初始方案是产生优秀的推荐方案的基础,只有在众多的初始方案中包含了满意的方案,规划的最终结果才有可能取得满意解。方案生成是一个综合考虑社会、经济、环境条件等因素,进行资源配置的过程,只有全面掌握有关信息,具备综合分析能力,才能生成好的方案。因此,分析者对规划目标、规划内容和方案中的各个变量必须有全面的了解,系统的科学理论知识和丰富的工程实践经验是分析者必备的条件。从某种意义上说,水污染控制规划不仅是一门技术,也是一门艺术。

污染源子系统:污废水单独处理,还是与城市污水或其他污染源合并处理?一般情况下,城市工业废水与城市污水联合处理不仅可以发挥污水处理厂的规模经济效应,而且对城市污水的处理更为有利和可靠。但是下述工业废水不宜与城市污水联合处理:① 工业废水中含有特殊污染物,不可能通过城市污水处理厂去除;② 工业废水中含有不利于城市污水处理工艺的物质;③ 工业污染源距离城市污水处理厂较远,建设污水转输管道需要较大的投资。

污水收集、输送子系统:一般由城市规划中的街区规划和道路规划决定,不需比较和分析,只有在污水处理厂的位置或排放口的位置发生变化或存在多种选择的条件下才需要重新考虑。

污水处理子系统:可供选择的变量包括污水处理厂的位置、污水处理规模、污水处理方法和污水处理程度。由于规模经济效应,大型污水处理厂的经济效能提高,耐冲击负荷、运行可靠性较好;但是由于尾水排放集中,不利于水环境容量的利用和处理后污水的回用。因此,污水处理厂规模是影响方案选择的重要因素。污水处理方法的选择取决于污水的成分和浓度,也要考虑处理后的污废水的用途,以及当地的技术条件和习惯。在污水处理规模确定以后,污水处理程度最终决定污染物的排放总量。原则上讲,污水处理程度取决于水环境功能区的允许纳污量,在生成初始方案时,可以从高到低设定高、中、低三个等级的处理程度,以备选择。

排放口子系统:污水处理厂一般位于污水排放口附近,处于城市的下游。污水排放口是水污染控制系统的最终出口。在排放口存在多个选择的条件下,水污染控制方案的数量会急剧增加。污水处理厂和排放口的位置由城市总体规划确定,在水污染控制规划中,需要考察排放口位置选择的合理性。

(四) 生成规划方案的约束条件

在生成初始方案时,必须执行的强制性约束条件有国家和地方的工业污水排放标准、城镇污水处理厂排放标准等,同时考虑工业废水与城镇污水合并处理的可行性。

随着城镇污水处理厂的普遍建立,相对集中的城镇污水处理厂成了一个地区或城市水污染控制的主力,那些经过多年运行、已经逐渐老化的工业污水处理厂需要提高处理能力和处理效率,这为实行合并处理提供了契机,也为水污染防治规划提供了一种选择。

此外,一个方案的产生和修改还会遇到很多需要考虑的因素,包括社会的、经济的、政治的、人文的、历史的等,规划人员都需要认真处理。

3.4.3　方案分析

(一) 方案评比

1. 建立指标体系

描述水污染控制规划的指标要素非常多,在构建指标体系时,要遵守充分性、必要性和可操作性三项原则。构建指标体系的基本方法是系统分析法和排除法。

首先,从经济、环境和社会等方面罗列与水污染控制有关的标准,从上至下,逐级分解,达到最低层次。

然后,根据规划的实际情况,对每一个目标进行甄别,删除完全不必要的和可要可不要的目标,最终保留的目标组成方案评比的目标体系。

指标体系建成以后,还需要检验其充分性、必要性和可操作性。充分性检验是对整个指标体系而言的,主要检查指标体系是否可以代表水污染控制方案的主要特征。必要性检验是针对每一项指标而言的,通过两两比较,发现和剔除相关性较高、独立性较差的指标。可操作性是指所选指标是否能够得到有效的数据支持,或者是否能够通过补充调查取得支持,得不到数据支持的指标毫无意义。

2. 确定评比方法

对备选方案进行评比,实际上就是决策分析的过程,通过评比确定方案的优劣。目前用于方案评比的方法很多,例如费用-效益分析方法、层次分析法、多目标规划法等。很难说上述方法孰优孰劣,重要的是运用所选的方法能够将每一个方案的优缺点分析通透。选用何种分析方法,还要看分析者和决策者的习惯和偏好。

(二) 方案的环境影响分析

1. 对水环境的影响

在水污染控制规划中,需要考核的最重要的内容是水环境质量。对未来的水质状况,需要通过水质模型进行模拟。备选方案由一系列工程项目组成,每一个工程项目在建设过程中或建成以后都会对水环境产生影响,影响程度可以按照工程项目的环境影响评价或规划环评的程序进行。

2. 对空气质量的影响

污水处理过程中排放的废气和异味是否会对周围的居民点、学校、医院等产生负面影响?污水处理厂应该有除臭装置,处理厂周围应该规划足够的隔离带和绿化带。规划方案对空气质量的影响,也可以按照工程项目的环境影响评价或规划环评的程序进行。

3. 对生态的影响

规划方案对生态系统的影响可以通过生态风险评价方法进行。生态风险评价(ecological risk assessment,ERA)是预测环境污染物对生态系统或其一部分产生有害影响可能性的过程,是指一个物种、种群、生态系统或整个景观的正常功能受外界胁迫后,在目前和将来减小该系统内部某些要素或其本身的健康、生产力、遗传结构、经济价值和美学价值的可能性分析,也就是当生态系统受一个或多个胁迫因素影响后,对不利的生态后果出现的可能性进行评估。

4. 污染防治经济损益分析

水污染防治的费用可以通过工程经济方法估计。一般包括:基本建设投资、运行费用、总费用或者年总费用。由于环境问题的外部性特征,环境污染和环境改善都会带来一系列经济问题,其中既有正的收益,也有负的收益,它们的估计比较复杂。

3.4.4 方案决策

(一)决策准则

所谓决策,就是决策者为了达到某种目标,从若干个可以替代的可行方案(策略、行动等)中选取理想或满意的方案(策略)。

决策科学是一门综合性很强的新兴交叉学科,横跨了自然科学、社会科学和人类思维领域的多个方面,尤其是数学、运筹学、管理科学、行为科学和思维科学。工程决策中一般应遵循以下 6 条准则。

① 信息准则。决策应以掌握大量的、准确的信息,及高质量的情报资料为基础,并对之进行系统的归纳、整理、比较、选择,去粗存精,由表及里,由此及彼地综合分析。

② 可行性准则。一项决策必须是可行的,要分析现有的人力、物力、财力、技术能力,分析实施以后的利弊,经过慎重论证,周密审定、评估,确定其可行性。

③ 预测准则。通过预测,为决策提供有关未来信息,使决策更具有远见卓识。

④ 对比选优准则。决策时要进行多种方案的比较,从中选优。

⑤ 集团决策准则。决策时要贯彻民主集中制的集体领导原则,发挥咨询参谋机构的作用。

⑥ 反馈准则。通常决策不可能十全十美,应将实践所检验出的不足及时反馈给决策者,以便据此做出相应调整。

（二）决策程序

一个正确的决策过程，一般应包括以下四个基本步骤。

1. 确定目标和价值准则

目标是决策分析中最重要的问题，目标一般来自上级机关的指令性任务或由系统的自身发展提出。确定目标时一定要有长远观点和全局观点，目标必须具体、明确，在时间、地点和数量方面都要有所要求，而且要有一个衡量目标的准则。

确定价值准则是为了选择目标，作为选择和评价方案（策略）的依据。

2. 拟定多个可行性方案

可行性方案是实现决策目标的途径和手段。决策的核心问题就在于对多个可行性方案的优选。方案是否可行，一般要进行可行性研究，这是一个十分重要的有关技术经济、环境、社会的研究课题。在分析研究过程中要遵循整体和局部相结合，长远和当前相结合，系统内部和外部相结合，定性和定量相结合的原则；要强调经济效益、社会效益、环境效益的统一；要作动态分析。

3. 建立决策模型与分析评价

建立各种模型并求解，对模型结果进行分析评价。在本阶段，依靠可行性分析和各种决策技术（如决策矩阵、决策树等）使各种可行性方案的利弊得以表达。

4. 综合分析与方案选优

对各个可供选择的可行性方案权衡利弊，从中选一或综合为一。这是一项难度很大又很复杂的工作。因所确定的方案不一定使每一项指标都最佳，往往不能兼顾所有指标最优，这就考验决策者的智慧以及决策能力。

（三）决策分析层次

水污染防治规划的决策分析大体可以分为三个层次：第一个层次属于战略性决策分析。例如，全国各大流域和各大区域的水污染防治规划。第二个层次属于战术性决策分析。战术性决策分析是在战略性决策的指导下，在水环境质量目标已经确定的前提下，寻求实现这一战略目标的最佳方案或满意方案，如次级流域或一个地区（或水环境功能区）的水污染防治决策都属于这一层次的规划决策。第三个层次属于技术性决策。技术性决策是在战术性决策基础上，为实现战术性决策所确定的水污染防治方案选择和确定适用的措施，包括工程的、管理的、经济的、法律的措施等。

水污染防治规划决策一般按照上述三个层次自上而下进行，上一层次的决策为下一层次的决策提供指导，下一层次的决策则为上一层次决策结果的实现提供保证。不同层次之间的规划相辅相成，循环往复，不断完善，不断提高。

（四）决策分析工具

1. 决策矩阵

决策矩阵通常用于有限条件下资源分配的决策分析，也可以用于污染物允许排放量的分配问题。二维决策矩阵应用较多，三维或三维以上的决策矩阵较少应用。

（1）决策矩阵及其规范化

用 $A=\{A_1,A_2,\cdots,A_m\}$ 表示替代方案集合，用 $F=\{F_1,F_2,\cdots,F_n\}$ 表示方案的属性集合，某方案的属性值 a_{ij} 排列成决策矩阵，如表 3-3 所示。其中，$W=\{W_1,W_2,\cdots,W_n\}$ 为权重集合，表示各属性的相对重要性。

表 3-3　决策矩阵

属性 F_i		F_1	F_2	$\cdots$	F_n	综合属性值 φ_i
权重 W_i		W_1	W_2	$\cdots$	W_n	
方案 A_j	A_1	a_{11}	a_{12}	$\cdots$	a_{1n}	
	A_2	a_{21}	a_{22}	$\cdots$	a_{2n}	
	$\vdots$	$\vdots$	$\vdots$		$\vdots$	
	A_m	a_{m1}	a_{m2}	$\cdots$	a_{mn}	

在决策过程中，由于各属性所采用量纲不同，且在数值上差异很大，如果采用原来的属性值，往往无法进行比较分析。因此，需要将属性值规范化，也称归一化，就是将各属性值转化到 [0,1] 范围内。常用的规范化方法如下。

① 向量规范化：通过向量规范化，可将所有属性值转化为无量纲量，且均处于 [0,1] 范围内，具体转换公式为

$$f_{ij} = a_{ij} \bigg/ \sqrt{\sum_{i=1}^{m} a_{ij}^2} \tag{3-40}$$

向量规范化方法是非线性的，有时不便于在属性间比较。

② 线性变换：如果目标是效益最大（属性值越大越好），则

$$f_{ij} = a_{ij} \big/ \max_i(a_{ij}) \tag{3-41}$$

如果目标是成本最小（属性值越小越好），则

$$f_{ij} = 1 - a_{ij} \big/ \max_i(a_{ij}) \tag{3-42}$$

③ 其他变换方法：对于目标是效益最大（属性值越大越好）的情况有

$$f_{ij} = \frac{a_{ij} - \min_i(a_{ij})}{\max_i(a_{ij}) - \min_i(a_{ij})} \tag{3-43}$$

如果目标是成本最小（属性值越小越好），则

$$f_{ij} = \frac{\max_i(a_{ij}) - a_{ij}}{\max_i(a_{ij}) - \min_i(a_{ij})} \tag{3-44}$$

这个变换可将属性的最大与最小值统一为 1 与 0，这种变换的缺点是变换不成比例。

（2）权重的确定方法

决策矩阵中的权重的确定涉及行为科学，很难直接用数学方法获得。决策者可以按目标的重要程度给各个目标赋予不同的权重。另外，权重的确定采用个别人的观点，会存在较大的片面性，且缺乏说服力。因此，权重的确定需将德尔菲法与层次分析法相结

合,即聘请一批专家把目标进行两两比较,构造判断矩阵,然后利用层次分析法,将目标间两两重要性比较结果综合起来确定一组权重系数,作为确定权重的依据。

① 构造判断矩阵:某个专家针对方法属性 $F = \{F_1, F_2, \cdots, F_n\}$ 进行排序,构造判断矩阵(表 3-4)。

表 3-4 确定权重的判断矩阵

属性	F_1	F_2	$\cdots$	F_n
F_1	f_{11}	f_{12}	$\cdots$	f_{1n}
F_2	f_{21}	f_{22}	$\cdots$	f_{2n}
$\vdots$	$\vdots$	$\vdots$		$\vdots$
F_n	f_{n1}	f_{n2}	$\cdots$	f_{nn}

表中,f_{ij} 为决策方案 i 属性与 j 属性相比的比率标度,属性间的相对重要性用数字 1~9 表示,其含义如下:

a. 标度为 1 时,表示二者同等重要;b. 标度为 3 时,表示前者比后者稍微重要;c. 标度为 5 时,表示前者比后者明显重要;d. 标度为 7 时,表示前者比后者强烈重要;e. 标度为 9 时,表示前者比后者极端重要;f. 标度为 2、4、6、8 时,为上述两个相邻判断的中间情况;g. 倒数表示后者比前者重要。

② 计算权重:假定属性 F_i 与 F_j 的权重分别是 w_i 与 w_j,决策方案 i 属性与 j 属性相比的比率标度 f_{ij} 近似等于 w_i/w_j,于是有

$$\boldsymbol{F} = \begin{bmatrix} f_{11} & f_{12} & \cdots & f_{1n} \\ f_{21} & f_{22} & \cdots & f_{2n} \\ \vdots & \vdots & & \vdots \\ f_{n1} & f_{n2} & \cdots & f_{nn} \end{bmatrix} \approx \begin{bmatrix} w_1/w_1 & w_1/w_2 & \cdots & w_1/w_n \\ w_2/w_1 & w_2/w_2 & \cdots & w_2/w_n \\ \vdots & \vdots & & \vdots \\ w_n/w_1 & w_n/w_2 & \cdots & w_n/w_n \end{bmatrix} \quad (3-45)$$

式中,$f_{ij} > 0$,$f_{ij} = 1/f_{ji}$,$f_{ii} = 1(i, j = 1, 2, \cdots, n)$。

$$\sum_{i=1}^{n} f_{ij} = (\sum_{i=1}^{n} w_i)/w_j, \text{当} \sum_{i=1}^{n} w_i = 1 \text{时}, \sum_{i=1}^{n} f_{ij} = 1/w_j (j = 1, 2, \cdots, n) \quad (3-46)$$

一般来说,决策者对 f_{ij} 的估计很难前后一致,做到十分准确,致使上式中的"等于"只是"近似等于";而权重的取值应使总体误差最小,即使得

$$\min z = \sum_{i=1}^{n} \sum_{j=1}^{n} (f_{ij} \times w_i - w_i)^2$$

$$\begin{cases} \sum_{i=1}^{n} w_i = 1 \\ w_i \geqslant 0, i = 1, 2, \cdots, n \end{cases} \quad (3-47)$$

上述优化问题可利用拉格朗日乘子法求解,其拉格朗日函数为

$$L = \sum_{i=1}^{n} \sum_{j=1}^{n} (f_{ij} \times w_i - w_i)^2 + 2\lambda(\sum_{i=1}^{n} w_i - 1) \quad (3-48)$$

L 函数分别对 $w_i(i=1, 2, \cdots, n)$ 求导,且令其一阶导数为零,则可得 n 个线性方程,

$\sum_{i=1}^{n} (f_{ij} \times w_i - w_i) \times f_{ij} - \sum_{j=1}^{n} (f_{ij} \times w_j - w_j) + \lambda = 0, i = 1, 2, \cdots, n$, 由上式及 $\sum_{i=1}^{n} w_i = 1$ 可求得 $\boldsymbol{W} = (w_1, w_2, \cdots, w_n)^T$。

③ 一致性检验：如果决策者对各个目标的重要性的比较是正确的，且没有前后不一致现象，则

$$\boldsymbol{FW} = \begin{bmatrix} w_1/w_1 & w_1/w_2 & \cdots & w_1/w_n \\ w_2/w_1 & w_2/w_2 & \cdots & w_2/w_n \\ \vdots & \vdots & & \vdots \\ w_n/w_1 & w_n/w_2 & \cdots & w_n/w_n \end{bmatrix} \begin{bmatrix} w_1 \\ w_2 \\ \vdots \\ w_n \end{bmatrix} = \lambda_{\max} \begin{bmatrix} w_1 \\ w_1 \\ \vdots \\ w_n \end{bmatrix} \qquad (3-49)$$

权重向量是判断矩阵 $\boldsymbol{F}$ 的最大特征根 $\lambda_{\max}$ 的特征向量；因此，可先计算判断矩阵 $\boldsymbol{F}$ 的最大特征根 $\lambda_{\max}$，再求解线性方程组

$$\boldsymbol{FW} = \lambda_{\max} \boldsymbol{W} \qquad (3-50)$$

同样可以确定权重向量 $\boldsymbol{W} = (w_1, w_2, \cdots, w_3)$。

首先，计算判断矩阵 $\boldsymbol{F}$ 的最大特征根：$\lambda_{\max} = \sum_{i=1}^{m_i} \dfrac{(F \times w)_j}{m_i \times w_j}$；然后，计算判断矩阵偏离一致性指标：$CI = \dfrac{\lambda_{\max} - n}{n-1}$。

由已知的判断矩阵阶数 n，确定平均随机一致性指标 RI。对于 1～9 阶矩阵，其阶数与 RI 的关系如表 3-5 所示。

表 3-5　平均随机一致性指标 RI 值表

n	1	2	3	4	5	6	7	8	9
RI	0.00	0.00	0.58	0.90	1.12	1.24	1.32	1.41	1.45

最后，计算随机一致性比率：$CR = CI/RI$。若随机一致性比率 $CR < 0.1$，则认为符合满意的一致性要求；否则，就需要调整判断矩阵 $\boldsymbol{F}$。

（3）决策矩阵的应用

表 3-6 表示方案决策的损益矩阵。表中 $A = \{a_1, a_2, \cdots, a_m\}$ 代表 m 个可行备选方案，备选方案之间彼此独立，又可以相互替代。所有方案构成的集合 $A = \{a_i, i = 1, \cdots, m\}$ 称为决策空间，决策者可以在这个范围内决定取舍。决策方案是由分析者根据各种主客观条件编制的各种应变策略，是人们主观制定的，是决策分析中的可控因素。

表 3-6　备选方案损益矩阵的一般形式

方案	状态				
	$s_1(p_1)$	$\cdots$	$s_j(p_j)$	$\cdots$	$s_n(p_n)$
a_1	V_{11}	$\cdots$	V_{1j}	$\cdots$	V_{1n}
$\vdots$	$\vdots$		$\vdots$		$\vdots$
a_i	V_{i1}	$\cdots$	V_{ij}	$\cdots$	V_{in}
$\vdots$	$\vdots$		$\vdots$		$\vdots$
a_m	V_{m1}	$\cdots$	V_{mj}	$\cdots$	V_{mn}

$s_1(p_1), s_2(p_2), \cdots, s_n(p_n)$ 是每一个方案都可能遇到的外部条件,所有外部条件的集合 $S = \{ s_j(p_j), j=1, \cdots, n \}$ 称为状态空间。这些外部条件往往是随机的、无法控制的,它们不以决策者或分析者的主观意志为转移。

$p_1, p_2, \cdots, p_n$ 是各种外部条件发生的概率,这些概率是建立在主观预测和经验统计基础上的,它反映未来时间发生的可能性。这些外部条件发生的可能性是相互独立的,其发生的概率总和为 1,即 $\sum\limits_{j=1}^{n} p_j = 1$。

各个决策方案在不同的外部条件下的损益值组成一个损益矩阵 $\mathbf{V}$:

$$\mathbf{V} = [v_{ij}] \quad i = 1, 2, \cdots, n; j = 1, 2, \cdots, m \tag{3-51}$$

决策方案的效益期望值按照下式计算:

$$E_i = \sum\limits_{j=1}^{n} p_j v_{ij} \tag{3-52}$$

在所有方案中,收益期望值最大或损失期望值最小的方案应为满意方案。

2. 决策树

决策分析过程常常可以表示为一个"树枝"状的图形,因而决策分析过程图被称为决策树。当决策对象的各种决策因子可以按照因果关系、复杂程度和从属关系分成若干等级时,可以利用决策树进行决策分析。

利用决策树进行决策分析的原理是:将决策对象视作一个总系统,而总系统可以分解成若干级别的子系统。系统的决策必须满足一个总目标,这个总目标可以被分解到各个子系统,如果每个子系统都实现了所分配的子目标,则总系统亦能达到既定的总目标。

决策树的一般结构如图 3-10 所示。图中 ① 称为决策起点,由此引出的分枝称为方案分枝,表示不同的用以决策分析的备选方案。②、③、④ 称为状态点,由此引出的分枝称为概率分枝,概率分枝表示各自不同的状态,并在其上说明各种状态发生的概率值。△ 表示决策终点,终点标明的数值表示各种状态下的损益计算值。

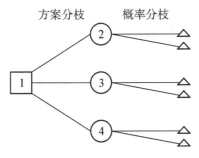

图 3-10　决策树的构造

用决策树进行决策分析时,一般采用逆向求解方法,即从决策树的右端开始逐一向左分析,根据概率分枝的概率值和相应终点的损益值,计算各状态点的期望值,并标示在各状态点上,然后根据期望值的大小确定推荐方案。

第四章 化学动力学

化学动力学所研究的是反应的速率和反应的历程。反应的历程也就是反应的机理。在反应过程中,反应物的量总是不断减少的,而产物的量却是不断增加的。反应中任一反应物减少的快慢,或任一产物增长的快慢,都可以代表整个化学反应的速率。包括:① 影响反应速度的各种因素(如浓度、温度等);② 反应的机理。化学动力学与化学热力学的主要区别在于化学热力学只考虑体系的始、终态,无时间概念,理论较完善,而化学动力学涉及过程进行的速度和机理,有时间概念。

4.1 间歇反应动力学

1. 间歇反应的基本方程

(1) 基本方程的一般形式

间歇反应操作是一个非稳态操作,反应器内各组分的浓度随反应时间变化而变化,但在任一瞬间,反应器内各处均一,不存在浓度和温度差异。

对于间歇反应器,$q_{nA0} = 0$,$q_{nA} = 0$,反应物 A 的物料衡算式可表示为

$$\frac{dn_A}{dt} = -r_A V \tag{4-1}$$

式中:n_A——反应器内反应物 A 的量(kmol);

V——反应器内反应混合物的体积,通常称反应器的有效体积(m^3)。

式(4-1)为间歇反应器的基本方程。

将 $n_A = n_{A0}(1 - x_A)$ 代入式(4-1),可得到以转化率表示的基本方程:

$$n_{A0} \frac{dx_A}{dt} = -r_A V \tag{4-2}$$

式中:n_{A0}——反应器内反应物 A 的初始量(kmol);

x_A——反应物 A 的转化率,无量纲。

式(4-2)积分,可得到转化率与时间的关系式:

$$t = n_{A0} \int_0^{x_A} \frac{dx_A}{-r_A V} \tag{4-3}$$

(2) 恒容反应器的基本方程

对于恒容反应器,V 一定,则式(4-3)可写为

$$t = c_{A0} \int_0^{x_A} \frac{\mathrm{d}x_A}{-r_A} \tag{4-4}$$

对于恒容反应器,也可以将式(4-2)变形为

$$-\frac{\mathrm{d}c_A}{\mathrm{d}t} = -r_A \tag{4-5}$$

式中:c_{A0},c_A——初始时和任一反应时间反应物 A 的浓度(kmol/m³)。

对式(4-5)积分,可得

$$t = -\int_{c_{A0}}^{c_A} \frac{\mathrm{d}c_A}{-r_A} \tag{4-6}$$

式(4-5)和式(4-6)为恒容反应器的基本方程。该方程与反应速率方程的积分式相同。

根据以上各式可以计算得到某一转化率(或浓度)时需要的反应时间,也可以计算任一反应时间的转化率或反应物的浓度。

2. 间歇反应器的动力学实验方法

利用间歇反应器进行动力学实验的一般方法如下:

在保持温度和其他条件恒定的条件下,向反应器中加入一定体积的各组分浓度已知的反应物料。在反应开始后的某一时刻开始测定不同反应时间时的关键组分浓度。

根据需要改变反应物料中关键组分的浓度,在不同初始浓度下测定不同反应时间时的关键组分浓度。

通过以上实验可得到不同反应时间的关键组分浓度,进而进行实验数据的解析。

利用间歇反应器进行动力学实验时,获得的动力学实验数据可以利用积分法或微分法进行解析。

积分法是首先假设一个反应速率方程,求出浓度随时间变化的积分形式,然后把实验得到的不同时间的浓度数据与之相比较,若两者相符,则认为假设的方程式是正确的;若不相符,可再假设另外一个反应速率方程进行比较,直到找到合适的方程为止。比较时一般先把假设的反应速率方程线性化,这可以利用作图法进行,也可以进行非线性拟合。

微分法是根据浓度随时间的变化数据,用图解微分法或数值微分法计算出不同浓度时的反应速率,然后以反应速率对浓度作图,根据反应速率与反应物浓度的关系确定反应速率方程。

3. 实验数据的积分解析法

积分解析法是基于积分形式的反应速率方程进行数据解析的一种方法。反应速率方程的一般形式(微分形式)为

$$-r_A = kf(c_A) \tag{4-7}$$

$$-r_A = gf(x_A) \tag{4-8}$$

对于恒容间歇反应器,其反应速率方程的积分式可以表达为

$$F(c_A) = \lambda(k)t \tag{4-9}$$

$$G(x_A) = \lambda(k)t \qquad (4-10)$$

上面两式的左边为 c_A 或 x_A 的函数,其形式随反应速率方程变化而变化,右边的 $\lambda(k)$ 为包含 k 的常数。

在积分法中,首先假设一个反应速率方程,求出它的积分式,然后利用间歇反应器测定不同时间的关键组分的浓度(或转化率),继而通过积分式计算出不同反应时间时的 $F(c_A)$ 或 $G(x_A)$。以 $F(c_A)$ 或 $G(x_A)$ 对时间作图,如果得到一条通过原点的直线,说明假设是正确的,则可以从该直线的斜率求出反应速率常数 k(图 4-1)。

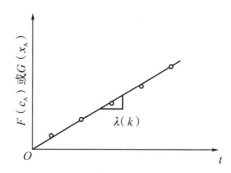

图 4-1 利用间歇反应器和积分解析法确定反应速率方程

对于复杂的反应速率方程,有时不能得到其积分形式,在这种情况下,可采用计算的方法进行。

利用反应的半衰期也可以确定反应级数并求出相应的动力学常数(图 4-2)。n 级反应($n \neq 1$)的半衰期可表示为

$$t_{1/2} = \frac{2^{n-1} - 1}{kc_{A0}^{n-1}(n-1)} \qquad (4-11)$$

将上式两边取对数,整理可得

$$\lg t_{1/2} = b + (1-n)\lg c_{A0} \qquad (4-12)$$

式中:b——常数,无量纲,$b = \lg \dfrac{2^{n-1} - 1}{k(n-1)}$。

由式(4-12)可以看出,半衰期与反应物浓度之间存在对数直线关系,直线斜率为 $(1-n)$。

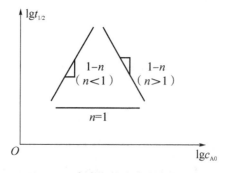

图 4-2 半衰期法确定速率方程式

在进行动力学实验时,改变反应物的初始浓度,测得不同初始浓度时的半衰期,以图 4-2 的形式对实验数据作图,即可求得反应级数 n。然后根据 n 和任一 c_{A0} 时的 $t_{1/2}$,可求得反应速率常数 k。

对于一级反应,$t_{1/2} = \ln\dfrac{2}{k}$,$t_{1/2}$ 与初始浓度无关。以 $\lg c_{A0}$ 对 $\lg t_{1/2}$ 作图,若得一水平直线,则可判断该反应为一级反应。

4. 实验数据的微分解析法

微分解析法是利用反应速率方程的微分形式进行数据解析的一种方法。对于恒容反应,具体步骤如下:① 恒容条件下利用间歇反应器测定关键组分,如反应物 A 的浓度 c_A 随反应时间的变化;② 把 c_A 对时间作图,并描出圆滑的曲线,如图 4-3 所示;③ 利用图解法(切线法)或计算法,求得不同 c_A 时的反应速率 $-r_A$,即 $-dc_A/dt$;④ 把得到的反应速率值对浓度 c_A 作图;⑤ 根据反应速率与浓度的关系曲线,假设一个速率方程,若其与实验数据相符,则假设成立,之后可以求出动力学参数。

对于简单的不可逆反应,若其反应速率只是某一个反应物浓度的函数,可将反应速率方程线性化。对反应速率方程 $-r_A = kc_A^n$,两边取对数可得:

$$\ln(-r_A) = \ln k + n\ln c_A \tag{4-13}$$

以 $\ln c_A$ 为横坐标、$\ln(-r_A)$ 为纵坐标将实验数据作图,可得一直线,该直线的斜率为反应级数 n,截距为 $\ln k$(图 4-4)。

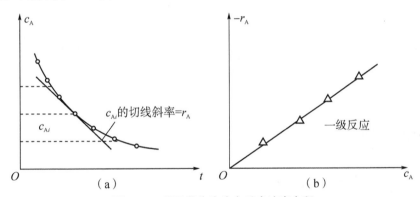

图 4-3 利用微分法确定反应速率方程

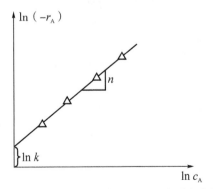

图 4-4 微分解析法确定 n 级反应速率方程

对于不可逆反应 $A+B \longrightarrow P$,若其反应速率是 A 和 B 两个反应物浓度的函数时,即

$-r_A = kc_A^a c_B^b$，可以利用过量法确定 $-r_A$ 与各反应物浓度的关系，步骤如下：

让反应在 B 大量过剩的情况下进行，在反应过程中 B 的浓度变化微小，可以忽略不计，则反应速率方程可改写为

$$-r_A = k'c_A^a \tag{4-14}$$

式中：$k' = kc_B^b \approx kc_{B0}^b$，可视为常数。

根据式(4-14)可以确定 a。

让反应在 A 大量过剩的情况下进行，在反应过程中 A 的浓度变化微小，可以忽略不计，则反应速率方程可改写为

$$-r_A = k''c_B^b \tag{4-15}$$

式中：$k'' = kc_A^a \approx kc_{A0}^a$，可视为常数。

根据式(4-15)可以确定 b。

当反应速率方程的形式较复杂时，可以采用回归的方法求出动力学参数。如对于反应速率方程 $-r_A = kc_A^a c_B^b$，两边取对数，得

$$\ln(-r_A) = \ln k + a\ln c_A + b\ln c_B \tag{4-16}$$

令 $y = \ln(-r_A)$，$\alpha = \ln k$，$x_1 = \ln c_A$，$x_2 = \ln c_B$，则

$$y = \alpha + ax_1 + bx_2 \tag{4-17}$$

令

$$\Delta = \sum(\alpha + ax_1 + bx_2 - y_{实测})^2 \tag{4-18}$$

式中的 x_1、x_2、$y_{实测}$ 为实验获得的 $\ln c_A$、$\ln c_B$、$\ln(-r_A)$。α、a 和 b 的最佳值为使 Δ 最小，即

$$\frac{\partial\Delta}{\partial\alpha} = 0; \frac{\partial\Delta}{\partial a} = 0; \frac{\partial\Delta}{\partial b} = 0 \tag{4-19}$$

4.2 连续反应动力学

4.2.1 管式反应的基本方程

利用管式反应器进行动力学实验时(一般是气固或液固反应)，若反应器出口处的转化率相当大(一般大于 5%)，则称该反应器为"积分反应器(integral reactor)"；如果出口处的转化率很小(一般小于 5%)，则称之为"微分反应器(differential reactor)"(图 4-5)。在积分反应器内反应组分的浓度变化显著；而在微分反应器内，反应组分的浓度变化微小。因此，可以利用反应器进出口浓度的平均值近似表示反应器内的组分浓度。

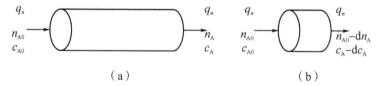

图 4-5　积分反应器与微分反应器示意图

积分反应器的空间时间与间歇反应器中的反应时间相对应。如不改变反应器入口处的条件,通过改变空间时间得到不同空间时出口处的转化率,以利用与间歇实验同样的积分法或微分法来解析。

对于微分反应器,可以通过反应器进出口处的浓度差直接计算出反应速率,此反应速率所对应的浓度可以近似地认为是反应器进出口的平均浓度。因此,通过实验可以直接测得不同浓度时的反应速率。微分反应器可以认为是积分反应器内的一个微小单元。

4.2.2 槽式反应的基本方程

槽式连续反应器内各处的组分组成与浓度均一,动力学数据的解析比较容易。与微分反应器相比,转化率的大小没有限制。因此,利用槽式连续反应器进行动力学研究比较方便,特别是在污水处理领域,经常采用该方式进行污水处理特性以及污水处理新技术、新工艺的研究。

槽式连续反应器的基本方程:

1. 基本方程的一般形式

对于图 4-6 所示的全混流槽式连续反应器(continuous stirred tank reactor,CSTR),反应器内混合均匀,各处组成和温度均一而且与出口处一致。在稳定状态下,组成不变,转化率恒定,即 $\mathrm{d}n_A/\mathrm{d}t = 0$。

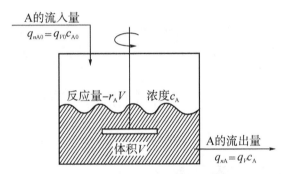

图 4-6 槽式连续反应器的物料衡算图

反应物 A 的物料衡算方程可表示为

$$q_{nA0} = q_{nA} + (-r_A)V \tag{4-20}$$

$$-r_A V = q_{nA0} - q_{nA} \tag{4-21}$$

$$r_A V = q_{nA0} x_A \tag{4-22}$$

$$-r_A V = q_{V0} c_{A0} x_A \tag{4-23}$$

式中:q_{V0},q_V——反应器进出口处物料的体积流量($\mathrm{m^3/s}$);

q_{nA0},q_{nA}——单位时间内反应物 A 的流入量和排出量($\mathrm{kmol/s}$);

c_{A0},c_A——反应器进出口处反应物 A 的浓度($\mathrm{kmol/m^3}$);

x_A——连续反应器中反应物 A 的转化率,无量纲。

令 $\tau = V/q_{V0}$,则由上式可得

$$\tau = \frac{c_{A0}x_A}{-r_A} \qquad (4-24)$$

式(4-24)为槽式连续反应器的基本方程。

τ 称为空间时间(space time)或平均空塔停留时间(mean residence time)。

2. 恒容反应的基本方程

对于恒容反应($q_{V0} = q_V$),其基本方程可以改写为以反应物 A 浓度表示的形式:

$$-r_A V = q_{V0} c_{A0} - q_{V0} c_A \qquad (4-25)$$

$$\tau = \frac{c_{A0} - c_A}{-r_A} \qquad (4-26)$$

因此,根据式(4-26),利用 c_{A0},c_A 和 τ 可以计算出反应速率。

槽式连续反应器的动力学实验方法:

将式(4-24)、式(4-26)分别变形,可得反应速率与转化率和浓度的关系式:

$$-r_A = \frac{c_{A0}x_A}{\tau} \qquad (4-27)$$

$$-r_A = \frac{c_{A0} - c_A}{\tau} \text{(恒容反应)} \qquad (4-28)$$

从以上方程不难看出,槽式连续反应器的动力学实验方法有以下两种:

方法 1:固定 c_{A0},测定不同 τ 时的 c_A,计算出对应 A 的反应速率 $-r_A$。然后根据 $-r_A$ 和 c_A 的数据求出反应级数和反应常数。

方法 2:固定 τ,测定不同 c_{A0} 时的 c_A,计算出对应 A 的反应速率 $-r_A$。然后根据 $-r_A$ 和 c_A 的数据求出反应级数和反应常数。

与微分反应器不同,CSTR 反应器的转化率可以很大,有利于数据的解析。

4.2.3 平流反应的基本方程

1. 平流反应器基本方程的一般形式

平流反应器中的流动是理想的推流,该反应器有以下特点:① 在连续稳态操作条件下,反应器各断面上的参数不随时间变化而变化;② 反应器内各组分浓度等参数随轴向位置变化而变化,故反应速率亦随之变化;③ 在反应器的径向断面上各处浓度均一,不存在浓度分布。

平流反应器一般应满足以下条件:① 管式反应器的管长是管径的 10 倍以上,各断面上的参数不随时间变化而变化;② 固相催化反应器的填充层直径是催化剂粒径的 10 倍以上。

对于平流反应器,体积为 dV 的微小单元内反应物 A 的物料衡算如下:

流入量为 q_{nA},排出量为 $q_{nA} + dq_{nA}$,反应量为 $(-r_A)dV$,积累量为 0,故

$$q_{nA} = q_{nA} + dq_{nA} + (-r_A)dV \qquad (4-29)$$

$$-dq_{nA} = (-r_A)dV \qquad (4-30)$$

$$-\frac{\mathrm{d}q_{nA}}{\mathrm{d}V} = -r_A \tag{4-31}$$

把 $q_{nA} = q_{nA0}(1 - x_A)$ 代入式（4 - 31），可得

$$q_{nA0}\frac{\mathrm{d}x_A}{\mathrm{d}V} = -r_A \tag{4-32a}$$

把 $q_{nA} = q_V c_A$ 代入式（4 - 31），可得

$$-\frac{\mathrm{d}(q_V c_A)}{\mathrm{d}V} = -r_A \tag{4-32b}$$

式（4 - 32）为微分形式的基本方程。

为得到积分形式的基本方程（转化率与空间时间之间的关系式），对式（4 - 32a）积分，并逐步整理，可得

$$\int_0^V \frac{\mathrm{d}V}{q_{nA0}} = \int_0^{x_A} \frac{\mathrm{d}x_A}{-r_A} \tag{4-33}$$

$$\frac{V}{q_{nA0}} = \int_0^{x_A} \frac{\mathrm{d}x_A}{-r_A} \tag{4-34}$$

$$\frac{V}{c_{A0}q_V} = \int_0^{x_A} \frac{\mathrm{d}x_A}{-r_A} \tag{4-35}$$

$$\frac{\tau}{c_{A0}} = \int_0^{x_A} \frac{\mathrm{d}x_A}{-r_A} \tag{4-36}$$

$$\tau = c_{A0}\int_0^{x_A} \frac{\mathrm{d}x_A}{-r_A} \tag{4-37}$$

2. 恒容反应的基本方程

在恒容条件下，$c_A = c_{A0}(1 - x_A)$，即 $-c_{A0}\mathrm{d}x_A = \mathrm{d}c_A$。将此式代入式（4 - 37），可得恒容反应的基本方程：

$$\tau = -\int_{c_{A0}}^{c_A} \frac{\mathrm{d}c_A}{r_A} \tag{4-38}$$

式（4 - 37）和式（4 - 38）的形式与间歇反应器的基本方程式（4 - 5）和式（4 - 6）相同。

4.3 反应类型、反应速率和反应级数

控制化学计量和反应速率是主要的关注点。化学反应中反应物的物质的量（摩尔数）和生成物的物质的量是通过反应的化学计算确定的。在任一已知化学计量的反应中，物质消耗与生成的速率即为反应速率。本节讨论的速率表达式与前面讨论过的反应器的水力特性相结合定义为处理动力学。

4.3.1 反应类型

发生在废水处理中的反应分为均相反应及非均相反应两种基本类型。

1. 均相反应

在均相反应中，反应物均匀分布在整个液体中，因而在液体内部任一点的反应势能都是相同的。均相反应通常在间歇式、完全混合式和平推流式反应器中完成。均相反应可能是不可逆反应，也可能是可逆反应。

不可逆反应的例子有：

简单反应

$$A \longrightarrow B \tag{4-39}$$

$$A + B \longrightarrow C \tag{4-40}$$

$$a A + b B \longrightarrow C \tag{4-41}$$

平行反应

$$A + B \longrightarrow C$$

$$A + B \longrightarrow D \tag{4-42}$$

连串反应

$$A + B \longrightarrow C$$

$$A + C \longrightarrow D \tag{4-43}$$

可逆反应的例子有：

$$A \rightleftharpoons B \tag{4-44}$$

$$A + B \rightleftharpoons C + D \tag{4-45}$$

在设计完成这些反应的水处理装置时，对于不可逆和可逆这两种反应，反应速率都是重要的考虑因素。对于混合装置，尤其是快速反应装置的设计尤需注意。

2. 非均相反应

非均相反应发生在可用特定位置表示的一种或多种组分之间，如在离子交换树脂上一种或多种离子被另外的离子所取代的反应。需要有固相催化剂参与的反应也属于非均相反应。非均相反应通常在填料床反应器和流化床反应器中完成。由于这些反应可能包括若干相互关联的步骤，因而，研究这些过程较为困难。由 Smith 提出这些步骤的一般顺序如下：

① 反应物由液体总体向液-固界面（催化剂粒子的外表面）迁移；
② 反应物向催化剂粒子（当为多孔催化剂时）内部迁移；
③ 反应物吸附在催化剂粒子内部位置上；
④ 被吸附的反应物经过化学反应，生成被吸附产物（表面反应）；
⑤ 被吸附产物的解析；
⑥ 被吸附产物由催化剂粒子的内部位置向外表面迁移。

4.3.2 反应速率

反应速率用于描述单位时间单位体积（对于均相反应）或单位时间单位表面积或单

位质量(对于非均相反应)的反应物物质的量的变化(减少或增加)。

1. 均相反应

反应速率 r 可由下式表示

$$r = \frac{1}{V}\frac{d[N]}{dt} = \frac{物质的量}{(体积)(时间)} \tag{4-46}$$

用 Vc 取代 N,其中 V 为体积,c 为浓度,式(4-46)可改写为

$$r = \frac{1}{V}\frac{d(Vc)}{dt} = \frac{1}{V}\frac{Vdc + cdV}{dt} \tag{4-47}$$

当体积保持恒定不变时(即等温条件,没有蒸发),式(4-47)可简化为

$$r = \pm\frac{dc}{dt} \tag{4-48}$$

式中,加号表示物质的增加或积累,减号表示物质的减少。

2. 多相反应

以 S 表示面积时,相应的表达式为

$$r = \frac{1}{S}\frac{d[N]}{dt} = \frac{物质的量}{(面积)(时间)} \tag{4-49}$$

对于包含了不同化学计量系数的两种或两种以上反应物的反应过程,用一种反应物表达的速率与用另一种反应物表达的速率不尽相同。以下列反应为例:

$$aA + bB \longrightarrow cC + dD \tag{4-50}$$

各种反应物浓度的变化表示如下

$$-\frac{1}{a}\frac{d[A]}{dt} = -\frac{1}{b}\frac{d[B]}{dt} = \frac{1}{c}\frac{d[C]}{dt} = \frac{1}{d}\frac{d[D]}{dt} \tag{4-51}$$

这样,对于化学计量系数不等的反应,得出的反应速率如下

$$r = \frac{1}{c_i}\frac{d[C_i]}{dt} \tag{4-52}$$

式中,系数 $(1/c_i)$ 对于反应物取负值,对于生成物取正值。

在废水处理中,反应速率是一项应予考虑的重要因素。例如,设计处理过程时是以反应进行的速率而不是以反应的平衡状态为基础。因此,常常会采用超过化学计量即实际反应量的化学药剂量来推动反应的进行,以促使处理过程在较短的时间内完成。

4.3.3　反应级数

反应进行的速率通常在反应进行到底时,通过测量反应物的浓度或是生成物的浓度来确定。将测得的结果与试验条件下按预想进行的反应的标准速率方程所获得的相应结果进行比较。

就某一指定的化合物而言,反应级数等于该化合物的化学计量系数。例如,在下面的反应中,化合物 A 的反应级数为 a,化合物 B 的反应级数为 b,以此类推。

$$aA + bB + \cdots + pP \longrightarrow qQ + \cdots \tag{4-53}$$

通过试验,如果得出速率与 A 浓度的一次方成比例(即 $a=1$),则可说,关于 A 的反应为一级反应。

在反应机理尚不了解的情况下,式(4-53)的反应速率可用下面的表达式估计

$$r = kc_A^a c_B^b \cdots c_P^p = kc_A^n \tag{4-54}$$

式中,$a,b,\cdots,p$ 分别为反应物 A,B,$\cdots$,P 的反应级数,n 是总反应级数($n=a+b+\cdots+p$)。浓度自乘幂次的总和即反应的级数。

4.4 水处理过程中的反应器

4.4.1 反应器的类型

反应和转化的速率及其完成的程度一般是所含组分、温度以及反应器形式的函数。因此,温度和所使用反应器的形式这两者的影响对处理过程的选择具有重要意义。在对废水处理的一些物理单元操作和化学、生物单元过程进行分析时,利用物料质量平衡原理,对发生反应转化前和转化后的质量进行计算。

物理单元操作和化学、生物单元过程通常是在被称为"反应器"的容器和池体中完成的。废水处理反应器的主要形式有:① 间歇反应器;② 完全混合连续反应器;③ 推流反应器;④ 串联完全混合反应器;⑤ 填料床反应器;⑥ 流化床反应器,具体如图 4-7 所示。

1. 间歇反应器

在间歇反应器中,既无水流流入,也无水流流出。反应器中的液体组分将完全混合。间歇反应器常用于化学药剂的混合或浓化学药剂的稀释。在化工生产过程中,对于大批生产通常采用连续反应器。对于批量生产,特别是不同规格和产值高的产品,往往采用间歇反应器。间歇反应器具有操作灵活、生产可变、投资低、上马快等特点。因此广泛应用于医药、农药、染料和各种精细化工工业。由于分子量的分布是聚合物生产中的一个重要质量指标,因此橡胶、塑料生产中的聚合反应最宜用间歇生产的方式控制。在反应物和生成物中经常发生黏度的巨大变化(如爆聚现象),这也往往迫使反应器要停下清理。间歇反应器生产过程包括如下几个步骤:

① 将反应物和催化剂装入反应器,其间需要控制一定的量来保证反应容器中有足够的反应空间,防止反应器超压。

② 加热到操作温度。应采用一个联锁装置,禁止在反应器中的物料达到反应温度条件以前就添加反应物。

③ 终止反应。这通常要数小时。

2. 完全混合连续反应器

在完全混合连续反应器中,可以设想流体粒子在进入反应器的瞬间,即发生均匀的完全混合。反应器中的含量是均匀而连续地重新分配,达到完全混合所需的时间将取决于反应器的几何形状和输入的动力。当液体物料粒子进入池子内后,立刻被均匀混合到整个池子内。流出池子的粒子与其统计总体成正比例。水处理过程中如果在圆形或方形

水池内物料连续而均匀地再分配,则可达到完全混合(如生物处理过程的表面曝气池)。

3. 推流反应器

推流反应器又称活塞流或管式反应器,是以推流流动形式进行化学反应的反应器。反应器中穿过反应器的液体物料粒子以与进入时相同的顺序排出。粒子的排列顺序在反应器内保持不变,其停留时间等于理论停留时间。液流形式与长宽比很大的长条形池中的液流相近似,减少或消除了纵向的分散作用。这是水处理过程中最常见的一种形式(如水的生物处理过程采用的传统活性污泥法推流式曝气池等)。流过反应器的流体粒子,没有或是仅有少量的纵向混合,并以流入反应器的顺序流出。粒子在反应器内保持其本体不变,其停留时间等于理论停留时间。这种流动形式近似于很少或没有纵向分散的、长宽比很大的长形敞开池或封闭的管式反应器中的流动形式。

4. 串联完全混合反应器

用串联完全混合反应器模拟的流态相当于完全混合反应器和平推流反应器之间的理想水力流动形态。如果该系列是由一个反应器组成,那么完全混合是主要状态;如果系列是由无数个反应器组成,那么平推流是主要状态。

5. 填料床反应器

填料床反应器是在反应器内装入某种填料,如石子、矿渣、陶瓷或是目前常用的塑料等。按水流方向,填料床反应器可以升流或降流两种模式运行。投配的方式可以是连续的,也可以是间断的(如生物滤池)。填料床反应器中的填料可以是连续的也可以是多层设置,水流从一层流向另一层。升流填料床厌氧(无氧)反应器如图 4-7(g)。其优点有高运行效率、易于操作、结构简单等。因此,填料床反应器是目前工业生产及研究中应用最为普遍的反应器。它适用于各种形状的固定酶和不含固体颗粒或者黏度较小的底物溶液的处理,以及有产物抑制的转化反应。

6. 流化床反应器

流化床在许多方面都与填料床类似,但由于流体(空气或水)向上流动穿过床层而使填料膨胀。流化床填料膨胀后的孔隙率可以通过控制流体的流速予以改变。流化床反应器指固体颗粒物料在气流(或液流)作用下,在设备内呈悬浮运动状态(即流化状态)。流化状态下的固体颗粒层具有液体的特性,例如,悬浮的固体颗粒层像水一样能保持一定水平界面并具有静压力和浮力,像水一样具有流动性等,也将这种技术称为气固流态化技术。

气体流经固体颗粒构成的床料层,当气体流速比较低时,固体没有相对运动,气体流经颗粒之间的间隙流过床层,这时的气固接触形式称为固定床。在此基础上进一步提高气体流速,气体对颗粒的曳力(即气体流进颗粒表面的摩擦力)和浮力之和超过了颗粒的重力,颗粒被悬浮起来,颗粒之间不再有作用力,气固体系具备了流体的性质,固体被流化,这时处于初始流态化状态。若进一步提高气体的流速,床层不断膨胀。当更多的气体进入体系,超过初始流态化需要的气体流速的气体,以气泡的形式穿越床层,这就是鼓泡流态化。随着气速的进一步增加,床表面有大量的颗粒被夹带离开床层,床表面的界面不再清晰,此时对应的是湍流床。利用气固接触的鼓泡床或湍流床形式进行气固反应的反应器,称之为流化床反应器。

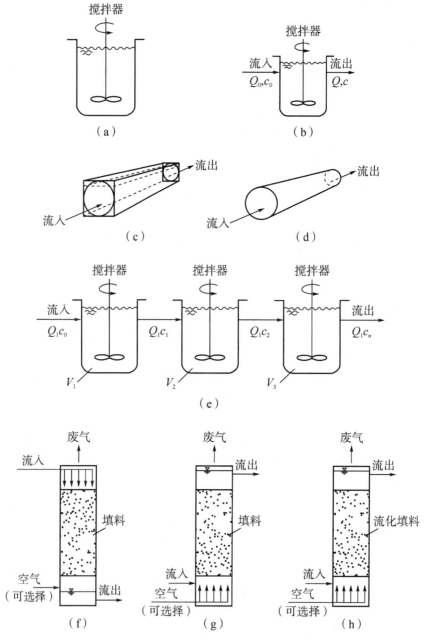

图 4-7　各种形式废水处理反应器

（a）间歇反应器；（b）完全混合连续反应器；（c）敞开式平推流反应器；
（d）密闭式平推流反应器，也称作管式反应器；（e）串联完全混合反应器；
（f）填料床反应器；（g）升流填料床反应器；（h）升流膨胀床反应器

4.4.2　反应器的应用

废水处理反应器形式选用的原则列于表 4-1 中。在选择反应器时，所必须考虑的因素有：① 废水性质；② 反应性质（是均相反应还是多相反应）；③ 控制处理过程的反应动力学;④ 对过程性能的要求;⑤ 当地环境状况。此外,施工费用、运行和维护费用也同样影响反应器的选择。

表 4-1　废水处理反应器形式选用的原则

反应器形式	在废水处理中的应用
间歇式	活性污泥生物处理中将浓溶液混合为工作溶液的曝气污泥池、好氧污泥消化
完全混合式	活性污泥生物处理
平推流式	氯接触池、天然处理系统
带回流的平推流式	活性污泥生物处理、水生生物处理系统
串联完全混合式	污水池处理系统,用于模拟平推流反应器中的非理想流动
填料床	非淹没和淹没式生物滤池、深层过滤、天然处理系统、空气汽提
流化床	好氧和厌氧生物处理的流化床反应器、升流泥渣层反应器、空气汽提

第五章 传统水处理工艺

5.1 水处理工艺简介

水处理工艺是指对废水经过一系列的处理步骤,将其中的污染物质去除或转化为无害物质的技术过程。水处理工艺按照处理手段的区别,可分为物理法、化学法和生物法。

物理法:物理法是通过物理过程来去除水中的杂质和污染物的方法。常见的物理法包括:筛选、沉淀、过滤、蒸馏、换热、超滤等。例如,在污水处理过程中,污水首先通过格栅或压滤器进行筛选,去除大块物质;然后通过沉淀池进行沉淀,去除悬浮物;最后通过过滤器或超滤器进行微粒过滤,去除微小杂质和细菌。

化学法:化学法是通过添加化学药剂来改变水的化学性质,从而达到去除污染物的目的和方法。常见的化学法包括:氧化、还原、中和、络合、沉淀等。例如,在污水处理过程中,可以通过添加化学药剂如氯化铁、氯化铝等来促进污泥的沉淀,去除有机物和重金属离子。

生物法:生物法是通过微生物的代谢作用来去除水中的有机污染物的方法。生物法包括好氧法和厌氧法两种。好氧法是在充足的氧气供应下,微生物将有机物分解成水和二氧化碳等无害物质;厌氧法是在缺氧的条件下,微生物利用有机物进行代谢,产生甲烷和有机酸等。例如,在污水处理过程中,可以利用好氧生物反应器和厌氧生物反应器进行生物处理,将污水中的有机物降解为无害物质。

5.2 废水的物理处理法

废水的物理处理法建立在物理单元操作的基础上,凡是借助物理作用或通过物理作用使废水发生变化的处理过程统称为物理单元操作。

废水处理最常用的单元操作包括:① 筛滤;② 混合和絮凝;③ 除砂;④ 高速澄清;⑤ 物理吸附;⑥ 浮选与气浮;⑦ 沉淀;⑧ 膜分离。

5.2.1 筛滤法

废水处理厂中第一个单元操作就是筛滤。筛是一种有孔眼的隔滤装置,其孔径一般是均匀的,可用于截留进入处理厂的废水或溢流雨污水中的固体物质。筛滤的基本作用是从流动的水体中去除粗物质,这些物质可能会:① 损伤后续的工艺设备;② 降低总处理过程的可靠性及效率;③ 堵塞水路。

1. 粗筛

在废水处理中,粗筛用于保护泵、阀门、管道和其他附件,使其不受较大物体的伤害和堵塞。工业废水处理厂是否需要粗筛则取决于废水的特性。按照其清理方法,粗筛分为手工清理和机械清理。

(1) 手工清理的粗筛

手工清理的粗筛在小的废水泵站中常常用在泵的前面,在中小规模的废水处理厂中有时用在进水口。正常情况下装设机械清理筛代替手工清理筛,以便减少清理筛和疏通堵塞所需的人力。

(2) 机械清理的条筛

机械清理的条筛可以减少操作和维修问题,并改善去除筛余物的能力。机械清理的条筛分为四种基本类型:a. 链条驱动;b. 往复耙刮;c. 悬链;d. 连续皮带。

(3) 粗筛装置的设计

粗筛装置的设计考虑以下方面:a. 位置;b. 入口速度;c. 条间的有效孔眼或孔目尺寸;d. 通过筛的水头损失;e. 筛余物的操作、处理和处置;f. 监控。

2. 细筛

细筛具有广泛的应用,包括预处理、初级处理和处理合流制下水道溢流。细筛还可用于从初级出水中去除造成生物滤池堵塞问题的固体物质。

至少应设两个筛,每个筛皆能处理高峰流量。就近提供冲洗水,以便周期性地去除筛上的油脂和累积的其他固体。在较冷的气候下,热水或蒸汽去除油脂更为有效。

3. 微筛

微筛是在重力流条件下以变化的低速(最高可达 4 r/min)转动、连续反洗的转鼓筛。孔眼为 $10 \sim 35~\mu m$ 的过滤织物装在鼓的周边,废水进入鼓的敞口端,通过转鼓筛织物流出。收集的固体用高压射流反洗进入鼓内最高点的槽内。微筛的主要用途是从二级出水和稳定塘出水中去除悬浮固体。

微筛对典型悬浮固体去除率可达 $10\% \sim 80\%$,平均为 55%。微筛的功能设计包括:① 充分考虑与浓度和絮凝程度有关的悬浮固体特性;② 选择的设计参数不仅能保证足够的处理能力,而且满足具有关键固体特性的最大水力负荷;③ 设置反洗和清洁设施,以保持筛的处理能力。

5.2.2　混合与絮凝

1. 混合

混合是废水处理的重要单元操作。包括:① 一种物质与另一种物质的完全混合;② 可混液体的搅拌;③ 废水颗粒物的絮凝;④ 液体悬浮物的连续混合;⑤ 传热。在一种物质与另一种物质混合的情况下最常采用连续快速混合。连续快速混合的主要用途是:① 混合化学药剂和废水;② 搅拌混合液体;③ 向污泥和生物固体中添加化学药剂,改善它们的脱水性质。废水处理设施中,用于快速混合的混合器见表 5-1。

表 5-1　废水处理设施中不同的混合和絮凝装置典型的混合时间和应用

装置	典型混合时间/s	应用/附注
混合和搅拌装置		
在线的固定混合器	<1	用于要求瞬时混合的化学药剂,如铝(Al^{3+})、氯化铁(Fe^{3+})、阳离子聚合物、氯(Cl_2)
在线混合装置	<1	用于要求瞬时混合的化学药剂,如铝(Al^{3+})、氯化铁(Fe^{3+})、阳离子聚合物、氯(Cl_2)
高速诱导混合器	<1	用于要求瞬时混合的化学药剂,如铝(Al^{3+})、氯化铁(Fe^{3+})、阳离子聚合物、氯(Cl_2)
加压水射器	<1	用于水处理运行和再生水使用
透平和螺旋桨混合器	2~20	用于反混合反应器中,使得铝和要去除的絮状物混合。实际时间取决于混合反应器的结构。化学药剂在进水的溶解罐中混合
泵	<1	化学药剂在泵的吸水口处混合
其他水力混合装置	1~10	水跃、堰、巴歇尔槽等
絮凝装置		
固定混合器	600~1 800	用于混凝胶体颗粒的絮凝
螺旋桨混合器	600~1 800	用于混凝胶体颗粒的絮凝
透平混合器	600~1 800	用于混凝胶体颗粒的絮凝
连续混合		
机械曝气机	连续	在悬浮生长生物处理中,用于供氧,并使混合液悬浮固体呈悬浮状态
气动混合	连续	在悬浮生长生物处理中,用于供氧,并使混合液悬浮固体呈悬浮状态

2. 絮凝

废水絮凝的目的在于将精细分散的颗粒物形成聚集体或絮体。絮凝是使失稳粒子间发生碰撞形成大粒子的过渡阶段,从而通过沉淀或过滤去除。机械或空气搅拌的废水絮凝可用于:① 增加悬浮固体和 BOD 在初次沉淀设施中的去除率;② 调节含某些工业废物的废水;③ 改善活性污泥过程后的二次沉淀池的性质;④ 作为二级出水过滤的预处理工序。絮凝可在专门设计的单独的槽或池中进行,也可在现有装置中,例如在连接处理单元的水渠和管道中,或在配合絮凝澄清池中进行。

5.2.3　除砂

废水除砂可在沉砂池中实现,或用离心分离器实现。砂的组成包括砂粒、砾石、炉渣或其他重的固体物质,它们的沉降速度或相对密度显著大于废水中易腐烂的有机固体。沉砂池最通常的位置是在条筛之后和初次沉淀池之前。初次沉淀池的作用是去除重的有机固体。在某些装置中沉砂池置于筛滤设施之前。一般来说,在沉砂池之前设置筛滤设施可使除砂设施容易操作和维护。将沉砂池置于废水泵之前是较为合理的,但需要将它们放置在相当深的地方而由此增加了费用。通常认为,将含砂废水抽至污水处理厂前合适位置的沉砂池是比较经济的,同时泵可能需要更多的维护。

在不采用沉砂池和容许砂在初次沉淀池中沉降的情况下,可通过将稀污泥泵入水力旋流除砂器的方式实现除砂。水力旋流除砂器的作用与离心分离器相同,其中砂和固体的重颗粒在涡流作用下分离并与较轻的颗粒和液体分开排出。水力旋流除砂器的主要优点是节省了沉砂池的建筑、操作和维护费用。其缺点在于:① 泵送稀固体通常需要固体浓缩器;② 泵送带有流态原生固体的砂增加了固体收集器和初级污泥泵的操作和维护费用。

5.2.4　高速澄清法

高速澄清利用物理/化学处理及专门的絮凝和沉淀体系达到快速沉淀目的。高速澄清的主要环节是促进颗粒沉淀和斜板或斜管沉淀器的使用。高速澄清的优点在于:① 装置紧凑,从而减小场地要求;② 启动时间短(通常小于 30 min),能快速达到高峰效率;③ 产生高度澄清的出水。

高速澄清工艺的三种基本形式:① 带叠层斜板的压载絮凝澄清;② 带叠层斜板的三级絮凝澄清;③ 带叠层斜板的致密固体絮凝/澄清。工艺的每种形式皆可在高溢流率下操作,高溢流率可明显降低沉淀装置的实体尺寸。各形式的主要特征见表 5-2。高速澄清的用途包括:① 提供高级初级处理;② 处理雨季流量和合流制下水道溢流;③ 处理废水过滤池反洗水;④ 处理从固体处理设施返回的废液。

表 5-2　高速澄清工艺特点一览表

工艺	特点
微砂压载絮凝和澄清	微砂形成絮体的核
	絮体密实,沉降快
	如果采用叠层澄清,则在小的池容下达到高速沉降
添加化学物质,多级絮凝,叠层澄清	三级絮凝促进絮体形成
	叠层澄清在小池容下达到高速沉降
两级絮凝,化学调质循环污泥,接着叠层澄清	沉降的污泥固体循环以加速絮体形成
	形成密实絮体,沉降快
	能在小池容下达到高速沉降

5.2.5　物理吸附法

废水吸附处理法是指利用多孔性固体(称为吸附剂)吸附废水中某种或几种污染物(称为吸附质),以回收或去除某些污染物,从而使废水得到净化的方法。物理吸附过程是溶剂、溶质和固体吸附剂综合体系中的界面现象,吸附现象的推动力分为以下两种:① 溶剂对溶质的排斥作用,决定这种排斥作用强度的重要因素是溶质的溶解度,溶解度越大,被吸附的趋势就越小;反之,溶解度越小,被吸附的趋势就越大。在水溶液中,溶剂水具有强极性,一些非极性的有机物就容易受到水的排斥,而被吸附在非极性的吸附剂表面。② 多孔性固体对溶质的亲和吸引作用,这种作用主要包括范德华力、静电力以及化学键或氢键作用力,在范德华力或静电力作用下进行的吸附称为物理吸附。这两种力是没有选择性的,因而物理吸附可以发生在固体吸附剂与任何溶质之间,但吸附强度则因吸附对象的不同而有很大差别。范德华力的作用强度较小,作用范围也小,因而吸附不牢固,具有可逆性,并可以形成多分子层的吸附。物理吸附过程是放热过程,温度降低有利于吸附,温度升高有利于解吸。吸附法的每个单元操作通常包括三个步骤:① 使废水和固体吸附剂接触,废水中的污染物被吸附剂吸附;② 将吸附有污染物的吸附剂与废水分离;③ 最后进行吸附剂的再生或更新。按接触、分离的方式,物理吸附操作可分为静态间歇吸附法和动态连续吸附法两种。

5.2.6 浮选与气浮法

1. 浮选法

浮选是从液相中分离固体或液体颗粒的一种单元操作。该分离过程是通过在液相中引入细小的气体(通常是空气)气泡而完成的。气泡附在颗粒物质上,颗粒和气泡合在一起的浮力足够大到使颗粒上升到表面。这样密度比液体高的颗粒可能上升,而密度比液体低的颗粒同样更容易上升(例如水中油的悬浮体)。在废水处理中,浮选法主要用于去除悬浮物和浓缩生物固体。浮选与沉淀相比其主要优点在于,沉降缓慢或很轻的颗粒能在较短时间内比较完全地去除。一旦颗粒被浮选到表面,就可以进行撇沫收集操作。

2. 气浮法

气浮是溶气系统在水中产生大量的微细气泡,使空气以高度分散的微小气泡形式附着在悬浮物颗粒上,造成其密度小于水,利用浮力原理使其浮在水面,从而实现固—液分离的水处理方法。气浮分为超效浅层气浮,涡凹气浮,平流式气浮。目前在给水、工业废水和城市污水处理方面都有应用。气浮优点在于它固—液分离设备具有投资少、占地面积小、自动化程度高、操作管理方便等。适用于藻类较多的水体处理。气浮法的原理是:悬浮物表面有亲水和憎水之分,憎水性颗粒表面容易附着气泡,因而可用气浮法。亲水性颗粒用适当的化学药品处理后可以转为憎水性。水处理中的气浮法,常用混凝剂使胶体颗粒结成为絮体,絮体具有网络结构,容易截留气泡,从而提高气浮效率。再者,水中如有表面活性剂(如洗涤剂)可形成泡沫,也有附着悬浮颗粒一起上升的作用。气浮法可分为两类:曝气气浮法与溶气气浮法。曝气气浮法又称分散空气法,是在气浮池的底部设置微孔扩散板或扩散管,压缩空气从板面或管面以微小气泡形式逸出于水中。也有在池底安装叶轮,轮轴垂直于水面,而压缩空气通到叶轮下方,借叶轮高速转动时的搅拌作用,将大气泡切割成为小气泡。溶气气浮法依靠溶解在水中的气体,在水面气压降低时可以从水中逸出的原理。又可分为两种方法:① 使气浮池上的空间呈真空状态,处在常压下的水流进池后即释出微气泡,称真空溶气法;② 空气加压溶入水中达到饱和,溶气水流减压进入气浮池时即释出微气泡,称加压溶气法。后者较常用。

5.2.7　沉淀法

沉淀法是利用水中悬浮颗粒的可沉降性能,在重力作用下产生下沉作用,以达到固液分离的一种方法。按照废水的性质与所要求的处理程度的不同,沉淀处理工艺可以是整个水处理过程中的一个工序,亦可以作为唯一的处理方法。在典型的污水处理厂中,有下列四种用途:

（1）用于废水的预处理;

（2）用于污水进入生物处理构筑物前的初步处理（初次沉淀池）;

（3）用于生物处理后的固液分离（二次沉淀池）;

（4）用于污泥处理阶段的污泥浓缩。

沉淀处理的目的是去除易沉淀的固体和悬浮物质,从而降低悬浮固体的含量。合理设计的初次沉淀池应能去除 50%～70% 的悬浮固体和 25%～40% 的 BOD。沉淀池同样用作雨水贮存池,贮存池的设计为合流制下水道或雨水下水道的溢流提供中等停留时间（10～30 min）。几乎所有的处理厂皆采用标准的圆形或矩形机械清理的沉淀池。在大型处理厂中,池子的数目主要是由尺寸限制决定的。用于初级处理的方形或圆形沉淀池的典型设计参数密度和浓度见表 5-3～表 5-5。

表 5-3　初次沉淀池的典型设计资料

项目	美国通用单位			国际单位		
	单位	范围	典型值	单位	范围	典型值
接二级处理的初次沉淀池						
停留时间	h	1.5～2.5	2.0	h	1.5～2.5	2.0
平均流量	gal/(ft^2·d)	800～1 200	1 000	m^3/(m^2·d)	30～50	40
小时峰值	gal/(ft^2·d)	2 000～3 000	2 500	m^3/(m^2·d)	80～120	100
堰负荷	gal/(ft^2·d)	10 000～40 000	20 000	m^3/(m^2·d)	125～500	250
有废活性污泥回流的初次沉淀池						
停留时间	h	1.5～2.5	2.0	h	1.5～2.5	2.0
平均流量	gal/(ft^2·d)	600～800	700	m^3/(m^2·d)	24～32	28
小时峰值	gal/(ft^2·d)	1 200～1 700	1 500	m^3/(m^2·d)	48～70	60
堰负荷	gal/(ft^2·d)	10 000～40 000	20 000	m^3/(m^2·d)	125～500	250

表 5-4　用于废水初级处理的矩形和圆形沉淀池的典型尺寸数据

项目	美国通用单位			国际单位		
	单位	范围	典型值	单位	范围	典型值
矩形						
深	ft	10～16	14	m	3～4.9	4
长	ft	50～300	80～130	m	15～90	24～40

项目	美国通用单位			国际单位		
	单位	范围	典型值	单位	范围	典型值
宽	ft	10~80	16~32	m	3~24	4.9~9.8
链板速度	ft/min	2~4	3	m/min	0.6~1.2	0.9
圆形						
深	ft	10~16	14	m	3~4.9	4.3
直径	ft	10~200	40~150	m	3~60	12~45
底坡	in/ft	(3/4~2)/1	1.0/1	mm/mm	1/16~1/6	1/12
链板速度	r/min	0.02~0.05	0.03	r/min	0.02~0.05	0.03

表 5-5 从初次沉淀池中去除的固体浮渣的相对密度和固体浓度

固体(污泥)类型	相对密度	固体浓度/%ᵃ	
		范围	典型值
中强废水	1.03	4~12	6
合流制下水道系统	1.05	4~12	6.5
初次污泥和废活性污泥	1.03	2~6	3
初次污泥和生物滤池污泥	1.03	4~12	5
浮渣	0.95	b	—

注：a. 干固体的百分率。
b. 范围变化很大。

5.2.8 膜分离法

膜分离法是利用特殊薄膜对液体中的某些成分进行选择性透过的方法的统称。溶剂透过膜的过程称为渗透，溶质透过膜的过程称为渗析。常用的膜分离法有微滤、超滤、纳滤、反渗透等。近年来，膜分离技术发展很快，在水和废水处理、化工、医疗、轻工、生化等领域得到了大量的应用。膜分离法的主要特点有：

（1）膜分离过程不发生相变，因此能量转化的效率高，该技术是一种节能技术。例如在现有的海水淡化方法中，反渗透法能耗最低。

（2）膜分离过程在常温下进行，因而特别适对热敏性物料，如果汁、酶、药物等的分离、分级和浓缩。

（3）膜分离技术不仅适用于有机物和无机物的分离以及生物学病毒、细菌到微粒的分离，而且适用于许多特殊溶液体系的分离，如溶液中大分子与无机盐的分离及一些共沸物系或近沸物系的分离，而常规的蒸馏方法对于后者常常是无能为力的。

（4）装置简单，操作容易、易控制、维修且分离效率高。作为一种新型的水处理方法，与常规水处理方法相比，膜分离技术具有占地面积小、适用范围广、处理效率高等优点。

1. 微滤

与常规过滤相比,微滤属于精密过滤,它能截留溶液中的砂砾、淤泥、黏土等颗粒和贾第虫、隐孢子虫、藻类和一些细菌等,而大量溶剂、小分子及少量大分子溶质都能透过。微滤操作有死端过滤和错流(又称切线流)过滤两种形式。死端过滤主要用于固体含量较小的流体和一般处理规模,膜大多数被制成一次性的滤芯。错流过滤对于悬浮粒子大小、浓度的变化不敏感,适用于较大规模的应用,这类操作形式的膜组件需要经常进行周期性的清洗或再生。

微滤膜分离是在流体压力差的作用下,利用膜对被分离组分的尺寸选择性,将膜孔能截留的微粒及大分子溶质截留,而使膜孔不能截留的粒子或小分子溶质透过的过程。微滤膜的截留机理因其结构上的差异而不尽相同,大体可分为:

(1)机械截留作用:膜具有截留比其孔径大或与其孔径相当的微粒等杂质的作用,即筛分作用。

(2)吸附截留作用:膜表面的所荷电性及电位也会影响其对水中颗粒物的去除效果。水中颗粒物一般表面荷负电,膜的表面所带电荷的性质及大小决定其对水中颗粒物产生静电力的大小。此外,膜表面力场的不平衡性,也会使得膜本身具有一定的物理吸附性能。

(3)架桥作用:粒径大于膜孔的颗粒会在膜的表面形成滤饼层,起到架桥的作用。这样就使得膜能够将粒径小于膜孔的某些物质截留下来。

(4)网络内部截留作用:对于网络型膜,其截留作用以网络内部截留作用为主。这种截留作用是指将微粒截留在膜的内部,而不是在膜的表面。

2. 超滤

超滤是在压差推动力作用下进行的筛孔分离过程,其膜孔径介于纳滤和微滤之间,约为 $1\ nm\sim0.055\ \mu m$。20 世纪 70 年代,超滤从实验规模的分离手段发展成为重要的工业分离单元操作技术,工业应用发展十分迅速。

超滤所分离的组分直径为 $5\sim10\ nm$,可分离分子量大于 500 的大分子和胶体。这种液体的渗透压很小,可以忽略。因而采用的操作压力较小,一般为 $0.1\sim0.5\ MPa$。所用超滤膜多为非对称膜,通常由表皮层和多孔层组成。表皮层较薄,其厚度一般小于 $1\ \mu m$,其膜孔径较小,主要起筛分作用。多孔层厚度较大,一般为 $125\ \mu m$ 左右,主要起支撑作用。膜的透水通量为 $0.5\sim5.0\ m^3/(m^2 \cdot m)$。从膜的结构来讲,超滤的分离机理主要包括筛分理论,即原料液中的溶剂和小的溶质粒子从高压料液侧透过膜到低压侧,而大分子及微粒组分则被膜截留形成浓缩液,通过膜孔对原料液中颗粒物及大分子的筛分作用,将污染物质截留去除。

在实际情况中,超滤膜对污染物质的去除并不能都由筛分理论解释。某些情况下,超滤膜材料的表面化学特性起到了决定性的作用。在一些超滤过程中,超滤膜孔径大于溶质的粒径,但仍能将溶质截留下来。可见,超滤膜的分离性能是由膜孔径和膜的表面化学性质综合决定的。用于衡量超滤膜性能的基本参数包括截留分子量曲线和纯水渗透率。根据超滤膜对具有相似化学结构的不同相对分子质量的化合物的截留率所得的曲线称为截留分子量曲线。从截留分子量曲线可知截留量大于 90% 或 95% 的相对分子质量即为截留分子量。在截留分子量附近,截留分子量曲线越陡,膜的分离性能越好。

3. 纳滤

纳滤是 20 世纪 80 年代后期发展起来的一种膜孔径介于反渗透和超滤之间的新型膜分离技术。纳滤膜的截留分子量在 200～1 000 之间,膜孔径约为 1 nm 左右,适宜分离大小约为 1 nm 的溶解组分,故称为纳滤。纳滤的操作压力通常为 0.5～1.0 MPa,一般比反渗透低 0.5～3 MPa,并且由于其对料液中无机盐的分离性能,又被称为"疏松反渗透"或"低压反渗透"。纳滤技术是为了适应工业软化水及满足降低成本的需要而发展起来的一种新型的压力驱动膜过滤。

纳滤膜分离在常温下进行,无相变,无化学反应,不破坏生物活性,能有效地截留二价及高价离子和分子量高于 200 的有机小分子,而使大部分一价无机盐透过,可分离同类氨基酸和蛋白质,实现高分子量和低分子量有机物的分离,且成本比传统工艺低,因而被广泛应用于超纯水的制备、食品、化工、医药、生化、环保、冶金等领域的各种浓缩和分离过程。

纳滤膜的一个显著特征是膜表面或膜中存在带电基团,因此纳滤膜分离具有两个特性,即筛分效应和电荷效应。分子量大于膜的截留分子量的物质被膜截留,反之则透过,这就是膜的筛分效应。膜的电荷效应又称为 Donnan 效应,是指离子与膜所带电荷的静电相互作用。对不带电荷的分子的过滤主要靠筛分效应,利用筛分效应可以将不同分子量的物质分离;而对带有电荷的物质的过滤主要依靠荷电效应。

纳滤与超滤、反渗透一样,均是以压力差为驱动力,但其传质机理有所不同。一般认为,超滤膜由于孔径较大,传质过程主要为筛分效应;反渗透膜属于无孔膜,其传质过程为溶解－扩散过程(静电效应);纳滤膜存在纳米级微孔,且大部分荷负电,对无机盐的分离行为不仅受化学势控制,同时也受电势梯度的影响。

4. 反渗透

溶剂与溶液被半透膜隔开,半透膜两侧压力相等时,纯溶剂通过半透膜进入溶液侧使溶液浓度变低的现象称为渗透。此时,单位时间内从纯溶剂侧通过半透膜进入溶液侧的溶剂分子数目多于从溶液侧通过半透膜进入溶剂侧的溶剂分子数目,从而使得溶液浓度降低。当单位时间内,从两个方向通过半透膜的溶剂分子数目相等时,渗透达到平衡。如果给溶液侧加上一定的外压,恰好能阻止纯溶剂侧的溶剂分子通过半透膜进入溶液侧,则此外压称为渗透压。渗透压取决于溶液的系统及其浓度,且与温度有关,如果加在溶液侧的压力超过了渗透压,则使溶液中的溶剂分子进入纯溶剂侧内,此过程称为反渗透。

反渗透膜分离过程是利用反渗透膜选择性地透过溶剂(通常是水)而截留离子物质的性质,以膜两侧的静压差为推动力,克服溶剂的渗透压,使溶剂通过反渗透膜而实现对液体混合物进行分离的膜过程。因此,反渗透膜分离过程必须具备两个条件:一是具有高选择性和高渗透性的半透膜;二是操作压力必须高于溶液的渗透压。

反渗透膜分离过程可在常温下进行,且无相变、能耗低,可用于热敏性物质的分离、浓缩;可以有效地去除无机盐和有机小分子杂质;具有较高的脱盐率和较高的水回用率;膜分离装置简单,操作简便,易于实现自动化;分离过程要在高压下进行,因此需配备高压泵和耐高压管路;反渗透膜分离装置对进水指标有较高的要求,需对原水进行一定的预处理;分离过程中,易产生膜污染,为延长膜使用寿命和提高分离效果,要定期对膜进行清洗。

5. 膜蒸馏技术

膜蒸馏是一种热驱动的膜分离技术，它的两侧由多孔疏水膜隔开。由于进料和出水之间存在温差而产生了膜两侧的蒸汽压差，蒸汽压差迫使水蒸气通过膜面上的疏水孔扩散，然后水蒸气在出水通道中凝结为液体，而非挥发性组分则被截留在疏水膜热侧，从而实现分离提纯的目的。以 MD（膜蒸馏）为基础的水体脱盐技术，具备高脱盐率，低能耗和环境要求低的优点，目前被认为是降低水体盐度的最节能的办法之一。膜蒸馏技术应用于高盐废水处理的关键优势在于 MD 系统的极高耐盐性，因此膜蒸馏在应用于含盐废水处理时不会由于盐类浓度而使得处理效果大幅下降。膜蒸馏技术应用于含盐废水处理已有很多研究基础，证实了膜蒸馏技术对于含盐废水的处理能力。膜蒸馏技术是目前废水处理的主要方向之一，国内外著名研究学者，如吕晓龙、田瑞、杨晓宏、Marek Gryta、Menachem Elimelech 等，在现有研究的基础上，对膜蒸馏的应用前景进行了深入的阐述，肯定了膜蒸馏技术在污水深度处理及微、苦咸水淡化方面的可行性。随着技术逐渐成熟，膜蒸馏技术是将来最有潜力进行水体淡化和污水治理的处理办法。膜蒸馏技术的优点众多，例如其处理效率很高，在处理实例中，将生物膜技术应用于石油废水处理时，水中的氨、氮元素去除效果很好，COD 去除率则可以达到 95% 以上。此外，膜蒸馏技术对于处理系统的要求较低，其热侧温度要求在 $50 \sim 80\ ℃$，而冷侧可在 15 ℃ 左右。相较于传统的蒸馏工艺，膜蒸馏技术无须将进料液加热到沸点，只需维持膜两侧适当的温差，而制热系统可利用低品位废热、太阳能，大大节省了整体的能源开支，降低了运行成本与长时段消耗。膜蒸馏工艺可利用低品位废热对高盐水进行脱盐淡化处理的特征，使其同时具备了高效节水和节约能源的优点，目前在高盐废水的处理领域逐渐受到重视。

目前对于膜污染的解决办法已有诸多研究。导电膜蒸馏技术就是其中一种解决方法。导电膜应用于膜污染控制领域的研究早有基础，在 2012 年，Javed Alam 就在文章中提到导电膜对于膜面转运速率和选择性吸附都有重要作用。他认为导电膜具有以下几个优势：可以改变膜表面的性质；具有离子选择性，且具有离子交换性能；有控制膜表面形态的能力。导电膜的发展和使用是膜科学未来发展的可能方向，导电膜在金属离子分离、液体提纯等方面都有很大的发展潜力，膜处理技术的继续发展下，导电膜技术很有可能成为突破性的研究方向。

5.3　废水的化学处理法

5.3.1　化学处理法简介

废水化学处理法是利用化学反应去除废水中的污染物，包括溶液中的无机污染物和有机污染物。常用的废水化学处理法包括：

沉淀法：该方法是将化学物质加入废水中，形成不溶性的沉淀物，从而去除污染物。例如，添加氢氧化钙或氢氧化铁可以沉淀污水中的重金属离子。

氧化还原法：该方法是通过氧化还原反应将废水中的污染物转化为无害物质。例如，可以利用高锰酸钾氧化有机物，或利用亚铁离子还原重金属离子。

中和法：该方法是用中和反应将废水中的酸或碱中和，从而去除污染物。例如，可以利用氢氧化钠或氢氧化钙中和废水中的酸性物质。

氧化法：该方法是将氧气或氧化剂加入废水中，氧化废水中的污染物。例如，可以利用臭氧氧化废水中的有机物。

离子交换法：通过使用离子交换树脂吸附废水中的离子，达到净化水质的目的。离子交换法常用于去除硬度物质、重金属、有机物等污染物。

需要注意的是，废水化学处理法并不是一个单一的过程，而是由多个步骤组成的。在进行废水化学处理时，需要选择适当的处理方法和化学药剂，以及控制反应条件，以达到最佳的处理效果。此外，废水化学处理过程中产生的废物也需要妥善处理。

5.3.2 沉淀法

（一）基本定义

沉淀法是一种水处理技术，通过添加沉淀剂使废水中的悬浮物、色度、浊度、重金属离子与沉淀剂形成不溶性沉淀，然后将沉淀和水分离，达到净化水质的目的。沉淀法是废水处理中最常用的方法之一，应用广泛。

（二）作用效果

沉淀法的主要作用是去除水中的悬浮物、色度、浊度、重金属离子。它可以显著提高水质的清澈度、透明度和颜色的稳定性。此外，沉淀法也可以降低污水中的COD（化学需氧量）和BOD（生化需氧量）等有机物质浓度，降低后续处理的难度。

（三）作用原理

沉淀法的作用原理是利用化学沉淀原理和重力分离原理将废水中的污染物去除。在沉淀法过程中，通过添加化学沉淀剂（如氢氧化铁、氢氧化钙、硫酸铝等）使废水中的污染物与沉淀剂形成不溶性的沉淀物，沉淀物的体积重量大于水分子，从而沉淀到底部。经过一定时间的沉淀，废水中的沉淀物与水分离，清水从上面排出，废泥从底部排出。

（四）操作流程

沉淀法的操作流程包括：混合污水和沉淀剂、搅拌混合、静置沉淀、分离沉淀物和水。

混合污水和沉淀剂：将废水经过预处理（如筛网、格栅等）后，将沉淀剂按一定比例加入废水中。加入的沉淀剂需要与废水中的污染物反应生成沉淀物。

搅拌混合：将沉淀剂和废水充分混合，并进行搅拌，使沉淀剂与废水中的污染物充分接触，有利于形成沉淀物。

静置沉淀：将混合好的废水和沉淀剂静置一段时间，以便沉淀物沉淀到底部。静置沉淀时间的长短取决于废水中的污染物浓度、沉淀剂的种类和加入量、水体的温度和 pH 等因素。

分离沉淀物和水：经过一定时间的沉淀后，废水中的沉淀物与水分离，清水从上方流出，而沉淀物留在池底。分离的方式有多种，可以利用重力分离、沉淀池、离心机等设备进行分离。最终得到清水和废泥两部分。

（五）主要影响因素

沉淀法的效果和操作流程受多种因素影响，包括以下几个方面：

沉淀剂的种类和用量：不同种类的沉淀剂对不同种类的污染物有不同的沉淀效果，不同用量的沉淀剂也会对沉淀效果产生影响。

废水的 pH：pH 的不同会影响沉淀剂的离子化程度，从而影响沉淀效果。不同的污染物对 pH 的适应范围也不同。

污染物浓度：污染物浓度的高低直接影响着沉淀物的生成速度和废水处理效率。

搅拌时间：搅拌时间的长短会影响沉淀剂和污染物的接触时间，进而影响沉淀效果。

沉淀时间：沉淀时间的长短决定了沉淀物的生成量和质量，也是影响沉淀法处理效率的重要因素。

温度：温度的不同会影响沉淀剂的溶解度和污染物的沉淀速度，从而影响废水处理效果。

5.3.3 混凝法

（一）基本定义

混凝法是一种化学水处理方法，通过加入混凝剂使水中的悬浮物、胶体颗粒等形成较大的凝聚体，进而便于沉降、过滤等后续处理过程。混凝剂通常为金属盐（如氯化铝、硫酸铁等）或聚合物（如聚丙烯酸盐、聚合氯化铝等）。

（二）作用效果

混凝法的主要作用效果如下：

（1）去除水中的悬浮物、胶体颗粒和部分溶解性有机物，提高水的透明度和清洁度；

（2）减少水的浊度和色度，改善水质；

（3）通过选择合适的混凝剂，可有效去除水中的重金属、放射性物质等有害物质；

（4）降低后续处理过程的处理负荷，提高水处理效率。

（三）作用原理

在水处理的混凝过程中，凝聚作用的发生主要依赖于以下四种现象：压缩双电层、吸附电中和、吸附架桥、沉淀物网捕。这些现象使得水中的悬浮物和胶体颗粒聚集成较大的凝聚体，便于后续的沉降和过滤处理。下面将详细介绍这四种现象。

1. 压缩双电层

当悬浮物和胶体颗粒在水中分散时，它们周围会形成一个带有电荷的水合离子层，称为电解质双电层。双电层具有保持悬浮物颗粒稳定分散的作用，阻止它们之间的聚集。在混凝过程中，混凝剂中的金属离子会与悬浮物颗粒的表面电荷发生反应，从而压缩双电层。双电层压缩使得悬浮物颗粒之间的排斥作用减弱，更容易发生凝聚。

2. 吸附电中和

吸附电中和是指混凝剂中的金属离子和悬浮物颗粒表面的电荷发生中和反应，使悬浮物颗粒失去原有的稳定性。在这一过程中,带正电荷的金属离子与带负电荷的悬浮物颗粒表面发生吸附作用,中和了颗粒表面的负电荷。失去稳定性的悬浮物颗粒更容易发生凝聚。

3. 吸附架桥

吸附架桥是指混凝剂的大分子或多价金属离子在悬浮物颗粒间形成桥梁结构,从而使颗粒聚集成大颗粒。混凝剂的大分子链或多价金属离子具有多个活性中心,可以同时吸附在不同颗粒表面,形成架桥结构。这种架桥作用促使颗粒之间的聚集,形成较大的凝聚体。

4. 沉淀物网捕

沉淀物网捕现象是指混凝剂中的金属离子与水中的阴离子(如 SO_4^{2-}、Cl^- 等)发生化学反应,生成不溶性沉淀物。这些沉淀物形成一个网状结构,可以捕获和固定周围的悬浮物和胶体颗粒。随着沉淀物的生成和网状结构的扩大,更多的颗粒被捕获,形成较大的凝聚体。

这四种现象在混凝过程中共同发挥作用,使得原本稳定分散的悬浮物和胶体颗粒逐渐凝聚成较大的团块。通过调整混凝剂的投加量、搅拌条件等参数,可以优化这些现象的发生和作用效果,进一步提高混凝效果。

值得注意的是,不同混凝剂的作用机理和适用条件可能有所差异。例如,金属盐类混凝剂(如氯化铝、硫酸铁等)主要依赖于压缩双电层和吸附电中和作用,而聚合物类混凝剂(如聚丙烯酸盐、聚合氯化铝等)则主要通过吸附架桥作用促进凝聚。因此,在实际应用中,需要根据水质、处理目标等因素选择合适的混凝剂和工艺参数。

总之,混凝过程中的压缩双电层、吸附电中和、吸附架桥、沉淀物网捕四种现象在水处理中具有重要意义。通过对这些现象的深入研究和实际应用,可以为提高水处理效果、降低成本、保障水质安全提供有力支持。在实际工程中,混凝工艺的优化需要综合考虑各种因素,包括水源、水质、处理目标等,以实现最佳的凝聚效果和水处理效果。

(四)操作流程

混凝法的操作流程包括以下几个步骤:

(1)混凝剂的投加:根据水质、设计参数等选用合适的混凝剂,并按照设计投加量加入水中;

(2)强力搅拌:混凝剂投加后,通过强力搅拌使其迅速分散在整个水体中,保证混凝剂与水中悬浮物、胶体颗粒充分接触;

(3)慢速搅拌:在强力搅拌后,降低搅拌速度,使凝聚体在较低的剪切力下逐渐生长,形成较大的凝聚体;

(4)沉降:搅拌后的水进入沉淀池,凝聚体因重力作用沉降至池底;

(5)分离和收集:通过池底的排泥系统将沉降的凝聚体收集并排出,上层清水继续进入后续处理环节。

(五)主要影响因素

混凝法的效果受到多种因素的影响,包括水质、混凝剂的种类和浓度、混合方式和时间、沉淀时间等。下面将对这些因素进行详细介绍。

（1）水质：水质是影响混凝效果的重要因素之一，其中包括水的 pH、浊度、有机物含量、电导率等。pH 是影响混凝剂电性能的重要因素，通常在 7～9 之间较为适宜。浊度和悬浮颗粒的种类和含量也是影响混凝效果的因素之一，颗粒越小、密度越小，混凝效果越差。

（2）混凝剂的种类和浓度：混凝剂的种类和浓度也是影响混凝效果的重要因素。不同的混凝剂对不同的水质和悬浮颗粒都有不同的适用性。混凝剂浓度的选择需要根据水质和悬浮颗粒的种类和含量来确定。

（3）混合方式和时间：混合方式和时间是影响混凝效果的另外两个重要因素。不同的混合方式和时间对混凝效果有着不同的影响。机械搅拌通常可以使混凝剂充分与水中的悬浮颗粒接触和反应，气浮搅拌可以通过气泡的作用提高混凝效果。混合时间一般在 10～30 min 之间，时间过短会导致混凝效果不佳，时间过长则会浪费混凝剂和能源。

（4）沉淀时间：沉淀时间是影响混凝效果的重要因素之一。沉淀时间过短会导致悬浮颗粒没有充分沉淀，沉淀时间过长则会浪费时间和能源。沉淀时间一般在 1～3 h 之间，具体时间需要根据水质及混凝剂种类和浓度来确定。

5.3.4　高级氧化法

（一）基本定义

高级氧化法是一种水处理技术，通过氧化剂将水中的有机物氧化成 CO_2、H_2O 等无害物质。高级氧化法可以有效地去除水中的有机物、重金属离子等污染物，其主要特点是氧化剂能够迅速且高效地将废水中的有机物氧化降解，从而达到净化水质的目的。

（二）作用效果

高级氧化法的主要作用是去除废水中的有机物和重金属离子等污染物，包括难降解的有机物和有害重金属离子。高级氧化法可以显著提高水的清澈度、透明度和颜色的稳定性。此外，高级氧化法也可以降低污水中的 COD（化学需氧量）和 BOD（生化需氧量）等有机物质浓度，减小后续处理的难度。

（三）作用原理

高级氧化法的作用原理是通过氧化剂产生的高活性的氧自由基（如 OH·）对污染物进行氧化降解。在高级氧化过程中，氧化剂与污染物中的有机物发生氧化反应，产生自由基，自由基与废水中的有机物接触后，会引发一系列的氧化反应，将有机物氧化成无害物质，同时释放出水和二氧化碳。

常用的高级氧化法包括光催化氧化、臭氧氧化、过氧化氢氧化等，这些方法均是利用氧化剂生成的高活性的氧自由基进行有机物的氧化降解。

（四）操作流程

高级氧化法的操作流程包括：预处理、氧化反应、沉淀处理和后处理等。

预处理：在进行高级氧化处理前，需要对废水进行预处理，包括除杂、调节 pH、调节温度等,以提高废水的反应效率。

氧化反应:将氧化剂加入废水中,并在一定条件下(如光照、高压、高温等)使其与废水中的有机物反应,产生高活性的氧自由基进行有机物的氧化降解。

沉淀处理:氧化反应完成后,废水中产生的沉淀物需要进行沉淀处理,通常采用沉淀池、过滤器等设备进行处理,将废水中的固体物质与水分离。

后处理:将经过沉淀处理的水进行过滤、净化、消毒等后处理,以达到最终的处理效果,符合环境排放标准。

(五) 主要影响因素

高级氧化法的效果和操作流程受多种因素影响,主要包括以下几个方面:

氧化剂的种类和用量:不同种类的氧化剂对不同种类的污染物有不同的氧化效果,不同用量的氧化剂也会对氧化效果产生影响。

水体的温度和pH:温度和pH的不同会影响氧化剂的离子化程度,从而影响氧化效果。不同的污染物对温度和pH的适应范围也不同。

污染物浓度:污染物浓度的高低直接影响着氧化剂的使用量和废水处理效率。

反应时间:反应时间的长短会影响氧化剂和污染物的接触时间,进而影响氧化效果。

光照条件(对于光催化氧化):光照强度和光照时间等条件会影响光催化氧化的效果。

5.3.5　离子交换法

(一) 基本定义

离子交换法是一种常见的水处理技术,它利用离子交换剂(通常为树脂)与废水中的离子进行交换,将废水中的离子吸附到树脂上并释放出同等数目的其他离子,从而达到净化水质的目的。离子交换法通常用于去除废水中的硬度物质、重金属离子、阴离子、有机物等污染物。

(二) 作用效果

离子交换法可以有效地去除废水中的离子污染物,包括硬度物质、重金属离子、阴离子、有机物等。离子交换法可以使水质达到国家相关标准,提高水体的稳定性和透明度。

(三) 作用原理

离子交换法的作用原理是通过离子交换剂与废水中的离子进行交换,将废水中的离子吸附到树脂上并释放出同等数目的其他离子。离子交换剂通常是一种高分子化合物,其分子结构中存在着一些特定的官能团,可以吸附废水中的离子。离子交换剂通常包括阴离子交换树脂和阳离子交换树脂两种类型,用于去除废水中的不同类型离子。

在离子交换工艺中,水流经过装有离子交换树脂的离子交换柱或离子交换床,离子交换剂与废水中的离子发生交换作用,废水中的离子被吸附到树脂上并释放出同等数目的其他离子,从而达到净化水质的目的。

（四）操作流程

离子交换法的操作流程通常包括预处理、交换过程、树脂再生和后处理等步骤。

（1）预处理：在进行离子交换处理前，需要对废水进行预处理，包括除杂、调节 pH、调节温度等，以提高废水的反应效率。

（2）交换过程：将废水通过装有离子交换剂的离子交换柱或离子交换床进行交换处理，离子交换剂与废水中的离子发生交换作用，废水中的离子被吸附到树脂上并释放出同等数目的其他离子，从而净化废水。

（3）树脂再生：离子交换剂吸附的离子随着时间的推移逐渐积累，树脂的吸附能力会下降，需要进行再生。树脂再生可以采用酸、碱或盐溶液进行，将树脂中的吸附离子释放掉，并用水清洗树脂以去除杂质。

（4）后处理：再生后的废液需要进行后处理，通常采用中和、沉淀、过滤等方法进行处理，以达到最终的处理效果，符合环境排放标准。

（五）主要影响因素

离子交换法的效果和操作流程受多种因素影响，包括以下几个方面：

离子交换树脂的类型和用量：不同种类的离子交换树脂对不同种类的污染物有不同的去除效果，不同用量的离子交换树脂也会对去除效果产生影响。

废水的温度和 pH：温度和 pH 的不同会影响离子交换树脂的吸附和释放能力，进而影响去除效果。不同的污染物对温度和 pH 的适应范围也不同。

污染物的浓度和水流量：污染物浓度和水流量的高低直接影响着离子交换树脂的使用量和废水处理效率。

树脂再生条件和频率：树脂再生条件和频率的不同会影响树脂吸附和释放能力，进而影响离子交换的效果和其使用寿命。

5.4　废水的生物处理法

5.4.1　生物处理法简介

废水生物处理法是通过微生物降解有机物、去除污染物，从而达到净化废水的目的。这种处理方法广泛应用于工业、农业和生活废水的处理。从微生物的代谢行为和形态两个角度，废水生物处理法可以分为以下几类：

（一）代谢行为分类

（1）好氧处理法：利用好氧微生物在充足的氧气供应下分解有机物，将其转化为二氧化碳、水和生物质。常见的好氧处理法包括活性污泥法、氧化沟法、生物滤池法等。

（2）厌氧处理法：利用厌氧微生物在缺氧条件下分解有机物，将其转化为甲烷、二氧化碳、水和生物质。常见的厌氧处理法包括厌氧消化法、UASB 法（上流式厌氧污泥床反应器）等。

（3）好氧/厌氧联合处理法：将好氧和厌氧处理过程相结合，利用两者的优势共同处理废水。常见的方法有 SBR 法（序批式活性污泥法）、A/O 法（厌氧/好氧法）等。

（二）微生物形态分类

（1）悬浮生物处理法：在此类方法中，微生物以悬浮状态存在于废水中，如活性污泥法。微生物通过吸附和降解有机物，形成生物絮凝体，最终通过沉降分离出水。

（2）固定生物处理法：微生物附着在固定的载体表面，如生物滤池法、生物膜法等。当废水通过固定的生物膜层时，有机物被附着的微生物降解，从而净化废水。

5.4.2　污水处理中的微生物

（一）微生物种类

（1）细菌：细菌是废水处理中最常见和最重要的微生物群体，主要通过降解有机物、氮磷转化等方式净化废水。细菌可以分为好氧、厌氧、兼性好厌氧等类型，其中好氧细菌如假单胞菌、脱氧核糖核酸菌等，在好氧处理法中起到重要作用；厌氧细菌如甲烷产生菌、硫酸盐还原菌等，在厌氧处理法中发挥作用。

（2）真菌：真菌主要存在于厌氧和好氧处理系统中，如曲霉、酵母等。真菌能够分解难降解的有机物，如芳香化合物、多环芳烃等，从而提高废水处理的效果。

（3）藻类：藻类主要在光照条件下通过光合作用净化废水，常见的藻类有绿藻、硅藻等。藻类能够去除废水中的氮、磷等营养元素，并通过光合作用产生氧气，有利于好氧微生物的生长。

（4）原生动物：原生动物主要存在于活性污泥法等悬浮生物处理法中，如草履虫、轮虫等。原生动物能够捕食和分解有机物和微生物，有利于改善废水的透明度和净化效果。

（5）高级生物：高级生物如水生植物、微生物群落等在生物处理法中发挥作用。它们通过吸收废水中的营养元素、释放氧气等方式，实现废水的净化。

（二）生长环境

（1）温度：微生物生长受温度影响较大，过高或过低的温度会影响微生物的代谢活性和生长速度。

（2）氧气：好氧微生物需要充足的氧气供应，而厌氧微生物在缺氧条件下生长较好。兼性好厌氧微生物则可以在好氧和厌氧条件下生长。氧气浓度对废水处理过程中的氮磷去除等过程也具有重要影响。

（3）pH：微生物生长需要适宜的酸碱环境，一般在 pH 为 6.0～8.5 范围内生长较好。过酸或过碱的环境会抑制微生物的生长和代谢活性。

（4）营养物质：微生物生长需要充足的营养物质，如碳、氮、磷等。碳源是微生物生长和能量供应的主要物质，而氮、磷等元素是合成细胞物质的重要组成物质。废水中的有机物和营养物质浓度对微生物生长具有重要影响。

（5）毒性物质：废水中的某些物质可能对微生物产生毒性，如重金属、有机溶剂等。高浓度的毒性物质会抑制甚至杀死微生物，影响废水处理的效果。

（三）代谢行为

有机物降解：微生物通过分解废水中的有机物获取能量和合成细胞物质的原料。有机物的降解过程包括水解、氧化、酸化等步骤。好氧微生物在有氧条件下将有机物转化为二氧化碳和水,而厌氧微生物在缺氧条件下将有机物转化为甲烷、二氧化碳和水。

氮磷转化:微生物通过吸收和转化废水中的氮、磷等营养元素实现废水净化。氮转化过程主要包括硝化作用(好氧条件下,氨氮转化为硝酸盐)和反硝化作用(厌氧条件下,硝酸盐还原为氮气)。磷转化主要通过微生物吸收和沉淀等方式实现。

(四) 生长动力学

污水处理中的微生物在废水净化过程中发挥着关键作用。它们通过降解有机物、转化氮磷等营养元素,实现废水的净化。微生物种类繁多,生长环境要求各异,代谢行为多样。了解微生物的生长动力学及环境需求有助于优化废水处理过程,提高处理效果。

生长速率:微生物生长速率受温度、氧气、营养物质、毒性物质等环境因素影响。废水处理过程中需要控制生长速率,以保持微生物群落的稳定。

生物量:微生物生长过程中会产生生物量,即细胞物质的积累。生物量可以用来评估废水处理效果和微生物群落的活性。在废水处理过程中,需要定期测定生物量,以了解微生物生长情况并进行调控。

内生物质产生率:微生物在生长过程中会产生内生物质,即细胞内代谢产物的积累。内生物质的产生率与生长速率和废水中有机物浓度密切相关。

消亡率:微生物群落中,随着年龄的增加,一部分细胞会自然死亡,这称为消亡。消亡率受环境因素、种群密度等因素影响。在废水处理过程中,需要关注消亡率,并采取措施保持微生物群落的稳定。

生长动力学模型:生长动力学模型用于描述微生物生长过程中生物量、生长速率等参数与废水中有机物浓度、环境因素等之间的关系。常见的生长动力学模型有 Monod 模型、Haldane 模型等。

1. Monod 模型

Monod 模型是描述废水处理过程中微生物生长速率与废水中底物浓度关系的经典模型。Monod 模型的基本方程为:

$$\mu = \mu\_max \cdot [S/(K_s + S)]$$

式中,μ 表示微生物的比生长速率,μ_max 表示微生物的最大比生长速率,S 表示底物浓度,K_s 表示半饱和常数。

2. Haldane 模型

Haldane 模型是在 Monod 模型的基础上发展而来的,用于描述废水中底物浓度较高时微生物生长速率与底物浓度之间的关系。Haldane 模型的基本方程为:

$$\mu = \mu\_max \cdot [S/(K_s + S + S^2/K_i)]$$

式中,μ 表示微生物的比生长速率,μ_max 表示微生物的最大比生长速率,S 表示底物浓度,K_s 表示半饱和常数,K_i 表示底物抑制常数。

3. 案例

假设在一个废水处理系统中,微生物的最大比生长速率 μ_max 为 $0.6\ d^{-1}$,半饱和常数 K_s 为 $30\ mg/L$。我们可以使用 Monod 模型计算不同底物浓度下微生物的比生长速率。

当底物浓度 S 为 10 mg/L 时：

$$\mu = 0.6 \times [(10/(30+10)] = 0.15 \text{ d}^{-1}$$

当底物浓度 S 为 50 mg/L 时：

$$\mu = 0.6 \times [50/(30+50)] = 0.375 \text{ d}^{-1}$$

当底物浓度 S 为 100 mg/L 时：

$$\mu = 0.6 \times [100/(30+100)] = 0.462 \text{ d}^{-1}$$

通过计算，我们发现随着底物浓度的增加，微生物的比生长速率逐渐增加，但增长速度逐渐减缓。这说明在废水处理过程中，适当提高底物浓度可以促进微生物生长，但过高的底物浓度会导致生长速率受限。

在实际废水处理过程中，我们还需要考虑其他影响因素，如温度、氧气、营养物质等。通过了解微生物的生长动力学模型及相关参数，可以为废水处理过程的优化提供依据。

5.4.3 活性污泥法

（一）活性污泥法概述

1. 活性污泥的定义

活性污泥法实质上是天然水体自净作用的人工强化，能从污水中去除溶解态和胶体态的可生物降解有机物以及能被活性污泥吸附的悬浮固体和其他物质，具有对水质水量的适应性广、运行方式灵活多样、可控制性好等特点，已成为生物处理法的主体。

活性污泥是由细菌、真菌、原生动物、后生动物等微生物群体与污水中的悬浮物质、胶体物质混杂在一起所形成的、具有很强的吸附分解有机物能力和良好沉降性能的絮绒状污泥颗粒，因具有生物化学活性，所以被称为活性污泥。

2. 活性污泥的性状

从外观上看，活性污泥是像矾花一样的絮绒颗粒，又称生物絮凝体，絮凝体直径一般为 0.02～0.2 mm，在静置时可立即凝聚成较大的绒粒而下沉。活性污泥的颜色因污水水质不同而异，一般为黄色或茶褐色，供氧不足或出现厌氧状态时呈黑色，供氧过多营养不足时呈灰白色，略显酸性，稍具土壤的气味并夹带一些霉臭味。活性污泥含水率很高，一般在 99% 以上，其相对密度因含水率不同而异，曝气池混合液相对密度为 1.002～1.003，而回流污泥相对密度为 1.004～1.006，活性污泥表面积一般为 20～100 cm²/mL。

3. 活性污泥的组成

活性污泥中的固体物质不到 1%，由有机物和无机物两部分组成，其组成比例则因原污水性质不同而异。有机组成部分主要为栖息在活性污泥中的微生物群体，还包括污水中的某些惰性的难被细菌摄取利用的所谓"难降解有机物"、微生物自身氧化的残留物。

活性污泥微生物群体是一个以好氧细菌为主的混合群体，其他微生物包括酵母菌、放线菌、霉菌以及原生动物、后生动物等，正常活性污泥的细菌含量一般为 $10^7 \sim 10^8$ 个/mL，原生动物为 100 个/mL 左右。

在活性污泥微生物中,原生动物以细菌为食,而后生动物以原生动物、细菌为食,它们之间形成一条食物链,组成了一个生态平衡的生物群体。活性污泥细菌常以菌胶团的形式存在,呈游离状态的较少,这使细菌具有抵御外界不利因素的性能。

游离细菌不易沉淀,但可被原生动物捕食,从而使沉淀池的出水更清澈。活性污泥的无机组成部分则全部由原污水挟入,至于微生物体内存在的无机盐类,由于数量极少,可忽略不计。

总之,活性污泥由下列四部分物质所组成:

① 具有代谢功能活性的微生物群体;

② 微生物(主要是细菌)自身氧化残留物;

③ 由原污水挟入的难生物降解有机物;

④ 由原污水挟入的无机物质。

其中活性微生物群体是活性污泥的主要组成部分。

4. 活性污泥法的基本流程

活性污泥法是以污水中的有机污染物为培养基,在有溶解氧条件下,连续地培养活性污泥,利用其吸附凝聚和氧化分解功能净化污水中有机污染物的一类生物处理方法。以曝气池和二沉池为主体组成的整体称作活性污泥系统,完整的活性污泥系统还包括实现回流、曝气、污泥处置功能所需的辅助设施。图 5-1 是活性污泥系统的基本处理流程,该流程也称为传统(普通)活性污泥法流程。

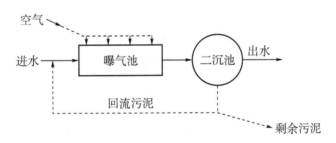

图 5-1 活性污泥法基本流程

由图 5-1 可知,经过适当预处理的污水与回流污泥一起进入曝气池形成混合液,在曝气池中,回流污泥微生物、污水中的有机物以及经曝气设备注入曝气池的氧气三者充分混合、接触,微生物利用污水中可生物降解的有机物进行新陈代谢,同时溶解氧被消耗,污水的 BOD_5 降低,随后混合液流入二沉池进行固、液分离,流出二沉池的就是净化水。二沉池底部经沉淀浓缩后的污泥大部分再经回流污泥系统回到曝气池,其余的则以剩余污泥的形式排出,进入另设的污泥处理系统进一步处置,以消除二次污染。

曝气池作为生化反应器,通过回流活性污泥及排出剩余污泥,保持微生物总量恒定,从而接纳、分解、吸收进入反应器的有机污染物;二沉池作为活性污泥系统的一个重要组成部分,进行活性污泥和水的分离,通过回流方式与曝气池紧密相连,提供曝气池所需的活性污泥微生物,并与之形成一个有机整体共同运行。

（二）活性污泥净化机制

活性污泥净化过程比较复杂,既有活性污泥本身对有机污染物的吸附、絮凝等物理、化学或物理化学过程,也有活性污泥内微生物对有机污染物的生物转化、吸收等生物或生物化学过程,大致可以分为以下两个阶段。

1. 初期吸附去除阶段

在污水与活性污泥接触、混合后的较短时间(5~10 min)内,污水中的有机污染物,尤其是呈悬浮态和胶体态的有机物,表现出高的去除率,这种初期高速去除现象是物理吸附和生物吸附综合作用的结果。在此过程中,混合液中有机底物迅速减少,BOD 迅速降低,见图 5-2 中吸附区曲线。这是由于活性污泥的表面积大,并且其表面上富集着大量的微生物,外部覆盖着多糖类的黏质层,当污水中悬浮态、胶体态的有机底物与活性污泥絮体接触时,便被迅速凝聚和吸附去除。这种现象就是" 初期吸附去除"作用。

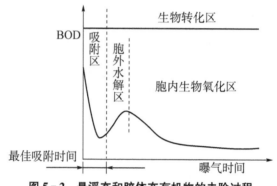

图 5-2 悬浮态和胶体态有机物的去除过程

初期吸附过程进行得很快,一般在 30 min 内便能完成,污水 BOD 的吸附去除率可达 70%,对于含悬浮态和胶体态有机物较多的污水,BOD 可下降 80%~90%。初期吸附速度主要取决于微生物的活性和反应器内水力扩散程度与水力动力学规律,前者决定活性污泥微生物的吸附、凝聚效能,后者则决定活性污泥絮体与有机底物的接触程度。活性污泥微生物的高吸附活性取决于其较大的比表面积和适宜的微生物增殖期,一般而言,处于"饥饿"状态的内源呼吸期微生物,其吸附活性最强。

2. 代谢稳定阶段

被吸附在活性污泥微生物细胞表面的有机污染物,在透膜酶的作用下,溶解态和小分子有机物直接透过细胞壁进入细胞体内,而胶体态和悬浮态的大分子有机物如淀粉、蛋白质等则先在胞外水解酶的作用下,被水解为溶解态小分子后再进入细胞体内,此时水解产生的部分溶解性简单有机物会扩散到混合液中,造成混合液 BOD 值升高,如图 5-2 中胞外水解区曲线所示。

进入细胞体内的有机污染物,在各种胞内酶(如脱氢酶、氧化酶等)的催化作用下,被氧化分解为中间产物,有些中间产物合成为新的细胞物质,另一些则氧化为稳定的无机产物,如 CO_2 和 H_2O 等,并释放能量供合成细胞所需,这个过程即物质的氧化分解过程,也称稳定过程。在此过程中,不稳定的高分子有机物质通过生化反应被转化为简单稳定的低分子无机物质,混合液 BOD 逐渐降低,如图 5-2 中胞内生物氧化区曲线所示。稳定过程所需时间取决于有机物的转化程度,要比吸附过程长得多。

(三) 活性污泥法主要特点

1. 处理效果好

活性污泥法可以有效去除废水中的有机物、氮、磷等营养物质,具有较高的去除效率。在合理的操作条件下,出水水质可以达到较高的排放标准,甚至可达到再生利用的要求。

2. 抗冲击负荷能力强

活性污泥法具有较强的抗冲击负荷能力,可以适应废水质量和流量的波动。当废水中有机物浓度发生变化时,活性污泥系统可以通过调节回流污泥量和曝气量等措施来适应变化,保持较好的处理效果。

3. 可处理复杂废水

活性污泥法适用于处理各种类型的废水,包括工业废水、生活污水、农业污水等。对于含有难降解或有毒有害物质的废水,活性污泥法可以通过添加特定的微生物种群或进行工艺优化,实现废水的有效处理。

4. 可实现氮磷去除

活性污泥法可通过调节工艺条件,实现生物脱氮和生物除磷。例如,通过设置反硝化区和好氧区,实现硝酸盐的还原和氨氮的氧化;通过添加聚磷菌,实现磷的生物吸收。

5. 易于运行和管理

活性污泥法具有较为成熟的工艺技术和运行经验,运行管理相对简单。通过监测废水水质、污泥浓度、溶解氧等参数,可以实时调整工艺条件,保证处理效果。

6. 规模可调

活性污泥法可根据废水处理需求设计不同规模的设施,适用于小型、中型和大型废水处理厂。此外,活性污泥法设施具有较好的扩展性,可根据处理需求进行扩建和改造。

7. 可资源化利用

活性污泥法产生的剩余污泥经过处理和稳定后,可作为土壤改良剂、有机肥料等资源化产品使用。此外,通过厌氧消化等技术,还可以从污泥中产生沼气等可再生能源,进一步提高资源利用率。

8. 生物多样性

活性污泥法中的生物菌群具有较高的多样性,包括好氧菌、厌氧菌、光合细菌等多种微生物。这些微生物协同作用,可以降解和转化废水中的各种有机物质、营养物质和有毒有害物质,提高处理效果。

9. 成本相对较低

活性污泥法作为一种生物处理工艺,相较于化学处理和物理处理工艺,具有相对较低的运行成本。这主要表现在能耗、化学试剂消耗和设备维护等方面。

10. 技术成熟度高

活性污泥法作为一种经典的废水处理技术,技术成熟度较高,应用广泛。各种改进型活性污泥工艺[如 SBR(序批式活性污泥法)、AAO(厌氧-缺氧-好氧污水处理技术)、

MBR(膜生物反应器)等]在实际应用中取得了显著的成果,进一步提高了活性污泥法的适用性和处理效果。

（四）活性污泥法工艺类型

活性污泥法水处理工艺各具特点,适用于不同类型和需求的废水处理。传统活性污泥法适用于各种类型的废水处理,具有较高的处理效果;完全混合活性污泥法适用于处理有机负荷较高的废水;吸附-再生活性污泥法和吸附生物降解工艺适用于处理有机物浓度较高且难降解的废水;氧化沟工艺适用于处理生活污水和部分工业废水,具有较好的氮磷去除效果;序批式反应器具有较好的处理效果和较强的抗冲击负荷能力,适用于处理各种类型的废水。在实际应用中,可以根据废水的特性和处理需求选择合适的活性污泥法工艺。

1. 传统活性污泥法(CAS)

传统活性污泥法是最基本的活性污泥工艺,主要包括好氧生物反应区和二沉池两部分。废水在好氧生物反应区与回流污泥混合,微生物对有机物进行降解吸收。经过一定时间的好氧处理后,废水与活性污泥进入二沉池进行分离,清水排放,部分沉淀的活性污泥回流至好氧生物反应区。

2. 完全混合活性污泥法(CSTR)

完全混合活性污泥法是一种将废水与活性污泥在反应器内充分混合的工艺。反应器中的废水和活性污泥浓度保持均匀,从而使得各个微生物群体在废水处理过程中充分发挥作用。该工艺适用于处理有机负荷较高的废水。其工艺流程见图 5-3。

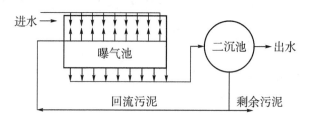

图 5-3 完全混合活性污泥法工艺流程

3. 吸附-再生活性污泥法(AB)

吸附-再生活性污泥法是一种将废水先经过吸附区,再进入生物反应区的工艺。在吸附区,有机物被活性污泥快速吸附;在生物反应区,吸附的有机物被微生物降解。该工艺具有较强的抗冲击负荷能力,可适应废水水质和流量的波动。其工艺流程见图 5-4。

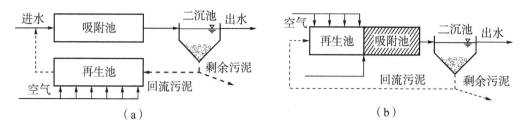

图 5-4 吸附-再生活性污泥法工艺流程
(a)吸附池与再生池分建式;(b)吸附池与再生池合建式

4. 氧化沟工艺

氧化沟是一种长形、蜿蜒的流动水道,底部设置曝气装置。废水沿水道流动,与活性污泥充分混合,实现有机物的降解。氧化沟具有较好的氮磷去除效果,适用于处理生活污水和部分工业废水。不同类型氧化沟见图5-5、图5-6。

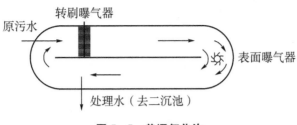

图 5-5 普通氧化沟

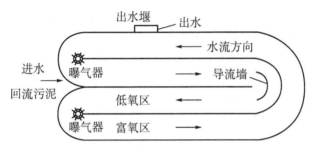

图 5-6 Carrousel 氧化沟

5. 序批式反应器(SBR)

序批式反应器(SBR)是一种在同一反应器内进行各个处理阶段的活性污泥工艺。SBR具有填充、反应、沉降、抽水等多个操作阶段。废水经过一个周期后,其中的有机物质被微生物降解,清水排放,部分沉淀的活性污泥回流至反应阶段。SBR运行工序示意图见图5-7。

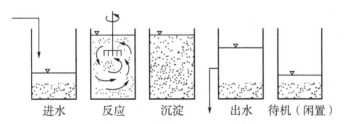

图 5-7 SBR 运行工序示意图

SBR工艺具有较好的处理效果和较强的抗冲击负荷能力,适用于处理各种类型的废水。同时,SBR工艺可通过调整操作条件实现生物脱氮和生物除磷,提高氮磷去除效果。

5.4.4 生物膜法

(一)生物膜法的基本概念

生物膜法主要用于从污水中去除溶解性有机污染物,是一种被广泛采用的生物处理方法。生物膜法的主要优点是对水质、水量变化的适应性较强。生物膜法是一大类生物处理法的统称,共同的特点是微生物附着在介质"滤料"表面上,形成生物膜,污水同生物膜接触后,溶解的有机污染物被微生物吸附转化为 H_2O、CO_2、NH_3 和微生物细胞物质,污水得到净化,其中所需氧气一般直接来自大气。污水如含有较多的悬浮固体,应先用沉淀池去除大部分悬浮固体后再进入生物膜法处理构筑物,以免引起堵塞,并减轻其负荷。按照生物膜形成的方式,生物膜法可分为生物滤池、生物转盘、生物接触氧化和生物流化床等。

(二)生物膜的净化机制

1. 生物膜的形成

在生物膜处理系统中,填充着数量相当多的挂膜介质(填料或载体),当污水与挂膜介质流动接触,接种或原存在于污水中的微生物就会在介质表面生长。经过一段时间后,介质表面将会被一种膜状污泥——生物膜所覆盖,即形成生物膜。

由于微生物不断繁殖,生物膜厚度会不断增加,当增厚到一定程度后,在氧不能透入的里侧深处即将转变为厌氧状态,形成厌氧性膜。这样,生物膜便由好氧层和厌氧层两层组成。好氧层的厚度一般为 2 mm 左右,有机物的降解主要在好氧层内进行。

图 5-8 所示是附着在生物滤池填料上的生物膜构造。由于生物膜的吸附作用,其表面有一层很薄的水层,称为附着水层。附着水层内有机物大多已被氧化,其浓度比滤池进水的有机物浓度低得多。因此,进入池内的污水沿膜面流动时,由于浓度差的作用,有机物会从污水中转移到附着水层中,进而被生物膜所吸附。同时,空气中的氧在溶入污水后,继而进入生物膜。在此条件下,微生物对有机物进行氧化分解和同化合成。微生物的代谢产物如 H_2O 等则由附着水层进入流动水层,并随其排走,而 CO_2 及厌氧层分解产物如 H_2S、NH_3,以及 CH_4 等气态代谢产物则从水层逸出进入空气中。如此循环往复,使污水中有机物不断减少,从而达到净化效果。

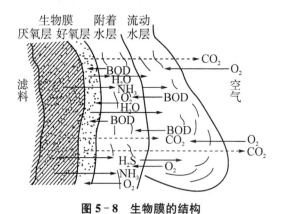

图 5-8 生物膜的结构

2. 生物膜的更新

一般认为,生物膜厚度介于 2~3 mm 时较为理想。当生物膜太厚,内部的厌氧层的厚度就会增加,厌氧代谢产物也逐渐增多,这些产物向外侧逸出,减弱了生物膜在介质(载体、填料)上的固着力,处于这种状态的生物膜即为老化生物膜,老化生物膜净化功能差而且容易脱落。

在处理过程中,生物膜总是不断地增长、更新、脱落。造成生物膜不断脱落的原因有:水力冲刷、膜增厚造成重量的增大、原生动物使生物膜松动、厌氧层和介质的黏结力较弱等。其中以水力冲刷最为重要。从处理要求看,生物膜更新脱落是完全必要的。

(三)生物膜法的主要特点

1. 冲击负荷适应能力强

微生物主要固着于填料表面,微生物量比活性污泥法要高得多,因此对污水水质、水量的变化引起的冲击负荷适应能力较强。即使短时间中断进水或工艺遭到破坏,反应器的性能也不会受到致命的影响,恢复起来较快,因此适用于处理高浓度难降解的工业废水。另外,生物膜反应器还可以处理 BOD_5 为 50～60 mg/L 的进水,使出水 BOD_5 降到 5～10 mg/L,这是活性污泥法无法做到的。

2. 反应器内微生物浓度高

单位容积反应器内的微生物量可以达到活性污泥法的 5～20 倍,因此处理能力强,一般不建污泥回流系统;生物膜含水率比活性污泥低,不会出现活性污泥法经常发生的污泥膨胀现象,能保证出水悬浮物含量低,因此运行管理也比较方便。

3. 剩余污泥产量低

生物膜内存在较高级的原生动物和后生动物,食物链较长,特别是生物膜较厚时,里侧深部厌氧菌能降解好氧过程中合成的污泥,因而剩余污泥产量低,一般比活性污泥处理系统少 1/4 左右,可减少污泥处理和处置费用。

4. 可同时存在硝化和反硝化过程

由于微生物固着于填料的表面,生物固体停留时间 SRT 与水力停留时间 HRT 无关,因此为增殖速度较慢的微生物提供了生长繁殖的可能性。生物膜法中的生物相更为丰富,且沿水流方向膜中微生物种群分布具有一定的规律性。生物膜反应器适合世代时间长的硝化细菌生长,而且其中固着生长的微生物使硝化菌和反硝化菌各有其生长的合适环境。因而,生物膜反应器内部也会同时存在硝化和反硝化过程。如果将已经实现硝化的污水回流到低速转动的生物转盘和鼓风量较小的生物滤池等缺氧生物膜反应器内,可以取得更好的脱氮效果,而且不需要污泥回流。

5. 操作管理简单,运行费较低

生物滤池、生物转盘等生物膜法采用自然通风供氧,装置不会出现泡沫,没有污泥回流,管理简单,运行费较低,操作稳定性较好。

6. 调整运行的灵活性较差

和活性污泥法相比,除了镜检法以外,对生物膜中微生物的数量、活性等指标的检测方式较少,而活性污泥法可以通过测定污泥沉降比、SVI、污泥浓度等多种方法对微生物的活性进行监测。因此,生物膜出现问题以后,不容易被发现,即调整运行的灵活性较差。

7. 有机物去除率较低

和普通活性污泥法相比,CODCr(BOD5)去除率较低。有资料表明,50%的活性污泥法处理厂BOD5的去除率高于91%,50%的生物膜法处理厂BOD5的去除率为83%左右,相对应的出水BOD5分别为14 mg/L和28 mg/L。

(四) 生物膜法工艺类型

生物膜法具有较高的处理效率和较强的抗冲击负荷能力。常见的生物膜法水处理工艺包括生物滤池、生物转盘、生物接触氧化和生物流化床。

1. 生物滤池

生物滤池是一种将微生物固定在颗粒状滤料表面的生物处理工艺。废水自上而下通过填充在滤池内的滤料,与生物膜充分接触,实现有机物的降解。生物滤池具有结构简单、运行稳定、处理效果较好的特点。

生物滤池主要包括过滤层、滤料、收水器和反洗系统等部分。滤料可以是砾石、鹅卵石、陶粒等颗粒状材料。在运行过程中,需要定期对生物滤池进行反洗,以防止滤料堵塞。图5-9为采用回转布水器的普通生物滤池结构。

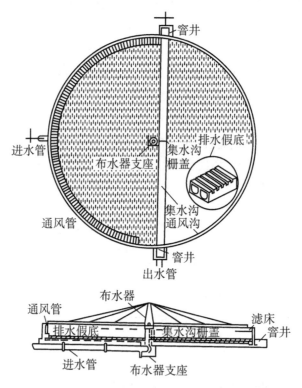

图5-9 采用回转布水器的普通生物滤池结构

2. 生物转盘

生物转盘(RBC)是一种将微生物固定在旋转圆盘表面的生物处理工艺。圆盘部分浸没在废水中,旋转带动生物膜与废水接触,实现有机物的降解。生物转盘具有较高的处理效率、较低的运行成本和较强的抗冲击负荷能力。

生物转盘主要包括圆盘、轴承、驱动装置和槽体等部分。圆盘可以采用塑料、陶瓷等材料制作。在运行过程中,需要注意控制转速,以保证生物膜与废水的充分接触。图5-10为生物转盘工作原理示意图。

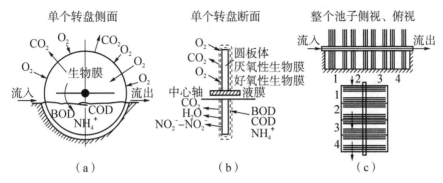

图5-10 生物转盘工作原理示意图

(a)单个转盘侧面;(b)单个转盘断面;(c)整个池子侧视、俯视

3. 生物接触氧化

生物接触氧化是一种将微生物固定在颗粒状填料表面的生物处理工艺。废水与填料充分接触,实现有机物的降解。生物接触氧化具有较高的处理效率、较强的抗冲击负荷能力和较低的运行成本。生物接触氧化法的基本流程如图5-11所示。

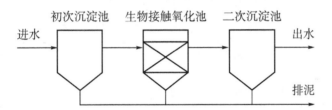

图5-11 生物接触氧化法的基本流程

生物接触氧化主要包括填料、曝气装置和槽体等部分。填料可以是悬浮或流动的,如塑料球、陶瓷颗粒等。曝气装置可以是曝气管、曝气盘等,用于向废水中提供氧气,维持好氧微生物的生长和代谢活动。图5-12为生物接触氧化池的构造示意图。

在运行过程中,需要注意控制曝气量和废水流速,以保证生物膜与废水的充分接触和氧气的充分供应。

4. 生物流化床

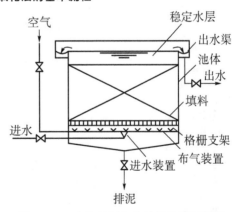

图5-12 生物接触氧化池的构造示意图

生物流化床(图5-13)是一种将微生物固定在颗粒状填料表面,并使填料在废水中流动的生物处理工艺。废水自下而上通过填充在反应器内的流化床,与生物膜充分接触,实现有机物的降解。生物流化床具有较高的处理效率、较强的抗冲击负荷能力和较好的氮磷去除效果。

生物流化床主要包括反应器、填料、曝气装置和循环系统等部分。填料可以是颗粒状材料，如塑料颗粒、陶瓷颗粒等。曝气装置用于向废水中提供氧气，同时使填料保持流动状态。

在运行过程中，需要注意控制曝气量和废水流速，以保证生物膜与废水的充分接触、填料的良好流动和氧气的充分供应。此外，还需要定期清洗和更换填料，以防止生物膜过厚导致填料堵塞。

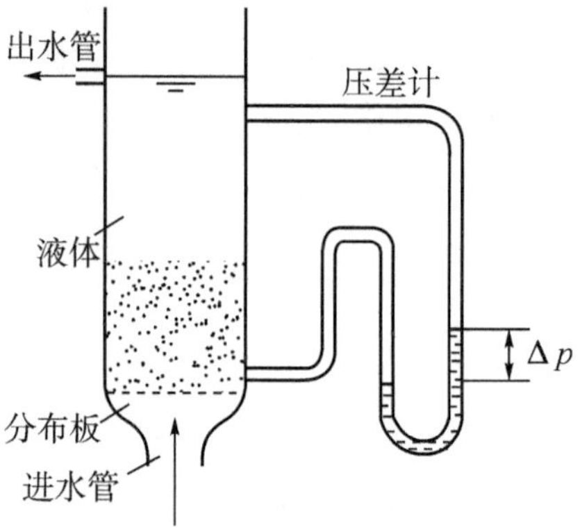

图 5-13　生物流化床示意图

5.5　废水处理技术评价

5.5.1　废水处理技术评价

（一）废水处理技术评价的内容

废水处理技术评价，是研究分析各种废水处理技术的优缺点，如流程组合、处理效果、技术经济指标等，并分析其对环境和社会的影响，以便根据实际情况和条件，选择、推荐最优化的技术方案。废水处理技术评价的内容见表 5-6：

表 5-6　废水处理方法、流程的综合评价

技术性能	经济分析	环境效益	二次污染（多介质污染）
1. 选用的处理方法 2. 选用的处理流程 3. 处理废水量 4. 进水水质 5. 处理后水质 6. 水质指标的去除率 7. 运行操作 8. 占地面积 9. 基本建设 10. 设备加工 11. 原料、药剂 12. 二次污染 13. 水的回用率 14. 物料回收率 15. 稳定可靠率 16. 对工作人员要求 17. 事故处理 18. 其他因素评价	1. 污染损失费（处理前） 　① 直接损失费 　② 间接损失费 2. 处理费 　① 基建投资费 　② 运行维护费 　③ 设备折旧费 　④ 偿还期 3. 经济效益 　① 直接效益（回收、节水、免交排污费、排污罚款、污染赔偿费等） 　② 间接效益（水质改善、危害减轻、损失降低等） 4. 其他评价	处理前的环境与处理后的环境比较，可采用某些指数表示，它们分别表示：对人体健康的影响；对水体水质的影响；对周围环境的影响等 评价（可采用指数评价法）	处理前与处理后的大气污染、水污染、固体废弃物（污泥）、噪声污染、电磁波污染、其他污染等新污染物的产生、转化形态、迁移转化规律等评价

（二）废水处理技术评价的程序

废水处理技术评价的程序包括以下步骤：

（1）基本准备工作：① 收集废水来源、处理量、水质等资料；② 通过改革工艺、采用无废少废技术，实现污水减量化乃至零排放；③ 了解当地水环境现状，对废水处理的要求，预期的出水水质目标、废水处理效率等；④ 了解当地环境保护和市政部门对废水处理有关的法规、标准等；⑤ 了解当地的土地条件、资源和能源条件、财政经济条件及技术力量等。

（2）确定评价目标：确定拟选用的各种废水处理技术（单项技术或流程），组成不同方案。

（3）调查、收集综合评价所需的技术经济参数。

（4）对拟选用的各种废水处理技术进行详尽的分析（如优缺点、技术、经济、管理等）。

（5）建立数据体系（或数据库）及评价模型。

（6）进行分项评价，如：技术性能评价、经济效益评价、环境效益评价、能源消耗评价、资源消耗评价、可能产生二次污染的评价以及对人体健康的评价等（表 5-7）。

表 5-7　能源、资源消耗及对人体健康影响的评价内容

能源消耗	资源消耗	对人体健康影响
1. 单位处理量的直接能源消耗(kg/m^3 废水或 kg/kg 去除污染物）——煤、电、油、气，其他；也可以是 MJ/m^3 废水，或 MJ/kg 去除污染物 2. 能源利用率 3. 再生新能源 4. 间接能源 5. 其他评价	1. 单位处理量（如 m^3 废水或去除 kg 污染物）材料消耗、药剂消耗 2. 材料、药剂价格 3. 回收物料 4. 物料回收率 5. 二次污染的产生（如污泥增多等） 6. 其他评价	处理前后 1. 对运行操作人员健康影响 2. 对地区居民健康的影响 3. 对旅游的影响 4. 废水灌溉农田，对工作人员健康影响 5. 其他评价

（7）在分项评价基础上进行综合评价。

在进行综合评价时，可将分项评价因素，如技术性能、经济效益、环境效益、能源消耗、资源消耗、可能产生的二次污染及健康影响等列为横项，而各类推荐的方案列为纵项，组成交互矩阵，并对不同因素视当地情况及实际需要赋予不同权重，得出总的效益值矩阵，经过计算，具有最大效益值的方案即为最佳方案。

（8）选择最优化的废水处理技术方案。

（9）专家论证，提交评价结论与报告。

（三）技术经济可行性内涵分析

（1）技术高效实用内涵主要包含以下几点：

① 污水处理要求达到的程度主要有污水预处理、达标排放、处理水回用三种。在满足处理程度的同时，处理技术也应做到高效实用。

② 污水处理厂在污水处理技术的选取方面，应做到工艺流程及其组合简单可靠，特别是大型污水处理厂。

③ 选取的污水处理技术应保持与原水适应性以及与总处理系统的适应性。

④ 在污泥处理环节，考虑到技术经济可行性，含水率 80％ 的污泥集中处理不宜用厌氧消化处理工艺及热干化；堆肥前、填埋前及已建、在建和将建的污水厂出厂污泥含水率应降至 60％ 以下。

（2）技术经济合理的内涵主要包括以下四个方面：

① 在进行处理工艺优化时，除满足处理程度外，还应注意工艺的经济合理性。

② 基建工程费用：基建工程费用一般占总投资的 30%～40%，但不能因基建费减少，降低处理效果，应考虑一构多用。

③ 运转费：包括折旧费、电费、人工费、药剂费、维修费、管理费等费用，其中物化药剂占总运转费的 50%，生化电费占 35%～40%；物化＋生化、动力＋药剂占 50%以上。

④ 占地面积：平面布置的特点是占地大、造价小、操作方便；立体交叉布置的特点是占地少、工程造价高、电耗高。

5.5.2　处理过程的可靠性

处理厂和处理过程的可靠性，可以定义为在规定的条件下和在规定的时间内合格的运行概率，或者用处理厂运行时出水浓度符合许可要求的时间百分数表示。举例来说，可靠性为 99%的处理过程，可以指望它在 99%的时间内满足运行要求。对于 1%的时间，或每年三至四天，不可逾越的每月许可限值可能会超过。根据许可要求，这种可靠性水平可能是可接受的，也可能不是。对于应用可靠性概念的每一特定情况，评价可靠性水平时，必须包括要求达到一定可靠性水平所需设施的费用以及相关的运行和维护成本。因此，研究评估处理过程的变异性，以及如何评价组合过程的运行尤为重要。

可能影响废水处理厂设计、运行和可靠性的变异性有三类：① 废水的进水流量和水质的变异性；② 废水处理过程本身的变异性；③ 由机械事故、设计缺陷和操作故障造成的变异性。

（一）废水的进水流量和水质的变异性

由于现代人类生活存在一定的周期节律，废水处理厂的进水流量和水质存在变异性。这种变异性并不罕见，在必须满足严格的排放要求的地方它是受到关注的。在某些情况下，有必要减少废水收集系统的渗流或流入，以及/或设置调节设施，以改进处理过程。采用调节设施还有一个好处是减少可能需要的单个处理单元的尺寸。一般来说，处理设施的容量越大，观察到的流量变化就趋于减小。

（二）废水处理过程本身的变异性

由于废水的进水流量和水质的变化；设计限制造成所有处理过程的变异性；微生物处理过程的变异性；所有物理的、化学的和生物的处理过程，对于能取得的运行水平来讲，都显示一定程度的变异性。根据对若干废水处理过程的出水运行数据的分析，观察到大多数组分、大多数过程的运行都可以用对数正态分布模拟。

一般来说，对于能靠处理改善的废水组分，例如 BOD、TOC 等，传统的生物处理过程的运行大多可用对数正态分布说明。对于不能明显改善的组分，例如无机的 TDS，算术和对数正态分布都可用来模拟过程的运行。在运行的变异性不大的场合下，算术和对数正态分布都可用来模拟观察到的运行情况。

（三）机械处理过程的可靠性

除了废水进水流量和水质的变化及废水处理过程本身的变异性以外，有关废水处理所用机械设备的可靠性,也必须予以考虑。

下列方法可用于分析处理厂的机械设备可靠性:① 关键部件分析;② 故障形式及影响分析;③ 事件树分析;④ 故障树分析。

5.5.3 废水处理节能分析

为了节约能耗、降低污水处理费用,应首先分析污水处理各阶段的能耗,找出解决的方法,最大限度地降低对环境的污染。

(一)污水处理工艺流程

污水处理技术按处理程度划分,可分为一级处理、二级处理和三级处理。一级处理主要去除污水中呈悬浮状态的固体污染物质,物理处理法大部分只能完成一级处理的要求。经过一级处理的污水,BOD 一般可去除 30%左右,达不到排放标准。一级处理属于二级处理的预处理。

二级处理主要去除污水中呈胶体和溶解状态的有机污染物质(BOD、COD),去除率可达 90%以上,使有机污染物含量达到排放标准。

三级处理是进一步处理难降解的有机物、氮和磷等能够导致水体富营养化的可溶性无机物。主要方法有:生物脱氮除磷法、混凝沉淀法、砂滤法、活性炭吸附法、离子交换法和电渗分析法等。

通过粗格栅的原污水由污水泵提升后,经格栅进入沉砂池,再经砂水分离后进入初沉池,这些处理为一级处理(即物理处理)。初沉池出水进入生物处理设备(其中活性污泥法的反应器有曝气池、氧化沟等,生物膜法包括生物滤池、生物转盘、生物接触氧化法和生物流化床等设备),经生物处理后的出水进入二沉池。二沉池出水经消毒排放或者进入三级处理。从一级处理到二级处理、三级处理,包括生物脱氮除磷法、混凝沉淀法、砂滤法、活性炭吸附法、离子交换法和电渗析法。二沉池的污泥一部分回流至初沉池或者生物处理设备,一部分进入污泥浓缩池,再进入污泥消化池,经过脱水和干燥设备后,污泥再利用。

(二)各处理构筑物的能耗

1. 污水提升能耗

污水经粗格栅进入污水提升泵后再送至沉砂池,水泵运行要消耗大量的能量,这些能耗占污水处理厂运行总能耗的比例相当大,其能耗大小与污水流量和提升的扬程有关。

2. 格栅能耗

格栅的作用是在进水前去除污水中粗大杂质,污水经过格栅时,由于杂质的聚集和栅条的阻挡会引起水头损失,这就需要用水泵提升污水以增大污水的势能。对较大的杂质要进行机械粉碎处理,提升泵和粉碎机都是格栅处理流程的主要能耗产生部位。

为了节能,尽量将污水处理设备安装在地势较低的地方,减小提升泵的功率,污水以较快的流速通过栅条,必要时再用提升泵提升。

3. 沉砂池和初沉池的能耗

沉砂池一般设于泵站前或倒虹管前,以便减轻无机颗粒对水泵、管道的磨损;也可设于初沉池前,以减轻沉淀池负荷及改善污泥处理构筑物的处理条件。常用的沉砂池有平流式沉砂池、曝气沉砂池、多尔沉砂池和钟罩式沉砂池。

沉砂池中的主要能耗产生于砂水分离器、刮泥刮砂机、曝气沉砂池的曝气系统以及多尔沉砂池和钟罩式沉砂池的动力系统。

初沉池是一级污水处理构筑物,是二级处理厂的预处理设施。设在生物处理工艺之前,去除 SS 和部分 BOD_5,改善生物处理的运行条件,降低 BOD_5 负荷。初沉池的形式有平流式沉淀池、辐流式沉淀池和竖流式沉淀池。

初沉池的能耗设备主要是排泥装置,如带式刮泥机、刮泥刮渣机、吸泥泵等,但由于排泥周期的影响,初沉池的能耗相对比较低。

4. 曝气池的能耗

曝气池需要供应适当的空气以满足微生物的需要,常规的曝气池都是用机械的方式向污水中送入空气或是从池底充气,用搅拌等方式使空气和污水充分混合,使空气均匀地分布于污水中,提高溶解氧的效率。污水在曝气池中的停留时间一般在 2 h 以上,不管是采用叶轮旋转曝气还是通气帽在池底鼓入空气的方式曝气,都是 24 h 运行。这种曝气方式是好氧处理工艺中能耗最大的处理阶段,大部分能耗都消耗于此,要降低曝气池的能耗,就要降低好氧处理的能耗。

曝气设施可以采用多层好氧过滤的方式降低能耗,好氧过滤各个滤层的材料都不相同,其过滤效果也相差较大。

污水经过格栅拦截之后,可以直接进入第一层好氧过滤层,通过水流在砂石中的紊流作用,空气中的氧气混入污水中。然后进入第二层好氧过滤层,在这一层污水停留时间相对较长,主要是好氧微生物对有机物的氧化过程。如果污水中有机物含量不太高,处理水可基本达到排放标准,也可以将处理后的水收集起来作中水使用。如果污水中有机物含量很高,可以让污水继续进行下一层的好氧过滤,该滤层的孔隙更小,处理时间更长,效果也更好。在这一层中,由于污水的停留时间较长,对污水中的 N 和 P 也有较好的去除效果。经过好氧过滤处理的排放水已达到排放要求,可省略二沉池,这种处理流程适用于近水体就近排放。

5. 厌氧池及厌氧处理设备的能耗

厌氧处理工艺的能耗相对较低,并且可以产生可回收利用的沼气,但厌氧处理污水停留时间很长,为保证处理效果,需要隔绝空气。厌氧处理相对来说能耗较低。

6. 二沉池及其他处理设施的能耗

二沉池用于泥水分离阶段,目前二沉池都设有刮渣挡板、出水排泥等装置。二沉池的面积也比较大,分离出来的污泥要用污泥泵输送到污泥泵房进行压缩和后续处理,耗能很大。

7. 污泥处理能耗

污泥处理工艺中的浓缩池和污泥脱水、干燥都要消耗大量的电能,设备电耗都很大。

（三）降低污水处理厂的能耗

1. 污水（泥）提升泵

对于已投产的污水处理厂，提升泵节能的关键在于其控制方式，只有实行提升过程的最优控制，才能达到节能的目的。

（1）合理降低水泵的扬程

目前我国污水处理厂的水头损失普遍偏高，导致水泵的扬程偏高，降低水头损失就能有效地降低能耗。降低水头损失可以采取以下措施：

① 污水处理厂的各个构筑物总体布置尽量紧凑，尽量减少弯头和阀门，连接管路尽量短，最大限度地减少连接管道的水头损失。

② 减少跌流的落差，例如将非淹没式的堰改成淹没式的堰，这样水流的落差可以减少 25 cm。

③ 尽量利用自然地势实现污水自流或者利用自然落差补偿部分污水管路水头损失。

④ 采用阻力系数小的管材，减少污水的沿程水头损失。

（2）合理确定水泵的型号和台数

选用流量与扬程尽量符合设计要求的污水提升泵，尽量减少水泵台数，选用高效率的污水泵，如液下泵、潜污泵与普通卧式离心泵相比，安装形式简单，没有吸水管与启动辅助设备，在直接能耗相同时，间接能耗要低得多。WG/WGF 型污水泵在同一工况下比 PW 型污水泵效率高。另外，水泵机组应尽量采用同一型号，以便于维修管理。不同流量大小搭配的水泵，牌号应尽量一致。

对污水提升流量进行调节时，要避免用阀门来调节，可采用调速泵或多台定速泵组合调节的方式。当采用水泵调速时，应该选用大机组和台数少的调速水泵。

（3）采用合理的流量控制

污水量往往随着季节、天气、用水时间等变化，目前的做法是采用最大小时流量作为选泵依据。实际上水泵全速运转的时间不超过 10%，相当部分时间处于低效运转状态，从水泵的轴功率 $N = N_u/\eta$（η 为运动效率）看，水泵处于高效运转状态下可以节省大量的电能。因此。应选择合适的调控方式，合理确定水泵流量，保持水泵的高效运转。

目前水泵的调控方式主要有以下几种：

① 对位控制：对位控制就是在水池水位发生变化时，根据事先确定的水位等级控制相应水泵机组的自动开停，以适应泵站进水量的变化，这种控制方式简单易行，使用方便，应用广泛。但是，当水池水位变化幅度较大时，水泵扬程也随之发生相应的变化，因此，节能效果不太理想。

② 自动流量及级配编组控制：多台定速水泵流量级配编组控制，就是根据泵站的实际进水量将泵站中的几台水泵组成几种流量级配，使泵站的出水量接近实际的来水量。这样就可以保证水池中的水位较长时间地稳定于高水位，使水泵的工作扬程减小，最终达到节能的目的。

③ 转速加台数控制：目前国外大型污水处理厂普遍采用转速加台数的控制方法，定速泵按平均流量选择，定速运转以满足基本流量的要求；调速泵变速运转以适应流量的变化，流量出现较大波动时以增减运转台数作为补充。但是由于泵的特性曲线高效段范围不是很大，这就决定了对于调速泵也不可能将流量调到任意小，但能保持高效。

此外还可以通过调节出水闸开启度、切削水泵叶轮等方式实现流量控制。

2. 曝气系统

曝气过程是活性污泥法的中心环节,也是污水处理过程中能耗最大的工序。曝气系统的节能主要有以下几个方面。

(1) 选择高效的曝气设备。从降低能耗的角度考虑,表面曝气的性能要优于穿孔管曝气,微孔扩散器效率高于中气泡、大气泡扩散器,亦优于表面曝气机。但是表面曝气机械不需要修建鼓风机房,不需设置大量布气管道和曝气器。与微孔扩散器相比,表面曝气虽然直接能耗和间接能耗低,但氧的利用率低。几种空气扩散器的性能比较见表5-8。

表5-8　几种空气扩散器的性能比较

形式和性能	大中气泡型							小气泡型
	固定单螺旋	固定双螺旋	固定三螺旋	水下叶轮曝气机	盆形曝气器	金山Ⅰ型	射流曝气器	微孔曝气器
氧利用率/%	7.4~11.1	9.5~11.0	8.7	—	6.5~6.8	8.0	16.0	16~20
动力效率/[kg/(kW·h)]	2.2~2.48	1.5~2.5	2.2~2.6	1.1~1.4	1.8~2.9	—	1.6~2.2	2.0~4.7
服务面积/m²	5.0~6.0	5.0~8.0	3.0~8.0	—	4.0~5.0	1.0	1.5	0.17

(2) 合理布置曝气器。活性污泥法的曝气器应按微生物反应规律布置,使供气量在曝气池的各段内与该段微生物反应需氧相适应。如传统活性污泥法就应布置成渐减曝气的形式。否则,就会出现前段供氧不足、后段供氧过剩的现象,既不节能,也影响处理效果。

(3) 曝气设备供氧量的自动调节。随着污水处理厂水质和水量的变化,需要及时调节曝气设备的曝气量,曝气量的调节方式有控制多组曝气池或多组曝气单元的运转,使用可调节的曝气系统,采用计算机实时控制的曝气系统,分期建设、分期使用曝气池。

(4) 合理设计池形。曝气池的池形会影响氧的传递,池形不同影响也不同。例如在3~7.6 m池深范围内,深度对小气泡的总充氧效率几乎没有影响,而当淹没深度从3 m增加到7 m时,大气泡扩散装置的充氧效率提高了20%~30%。

(四) 污水处理厂的节能方法

污水处理厂消耗的能源主要包括电、燃料等,其中电耗占总能耗的60%~90%,污水处理电耗占全厂总电耗的50%~80%。

1. 处理工艺的选择

改进和采用新工艺,不同的处理工艺能耗差别较大,但处理工艺的选择必须综合考虑多方面的因素,节能应该作为一个重要因素加以考虑。

2. 曝气系统节能

鼓风曝气系统电耗一般占污水处理系统电耗的40%~50%。根本的节能措施是减小风量,而减小风量必须提高扩散装置的效率,降低污泥对氧的需求。

（1）改进布置方式。采用全面曝气的方式，使整个池内均匀地产生小旋涡，形成局部混合，同时其可将小气泡吸至 $1/3 \sim 2/3$ 深处，提高充氧效率。

（2）采用微孔曝气器。微孔曝气器可以减小气泡尺寸，增大表面积，节约风量。在一般情况下用穿孔管带状布置曝气，其充氧效率只有 $1.0\ kgO_2/(kW \cdot h)$，采用盘状微孔曝气器布置时充氧效率为 $1.4\ kgO_2/(kW \cdot h)$，采用板状微孔曝气装置面状布置充氧效率可达 $1.8\ kgO_2/(kW \cdot h)$。

（3）风量控制节能。风机的选择要留有余地，以满足最大负荷时的需要。在日常负荷或低负荷下要适当减小风量，这样既节能也防止过曝气，保证处理效果。风量控制是曝气系统的节能方法。美国 12 个处理设施的调查结果显示，以 DO 为指标控制风量时可节电 33%。风量的控制方法如下：

① 风量程序控制。根据进水水质、水量的变化特性确定风量与时间的关系，并设定程序，自动进行控制。

② 按进水比例控制。根据进水量按一定气水比调节风量。但该方法最易受水质波动的影响，处理效果不稳定。

③ 按 DO 控制。曝气池 DO 是一个重要的运行参数，理论上达 $0.3\ mg/L$ 就不会影响微生物的生长，但考虑到水质、水量的波动，一般在入口处控制溶解氧为 $0.5 \sim 1.0\ mg/L$，出口处为 $2 \sim 3\ mg/L$。

（4）风量调节。目前城市污水处理厂一般都采用高速离心风机，其原理与离心泵相似，所以原则上泵调节流量的方式同样适用于风机。

3. 电机节能

污水处理系统中的水泵、风机等均由电机拖动，因而电机节能技术在污水处理系统中占据重要的地位。

污水处理厂进水量往往随时间、季节波动。如果按目前通行的以最大流量作为选泵依据，水泵全速运转时间将不超过 10%，大部分时间都无法高效运转，造成能源浪费。因此需要采用更为先进节能的电机调速技术。

（1）交流变频调速技术。电机调速应用最广的是变频调速技术。交流变频调速技术是靠改变交流电动机的电源频率来改变电动机的速度，这是一种较为理想的节能装置。

（2）其他电机调速技术。调压调频模糊节能控制技术是变频调速技术外的另一选择。在一般负载下，应用调压模糊节能控制器，可节电 $5\% \sim 10\%$；对风机、水泵类负载，可节约有功功率 $20\% \sim 60\%$；在空载运行方式下，可节约有功功率 70% 左右。该技术简单、效率较高，且调压模糊节能控制器的成本很低。

（3）风机的调节。风机有一些不同于水泵的特殊调节方式，如进口导叶片调节，这也是目前普遍采用的技术。

4. 无功补偿（SVG）技术

无功消耗技术也应在污水处理系统节能中考虑，这就是所谓的无功补偿（SVG）节能技术。无功功率即电机空载功率，其大小与电机的设计方法、材料选用、制造工艺及电机工况直接相关。对于三相异步电动机来说，其功率因数 $\cos \varphi$ 较低，额定负载时约为 $0.7 \sim 0.9$，轻载时只有 $0.2 \sim 0.3$。如果使用无功补偿装置，则可提高功率因数，达到节能的目的。

第六章　新型污水处理工艺

6.1　水处理的新要求

6.1.1　水处理的节能化

众所周知,污水处理需要消耗大量能源,因此,节能降耗已成为必须采取的措施。能源消耗是污水处理过程中的正常现象,是机器运转的结果。消耗能源的方式多种多样,直接消耗和间接消耗也不同。污水处理厂的能耗可分为两类:直接能耗和间接能耗。直接能耗一般包括机械曝气或风鼓曝气、污水提升泵、污泥回流泵、污泥脱水、搅拌推流等的能源消耗,即机器运转时的能耗。从整体上看,主要的能耗包括以下三种:一是好氧微生物生存所需的供氧设备运行所产生的直接能耗和外加的碳源、酸碱调节、混凝絮凝以及活性炭吸附处理所产生的间接能耗;二是在污泥处理过程中,泥水分离设备运行所产生的直接能耗以及外加石灰等产生的间接能耗;三是污水位移所需的泵类设备运行所产生的能耗。

(一)污水处理厂能耗现状

在污水处理厂的运行过程中,药剂和电能的消耗量较大,其中电能的消耗尤为突出,根据统计数据,污水处理厂的电能消耗占总体能耗的比例高达 65% 以上。造成这种高耗能的主要原因在于,设计规模远大于实际运行规模,这种问题在建设和规划阶段普遍存在。在建设阶段,设计人员为了保证出水水质达标以及满足处理大水量的极端情况下的需求,选择了大型设备。但是,这种设备受到进水量和水质波动的影响,难以实现高效运行。此外,大型设备本身的规模也较大,导致整体能耗较高。如果不及时改善这种情况,在国民经济日益发展的情况下,能源价格必然会不断上涨,污水处理厂的成本也会逐渐增加。这种高耗能高成本的情况对污水处理厂的稳定、持续发展十分不利。目前,我国城镇污水处理厂在污泥和污水的处理方式上还有待改善,因为只有在消耗大量能源的情况下,污泥和污水才能获得一定的处理效果。这种污水处理方式既没有做到节能减排,也不利于污水处理厂的长远发展。在污水场中,直接耗能的环节主要包括曝气设备、污水提升泵、污水处理、污泥处理等。目前,我国城镇污水处理量不断增加,污水处理厂的任务越来越艰巨,因此,在污水处理过程中应用节能降耗技术已成为污水处理厂的发展趋势和必然选择。

（二）污水处理节能降耗分析

1. 污水预处理节能

污水处理过程分为前期的污水预处理和后期的污水处理。前期污水预处理消耗的能源较少，但对后续工艺的节能具有重要帮助。目前，污水预处理主要是通过格栅和沉砂池完成的。格栅主要安装在污水的运送渠道、污水抽水泵及水井的进口处，或直接安装在污水处理厂前方，通过截留污水中的较大污物来防止堵塞污水管道、抽水泵、阀门进出水口等，减轻后续处理工作的负担，减少对污水处理设备的影响，从而达到节能降耗的目的。虽然格栅处理本身的节能空间不大，但由于处于污水处理总过程的前端，因此对后续工序的节能降耗具有十分重要的作用。沉砂池与格栅类似，其是利用污水中较大污物的重力下沉作用，使其自动沉淀，主要用于处理污水中的砂石颗粒及其他较重污染物。与格栅相同，沉砂池不需要高额的能源消耗。曝气沉砂池由于需要使用高能耗的转机，相比其他几种沉砂池拥有较高的能源消耗，因此在污水处理过程中，尽量选用平流式以及旋流式沉砂池以减轻能耗。

2. 科学投加药剂以降低能耗

在污水处理过程中，为了清除污水中的化学物质，污水处理厂会根据水质的不同，适量地添加不同的药剂。例如，为了去除水中的总氮，必须投放相应的碳源以增强反硝化作用；为了去除水中的总磷，则需要投放 PAC 或三氯化铁。在投放药剂时，需要根据污水的水质和工艺要求，采取科学措施，高效提升水质清晰度，同时降低药剂使用量。根据季节变化，在投放药剂时也需要适当选择投放量。处理污泥时，污水处理厂要进行脱水处理，一般通过投加絮凝剂增强污泥处理效果，但要根据污水的具体情况确定药品的加入量和比例。添加适量的絮凝剂可以有效降低污泥产出，更好地净化水质，从而降低污水处理过程的能耗。

总之，污水处理过程中需要消耗大量的能源和药剂，如何降低能源消耗和减少药剂的使用是当前亟待解决的问题。合理的设计、科学的投药量、高效的药剂种类选择和使用等方面的改进都可以为污水处理厂节能降耗提供重要保障。同时，对污泥的处理和资源的回收利用也是污水处理厂实现可持续发展的重要环节。

3. 污泥处理节能

污泥处理是污水处理过程中重要的一环，需要进行浓缩、脱水、稳定和无害化处理。污泥种类繁多，包括原污泥、初沉污泥、二沉污泥、回流污泥和剩余污泥等，处理方法也有好氧消化、厌氧消化、污泥浓缩、污泥脱水、污泥淘洗等多种方法。污泥浓缩主要是通过重力或气浮法将污泥进行浓缩整合，减少含水量和体积。离心浓缩法成本较高，重力浓缩时间较长，而气浮浓缩法操作简单、节能效果好，被广泛采用。污泥脱水是将污泥进一步去除水分，一般使用机械脱水，使其变为半固态或固态。厌氧消化则是在无氧环境下，厌氧微生物降解和氧化污泥中的有机物。污泥淘洗则能改善污泥脱水性能，降低污泥碱度，达到节省污泥处理投药量的目的。随着环保意识的增强，人们更加注重采用环保节能的污泥处理技术。在这些处理过程中，耗能较多的部分包括重力浓缩和气浮浓缩过程中的空气供应、机械脱水的电能消耗、厌氧消化的保温支持和搅拌能源等。对这些耗能环节的节能措施，对于降低污泥处理成本和提高污水处理厂的效率和环保水平都具有积极意义。

6.1.2 污水处理的减量化

(一)污水的减量化

2017年我国工业废水排放总量约为690亿 t,其中高盐废水的产生量占总废水量的5%,而且每年以2%的速度增长。近几年来,零排放已经成为热门话题,相关的政策和议案不断涌现,高盐废水零排放项目也持续上马。然而,企业面临着高昂的成本和技术实现难度的挑战,导致真正实现零排放的项目非常少。这种现实与理想的差距迫使企业冷静思考,并结合自身需求和实际情况谨慎实施零排放。

(二)政策驱动

零排放的概念最早源于20世纪70年代美国因工业废水对河流水质的影响而强制实行的政策。此后,类似澳大利亚的第一个工业废水零排放项目也因政策规定而被强制执行。由此可见,政策对零排放的推广至关重要。近年来,环保法规的加强对高盐废水的处理提出了更高的要求,特别是在我国的煤化工和火电行业。在中国,70%的电力来自火力发电,其中65%～84%的发电厂位于极度缺水的西部地区。在能源和水资源的双重压力下,火电厂的零排放需求非常迫切。目前,中国还没有强制规定煤化工或火电脱硫废水必须零排放的法规或标准。然而,近年来,关于煤化工和火电行业废水回用不外排的政策频繁出台。大多数相关行业企业相信零排放政策趋严,未来必将出台相应的标准和技术规范。因此,在这之前,开发或引进零排放技术,主动占据零排放市场,可能会获得未来零排放市场的优势。

(三)废水零排放工艺技术分析

高盐废水零排放(ZLD)及资源化处理技术要求在技术和经济可行的情况下,最大限度地实现各类物质的分离和回收利用,如产水回用、盐结晶或制酸碱。对于盐分单一的废水,主要采用浓缩回收技术,而对于盐分复杂的废水,则主要采用分盐资源化技术。目前,高盐废水处理普遍采用预处理、浓缩、蒸发结晶系统工艺,实现零排放或近零排放,产生的盐固体进行处置或回收。

决定 ZLD 成本的关键因素是蒸发结晶系统的废水处理量。如果在废水进入蒸发结晶前进行高倍浓缩,高盐废水的零排放成本将大大降低。浓缩工艺种类众多,根据处理对象及适用范围的不同,主要将高盐废水浓缩工艺分为热浓缩和膜浓缩技术。早期的 ZLD 系统盐水浓缩主要采用热浓缩技术,如机械式蒸汽压缩技术(MVC)及目前应用较多的机械式蒸汽再压缩技术(MVR)。其他热法脱盐技术如多级闪蒸(MSF)、多效蒸发(MED)等,多用于海水淡化。

1. 机械式蒸汽压缩技术

热回收装置的不断发展使 MVC 技术在零排放领域得到了广泛应用。然而,MVC 技术的能耗高和需要高品质电能仍是该技术推广应用最大的限制。通常来说,每处理1 t进水,消耗20～25 kW·h 的电能,这已经成为其他 ZLD 浓缩技术的基准。除此之外,MVC 的投资成本也很高,需要采用高品质昂贵的材料,如钛和不锈钢,来防止沸腾盐水腐蚀。尽管如此,热法零排放工艺仍是目前主流的处理方式。为了降低 MVC 的能耗,实际工程中通常将 RO 与 MVC 工艺耦合,利用 RO 进行预浓缩,以降低 MVC 的能耗。RO 的加入可节省 58%~75% 的能源及 48%~67% 的运行成本。然而,将 RO 应用于零排放领域还存在两个限制:膜结垢/膜污染和浓缩能力较低。

2. 膜浓缩技术

新型膜浓缩技术包括膜蒸馏技术、正渗透技术、电渗析技术等,作为 RO 浓水进一步浓缩工艺,出水则进入结晶过程。

膜蒸馏技术:膜蒸馏技术是利用蒸汽压差(温差)将水蒸气通过疏水微孔膜,再冷凝成纯水的过程。该技术理论上可以实现 100% 的截留率,操作温度和压力较低,设备投资相对较少,且几乎没有膜污染问题,使用寿命长。在常规海水脱盐系统中,回收率通常小于 40%~50%,通过耦合膜蒸馏技术,可以高效处理反渗透海水淡化后的高含盐水,将高含盐水排放量减少到 30%,实现水和能量资源的高效利用。但是该技术的能耗较高,在实际脱盐过程中,每吨产水需要消耗 $40\sim45\ kW\cdot h$ 的电量。与 MVC 相比,热能回收的效率对于提高该技术的竞争力非常关键。

正渗透技术:正渗透技术是一种利用浓盐水渗透压使污水侧的水分子透过正渗透膜进入盐侧,从而实现水和污染物分离的技术。正渗透技术中的核心问题有两个:一个是正渗透膜材质及结构的选择;另一个是汲取驱动溶液的选择。近年来,FO(Forward Osmosis,正渗透)技术在 ZLD 系统中的应用得到了广泛关注,其中热汲取液的发展促进了其能耗的降低。目前商业化的正渗透膜材料中,美国 HTI 公司的支撑型高强度膜和新加坡国立大学开发的聚苯并咪唑中空纤维纳滤膜材料具有较好的正渗透性能。但是,正渗透技术仍需要进一步降低能耗和成本,以提高其实用性。

倒极电渗析技术:电渗析(ED)是一种通过电场驱动离子分离的技术,其膜组件包括阴离子交换膜和阳离子交换膜,交替排列在阴极和阳极之间。在电场作用下,浓室溶液中的离子被浓缩,淡室溶液中的离子被淡化,从而实现分离纯化目的。ED 技术具有能耗低、预处理要求不高、设备简单等优点,因此在化工、冶金、造纸、纺织、轻工、制药等高盐工业废水处理中得到广泛应用,回收率可达 70%~90%。对于含有中等浓度溶解离子的苦咸水或含盐废水,倒极电渗析(EDR)是一种获得优良处理水质的理想方案。EDR 系统非常坚固,使用寿命长,与螺旋卷式膜相比,所需预处理量大大减少,并且能够实现较高的水回收率。

6.1.3 水处理的资源化

(一)污水的资源化要求

污水资源化是指将污水处理成符合各种用水水质标准的高品质再生水,以实现水资源的有效利用。对于水资源紧缺的国家,污水回用具有重要意义。目前,通过一级处理、二级处理、深度处理和膜处理等技术的结合,可以满足将污水按需要处理成各种再生水的需求,并且技术上基本成熟。未来的研究重点将集中于技术集成、系统优化和降低运行成本。在这一领域,新型膜材料及其组件制造技术将为高品质再生水生产技术的发展提供有力的技术支持。

（二）污水资源化的主要形式

污水资源化中，碳源的回收利用是一项备受关注的领域。传统污水处理采用氧化技术将有机碳转化成二氧化碳，这种处理方式需要大量的能源，因此需要将传统模式转变为新型的污水资源化模式，以实现节能降耗、碳减排和可持续发展的目标。污水中碳源的回收利用主要包括两个方向：一是将碳源转化为能源，二是将碳源转化为有机材料。由于污水中的碳源浓度相对较低，直接利用污水中的碳源存在一定的困难。目前研究集中于通过控制运行条件，如溶解氧和停留时间等，使活性污泥积累 PHA，从而获取富含有机碳的微生物细胞，制取有机材料或生物柴油。然而，直接从污水培养的细胞中获得的有机碳含量较低，目前这些技术仍处于实验室研究阶段。相比之下，利用污泥中的有机碳和能源是一种成熟的技术，其中将剩余污泥中的有机碳转化为甲烷气体作为能源已经得到了广泛应用，国内外已经有多个成功的案例。

目前，我国已经在一些日处理污水能力达 10 万 m^3 以上的大型污水处理厂中建立了污泥厌氧消化获取甲烷的设施，并且部分污水处理厂的污泥厌氧消化装置已经成功运行，实现了污泥减量和能源回收等多重目标。然而，污泥厌氧消化技术仍需进一步研究提高其装备的质量和优化反应器的运行条件，以形成适合我国污泥特点的成熟技术。除大型污水处理厂外，我国还有许多日处理污水能力在 1 万 m^3 以下的小型污水处理厂，它们分布在区县和乡镇，技术力量相对薄弱，污泥量较少，不适合采用大型污水处理厂独立进行污泥厌氧消化的模式。为解决这一问题，可能的处理途径是在一定区域内建立集中污泥处理装置，将分散在小厂中的污泥集中进行厌氧消化处理。但这种模式要求先将污泥脱水，然后运到一定距离以外的污泥处理厂进行处理，增加了污泥处理的成本，因此需要研发高含固率的污泥厌氧消化技术，并研究含水率低的污泥进行厌氧消化时的传质机理、反应速率和微生物种群，从而研发出新型反应器以及加速反应的生物及化学药剂。

除了剩余污泥制取能源，将污泥中的碳源转化成小分子有机酸，通过生物合成技术制取有机材料（如 PHAs）也是一项新兴的技术，但目前还没有实现工程化。其中，分解污泥中的纤维素和木质素是关键，但自然界中只有在一定条件下分解纤维素和木质素的微生物，因此寄希望于基因工程菌，将分解纤维素或木质素的基因导入在污泥处理系统中能大量繁殖的微生物体内，形成新的微生物来促进纤维素和木质素的分解。然而，这些基因工程菌具有潜在的环境风险。为了控制这些风险，我们可以采用膜分离技术和消毒技术。同时，在污泥资源化利用的过程中，我们还需要考虑对环境的影响。污泥资源化后的剩余物处理是污染物排放的最后一道防线，也是环境保护的重要部分。其中最主要的污染物是重金属和难以降解的有机物。对于重金属的处理，可以采用吸附剂等物质去除，也可以通过土壤修复等技术进行处理。而对于难以降解的有机物的处理，则需要采用生物技术，如生物降解和生物修复技术等，以实现其有效去除。同时，也需要注意对污泥资源化过程中产生的污染物进行控制，以保障环境的安全。污水资源化技术的发展对解决我国水资源短缺和环境污染问题具有重要意义。未来污水资源化技术的发展方向将更加注重集成化、高效化和节能降耗，同时也需要考虑对环境的影响和安全问题。因此，需要进一步研究和探索新型膜材料及其组件制造技术、污泥厌氧消化技术和污泥资源化后的污染物处理等方面的技术，以促进污水资源化技术的发展和应用。

在一些特殊的污水和废水中,存在着大量的无机盐和金属元素,这些金属元素有些具有较高的经济价值,回收这些元素对于污水资源化至关重要。从污水和废水中分离和回收金属元素的方法可以分为物理化学法和生物化学法两类。物理化学法包括吸附、电解、蒸发结晶、磁分离、冻结熔融、离子交换、氢氧化物沉淀、硫化物沉淀、絮凝、过滤、溶剂萃取和螯合离子吸附等方法。这些方法都基于一定的化学反应,消耗药剂量大且易造成二次污染。生物化学法主要有生物吸附法,生物吸附工艺可以处理多种类型的废水,可以选择性地吸附重金属离子,相比于其他工艺,具有很多优势。然而,它也存在许多缺陷,例如生物吸附剂的固定化和使用后的生物吸附物的处理等问题。因此,生物吸附法回收金属尚未实现工业化应用。

6.2　膜分离工艺的前景及节能减排效应

6.2.1　膜分离工艺的前景

2021 年 4 月 22 日,国家主席习近平出席领导人气候峰会并首次提出"构建人与自然生命共同体"的概念,向世界承诺减少二氧化碳排放量,力争 2030 年前实现碳达峰、2060 年前实现碳中和。除了具备环保意义以外,碳排放权还有望在未来代替石油成为新的货币锚定物,对中国未来的发展有着深远的影响。

近年来,随着水资源需求量的不断增加以及对环境保护的日益重视,人类社会的水处理规模及标准日渐提高,随之而来的则是不断增加的水处理能耗以及碳排放。这种以高能耗为代价实现的污染物削减与减排,形成了"减排污染物、增排温室气体"的尴尬局面,增加了节能减排和"碳达峰、碳中和"工作中的阻力。在此情形下,发展符合"碳达峰、碳中和"的污水处理工艺变得势在必行。

为了实现"水处理的低碳排和能源自给"这一美好愿景,国内外学者付出了巨大的努力,在理论和实践上均取得了显著的成果。国内最具代表性的实践之一便是曲久辉院士等人牵头设计的"新概念水处理厂",该项目以"水质永续、能量自给、资源循环、环境友好"为目标,在江苏宜兴建立了新型污水处理概念厂,这对相关政策、标准、技术的变革有着深远的影响。国外在水处理节能减排领域同样也取得了阶段性进展,如丹麦 Aarhus 水务公司设计的新型水处理厂在实现能源自给的同时还有着 50% 以上电能盈余,在实现环境友好目标的同时为水处理厂带来了可观的收入。

在上述的新型水处理厂中,膜分离技术因其出水水质好、分离效率高、占地面积小等优势,成为不可或缺的组成部分,其中一些新型膜分离技术更是在节能减排领域有着其他工艺难以替代的广阔前景。

6.2.2　膜工艺中的节能减排效应

水处理过程中的节能减排效应主要体现在直接碳排的控制、物质资源的回收、常规能源的节约、绿色能源的利用以及电能的回收等方面,下面将从资源和能源回收两个角度进行综合阐述。

（一）直接碳排的控制与资源的回收

直接碳排是指在水处理过程中直接向大气释放含碳气体（以 CO_2 为主），这些气体主要来源于水体中有机污染物的分解，因此基于纯物理过程的膜分离工艺（如反渗透、电渗析等）往往无须考虑直接碳排，而膜生物反应器（MBR）、膜化学反应器（MCR）等涉及物质转化的工艺则应在该方面进行重点优化。以最为常见的 MBR 为例，MBR 是将高效膜分离技术和生物反应器的生物降解作用集于一体的生物化学反应系统，在好氧条件下水体中有机物的最终分解产物大多为 CO_2，同时在脱氮的过程中，硝化与反硝化也会消耗一定的含碳有机物，最终也会产生 CO_2，在一些特殊情况下甚至需要额外投加碳源，使得碳排量进一步增加。然而，在工程中回收此类低经济效益的气体并非一个合适的策略，因此好氧 MBR 优良的水处理能力和污染物降解能力往往意味着更高的直接碳排量。

依据物料平衡和生化反应的底层原理，减少直接碳排可从源头和末端两处着手，以此为基础，新型的厌氧膜生物反应器（AnMBR）和厌氧氨氧化膜生物反应器应运而生。从源头控制来看，厌氧氨氧化膜生物反应器中的短程反硝化过程，可以大大减少系统内所需投加的额外碳源，从而从源头上减少了含碳气体的释放；从末端产物来看，AnMBR 在运行过程中可产生能源型气体（甲烷等生物气），通过回收生物气，供应给污水厂内其他设施使用，节约了大量的运行能耗，虽然生物气燃烧的最终产物仍然是 CO_2，但在此过程中减少了额外的燃料燃烧，甚至可实现水处理厂的能源自给。

总体来看，减少水体中有机物分解所带来的碳排放量仍然是水处理厂的一大主要任务，必要的生化反应使得直接碳排无法完全避免，但是利用新型的厌氧膜工艺，可在保证优异处理效果的前提下，减少有机物分解带来的碳排放量，并最大限度地利用其产物，从而达到节能减排的效果。

（二）间接碳排的控制与能源的回收

间接碳排主要来源于水处理过程中的能耗，这些能源在系统运行过程中虽然不会释放温室气体，但究其源头大多还是来源于化石燃料的燃烧。水处理厂能源消耗主要包括电力、热力、蒸汽等，其中电耗约占水处理综合能耗的 $60\%\sim90\%$，这些电能主要用于曝气、液体提升、温度维持等方面。

减少间接碳排主要从两方面着手，其一是减少运行过程中的电能需求（节流），其二是以低碳清洁的能源替代传统的能源（开源）。在能源的节流方面，不同的工艺都有着其独有的方式，如近年来逐渐兴起的 AnMBR 等技术因其特有的厌氧环境，所需的曝气量远小于常规的好氧 MBR，有着显著的节能优势；对于各类超滤膜分离工艺，可通过设计高通量膜材料，实现在运行压力不变的情况下，提高单位时间产水量，获得更高的能源利用效率；对于电驱动膜分离工艺，以膜电容去离子技术（Membrane Capacitive Deionization，MCDI）为代表的一些低电压分离技术也有望在某些领域取代电渗析等高电压膜分离工艺。在能源的开源方面，膜蒸馏技术则极具代表性，与传统的热力蒸发相比，膜蒸馏技术对温度的要求较低，可利用多种低品位热能，大大降低了水处理过程中的能耗。如 Kullab 等人利用热电厂中的余热作为驱动力，进行了中试水平的海水淡化试验，取得了良好的处理效果；Zhu 等人借助地热能驱动膜蒸馏处理苦咸水，并通过设计适当的串并联结构，提高了热能的利用效率；Chiavazzo 等人以太阳能作为热源并利用毛细效应驱动液体循环,实现了零能耗的膜蒸馏海水淡化。

除了上文所述的开源与节流两大途径以外,通过合理设置膜分离工艺的结构,也能实现一定程度的能源回收,如 Wang 等人在太阳能膜蒸馏技术的基础上加装了光伏设备,同步实现了海水淡化、电能产出;陈琳等人利用电子负载仪定量分析了 MCDI 脱附过程中的能量回收性能,证明了 MCDI 系统回收电能的可行性;Chen 等人利用 Buck-Boost 装置和超级电容,实现了 MCDI 体系中电能的高效回收,回收率可达到 49.6% 以上。综上所述,膜分离工艺凭借其多样化的原理、灵活的结构,在原始工艺的基础上稍加改进,即可实现能源的开源、节流以及再生,在节能减排领域中必将大有作为。

6.3　厌氧生物处理技术

6.3.1　厌氧生物处理技术简介

当前,我国城镇污水处理厂的能耗构成中,污水提升的能耗占总能耗的10%～20%,污泥处理的能耗占总能耗的 10%～25%,污水生物处理的能耗(主要用于曝气供氧)占总能耗的 50%～70%。三者的能耗之和占总能耗的 70%以上,高能耗对城镇污水处理厂的建设和管理带来了严重阻碍。因此,降低能耗是未来污水处理厂发展的必要措施。

废水的厌氧生物处理技术是一种在厌氧条件下,利用兼性厌氧和厌氧微生物群体将有机物转化为甲烷和二氧化碳的过程,又称为厌氧消化。厌氧生物处理技术由于具有良好的去除效果、更高的反应速率以及更好的对毒性物质的适应能力,因此一直受到环保工作者们的青睐,并在水处理行业中得到广泛应用。与好氧生物处理相比,厌氧生物处理不需要大量的能耗用于曝气,从而在节能方面有更大的优势。

(一)厌氧生物处理技术的基本原理

一般而言,废水中含有许多复杂的有机物质。对这些有机物质的厌氧降解可以分成四个阶段:

(1)水解阶段:高分子有机物由于其大分子体积,需要通过胞外酶在微生物体外分解成小分子。废水中的典型有机物质如纤维素、淀粉和蛋白质等被分解成纤维二糖、葡萄糖、麦芽糖、短肽和氨基酸等小分子化合物,这些小分子化合物能够通过细胞壁进入细胞体内进行下一步分解。

(2)酸化阶段:分解后的小分子有机物质在细胞体内被转化成更为简单的化合物,并被分配到细胞外,主要产物为挥发性脂肪酸(VFA),同时还有部分的醇类、乳酸、二氧化碳、氢气、氨、硫化氢等产物产生。

(3)产乙酸阶段:在此阶段,VFA 被进一步转化成乙酸、碳酸、氢气以及新的细胞物质。

(4)产甲烷阶段:在这一阶段,乙酸、氢气、碳酸、甲酸和甲醇都被转化成甲烷、二氧化碳和新的细胞物质。这一阶段是整个厌氧过程最为重要的阶段和整个厌氧反应过程的限速阶段。

（二）厌氧生物处理技术的发展过程

第一阶段（1860—1920 年）：是厌氧生物处理技术发展的早期阶段，污水的沉淀和厌氧发酵在同一个腐化池中进行，污泥和废水未分离处理。

第二阶段（1921—1978 年）：是污水沉淀和厌氧发酵分离进行的发展阶段。

第三阶段（1979—2001 年）：是厌氧生物处理技术发展的高级阶段，该阶段中厌氧反应器作为单独的处理单元得到了发展。反应器的设计发生了显著变化，厌氧发酵室从沉淀池中分离出来，形成了独立的厌氧消化反应器。

同时，厌氧生物处理技术的反应器主体也经历了三个时期：

第一代反应器以普通厌氧消化池（CADT）和厌氧接触工艺（ACP）为代表，是低负荷系统。

第二代反应器以保持大量活性污泥和足够长的污泥龄为目标，利用生物膜固定化技术和培养易沉淀厌氧污泥的方式，发展出厌氧滤池（AF）、厌氧流化床（AFB）、厌氧生物转盘（ARBCP）、上流式厌氧污泥床（IAASB）和厌氧附着膨胀床（AAFEB）等反应器。其中，升流式厌氧污泥反应器（UASB）是应用最广泛的反应器，也是第二代反应器研究和应用的基础。

第三代厌氧反应器在分离固体停留时间和水力停留时间的前提下，充分接触固液两相，既能保持大量污泥，又能使废水和活性污泥之间充分接触、混合，以达到真正高效的处理效果。目前，较多的研究集中在厌氧膨胀颗粒污泥床（EGSB）和内循环厌氧反应器（IC）等方面。

（三）厌氧生物处理技术的形式

1. 厌氧生物滤池

厌氧生物滤池是一种类似于一般生物滤池的处理设施，其内部装有填料，但池顶被密封。污水从池底进入，经过填料浸泡后，微生物会在填料表面附着并生长，从而达到较高的处理效果。该滤池中微生物含量较高，平均停留时间可长达 150 d 左右，填料可采用碎石、卵石或塑料等，平均粒径在 40 mm 左右。污水经过这种处理设施后，可得到一定的净化效果。

2. 厌氧接触工艺

厌氧接触工艺，又称厌氧活性污泥法，是在消化池之后设置沉淀分离装置，将厌氧消化后的混合液排入沉淀分离装置进行泥水分离，然后从上部排出澄清水，将污泥回流至厌氧消化池。这种方法既避免了污泥的流失，又能提高消化池的容积负荷，从而大大缩短了水力停留时间。厌氧接触工艺的一般负荷为中温下 $2\sim10$ kg COD/（m³·d），污泥负荷不超过 0.25 kg COD/（kg VSS·d），池内的 MLVSS 为 $10\sim15$ g/L。

3. 升流式厌氧污泥反应器（UASB）

UASB 是一种厌氧消化技术，其中污泥床区主要由沉降性能良好的厌氧污泥组成，浓度可达到 $50\sim100$ g/L 或更高。沉淀悬浮区主要依靠反应过程中产生的气体的上升搅拌作用形成，污泥浓度较低，一般在 $5\sim40$ g/L 范围内。在反应器的上部设有气、固、液三相分离器，分离器首先使生成的沼气气泡上升过程偏折，穿过水层进入气室，由导管排出。脱气后混合液在沉降区进一步固、液分离,沉降下来的污泥返回反应区,使反应区内积累大量的微生物。待处理的废水由底部布水系统进入,澄清后的处理水从沉淀区溢流排出。在 UASB 反应器中,可以得到一种具有良好沉降性能和高比产甲烷活性的颗粒厌氧污泥,相比其他反应器,其有一定优势:颗粒污泥的相对密度比人工载体小,靠产生的气体来实现污泥与基质的充分接触,省却搅拌和回流污泥设备和能耗;三相分离器的应用省却了辅助脱气装置;颗粒污泥沉降性能良好,避免了附设沉淀分离装置和回流污泥设备,反应器内也不需要投加填料和载体,从而提高了容积利用率。

4. 厌氧膨胀颗粒污泥床(EGSB)

20 世纪 90 年代初,荷兰 Wageningen 农业大学开始研究厌氧膨胀颗粒污泥床(EGSB)反应器。该反应器是在 UASB 反应器处理生活污水时,为增加污水污泥的接触,更有效地利用反应器的容积而产生的改进。EGSB 反应器相对于 UASB 反应器具有更高的液体上升流速和更大的高径比,是一种具有独特特征的厌氧反应器。EGSB 反应器主要由主体部分、进水分配系统、气液固三相分离器和出水循环等部分组成,其中,进水分配系统将进水均匀分配到整个反应器的底部,产生一个均匀的上升流速;三相分离器是 EGSB 反应器最关键的构造,能有效地将出水、沼气和污泥三相分离,使污泥在反应器内有效持留;出水循环部分则用于提高反应器内的液体上升流速,使颗粒污泥与污水充分接触,避免产生反应器内的死角和短流。

5. 内循环厌氧反应器(IC)

IC 是由荷兰帕克公司研发的专利产品,目前已广泛应用于全球 300 多个工业领域。相对于 UASB 反应器仅有一级三相分离器,IC 反应器具有两级三相分离器。IC 反应器实际上由两个 UASB 反应器组成,底部 UASB 反应器的负荷较高,顶部 UASB 反应器的负荷较低。一级分离可以收集大量的沼气,减少其对废水的扰动,使得二级三相分离效果更好。二级分离保证了最佳的污泥停留时间,对于处理化工废水等厌氧污泥产量较小的废水尤为有利。IC 反应器具有自调节的气提内循环结构,循环废水与原水混合并稀释进水浓度。内循环作用带来的能量使泥水在底部的混合更加充分,从而增加了污泥的活性。IC 反应器内部的废水稀释可以减少生产所带来的负荷波动。IC 反应器的容积负荷为 15~30 kg COD/m³,是 UASB 反应器的两倍。

6.3.2 厌氧膜生物反应器(AnMBR)

(一) AnMBR 简介

厌氧膜生物反应器(AnMBR)可以被简单的定义为:在无氧的条件下,通过膜过滤手段实现固液分离的微生物降解污染物的过程。AnMBR 是两种技术结合体,不仅具有厌氧技术的能耗低、可回收利用生物质能、剩余污泥少、处理负荷较高、耐冲击负荷等诸多优势,还可以通过引入膜组件来实现污泥停留时间和水力停留时间的有效分离,同时还具有出水水质稳定、不易堵塞、启动时间短、操作简单、易于自动化管理等优点。

AnMBR 对有机物的去除主要通过以下两个途径。一是厌氧微生物自身代谢降解有机物,目前公认的厌氧微生物处理过程可分为水解酸化、产氢气产乙酸和产甲烷三个阶段;污水中的复杂有机物质在第一阶段被水解酸化细菌降解成小分子脂肪酸类物质,如乙酸、丙酸、丁酸等;第二阶段,产氢产乙酸菌将丙酸、丁酸等脂肪酸和醇类转化为乙酸、氢气(H_2)以及二氧化碳(CO_2);第三阶段,产甲烷菌将第一、二阶段产生的乙酸、氢气(H_2)以及二氧化碳(CO_2)转化为甲烷,最终完成有机物在厌氧反应器中的降解。二是膜组件对有机物的截留作用,目前被广泛用来形象地分析膜分离机理的一种理论是"筛分"理论,该理论认为,膜表面具有无数微孔,这些实际存在的不同孔径的孔眼像筛子一样,截留住了直径大于孔径的溶质和颗粒,从而达到了分离的目的。

研究者对于厌氧 MBR 的研究起步较晚,根据可查阅的文献,德国人 Grethlein 于1975 年第一次将膜过滤的定义引入厌氧处理污废水工艺中,其使用一个外置式的膜装置处理桶装有机废水,发现反应器对 BOD 的去除率能达到 85%~95%。到 20 世纪 80 年代,世界上第一台商业化的厌氧 MBR 建成运行,其被用来处理具有较高浓度的乳浆废水。1989 年,在"90 年代水复兴计划"推动下,日本发展了一系列不同配置的 AnMBR 用于工业和生活污水处理。同期,南非的 Membratek 公司将厌氧超滤消化系统(ADUF)用于高浓度工业废水处理中,并取得了很好的污染物去除效果。由于受当时制膜水平的限制,膜价格和 MBR 的维护运行成本非常高,另外,膜过滤技术并未成熟,厌氧 MBR 技术在污水处理中的发展较为缓慢,很多都停留在实验室研究阶段,而在工程实际应用的却很少。90 年代后,针对 AnMBR 的研究日益增多,这些研究主要集中在膜材质与膜组件形式的开发与优化、膜污染表征与控制、反应器的配置与构造以及在各种废水处理中的应用等方面。

(二)AnMBR 处理污水效果研究

Fuchs 等用外置式厌氧膜生物反应器处理 3 种高浓度有机废水(人工配水、蔬菜加工废水和动物屠宰场废水),COD 去除率均大于 90%,出水 COD 在 100~400 mg/L 范围内。孙凯等采用膨胀污泥床反应器与外置管式超滤膜组成的 AnMBR 处理高浓度豆制品废水发现,当进水 COD 为 10 g/L 左右时,反应器 COD 去除率约为 90%,AnMBR 能够达到较好的处理效果。陆晓峰等采用外置错流管式厌氧膜生物反应器和中试规模浸没式厌氧旋转膜生物反应器对食品废水进行了处理,发现加入超滤膜单元提高了厌氧系统的总有机物去除率及甲烷产量,系统出水水质更加稳定,且 COD 去除率高于 90%。Diez 等采用厌氧膜生物反应器处理高油脂废水发现,进水 COD 和 BOD 分别是22 000 mg/L 和 10 300 mg/L 时,通过调整反应器反冲洗时间和间停时间,COD 去除率可以达到 97% 以上。Ramos 等采用厌氧膜生物反应器处理小吃厂高浓度有机废水时发现,可逆与不可逆污染物和脂肪物质之间存在一个临界通量;此外,化学加反冲洗可以使膜组件达到 60% 的净化效率。Strohwald 等采用厌氧膜生物反应器处理酿酒废水,在容积负荷为 15 kg/($m^3 \cdot d$),水力停留时间(HRT)为 0.5~0.8 d 条件下,COD 去除率可达96%~99%。Dereli 等采用完全搅拌式反应器(CDTR)与膜过滤装置组成的厌氧膜生物反应器处理乙醇行业废水时发现,这两种技术的组合可以实现较好的出水,且增加了沼气的生成量,COD 和悬浮固体的去除率均在 98% 以上。Ren 等采用两相厌氧 MBR 处理高浓度传统中国医药废水,运行了 452 d,COD 的去除率为 90%~99.8%。Ng 等采用两种不同厌氧膜生物反应器处理制药废水,由于受到高盐条件的影响,COD 去除率分别为46% 和 60%。Shin 等利用浸没式 MBR 和厌氧升流床过滤(AUBF)反应器处理猪场废水,提高了 COD 和氮的去除率。COD、氮和总氮的去除率分别为 91%、99% 和 60%。管运涛用两相厌氧膜生物系统对人工配制淀粉废水的处理进行了研究,发现在进水COD 1 500~7 000 mg/L,悬浮颗粒物(SS)1 000~4 000 mg/L,BOD 5 000 mg/L 条件下, COD 的去除率在95%以上,SS 去除率在92%以上。崔学刚等通过厌氧工艺与 MBR 相结合处理化工废水,结果表明系统出水水质稳定,COD 的去除率大于95%,SS 的去除率大于99.5%。Xu 等采用厌氧膜生物反应器-在线超声设备处理高浓度硝化污泥时发现, 超声可以增强膜的过滤性能,且会影响污染膜滤饼层上的凝胶层。Wang 等采用厌氧膜生物反应器处理竹制品废水发现,在反应器启动阶段,COD 最终去除率可以达到91%, 反应器通过间歇模式可以实现持续运行,且水力停留时间对膜清洗效率有很大影响。He 等采用厌氧膜生物反应器处理盐水废水时发现,增加反应器内生物量可以有效地提高盐水废水的处理效率,蛋白质的降解和甲烷的生成是影响有机物降解速率的关键因数。 Jeison 等采用厌氧膜生物反应器分别处理酸化和部分酸化合成废水时发现,废水酸化的程度影响着污泥的物理性质,且污染膜上形成的滤饼层大多是可逆的。Robledo 等采用浸没式厌氧膜生物反应器处理城市废水,甲烷产率为 0.26 L/gCOD,COD 去除率为90% 左右,研究表明,随着膜性能的提高和价格的下降,厌氧膜生物反应器处理城市污水在技术上和经济上都是可行的。

(三)AnMBR 产甲烷潜能

城市污水含有较低的 COD,但处理量大。通过厌氧生物处理城市污水中残留的有机物,可实现甲烷发酵,产生生物气。在城市污水处理过程中,研究人员非常关注生物气产量和甲烷转化效率,因为不同反应器的生物气产量差异很大,从 0.128~0.90 L/d 不等。适当的有机负荷率对于高效的甲烷转化率非常重要,无论何种反应器结构、进水浓度、环境温度以及污泥浓度,有机负荷率都是生物气产量的主要限制因素。甲烷转化率也与生物气中甲烷的比例有关,有些甲烷产率和转化率存在明显差异,这是因为没有考虑到溶解性甲烷。如果考虑了溶解性甲烷,甲烷转化率可高达85%。因此,利用 AnMBR 处理城市污水时,可以获得高甲烷发酵潜能,在环境温度下可实现高效率的甲烷转化。

Lin 等人利用 AnMBR 处理市政二级废水,获得 90% 的 COD 去除率和 0.26 L/gCOD 的甲烷产率。经成本分析,AnMBR 系统中膜成本和气体冲刷能量是总生命周期资本成本和运营成本的主要贡献因素,但回收生物气的效益完全抵消了运营成本,证明了 AnMBR 处理城市污水的技术和经济可行性。Yoo 等人在实验室规模的分级厌氧流化膜生物反应器(SAF-MBR)系统中处理市政污水厂初沉池出水,获得 84% 和 92% 的 COD 和 BOD 去除率,完全去除了悬浮固体,生物固体产量 0.049 gVSS/gBOD$_5$,且利用产生的甲烷可以满足能量需求。Wei 等研究表明,在负荷 0.8~10 gCOD/(L·d)范围内,用中温下的 AnMBR 处理人工配置的城市污水,COD 去除率达98%,甲烷产率为 0.275 L/gCOD, 污泥产量很低,可实现 1.57 kW·h/m³ 的能量回收。Ho 等人利用 AnMBR 处理 COD 为 500 mg/L 的城市污水,在 HRT 为 12 h 条件下,回收甲烷可达 60%,出水 COD 低于 40 mg/L。这些研究都表明,AnMBR 具备高效的甲烷发酵潜能并可实现能量回收。

6.3.3 AnMBR 处理城市污水效果及膜污染案例

近年来,厌氧膜生物反应器(AnMBR)工艺应用到有机高浓度废水处理中的工程案例越来越多。归纳总结发现,这些研究主要集中在高悬浮物浓度废水、高蛋白质废水、植物油脂废水、食品工业废水、垃圾处理液、乙醇废水、含油废水等方面。在利用 AnMBR 处理高浓度有机废水研究中,学者们关注的重点各不相同。有的考察各废水处理效果对比,或者考察不同工艺与厌氧膜生物反应器结合处理下,运行效果的对比情况;有的考察反应器对目标物的去除情况,如考察反应器对 COD、TN、TP 等某种物质的去除率和出水浓度变化。此外,关注反应器系统膜污染特性的也比较多,如比较跨膜压差变化、膜通量的大小变化等方面。近年来,为了探究反应器内稳定系统的变化,有的学者将重心转移到考察反应器内挥发性脂肪酸(VFA)的累计以及其转化情况上来,并通过进一步关注反应器产气量的变化值和反应器混合液内物质的变化等来解释系统稳定性。不难发现,AnMBR 在处理低浓度有机废水中的应用是偏少的,尤其是在城市污水中的应用并不多。

为了进一步拓展 AnMBR 在低浓度废水处理中的应用,探索其在低浓度废水处理中最佳运行参数,在稳定运行期间,我们以化学需氧量(COD_{Cr})、蛋白质(PN)和多糖(PS)为检测指标,并通过对反应器跨膜压差(TMP)、pH、产气含量、膜污染情况的分析,来探究 AnMBR 处理模拟低浓度城市污水的效果和膜污染情况。

(一) AnMBR 对 COD 去除效果

为了观察稳定运行时 AnMBR 内各 COD_{Cr} 含量分布和出水 COD_{Cr} 变化,控制反应器进水 COD_{Cr} 为 475 mg/L 左右和 HRT 为 8 h,并通过隔天取样方式,对指标物 COD_{Cr} 进行了检测分析。分析结果如图 6-1 所示。

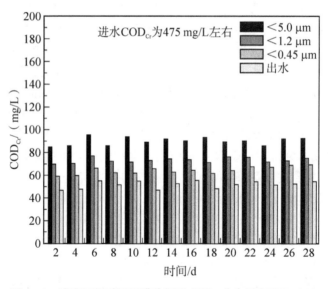

图 6-1 稳定运行时不同膜孔径下 COD_{Cr} 分布图(HRT=8 h)

由图 6-1 可知,稳定运行时,厌氧膜生物反应器进水 COD_{Cr} 浓度为 475 mg/L,出水 COD_{Cr} 浓度为 46.7～55.5 mg/L,COD_{Cr} 平均去除率为 88.7%,这与 Jaeho Ho 等研究结果相似。该学者在厌氧膜生物反应器处理城市污水实验中,控制温度为 15 ℃、25 ℃下 COD_{Cr} 去除率分别为 85% 和 95%。在本研究中,混合液样品中,1.2～5.0 μm 之间的大分子 COD_{Cr} 浓度为 15.7～18.5 mg/L,占比为 18.9%～19.0%;0.45～1.2 μm 之间的小分子 COD_{Cr} 浓度为 7.3～10.1 mg/L,占比为 8.8%～10.3%;<0.45 μm 的溶解性

COD_{Cr}浓度为59.3～69.3 mg/L,占比为70.8%～71.7%。由此可知,反应器对COD_{Cr}去除效率良好,且<0.45 μm的溶解性COD_{Cr}占比最高。这主要是因为稳定运行时,进水中的有机物首先在厌氧微生物自身代谢作用下被分解和利用;其次,在膜的截留作用下,反应器内较多的代谢中间产物被膜截留,从而实现了较高的去除率,保证了反应器稳定出水水质。其中,在厌氧微生物代谢过程中,容易被微生物再次合成利用的溶解性小分子物质生成较多,难降解的大分子物质生成较少,故而反应器中<0.45 μm的溶解性COD_{Cr}占比最高。

(二) 混合液和出水中蛋白质(PN)变化

由于大多数膜生物反应器研究报道中,出水中主要物质为蛋白质和多糖物质,且膜污染中主要污染物也是蛋白质和多糖,为了观察稳定运行时 AnMBR 内各蛋白质含量分布和出水蛋白质变化,通过隔天取样方式,对指标物蛋白质进行了检测分析。分析结果如图 6 - 2 所示。

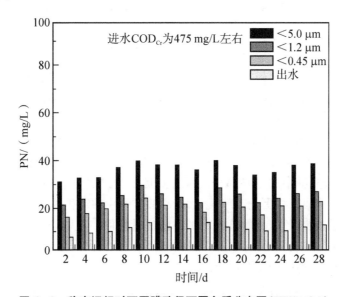

图 6 - 2　稳定运行时不同膜孔径下蛋白质分布图(HRT=8 h)

由图 6 - 2 可知,稳定运行时,厌氧膜生物反应器进水 COD_{Cr} 浓度为 475 mg/L,出水中蛋白质浓度为 5.3～11.8 mg/L。1.2～5.0 μm 之间的大分子蛋白质浓度为 10.1～10.9 mg/L,占比为 27.3%～34.2%;0.45～1.2 μm 之间的小分子蛋白质浓度为 5.1～6.4 mg/L,占比为 16.0%～17.3%,<0.45 μm 的溶解性蛋白质浓度为 14.3～22.6 mg/L,占比为 48.5%～56.6%。由此可知,出水中蛋白质浓度较低,且<0.45 μm 的溶解性蛋白质为混合液蛋白质中的主要部分。这主要是因为在厌氧微生物自身代谢过程中,可被进一步分解利用的溶解性蛋白质物质容易在反应器内生成,故而<0.45 μm 的溶解性蛋白质为混合液蛋白质中的主要部分。此外,在膜截留作用下,代谢过程中生成的蛋白质物质被大量截留,只有较少部分随出水流出,所以出水中蛋白质浓度较低。

(三) 混合液和出水中多糖(PS)变化

为了观察稳定运行时 AnMBR 内各多糖(PS)含量分布和出水多糖(PS)变化,通过隔天取样方式,对指标物多糖(PS)进行了检测分析。分析结果如图 6-3 所示。

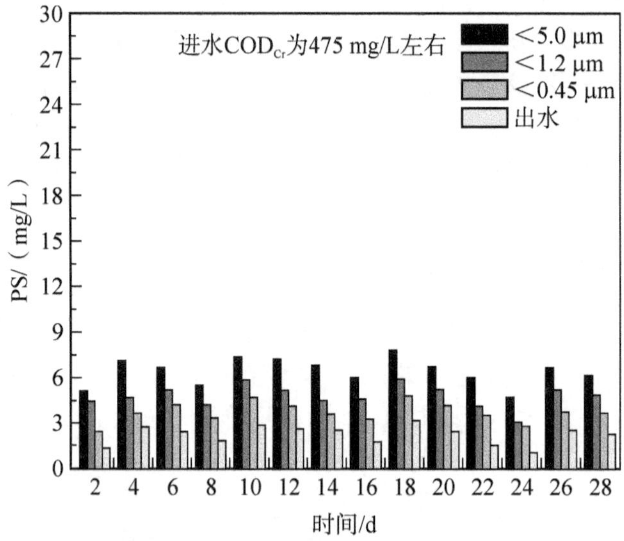

图 6-3 稳定运行时不同膜孔径下多糖分布图(HRT=8 h)

由图 6-3 可知,稳定运行时,厌氧膜生物反应器进水 COD_{Cr} 浓度为 475 mg/L,出水中多糖浓度为 1.1~3.2 mg/L。污泥混合液样品中,1.2~5.0 μm 之间的大分子多糖浓度为 2.1~2.6 mg/L,占比为 30.6%~41.2%;0.45~1.2 μm 之间的小分子多糖浓度为 0.6~1.1 mg/L,占比为 11.8%~12.9%;<0.45 μm 的溶解性多糖浓度为 2.4~4.8 mg/L,占比为 47.1%~56.5%。由此可知,出水中多糖浓度较低,<0.45 μm 的溶解性多糖为混合液多糖中的主要部分。这主要是因为进水中的葡萄糖极容易被厌氧微生物分解利用,其中间产物更是在产氢气、产乙酸过程中被微生物转化成二氧化碳(CO_2)等物质,分解较蛋白质彻底,故而整体出水多糖含量较低。其中,同代谢产物中的蛋白质一样,可被进一步分解利用的溶解性多糖物质容易在反应器内生成,故而<0.45 μm 的溶解性多糖为混合液多糖中的主要部分。

(四) AnMBR 运行中跨膜压差(TMP)变化

TMP 是直接反映 AnMBR 膜污染的重要指标,通过对 AnMBR 运行过程中压力表的观察和记录,可以很好地判断膜的污染情况。AnMBR 稳定运行时 TMP 变化如图 6-4 所示。

由图 6-4 可知,厌氧膜生物反应器运行时,起始跨膜压差(TMP)为 8.5 kPa 左右;AnMBR 运行过程中,TMP 从 8.5 kPa 开始逐渐而增加,当跨膜压差达到 11.9 kPa 后增速变快,28 d 时 TMP 达到 21.1 kPa。与此同时,利用 0.5% 的次氯酸钠(NaClO)溶液和 1% 的盐酸(HCl)溶液对污染的厌氧平板膜联合清洗,平板膜通量恢复到初始通量的 97.3%。王旭等人利用此方法清洗膜组件,可以使平板膜通量恢复到初始通量的 98%。

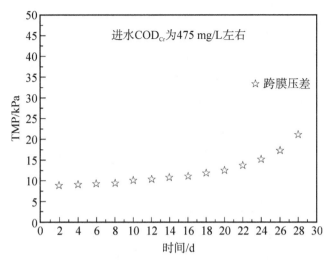

图 6-4　AnMBR 稳定运行中 TMP 的变化图（HRT＝8 h）

（五）AnMBR 运行中 pH 变化

AnMBR 内 pH 的变化会直接影响厌氧微生物的活性和污泥的黏度,在水解酸化、产氢气产乙酸和产甲烷三个阶段,随着菌体对营养物质的利用和代谢产物的积累,污泥混合液的 pH 必然会发生变化,因此,保持厌氧膜生物反应器内 pH 相对稳定是很重要的。

本实验中,稳定运行期间反应器内 pH 变化如图 6-5 所示。

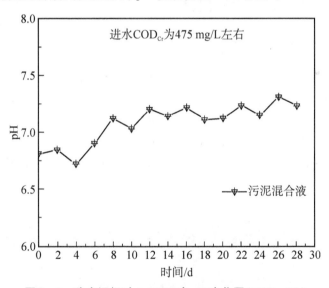

图 6-5　稳定运行时 AnMBR 内 pH 变化图（HRT＝8 h）

由图 6-5 可知,厌氧膜生物反应器运行时,混合液 pH 在 7.1 左右,且 pH 波动较小,通过在进水中投加适量的碳酸氢钠($NaHCO_3$)物质,可以使混合液的 pH 维持在一定水平。0~2 d 时,混合液 pH 为 6.82 左右;12~16 d 时,pH 维持在 7.10 左右;26~28 d 时,pH 维持在 7.21 左右。没有出现酸化和 pH 过高等现象,厌氧膜生物反应器 pH 控制良好,避免了厌氧膜生物反应器内对 pH 敏感的产氢产乙酸菌群和产甲烷菌群处于不利的 pH 环境中,确保了其代谢活性的高效发挥。

（六）AnMBR 产气含量分析

在 AnMBR 运行过程中，产生的气体量和气体种类是衡量厌氧微生物处理过程的基本依据，是厌氧微生物处理过程的重要监控指标，其不但能够有效地反映厌氧微生物处理过程所处的阶段，亦能直观地反映反应器运行情况。

本实验中，稳定运行时 AnMBR 生成气体含量见表 6-1。

表 6-1　稳定运行时 AnMBR 生成气体含量表

进水 COD_{Cr}/(mg/L)	产气量/(L/d)	CH_4 含量/%	N_2 含量/%	CO_2 含量/%
475	1.65±0.15	74.4	19.3	5.2

由表 6-1 可知，厌氧膜生物反应器运行时，产气量维持在 1.65 L/d 左右，甲烷、氮气和二氧化碳含量占比分别为 74.4%、19.3% 和 5.2%，理论上每去除 1 gCOD_{Cr} 能产生 0.35 L 的甲烷气体，但是污水的种类和处理过程的操作条件等对实际的产甲烷速率会产生较大的影响，本实验中实际产甲烷量为理论值的 70% 左右，说明厌氧膜生物反应器产气性能良好。

6.4　膜电容去离子技术（MCDI）

6.4.1　膜电容去离子技术简介

（一）膜电容去离子技术基本原理

膜电容去离子技术是在电化学双电层理论的基础上诞生的一种新型除盐方法。其工作原理（图 6-6）是在两平行的电极板上施加外部电压，从而在电极之间形成静电场，离子在静电作用下穿过阴阳离子交换膜迁移到与其电荷相反的电极表面，并存储于电极表面的双电层中。随着实验的进行，溶液中的离子逐渐富集在电极上，溶液的离子浓度大大降低，实现除盐的效果。当电极吸附饱和时，反接或短接电极，电极表面吸附的离子

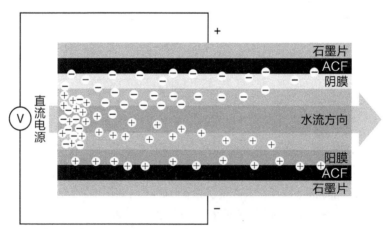

图 6-6　MCDI 工作原理示意图

迅速脱离到溶液中,溶液的盐浓度升高,电极获得再生。MCDI 表面覆盖的一层阴阳离子交换膜,一方面,防止吸附过程中已吸附在电极表面的离子受水流扰动和水中异性离子吸引而脱附,另一方面,避免再生过程中,脱附到溶液中的离子再次吸附到带异电荷的电极上。MCDI 具有低能耗,无二次污染,易再生、绿色环保等优势,在海水及苦咸水淡化、工业及家用硬水软化等水处理领域具有潜在的应用前景。

(二) 双电层理论

双电层理论模型描述的是在电极和电解质溶液之间存在一个电荷分离的界面,界面的一相上出现某种电荷过剩,这种过剩的电荷会被电解液中的离子补偿,两部分电荷相反,互相抵消,实现系统的电中性。双电层理论的发展史如下:

1. Helmholtz 的平板电容器模型

双电层理论起源于 Helmholtz 的平板电容器模型:固体在通电情况下,表面的电荷与带相反电荷的离子平行排列成两层,形成双电层。阴极每次向阳极迁移电子时,都会有一个阳离子迁移到阴极表面,相对应地有一个阴离子迁移到阳极表面使得系统保持电中性。但是 Helmholtz 的平板电容器模型只是一种理想状态,其忽略了离子在溶液中的热运动,离子在固液界面的均匀分布不仅取决于固体表面的静电吸引力,还受离子本身热运动的影响。

2. Gouy-Chapman 模型

Gouy 和 Chapman 在 Helmholtz 模型的基础上做了改进,提出了扩散双电层模型(Gouy-Chapman 模型),其不但考虑了静电作用力,而且考虑了离子热运动的影响。他们提出,溶液中的反电荷离子一部分紧密排列在固体电极表面,另一部分由紧密扩散到溶液中。

3. Gouy-Chapman-Stern(GCS)模型

Stern 在 Gouy-Chapman 模型的基础上做了进一步的修改,他提出在双电层两侧的电荷排列方式不同,金属一侧,剩余电荷是集中分布在电极表面,但在溶液一侧,剩余电荷是分散分布的,并且靠近电极表面的区域,离子分布遵循朗格缪尔等温吸附,被称为紧密层,远离电极表面的区域,称为扩散层。GCS 模型可以描述电极对离子吸附和电荷密度的变化。

6.4.2　(膜)电容去离子技术影响因素

关于电容除盐技术的研究,早期主要是通过大量的实验确定电容脱盐技术的工作机理。20 世纪 60 年代,Blair、Murphy 等经过一系列的探索性实验提出了"电化学除盐"的概念,当时人们认为"电化学除盐"是通过电极表面的官能团与水中的离子发生氧化还原反应而实现的,并且大部分碳材料是"阳离子响应"型材料。因此,这一时期大量 CDI 的研究都是针对电极材料的"离子响应"分类及寻找"阴离子响应"材料。Evans 等在研究"电化学除盐"的机理时提出,吸附过程中,阴极发生法拉第反应产生 OH^-,提高了体系 pH,促使弱酸基团水解,进而与水中的阳离子交换,从而实现阳离子的去除。基于这一理论,人们认为"电化学除盐"的脱盐效率与电极表面的官能团浓度成正比。

随着大量研究的投入,(M)CDI 技术获得了快速发展,研究方向从开始的电极和膜材料的研究转向提高脱盐效率方面的研究,关于能源回收方面的研究也渐渐引起了人们的关注。目前而言,(M)CDI 材料方面的研究已经很成熟,如何进一步提高(M)CDI 在处理实际复杂水体时脱盐效率、水体中的有机无机物质的污染和法拉第反应对(M)CDI 的运行有何影响、如何实现能源回收的实际应用等问题是目前的研究热门,也是 MCDI 在未来的应用中不可避免的问题,值得深入探究。

(一)电极材料

关于(M)CDI 技术材料方面的研究重心集中在发展高吸附效率的多孔碳电极。Farmar 等研制的碳气凝胶电极具有较大的比表面积和良好的导电性,被认为可以取代活性炭电极成为 CDI 电极材料。之后,碳纳米管、介孔碳及有序介孔碳、碳纳米纤维、石墨烯等材料相继引入 CDI 领域,推动了 CDI 技术的发展。Ryoo 等进行了活性炭布(ACC)改性实验,将钛、硅、铝、锆负载在 ACC 表面以提高 CDI 的性能,研究表明二氧化钛负载能够有效减少电极表面的电解 NaCl 溶液反应,增强电场吸附能力,而二氧化硅和氧化铝的修饰效果并不明显。Dai 等制备了三种多壁碳纳米管电极用于电化学双层电容器中,通过研究其对 NaCl 溶液的吸附效果发现,碳化纯化处理后的碳纳米管电极具有更大的比表面积和孔比体积,对 NaCl 溶液的吸附效果更好。Zou 等研制有序介孔碳(OMC)用于 CDI 脱盐实验,并对比了有序介孔碳和活性炭中的孔分布特征和孔径分布对脱盐效果的影响。Yang 等采用联合沉积的方法制备出了二氧化锰/碳纳米管材料并将其制成电极用于 CDI 中,更高的比表面积和合适的孔径分布特征使得复合电极具有更高的电容,其吸附能力是普通活性炭电极的 3 倍。Zafra 等向碳气凝胶中掺杂铁或锰氧化物用于 CDI 脱盐实验,利用 XPS 光谱观察到活化处理后羟基和羧基有所增加,同时发现外围粒子表面金属氧化性增强。Hou 等为了进一步提高电容去离子电极性能,研制出多壁碳纳米管和聚乙烯醇(PVA)的复合电极,研究结果表明碳纳米管/聚乙烯醇复合电极具有很强的亲水性、高孔隙和优良的电容特性,其良好的介孔结构减少了离子迁移过程中双电层重叠现象,提高了电极的吸附性能。

(二)运行参数

研究人员主要从供电条件、运行流量、处理液浓度等参数方面着手,探究其对(M)CDI 脱盐效率的影响。Li 等研究、运行流量对 CDI 脱盐效率的影响,利用石墨烯薄膜作为电极,采用蠕动泵循环处理的方式运行 CDI 装置以吸附溶液中的 Fe^{3+},研究结果显示当实验运行流量从 15 mL/min 增至 25 mL/min 时,吸附量呈现出明显的上升趋势,从 0.24 mg/g 增大至 0.38 mg/g,但当运行流量高于 25 mL/min 时吸附量逐渐下降。Tsouris 等自制介孔碳电极用于 CDI 脱盐实验,探究初始料液浓度对 CDI 运行效果的影响,研究结果表明浓度从 1 000 mg/L 增加到 3 000 mg/L 时,吸附能力逐渐增大,但当初始料液的浓度达到 5 000 mg/L 时,CDI 的吸附能力急剧下降。Hou 等利用自制的 CNT/PVA 电极研究电压对脱盐效率的影响,运行电压为 0.4~2.0 V,处理料液为 NaCl 溶液,运行时间为 50 min,研究结果表明,随着工作电压的增加,CDI 的脱盐效率呈现出明显的上升趋势,电导率从初始的 123 μS/cm 分别降至 113 μS/cm、110 μS/cm、96 μS/cm、78 μS/cm 和 56 μS/cm。Huang 等采用活性炭电极处理不同浓度的 Cu^{2+} 溶液,通过对比物理吸附和 0.8 V 恒压吸附结果,发现随着料液浓度的增大,离子被电极吸附的速率越快、电极所能吸附的离子量越大,并且物理吸附符合 Langmuir 及 Freundlich 等温吸附模型,在 0.8 V 恒压条件下符合 Freundlich 等温吸附模型。Sharma 等采用介孔碳电极研究高盐度溶液的脱盐问题,电解液选择具有放射性的 LiCl 及 D_2O(重水)高浓度溶液,利用中子成像技术观察电极中孔内锂离子迁移行为,研究结果表明在离子脱附过程中,离子失去双电层的束缚而被释放到电极孔隙中,离子浓度过高会导致离子电迁移过程消失,而离子的自由扩散又因为活度系数负差异而变得缓慢,离子难以通过自由扩散而迁移至溶液中,造成短时间内离子在电极内部大量积累,从而使电极无法正常再生。

Lee 等在 CDI 技术的基础上提出了 MCDI 系统,在 CDI 电极表面分别覆盖阴阳离子交换膜,研究表明 MCDI 的离子去除率比 CDI 高 19%。Kim 等在 CDI 装置阴极覆盖一层阳离子交换膜,发现单侧 MCDI 的去除率比 CDI 提高了 32.8%。Kim 认为引入离子交换膜避免离子在电极附近紧密层发生聚集,提高了离子去除率和电流效率。Lee 等直接将自制的膜液喷涂于电极表面,制成离子交换膜与电极一体材料,极大地减少了膜与电极之间的距离。Zhao 等综合研究吸附脱附时间、原水浓度、电流和电压等运行参数对 MCDI 脱盐效率的影响,通过对比不同参数条件下的脱盐速率得出 MCDI 的最佳运行参数,并且结合理论模型和实验数据进一步分析和论证恒流和恒压两种运行方式下脱盐速率与运行参数之间的关系。同年,Zhao 等研究发现 MCDI 的处理能耗与原水浓度、处理流量和再生率有关,并且通过比较 MCDI 和反渗透脱盐能耗,发现 MCDI 更加节能。Choi 等系统分析了 MCDI 技术在恒压和恒流运行模式下的脱盐特性,研究发现,恒压条件下,MCDI 的脱盐量更多,恒流条件下,MCDI 脱盐时的能耗更低且反接再生的速度更快。Li 等在 1.2 V 电压条件下,比较 MCDI 与 CDI 的除盐率,研究发现处理初始电导率为 $110\mu S/cm$ 的原水时,MCDI 的除盐率高达 97%,而 CDI 仅为 60%;MCDI 与 CDI 的吸附动力学结果表明离子交换膜减弱了已吸附在电极的离子对电极表面附近同电荷离子的排斥作用,使 MCDI 在除盐过程中具有明显的优势。Zhao 等通过调节不同的运行参数,比较 MCDI 和 CDI 的脱盐效果和能耗,实验结果表明,在 1.5~3.5 V 的电压条件下,MCDI 具有更高的脱盐率,并且其脱盐能耗也低于 CDI。

国内有关(M)CDI 的研究相对较少,陈兆林等用电吸附技术处理污水厂二级处理后的出水,在工作电压 1.5 V 和流量 1.5 t/h 条件下,除盐率达到 82.1%,能耗为 1.25 kW·h。徐永清等采用电吸附除盐工艺处理山西焦化厂焦化废水,实验结果表明,当工作电压为 1.2 V,运行流量为 120 L/h 时,处理废水 30 min 后的除盐率为 57.8%。梁乾伟等用活性炭纤维作为电极材料处理饮用水中硝酸盐,最佳工艺条件为工作电压 1 V,运行流量 10 mL/min,pH 为 5~6,此时硝酸盐的去除率为 68.3%~72.62%。黄勇强等用 MCDI 对镇江自来水进行处理,试验发现,电极间距 1.5 mm,电压 2 V 时处理效果较好,并且认为温度在一定范围内变化对 MCDI 的脱盐效果影响很小,将 MCDI 装置的电极单元从 5 个增至 40 个时,MCDI 装置的脱盐效率由 12.73% 增至 62.32%。

(三) 溶液性质

Hou 等研究电容去离子技术对碱金属阳离子的选择吸附作用,循环伏安实验表明,活性炭电极双电层中重叠现象与电极微孔有关,并且电极的比电容随着离子水合半径的减小而增大;在一系列吸附试验后发现,金属阳离子的吸附选择性与离子的水合半径、价态和离子浓度有关,水合半径越小的离子越容易被去除,而价态越高的离子越容易被电极吸附。Choi 等在 MCDI 中引入一价阳离子选择透过膜,综合评价其对一价和二价阳离子选择性去除效果。并研究溶液不同的化学成分（包括阳离子组成、总溶解固体、溶液的pH值）对MCDI选择性脱盐效果的影响，并通过试验得出了最佳操作条件（时间、运行电压和电流）。选择性吸附试验表明，引入一价阳离子选择透过膜的MCDI装置对一价阳离子的选择性去除更有效。Kim等研究MCDI对NaCl、$CaSO_4$和$MgCl_2$单一溶液和混合溶液的吸附效果，发现吸附单一溶液时的出水电导率和去除量关系为NaCl>$CaSO_4$>$MgCl_2$，当处理混合溶液时，离子的吸附量低于处理单一溶液时吸附量，说明不同离子在吸附过程中会相互干扰。在离子水合半径的基础上，Li等提出了水化率的概念（水合半径与离子半径的比值），通过研究不同的一价二价溶液处理效果，发现一价离子中水化率越低离子的选择吸附效果越好，二价离子比一价离子更容易被去除，并且已被电极吸附的离子很容易被水化率更低的离子替代。Hassanvand等比较MCDI和CDI脱盐过程中的一价、二价离子竞争吸附情况，结果表明MCDI具有更好的吸附效果和电荷效率，并且离子交换膜的引入会使部分二价阳离子储存在双电层扩散层中，提高了对二价离子的去除效果。Kim等在MCDI装置中加入选择性去除硝酸根离子的阴离子交换膜，在处理硝酸根离子和氯离子混合溶液中发现，硝酸根离子更容易被去除。Pan等制备CNT-CNF复合电极用于CDI脱盐实验，分别处理相同浓度的氯化钠、硝酸钠、硫酸钠溶液，结果显示水合半径越小的阴离子越容易迁移到电极孔隙中，更容易被吸附；通过吸附NaCl、$ZnCl_2$、$CuCl_2$、$FeCl_3$溶液，发现离子价态对吸附的影响大于离子的体积，离子带电量越高，水化半径越小，越容易被吸附，吸附量大小顺序为Fe^{3+}>Cu^{2+}>Zn^{2+}>Na^+。

（四）MCDI系统的能耗与能源回收

Zhao等研究MCDI和CDI脱盐过程中的能耗问题，发现MCDI和CDI的能耗随充电电压的升高而增加，MCDI的能耗和比能耗要明显低于CDI，即MCDI在脱盐过程中能量利用率更高。Han等发现充放电电流、离子浓度和流量会改变双电层的结构，从而影响CDI脱盐效果和能耗，采用导电性能更好和抗法拉第反应的电极材料能有效降低能耗。Qu等深入研究CDI在恒流和恒压两种运行模式下的脱盐能耗，并结合LTSpice循环模型研究能量损失机理，研究表明恒流模式下电阻造成的能量损失较低，使得脱盐过程中的能耗明显低于恒压模式。Kang等发现恒流运行模式下能耗要比恒压模式低26%~30%，这主要是由于恒流模式下的总体电压值要低于恒压模式。Hemmatifar等将CDI除盐过程中的能量损失归结于串联电阻和并联电阻造成的损失，在高电流充电条件下，串联电阻造成的能量损失占主导；而在低电流条件下，并联电阻造成的能量损失占主导。Zhao等发现溶液浓度和运行流量会影响MCDI脱盐过程中的能耗，当离子去除率相同时，运行流量和水回收率越高造成的能耗越多。Długołęcki等用外加电子负载的方法研究MCDI能源回收效率，考察不同的充/放电电流对能源回收的影响，结合MCDI系统中欧姆和非欧姆电阻分析能源损失的机理，最终得到最佳能源回收率为83%。Kang等用升压/降压转换器和超级电容器进行MCDI能源回收实验，研究结果表明离子吸附量在能源回收过程中起到了重要作用，恒流充电模式下的能源回收率高于恒压条件下的能源回收率。

6.4.3 膜电容去离子技术回收电能案例

（一）MCDI装置

MCDI装置由6对电极构成，两端由有机玻璃板固定，并在其上设有进出水口，每对电极组包含两块石墨片板(200 mm×100 mm×1 mm)、两片活性炭纤维毡(KJF-1300,尺寸为 180 mm×80 mm×1 mm,比表面积为 1 300 m²/g)、阴阳离子交换膜(Japan-1204和 Japan-0014)和一片塑料隔网(200 mm×100 mm×1 mm),如图 6－7 所示。其中石墨片作为集流体,一方面固定活性炭纤维毡,另一方面建立外部电源和活性炭纤维毡之间的电子传输;活性炭纤维毡覆盖在石墨片表面,分别作为正、负电极,是 MCDI 装置的核心部分,用于吸附和储存溶液中的离子;阴、阳离子交换膜紧贴正负电极表面,主要是控制溶液中阴阳离子的迁移方向,提高 MCDI 的脱盐效率;塑料隔网将离子交换膜隔开,一方面防止正负电极接触而造成短路,另一方面控制电极间距并作为溶液流动的通道。该装置采用下端进水上端出水的方式,进出水口分别在两端玻璃板上。

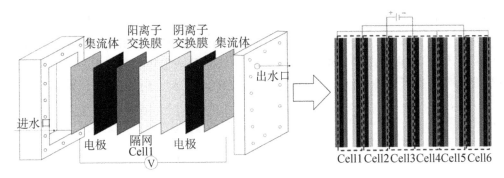

图 6－7　MCDI 装置及电极连线路线

(二) 实验流程

膜电容去离子实验流程如图 6－8 所示,整个系统由储液罐、蠕动泵、MCDI 装置、直流电源、电导率仪、无纸记录仪、电脑和时间控制系统组成。其中 MCDI 装置提供溶液脱盐的场所;蠕动泵控制进水流量;直流电源提供脱盐所需的电压或电流;电导率仪实时监

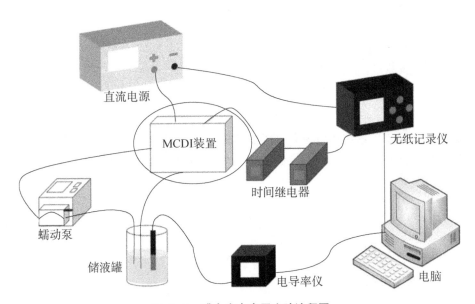

图 6－8　膜电容去离子实验流程图

测溶液的电导率变化情况；电脑和无纸记录仪分别记录电导率和电流（电压）的数据；时间控制系统由两个时间继电器组成，用于控制正接反接的运行时间。

（三）分析方法

1. 电导率与浓度

电导率（单位：$\mu S/cm$）是用来衡量溶液导电能力大小的指标，其能直观反映溶液中带电离子的多少。本实验通过检测进出水溶液的电导率，直观判断 MCDI 装置的出水水质。对于单一离子溶液，离子浓度与溶液电导率存在线性关系，根据溶液浓度和电导率的对应关系可计算出不同电导率所对应的离子浓度。

2. 脱盐量

脱盐量是指单位质量的活性炭纤维毡吸附离子的量，是用来衡量 MCDI 装置脱盐能力的一个参数，其根据离子的浓度、处理溶液的体积及电极质量等计算所得。MCDI 可采用循环和非循环两种运行方式，其脱盐量的计算如式（6-1）和式（6-2）所示。

$$q_1 = \frac{(c_0 - c_e) \times V}{nm_e} \tag{6-1}$$

$$q_2 = \frac{Q \times \int_0^{t_{charge}} [c_0 - c_{cha,ef}(t)]dt}{nm_e} \tag{6-2}$$

式中：q_1——循环运行的吸附量（mmol/g）；

q_2——非循环运行吸附量（mmol/g）；

Q——运行流量（L/h）；

t_{charge}——充电时间（h）；

c_0——初始溶液浓度（mmol/L）；

$c_{cha,ef}$——非循环实时出水浓度（mmol/L）；

c_e——循环实验终止浓度（mmol/L）；

V——处理液的体积（L）；

n——电极数量（片）；

m_e——单个电极的质量（g/片）。

3. 能耗分析

能耗根据 MCDI 系统的电流和电压值积分所得，比能耗是吸附单位摩尔质量的离子所消耗的能量，用来衡量 MCDI 能量使用效率，计算公式分别如式（6-3）和式（6-4）所示。

$$E_c = \int_0^{t_{charge}} V_{charge}(t) I_{charge}(t)dt \tag{6-3}$$

$$SE_c = \frac{E_c}{qnm_e} \tag{6-4}$$

式中：E_c——充电能耗（W·h）；

SE_c——比能耗（W·h/mmol）；

V_{charge}——充电电压（V）；

I_{charge}——充电电流(A);

q——离子吸附量(mmol/g)。

(四) MCDI 脱盐性能分析

在 MCDI 工艺中存在两种供电方式:一种是恒压供电;一种是恒流供电。目前国内有关 MCDI 的研究大都采用恒压的运行方式,而很少采用恒流的运行方式。本章深入探讨恒压与恒流两种供电方式对 MCDI 脱盐过程的影响,从吸附脱附过程中的电导率、电压和电流变化着手,计算和比较两种供电方式下 MCDI 的脱盐效率、能耗和能量利用效率之间的差异,提出更为合理的供电方式。

1. 恒流与恒压吸附/脱附过程的比较

为了更好地比较恒压和恒流运行模式对出水电导率的影响情况,本部分实验采用非循环的运行方式,即经过 MCDI 处理后的出水直接收集起来而不与进水混合。实验所用的进水料液浓度为 10 mmol/L,运行流量为 40 mL/min。

(1) 电导率曲线的比较

恒压运行模式下的出水电导率随运行时间变化规律如图 6-9 所示,运行电压分别设为 0.4 V、0.6 V、0.8 V、1.0 V 和 1.2 V,当电流降为 0.1 A 时停止实验。吸附过程中,随着充电时间的推移,出水电导率值逐渐下降,降到一定数值时便开始缓慢上升直到吸附过程结束,缓慢上升是由于随着时间的推移电极中积累的离子越来越多,逐渐达到饱和,使得电极的吸附能力下降。不同电压条件下,出水电导率达到最低点的时间相似,但随着运行电压的升高,出水电导率的最低点越低,当电压为 0.4 V 时电导率最低值为 938 $\mu S/cm$,当电压为 1.2 V 时的电导率最低值为 840 $\mu S/cm$,这也说明电压越高电极吸附的离子越多,并且电压越高电流降至 0.1 A 所需的时间越长。脱附过程中,随着时间的推移,电导率逐渐上升,当升至最高点后再下降直到电导率值降至初始的进水电导率,吸附过程中的电压越高,则脱附过程中电导率所能达到的最高点也越高,说明所释放的离子越多。

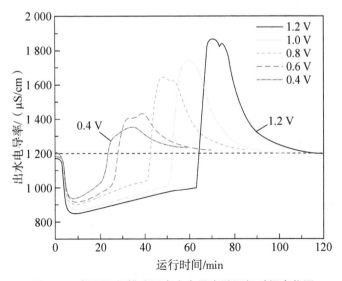

图 6-9　恒压运行模式下出水电导率随运行时间变化图

恒流模式下出水电导率随吸附脱附时间变化曲线如图 6-10 所示,吸附过程中的电流设为 0.1 A,吸附过程的终止电压分别设为 0.4 V、0.6 V、0.8 V、1.0 V 和 1.2 V,与恒压运行的条件一一对应。从图中可以看出,吸附过程中,随着运行时间的推移,电导率值逐渐下降,降至最低点后保持恒定不变直到吸附过程结束。不同的终止电压只能决定吸附过程的时间,其所达到的最低电导率值一致(大约 1 025 μS/cm)。当终止电压为 0.4 V 时,出水电导率并没有达到最低点,这是由于电压升至 0.4 V 的时间不足以使电导率达到稳定值。脱附过程在恒流模式下进行时,脱附过程的电压与吸附终止电压一致。随着脱附时间的推移,出水电导率先上升至最高点再逐渐下降直到与进水电导率值一样。

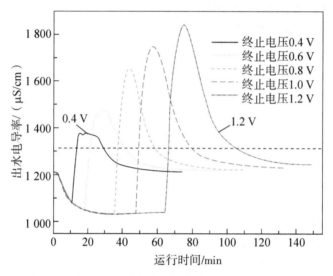

图 6-10　恒流模式下出水电导率随吸附脱附时间变化图

对比恒压和恒流模式下的出水电导率变化可以看出,恒压模式所能达到的最低出水电导率低于恒流模式下的出水电导率,但这个最低出水电导率只能保持很短的时间,随着吸附过程的进行,出水电导率值逐渐上升;恒流模式下的出水电导率虽然相对较高,但能保持稳定的出水电导率。

(2)电流和电压曲线的比较

恒压运行模式下的电流随时间变化曲线如图 6-11(a)所示,充电的瞬间 MCDI 系统具有较高的电流值,随着运行时间的推移电流逐渐降低,当电流降至 0.1 A 时充电过程结束,电源反接进入放电阶段,电流值瞬间变大然后随着放电时间的推移逐渐下降直到放电过程结束。可以看出,随着电压的增大,充电和放电瞬间的电流值越大,并且高电压条件下整个吸附过程中的电流也相对较大。

恒流运行模式下的电流保持恒定的 0.1 A,电压则随着运行时间而变化,如图 6-11(b)所示。充电的瞬间,电压骤增至 0.15 V 左右,这一电压跳跃是由 MCDI 系统本身的电阻决定的,随着充电过程的进行电压逐渐增加,当达到充电结束条件时以恒定的电压进行放电实验。从充电过程中电压随时间变化曲线的斜率可以看出,随着吸附过程的进行电压的增速逐渐下降,说明恒流运行模式下 MCDI 系统的电阻在初期增长较快,随着脱盐过程的进行增长逐渐变得缓慢。

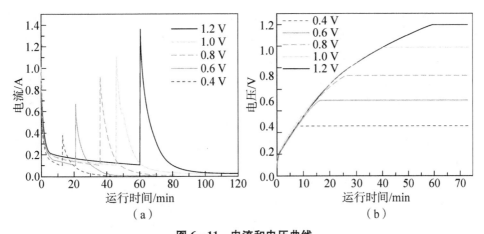

图 6-11　电流和电压曲线

(a) 恒压运行模式下的电流变化图；(b) 恒流模式下的电压变化图

2. 脱盐量的比较

根据恒流和恒压两种运行模式下的出水电导率与离子浓度之间的关系,计算出 MCDI 的离子吸附量。恒流和恒压两种运行模式下的吸附量随时间变化规律如图 6-12 所示。图 6-12(a) 为 1.2 V 恒压条件下的吸附量曲线,随着吸附时间的推移,MCDI 的离子吸附量逐渐增加,但从斜率可以看出,斜率随时间推移缓慢下降,说明运行初期 MCDI 吸附离子的速率很快,随着电极的逐渐饱和,吸附速率慢慢下降。图 6-12(b) 为电流 0.1 A、终止电压 1.2 V 的恒流条件下的吸附量曲线,MCDI 的离子吸附量随着吸附时间的推移逐渐增加,但是吸附量的增长速率由慢到快再逐渐保持不变,表明恒流过程中出水保持稳定的电导率。对比之下可以看出,恒流和恒压两种运行方式的吸附行为不同,这主要是由吸附过程中的电压所导致的。恒压运行模式保持恒定的电压,运行初期大量的离子被吸附到电极上,电极达到饱和的速度很快,使得电极吸附离子的量逐渐减少,出水电导率逐渐增高。恒流运行模式保持恒定的电流值,电压由低到高缓慢增长,使得初期吸附离子的量虽然很少,出水电导率较高,但是 MCDI 能保持很长一段时间的稳

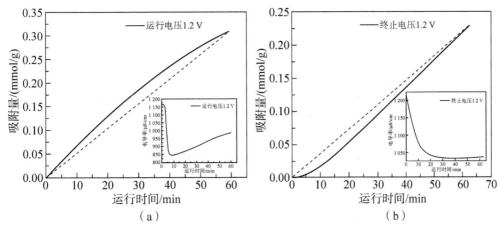

图 6-12　离子吸附量随时间变化图

(a) 恒压模式；(b) 恒流模式

定出水。Kang 等在研究 CDI 的脱盐情况时也发现类似的现象,恒压模式下的离子吸附速率随着时间推移逐渐下降直到电极达到吸附饱和时不再吸附;而恒流运行模式下MCDI 保持稳定的吸附速率,吸附量逐渐增加。

恒压条件不同运行电压和恒流条件不同终止电压条件下的离子吸附量如图 6-13 所示。恒压运行模式下的离子吸附量随着运行电压的升高而增加,1.2 V 运行电压条件下的离子吸附量为 0.30 mmol/g,大约为 0.4 V 运行条件下的 3 倍。类似地,恒流运行模式下的离子吸附量随着终止电压的增加而增加,终止电压为 1.2 V 时的离子吸附量为0.23 mmol/g,约为终止电压 0.4 V 条件下的 10 倍。终止电压对恒流运行模式的影响很大,当终止电压为 0.4 V 和 0.6 V 时,出水电导率尚未达到稳定状态就已经结束实验,而终止电压大于 0.8 V 时的出水达到了稳定状态,说明恒流模式需要运行一段时间 MCDI系统才能达到稳定状态,终止电压过低造成运行时间过短,MCDI 无法达到稳定出水,对MCDI 的离子吸附量造成很大的影响。对比恒压和恒流两种运行模式下的离子吸附量可以看出,恒压模式下的离子吸附量多于恒流模式,1.2 V 电压条件下,恒压模式的离子吸附量约为恒流模式离子吸附量的 1.3 倍。

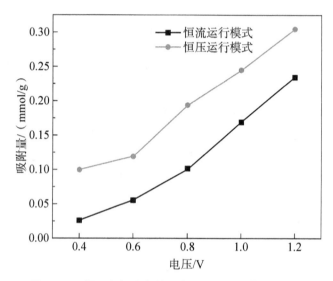

图 6-13　恒压和恒流条件下离子吸附量随电压变化图

3. 能耗的比较

根据恒压和恒流两种运行模式下电流和电压随脱盐时间的变化规律分别计算出脱盐能耗。图 6-14 是恒压和恒流两种运行模式在不同电压条件下的吸附能耗,从图中可以看出,恒压运行模式下的脱盐能耗随着运行电压的升高呈现出明显的上升趋势,当电压为 0.4 V 时,MCDI 的脱盐能耗为 0.015 W·h;当电压为 1.2 V 时,脱盐能耗为0.152 W·h。恒流运行模式下的脱盐能耗随着终止电压的升高而增加,当终止电压为1.2 V 时,MCDI 的脱盐能耗为 0.082 W·h。对比恒流和恒压两种运行模式下的能耗可以看出,恒压运行条件下的能耗较高。

4. 比能耗的比较

根据 MCDI 的离子吸附量和能耗计算出比能耗,用来评价 MCDI 在脱盐过程中的能量利用效率,恒压和恒流运行模式下的不同电压(终止电压)条件下的比能耗如图 6-15

所示。从图中可以看出恒压运行条件下,随着运行电压的升高,比能耗呈现出明显的上升趋势,说明高电压运行条件下的能量利用率比低电压条件下的能量利用率低;恒流运行模式下,比能耗随着终止电压的增加而增加,说明在恒流运行过程中,能量的利用效率是逐渐下降的。对比恒压和恒流两种运行模式,整体而言,恒压条件下的比能耗高于恒流条件,运行(终止)电压为 1.2 V 时,恒压运行模式下的比能耗为 0.035 W·h/mmol,恒流运行模式下的比能耗为 0.024 W·h/mmol,说明恒流模式在脱盐过程中的能量利用率高。

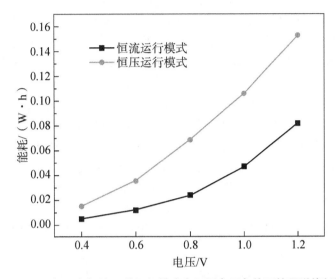

图 6-14　恒压和恒流两种运行模式在不同电压条件下的吸附能耗图

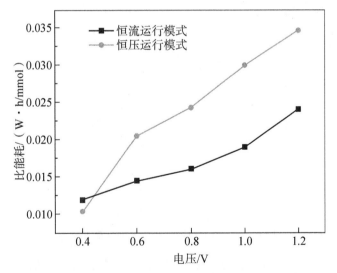

图 6-15　恒压和恒流运行模式在不同电压条件下的比能耗图

(五) MCDI 电能回收性能分析

MCDI 技术是在超级电容器技术的基础上发展起来的一种脱盐技术,主要分为充电(吸附)和放电(脱附)两个过程。在充电阶段,外加电源会持续给 MCDI 中的电极供电,此时电极会吸附溶液中的离子在电极内部形成双电层,同时将能源储存在电极中;在放电阶段,吸附在电极上的离子重新迁移到溶液当中,电极实现再生,同时存储的能量也随之释放出来。本章主要研究 MCDI 的能源回收效率及电极再生情况,当充电实验结束后,通过外接电子负载仪进行放电实验,用以表示可回收的部分能量。改变充电电压/电流和放电电流,考察不同运行条件对 MCDI 能源回收效率和电极再生的影响。

1. 吸附电压的影响

在不同的充电电压和同一放电电流条件下进行 MCDI 的充放电实验,具体运行参数:NaCl 溶液浓度为 10 mmol/L,运行流量为 40 mL/min,充电电压分别为 0.4 V、0.6 V、0.8 V、1.0 V 和 1.2 V,充电时间为 50 min,放电电流为 0.1 A,放电实验持续到电压变为0 V。充放电过程中,电压随时间变化曲线如图 6-16 所示,在充电的 50 min 内电压恒定不变,在放电过程中电压不断下降。在充电与放电转变的一瞬间,会发生电压骤降的现象,1.2 V 的充电电压条件下,电压降为 0.047 V,0.4 V 的充电电压条件下,电压降为 0.021 V,可见随着充电电压的增加,电压降也在逐渐增加。电压降的存在是由于 MCDI 装置的内部电阻造成的,MCDI 的系统内阻可分为欧姆电阻和非欧姆电阻。欧姆电阻主要发生在石墨片集流体、活性炭纤维电极、离子交换膜和隔板上,当电压值与电流值线性相关时产生的电阻为欧姆电阻;非欧姆电阻则是由扩散边界层引起的,主要发生在膜和电极界面、膜和溶液界面。回收的能量的计算是通过放电电压对时间积分,再乘放电电流,由于放电电流皆为 0.1 A,所以图 6-16 中放电电压曲线下的面积大小可表示可回收能量的多少。可以看出,随着充电电压的增加,放电电压曲线的位置越高,即可回收的能量越多。

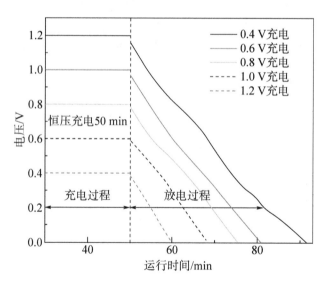

图 6-16 充放电过程中电压随时间变化图

不同充电电压条件下电流随充电时间的变化曲线如图 6-17 所示。以 1.2 V 为例,在刚开始的 4 min 内,电流从 1.07 A 迅速下降到 0.22 A,然后随着充电时间的推移逐渐下降。电流在初始 4 min 的快速下降主要是由于:在外接直流电源前,MCDI 装置施加的处理通道内已经充满了待处理的 NaCl 溶液,在通电的一瞬间,大量的离子快速向电极迁移,造成电流的急剧下降,而随着溶液的流出以及新溶液的流入,电流变化逐渐达到稳定,溶液在 MCDI 装置中停留的时间大约为 4 min。除此以外,充电电压越高,整个充电过程中的电流也相对较高,相同的充电时间下,较高的充电电压和电流也表示所消耗的能量更多。在充电过程中产生的能耗主要可分为两部分,一部分是耗散的能量,即由内阻消耗的;另一部分是剩余能量,即储存在双电层中的能量。较高的充电电压将会导致更多的能量损耗,这些能量损耗主要发生在石墨片集流体、活性炭纤维电极、离子交换膜和隔板上。能量的回收率主要与充电和放电过程中的能量耗散有关,这将在下文做详细讨论。

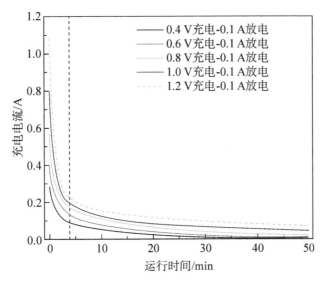

图 6-17 不同充电电压条件下的电流变化图

2. 吸附电流的影响

在充电过程中采用恒流运行的模式,充电电流分别设为 0.1 A、0.15 A、0.2 A、0.25 A 和 0.3 A,当电压升至 1.2 V 时充电结束,放电过程在 0.1 A 的恒流条件下进行。不同充电电流条件下,充电和放电电压随时间变化曲线如图 6-18 所示。

从图 6-18 可以看出,当充电电流为 0.1 A 时,电极在通电的一瞬间会有 0.13 V 的电压(骤)升产生,并且电压升的大小约是 0.2 A 充电电流条件下的 1/2。电压升与充电电流的大小成正比,这主要是由 MCDI 装置中的欧姆电阻导致的,并且欧姆电阻的存在会造成能量的损失。随着充电时间的推移,电压以指数形式逐渐增加直到电压达到 1.2 V,

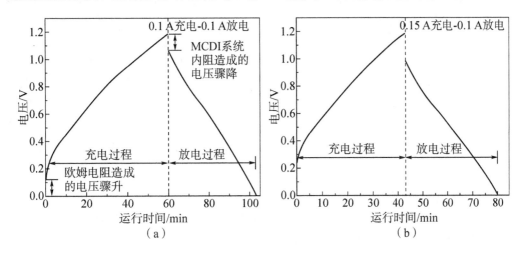

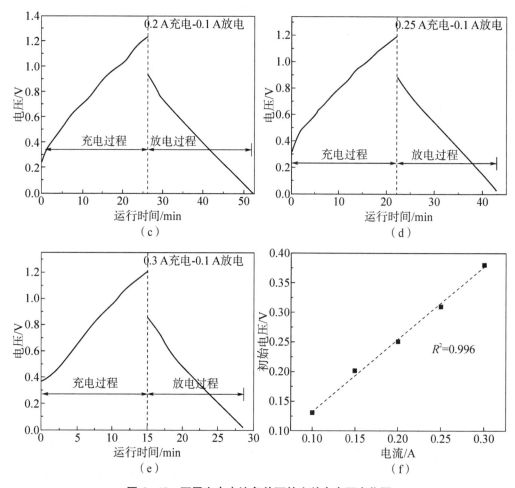

图 6-18　不同充电电流条件下的充放电电压变化图

Kaus 等认为电压的非线性增长是由离子在多孔电极中的再分布造成的,离子被吸附到电极内部时,优先停留在大孔隙中,随着充电实验的进行会逐渐向中孔和微孔中迁移。

在放电过程中,MCDI 电极两端的电压在外加电子负载仪的作用下逐渐下降。在充电与放电过程切换的一瞬间,同样存在明显的电压降现象,这直接影响了能源回收过程中的电势。电压降的发生可以有如下解释:在充电阶段,外加电源的总能耗中只有一部分能量被储存在双电层中,还有一部分能量被 MCDI 系统的内阻消耗;同样,在放电阶段,储藏在双电层中的能量一部分被回收,一部分被系统内阻消耗,所以当进行能源回收时,MCDI 系统的电势无法达到充电终止时的 1.2 V。比较不同充电电流条件下的充放电电压曲线,可以发现:在 0.1 A 充电电流条件下,电压降为 0.14 V,在 0.2 A 充电条流件下的电压降比 0.1 A 充电电流条件下高出了 0.12 V。随着充电电流的增加,电压降也在增加,表明可回收的能量越少。充电电流越大,在充电过程中内阻消耗的能量也越多,这也导致了存储在双电层中的能量减少。

3. 脱附电流的影响

为了进一步研究放电电流对 MCDI 能源回收的影响,MCDI 装置分别在 1.2 V 恒压和 0.1 A 恒流条件下进行充电实验,放电实验的电流分别设为 0.1 A、0.2 A、0.3 A 和 0.4 A。

恒压和恒流充电条件下,MCDI 充电/放电过程中的电压随时间变化曲线如图 6‑19 所示。

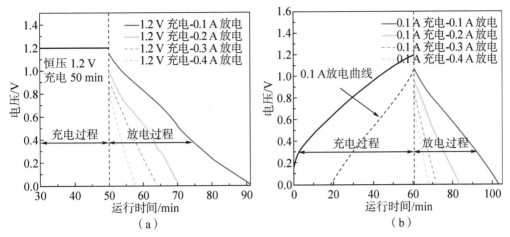

图 6‑19　恒压和恒流充电条件下 MCDI 充放电过程中电压变化图
(a) 恒压充电;(b) 恒流充电

从图 6‑19(a)可以看出,充电阶段电压保持在 1.2 V,在 MCDI 装置由充电转变为放电的瞬间发生电压降现象,并且放电电压随着时间的推移逐渐下降,然而电压无法降到 0 V,这是由于当电压过低时,电子负载仪无法在恒定的电流条件下运行,所以在电压未达到 0 V 时,放电时间就会终止,这一段回收的能量相对较少,不会对后期分析造成影响。当放电电流为 0.1 A 时,电压降为 0.05 V;当放电电流为 0.4 A 时,电压降增至 0.34 V;随着放电电流的增加,电压降也呈现出明显的增长趋势。从放电时间上可以看出,放电时间随着放电电流的增加而减少:当放电电流为 0.1 A 时,放电过程持续的时间为 40 min,大约是 0.4 A 放电条件下时间的 4 倍。总的来说,放电电流越大,可以大大缩短放电时间,但同时造成较大的电压降,可能会降低 MCDI 装置的能源回收率。

恒流充电条件下的充/放电电压变化如图 6‑19(b)所示,随着放电电流的增加,电压降也增大,0.4 A 放电条件下的电压降约为 0.1 A 放电条件下的 3 倍。与恒压充电条件下的电压降相比,相同放电电流时,恒流充电条件下的电压降更大,这表明恒压充电条件下储存在双电层中能量越大。这是由于在恒压运行条件下运行 50 min 时,更多的离子被吸附在电极中,恒流条件下的离子吸附量相对较少,而双电层中储存能量的多少与存储在电极中的离子量成正相关。

为了进一步方便分析,将 0.1 A 放电时的电压变化曲线对称到充电部分,如图 6‑19(b)中充电过程的虚线所示,由于充放电的电流同为 0.1 A,所以充电的总能耗和回收的能量之间的大小关系可从电压曲线下的面积直观看出。对比实线与虚线下的面积可以看出,回收的能量仅为总能耗的一部分,而实线和虚线之间的面积表示的是不能回收的能量,这部分能量在充电和放电过程中被内阻所消耗。

4. 能源回收率分析

MCDI 装置在不同充电电流和充电电压条件、同一放电电流条件下的能源回收率如图 6‑20 所示。在恒压充电的条件下,随着充电电压的升高,能源回收率逐渐降低。当充电电压为 0.4 V 时,MCDI 的能源回收率为 36.8%;当充电电压为 1.2 V 时,能源回收率降至 29.0%。恒流充电条件下的能源回收规律与恒压充电条件相似,随着充电电流的增加,能源回收率呈现出下降的趋势:当充电电流为 0.1 A 时,MCDI 的能源回收率最高为

46.6%,大约是 0.3 A 充电条件下的 2 倍。Długołęcki 在研究能源回收时提出,MCDI 系统中的能量损失与欧姆和非欧姆电阻有关,并且高电流情况下电阻造成的能量损失更多。因此,随着充电电流的降低,更高的能源回收率能够获得。恒压充电条件下也是如此,较高的充电电压使得 MCDI 系统中的电流值较高。

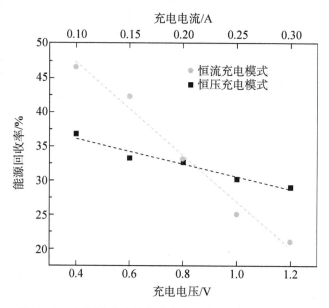

图 6-20 不同充电电流和充电电压条件下的能源回收率

在 1.2 V 恒压充电和 0.1 A 恒流充电条件下,MCDI 的能源回收率与放电电流(0.1 A、0.2 A、0.3 A 和 0.4 A)之间的关系如图 6-21 所示。随着放电电流的增加,MCDI 的能源回收率逐渐下降。在 0.1 A 的恒流充电条件下,当放电电流为 0.1 A 时,MCDI 的能源回收率为 46.6%,当放电电流为 0.4 A 时,MCDI 的能源回收率降至 23.9%。此外,对比恒压和恒流充电模式下的能源回收情况可以发现,同一放电电流时,恒流充电模式下的能源回收率要明显高于恒压充电模式下的能源回收率。

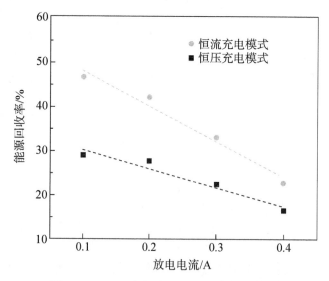

图 6-21 不同放电电流条件下的能源回收率

5. 能源耗散与回收分析

为了进一步分析能源回收率,将充电过程提供的总能量分为耗散的能量(被 MCDI 内阻消耗)和回收的能量(电子负载仪实际回收的能量)。需要指出的是,在充放电过程中,原溶液在热动力学作用下变成稀溶液和浓溶液,这里消耗的能量不能被回收,因此也包含在耗散的能量中。

同一放电电流、不同充电电压条件下的耗散能量与回收能量分布如图 6-22 所示。充电电压越高,MCDI 的回收能量越大;当充电电压为 1.2 V 时,回收能量为 0.36 W·h,大约是 0.4 V 充电条件下的 11 倍。耗散能量随着充电电压的增加也呈现出明显的上升趋势,1.2 V 充电电压条件下的耗散能量约为 0.4 V 充电条件下的 16 倍。随着充电电压的升高,耗散能量的增长幅度要明显高于回收能量,所以能源回收率会随之下降。

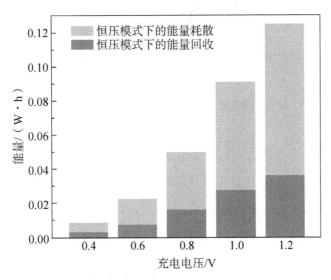

图 6-22 不同充电电压条件下的耗散能量与回收能量分布图

同一放电电流、不同充电电流条件下的耗散能量与回收能量分布如图 6-23 所示。随着充电电流的提高,耗散能量和回收能量均逐渐下降。此外,总的能耗也随着电流的增加而降低,这是由于充电过程的终止电压为 1.2 V,充电电流越小,达到 1.2 V 所需的时间越长,而运行时间是影响能耗计算的重要因素。比较回收能量和耗散能量之间的比例可以看出,随着充电电流的增加,耗散能量占比逐渐增加,这导致整体的能源回收率逐渐下降。

不同放电电流(0.1 A、0.2 A、0.3 A 和 0.4 A)条件下的耗散能量和回收能量分布如图 6-24 所示。恒压充电模式下,总的能耗保持不变,耗散能量随着放电电流的增长而增加,所以所能回收的能量逐渐降低。MCDI 在恒流充电模式下的运行也表现出相似的现象,随着放电电流的增加,回收能量从 0.037 W·h 降至 0.018 W·h。对比恒压和恒流两种充电模式可以看出,恒压充电模式下的总能耗明显比恒流模式下的总能耗高;并且,恒压充电模式下的耗散能量也高于恒流充电模式。在恒压充电模式下,MCDI 系统中的电流值从初始的高电流逐渐下降,但在整个充电过程中都高于恒流充电模式下的电流值,这也导致恒压模式下电阻消耗更多的能量。Kang 等在研究恒压与恒流充电模式下的能耗差异时提出,恒流模式下的电流在整个吸附过程中低于恒压模式,这大大降低了MCDI 在脱盐过程中的能耗。

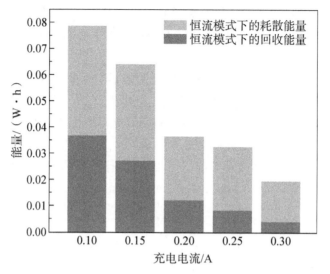

图 6 - 23　不同充电电流条件下的耗散能量与回收能量分布图

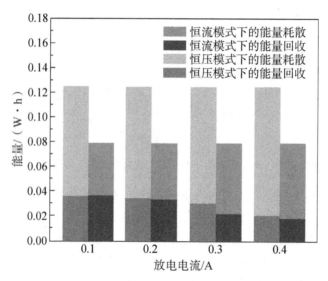

图 6 - 24　不同放电电流条件下的耗散能量和回收能量分布图

6.5　膜蒸馏技术

6.5.1　膜蒸馏技术简介

(一)膜蒸馏系统运行原理

　　膜蒸馏技术是以疏水多孔滤膜作为分离介质,在疏水膜两侧的蒸汽压差驱动下实现物质分离的新型膜分离过程。当疏水膜两侧溶液存在温度差时,热料液中的液态水分子变成水蒸气,在蒸汽压差的驱动下水蒸气透过膜孔并在冷水侧进行冷凝变成液态水分子,而非挥发性物质则被疏水膜拦截在热料液侧,最终实现污染物的分离去除。膜蒸馏是存在相变的膜分离过程,同时会发生热量和质量的传递。图6-25是膜蒸馏原理图,膜蒸馏过程大致可以分为五个阶段,包括:① 热量和挥发性组分从料液主体通过边界层传输到MD疏水膜的界面;② 可挥发性物质在MD疏水膜的界面发生汽化现象并吸热;③ 蒸汽通过膜孔,并伴随热量以传导形式透过膜面;④ 蒸汽在MD疏水膜的冷侧界面处发生冷凝作用并同时释放热量;⑤ 热量通过热边界层从MD疏水膜界面传输至冷凝侧。

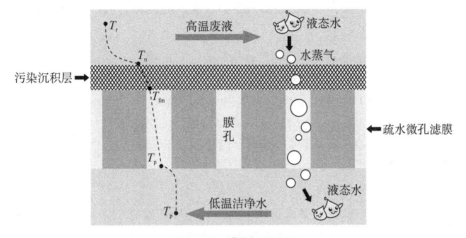

图6-25 膜蒸馏原理图

从膜蒸馏过程可以看出,膜蒸馏技术与其他膜分离过程的区别在于:① MD所使用的膜是孔隙率高的疏水微孔滤膜,高的孔隙率才能保证较高的膜蒸馏通量;② MD分离膜至少有一个表面与所处理的液体接触;③ 疏水膜不能被所处理的液体润湿,疏水膜的孔径要在一定范围内,孔径太小,膜蒸馏通量小,孔径太大又会造成膜润湿现象;④ 膜孔内不会发生毛细管冷凝现象;⑤ MD传质推动力是液体中可汽化组分在膜两侧"气-气"相中的分压差;⑥ MD过程中唯有蒸汽才能透过疏水膜孔;⑦ MD所用的膜介质不能改变所处理液体中所有组分的气液平衡;⑧ 膜材料热导系数低,在100 ℃条件下仍具备较好的热稳定性。

(二)膜蒸馏工艺的操作方式

膜蒸馏过程是水或挥发性溶质以气态形式透过疏水膜孔,在膜的另一侧被冷凝或引出。根据疏水膜透过侧的不同蒸汽收集冷凝方式,膜蒸馏工艺可分为直接接触式、气隙式、气扫式、减压式、吸收膜蒸馏五种形式。以下主要介绍四种形式,它们的示意图见图6-26、图6-27。

1. 直接接触式膜蒸馏(DCMD)

DCMD疏水膜的两侧分别与热的进料液及冷的渗透液直接接触,其传质过程如下:① 热料液将水分子扩散至蒸馏膜表面的边界层;② 在边界层与蒸馏膜的界面处液态水分子将发生汽化,变成水蒸气;③ 上述汽化后的水蒸气扩散通过膜孔;④ 透过膜孔的水蒸气在疏水膜的冷侧与流动的冷水直接接触,从而使得水蒸气被冷凝成液态水分子。DCMD结构简单、渗透通量大,被广泛应用于实验室研究。但是DCMD存在热效率较低的缺点,同时这又是唯一可以对热量进行回收的膜蒸馏方式。当疏水膜的面积足够大、水流流速小、两侧料液逆向流动时,渗透液的出口温度会远远超出热料液的入口温度,可以通过换热器回收热量。

2. 气隙式膜蒸馏(AGMD)

AGMD 传质过程的最后一步是透过疏水膜孔的水蒸气扩散通过空气隔离层并在冷凝板上完成冷凝过程,这一过程中水蒸气不会与冷侧溶液直接接触。AGMD 是目前应用范围最广的 MD 形式,热效率高,其冷凝液可以准确计量。但是 AGMD 存在通量低、工艺设计复杂、不适用于中空纤维膜等局限,一定程度上阻碍了 AGMD 的商业推广应用。

3. 气扫式膜蒸馏(SGMD)

SGMD 传质过程的最后一步是通过对蒸馏膜的透过侧进行载气吹扫,从而将透过侧的水蒸气带出膜蒸馏的膜组件装置并在外置冷凝器中完成冷凝过程。除了蒸汽的饱和蒸汽压外,SGMD 过程的传质驱动力还包括透过侧的载气吹扫力,它强化了 SGMD 的传质过程,致 SGMD 的传质推动力明显高于 DCMD 和 AGMD,载气中水蒸气的分压以及冷凝温度控制对膜蒸馏产水量有重要影响。由于挥发组分的冷凝非常困难,SGMD 膜蒸馏模式较少被采用。

4. 减压式膜蒸馏(VMD)

VMD 又称为真空膜蒸馏,其传质过程的最后一步是通过真空泵将透过侧的水蒸气带出 MD 膜组件装置并在外置冷凝器中完成冷凝过程。由于此过程是利用真空泵将 MD 膜组件的透过侧抽成真空状态,导致膜两侧蒸汽压差明显增加,最终使得 VMD 过程的传质通量显著提高。VMD 蒸馏膜两侧的料液压差较大,因此为了防止料液进入膜孔而导致膜润湿现象,VMD 需要采用较小孔径的疏水膜。VMD 是恒温的膜蒸馏过程,该工艺过程中挥发性物质的冷凝过程难度较大,因此现阶段 VMD 技术被大量应用于易挥发组分的去除和液体浓缩过程。VMD 过程中的热传导损失可忽略,因此可以用来测定温度边界层的传热效率。

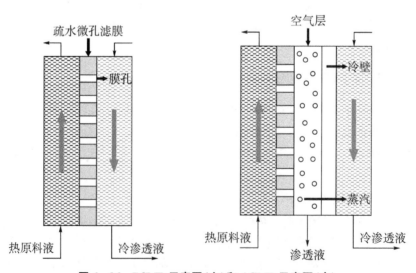

图 6 - 26　DCMD 示意图(左)和 AGMD 示意图(右)

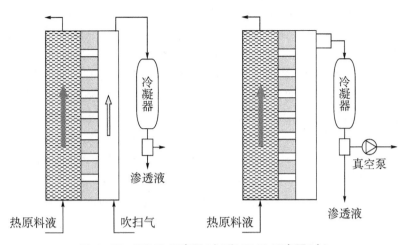

图 6-27　SGMD 示意图(左)和 VMD 示意图(右)

(三)膜蒸馏工艺的性能特征

膜蒸馏工艺是膜分离技术与蒸馏过程相结合的膜分离过程,相比于传统的膜分离技术及蒸馏过程,它存在诸多显著的优点:① 在非挥发性溶质水溶液的膜蒸馏过程中,只有水蒸气能够透过膜孔,理论上盐分等非挥发性物质的截留率可达 100%,有望成为大规模低成本制备超纯水的有效手段;② 膜蒸馏可以处理极高浓度的溶液;③ 膜蒸馏过程几乎是在常压下进行的,设备简单,操作方便;④ 对膜的机械性能要求不高;⑤ 膜蒸馏组件易设计成潜热回收形式,有利于热能回收利用,减少能源消耗;⑥ 膜蒸馏技术所需的温度比较低,无须把溶液加热至沸点,只要膜两侧维持一定的温度差,即可进行膜蒸馏过程;⑦ 膜蒸馏可以在有限空间内增加膜面积即增加蒸发面积,因此膜蒸馏的蒸馏效率远高于常规的蒸馏过程;⑧ 膜蒸馏过程可以利用太阳能、地热、工厂余热等廉价能源,有望显著降低膜蒸馏的能源消耗。

膜蒸馏技术的上述优点使其有望取代压力驱动的膜分离技术,但目前膜蒸馏技术在工业生产领域尚未完全商业化,主要存在以下问题:① 膜蒸馏过程的渗透通量低于 RO 技术;② 温差极化和浓差极化现象以及膜污染问题均会导致 MD 膜通量的锐减;③ 膜蒸馏所使用的是疏水微孔滤膜,在膜材料和膜制备工艺的选择方面局限性较大,同时膜蒸馏主要组件——膜模块的设计制备也存在不小的挑战;④ 膜蒸馏过程属于热能密集型的工艺,其能源消耗问题有待进一步的研究解决;⑤ 膜蒸馏是一个具有相变的过程,热量主要通过热传导形式散失,导致膜分离效率的下降,因此膜组件的设计上需要尽量考虑潜热的回收,尽可能减少热能的损耗。

膜蒸馏工艺的运行性能主要通过截留率、膜通量和热效率这三个指标进行评价,其中,截留率是指 MD 系统中非挥发性物质被疏水膜拦截的效率。由于蒸馏膜具有疏水性,在 MD 过程中不存在气泡夹带现象的情况下,MD 系统中盐类、胶体等非挥发性物质能被疏水膜完全拦截,截留率理论上高达 100%,明显高于其他膜分离过程。膜孔径和疏水膜两侧的蒸汽压差是影响 MD 过程中截留率大小的两个主要因素。为保证膜蒸馏工艺较高的截留率,一般疏水膜的孔径大小为 0.1~0.4 μm,且蒸馏膜两侧的蒸汽压差必须低于热侧液体进入膜孔的压力。

相比于传统的膜分离技术,MD过程的膜通量明显较低,其影响因素主要包括:温度、汽气压差、蒸馏时间、膜材料(疏水性的微孔滤膜)及结构参数(孔隙率、孔径、膜厚度)、进料液浓度以及热料液流速等。相关研究表明,温度是影响MD膜通量最主要的条件参数,增加膜两侧的温度差能有效提高MD疏水膜的渗透通量;同时,MD膜通量将随着膜两侧蒸汽压差的上升而线性增长。此外,提高膜蒸馏热料液的水流速率也能增强MD膜通量。值得注意的是,膜蒸馏运行时间(蒸馏时间)越长,其渗透通量将出现一定程度的下降,其原因在于:① 随着MD不断运行,膜蒸馏系统中将逐渐出现严重的膜污染及膜孔润湿现象,导致膜通量的下降;② MD运行过程中热料液中的非挥发性物质将不断浓缩,引起热料液侧水蒸气分压的降低,从而引起膜通量的下降。MD过程中相变的发生会引起明显的热能损失,从而导致MD过程中较低的热效率(仅30%),这很大程度上阻碍了膜蒸馏工艺的大规模生产应用。

6.5.2 膜蒸馏的应用领域及存在的问题

疏水膜材料与膜蒸馏工艺技术的进步,使得膜蒸馏技术日益显示出在超纯水制备、废水处理、苦咸水淡化、挥发性溶质的回收、海水淡化等领域的应用潜力,引起了国内外的高度重视。

(一) 应用领域

1. 海水、苦咸水的脱盐淡化处理

人类社会淡水资源极度缺乏,海水淡化已然成为人类的第二水源,起初MD技术就是针对海水淡化问题而研发的。传统的海水、苦咸水脱盐淡化技术包括RO、ED、蒸发法以及多级蒸馏技术等,其中RO技术目前已投入海水淡化的商业化生产过程,操作压力高和难以处理高浓度盐水是其应用过程中存在的主要问题。膜蒸馏技术作为膜技术与蒸馏过程相结合的新型膜分离技术,对待处理盐水的浓度有着极高的耐性,能在常压环境下处理含盐量极高的浓盐水,可有效解决RO技术的应用问题;然而,膜通量低、膜污染及热能损耗等问题严重阻碍了膜蒸馏技术在脱盐领域的大规模应用。要实现MD技术在脱盐水处理领域的大规模实际应用,首先需要解决MD的热能损耗问题,目前可行的解决措施包括:① 利用太阳能、地热能、工厂废热等廉价能源;② 膜蒸馏系统的膜组件设计时考虑热量回收部分。

2. 工业废水处理

众多研究报道表明MD技术作为新型的膜分离技术,可广泛应用于低放射性废水、纺织废水、含油废水、含重金属的工业废水、工业废酸液等工业废水的处理过程中,在废水处理领域存在巨大潜力。

3. 水溶液中挥发性溶质的回收或脱除

MD过程中只有气态物质能够透过疏水膜孔,这一特质使得膜蒸馏技术应用于从水溶液中回收或脱除挥发性物质成为可能。唐建军等分析了VMD技术对水溶液中挥发性有机物的脱除效果,实验结果表明VMD技术比较适用于料液中低浓度挥发性有机化合物的脱除。同时,众多研究学者还发现MD技术可从料液中回收异丙醇、甲醇、乙醇、丙酮、苯酚、卤代挥发性有机化合物等。此外,MD工艺脱除料液中挥发性有机物的原理还

被运用到气体分析领域,例如 MD 装置与质谱仪联机测定水溶液中的挥发性有机物,为挥发性溶质的在线测试奠定了技术基础。

4. 化学物质的浓缩和回收

MD 工艺对待处理溶液的盐度有着极高的耐性,因此在化学物质的浓缩处理领域具备显著的优势,并且 MD 是现阶段唯一能从料液中直接分离出结晶产物的膜分离技术。孙宏伟等利用 MD 技术浓缩溶液中的透明质酸,透明质酸的回收效果较佳。此外,相比于传统的蒸馏技术,MD 工艺的运行温度相对较低,无须将料液加热至沸点,可用于生物活性物质和温度敏感物质的浓缩和回收,其浓缩回收过程比较稳定。

5. 果汁、液体食品的浓缩处理

与传统的蒸馏浓缩技术相比,MD 工艺存在运行温度低(甚至可在室温下进行)、脱水性能高等优点,在果汁、液体食品的浓缩处理领域有着巨大的应用潜力。相关研究报道表明膜蒸馏技术在果汁、液体食品等的浓缩过程中存在节能和维持食品原有风味的优势,对果汁浓缩技术的革新起着推动作用。

6. 超纯水的制备

MD 工艺对盐类等非挥发性物质的截留率理论上可达 100%,只要蒸馏膜的疏水膜孔不发生润湿现象,热料液侧只有水蒸气可以透过膜孔到达渗透液侧,MD 工艺就可以制备出纯度极高的洁净水。此外,MD 工艺装置可由塑料制成,避免了腐蚀问题,极大程度上保证了产水的纯度。毛尚良等研究发现 MD 的渗透液水质极高,可达微电子工业高纯水三级标准和医用注射用水标准,展现出在超纯水制备领域良好的应用前景。

(二) 存在的问题

膜蒸馏工艺与其他膜分离技术相比存在很多竞争优势,然而现阶段 MD 工艺仍以实验室研究为主,缺乏大规模的商业化生产应用,限制其工业化推广应用的主要因素包括:① MD 过程存在相变,热量损失较大,热能利用率低,在结合太阳能、地热能等廉价能源利用的情况下,膜蒸馏的能耗问题得以有效解决,在工业生产过程中才具备竞争力;② 相比于传统的分离工艺(反渗透、多级闪蒸和多级蒸发等),MD 工艺过程的膜通量相对较低;③ 不同于其他的膜分离过程,MD 工艺采用的疏水微孔滤膜在膜材料的选择和膜制备工艺上均存在一定的局限;④ MD 过程不可避免地存在膜污染现象,严重破坏 MD 膜组件并引起蒸馏膜的膜孔润湿,从而导致 MD 出水水质的恶化及膜蒸馏工艺运行性能的下降。

为实现 MD 技术在实际生产生活中的规模化应用,亟须解决以下问题:① 在膜蒸馏工艺设计过程中增加热量回收部分,以达到降低 MD 热量损耗的目的;② 深入研究膜蒸馏的传质及传热过程,优化 MD 膜组件的结构参数,以期优化 MD 的传质、传热过程并增加膜蒸馏过程的热能利用效率及渗透通量;③ 研制疏水性高、使用寿命长、性能优、价格便宜并且能投入工业化生产及使用的蒸馏膜材料;④ 深入探究 MD 膜污染问题的形成机理,以期研究出高效可行的膜污染减缓措施,从而保证 MD 疏水膜长期高效稳定地运行。

6.5.3 膜蒸馏海水淡化案例

（一）实验装置及运行条件

DCMD 实验装置如图 6-28 所示：

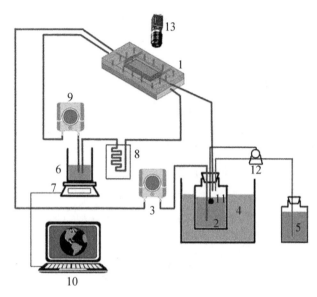

图 6-28 DCMD 实验装置结构图

1. DCMD 组件；2. 原料液槽；3. 热侧循环水泵；4. 水浴锅；5. 料液补充瓶；
6. 产水槽；7. 电子天平；8. 低温冷凝槽；9. 冷侧循环水泵；10. 计算机；
11. 液位控制器；12. 加药泵；13. 工业相机

在 DCMD 实验装置中，DCMD 组件内的 PTFE 疏水蒸馏膜将热水侧与冷水侧分隔开，热水侧水循环系统包括热侧循环水泵、水浴锅、原料液槽、料液补充瓶、液位控制器、加药泵。原料液槽内液体通过水浴锅维持恒温，并由循环水泵驱动进入膜蒸馏组件，浓缩液从膜蒸馏组件回流进原料液槽。液位控制器用于控制加药泵电源的通断，当原料液槽中液面低于规定液面时，加药泵开始工作，将料液补充瓶内的液体抽入原料液槽内，使得原料液槽内水位恒定。冷水侧循环系统包括冷水侧循环水泵、产水槽、低温冷凝槽。产水槽中的去离子水在循环水泵的驱动下，流经低温冷凝槽冷却至设定温度后进入膜蒸馏组件，水蒸气从热侧透过蒸馏膜在冷侧凝结成液态水，并被冷侧循环水携带回流至产水槽，产水总质量通过电子天平实时监测，每 10 min 记录一次。

本实验中的 DCMD 系统运行参数如下：膜两侧温度设置为 50 ℃/15 ℃，膜两侧错流速度设置为 10.48 mm/s，选用平均孔径 0.22 μm 的 PTFE 膜进行实验。实验分为恒浓组和浓缩组，恒浓组中的料液补充瓶内装满去离子水，浓缩组中的料液补充瓶内则装满用 0.1 μm 滤膜滤过的海水。对浓缩组料液补充瓶内的海水进行过滤，是为了去除其中所有微生物，通常情况下，微生物的尺寸不会大于 0.1 μm，如果不经过滤直接使用，将会在膜蒸馏运行过程中不断引入自然水体中的优势菌种，使得后续分析存在偏差，膜蒸馏"热效应"和"浓缩效应"筛选出的新的优势菌种将会在数据中变得不明显。

（二）海水淡化效果

为了深入研究膜蒸馏海水淡化全过程中的膜污染特征,本章使用疏水 PTFE 膜进行海水淡化实验,以浓缩模式和恒浓模式分别运行实验装置,监测运行过程中主要参数的变化及有机污染、无机污染、生物污染的特性,重点探究膜蒸馏"热效应""浓缩效应"对系统内微生物的影响,并结合生物膜中微生物群落结构的变化,分析膜蒸馏系统中生物污染层的形成过程。

1. 膜蒸馏海水淡化过程中的通量变化规律

恒浓模式与浓缩模式的初始通量分别为 7.61 kg/(m² · h)和 7.44 kg/(m² · h),恒浓模式实际相对通量、浓缩模式实际相对通量及浓缩模式理论相对通量如图 6-29 所示。

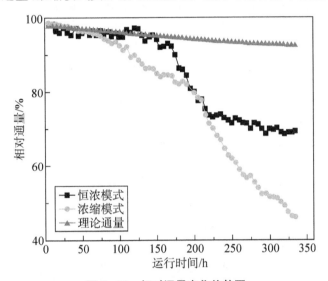

图 6-29　相对通量变化趋势图

图中理论通量的下降是原料液浓缩引起水蒸气分压下降造成的。然而,在实际运行中,膜通量的下降远比理论值严重,而浓缩模式下该现象更为显著。这种性能损失是水中有机物累积、无相盐结晶、微生物生长共同作用造成的。

2. pH 与电导率变化规律

运行过程中溶液的 pH 及电导率变化情况见图 6-30。由于氯化钠是本实验中影响电导率最主要的因素,在恒浓模式下没有向料液瓶内引入新的氯化钠,恒浓模式的电导率值一直稳定在 40.5 mS/cm 左右。浓缩模式中溶液初始电导率为 40.6 mS/cm,随着装置的运行,电导率持续升高,在运行 335 h 后,溶液电导率升至 104.98 mS /cm。随着蒸馏膜的膜污染情况加重,膜蒸馏装置的通量也随之下降,这造成了浓缩速度逐渐减小,电导率的升高速率也随之逐渐减小,从最初的 5.55 mS/(cm · d)降低至 2.82 mS/(cm · d),因此图像呈现为凸函数的形式。

相比于电导率的变化,pH 的变化相对复杂,这是由于涉及海水体系中碳酸平衡及碳酸盐的析出,其反应式如下:

$$2HCO_3^- \Longleftrightarrow H_2O + CO_2 \uparrow + CO_3^{2-} \tag{6-5}$$

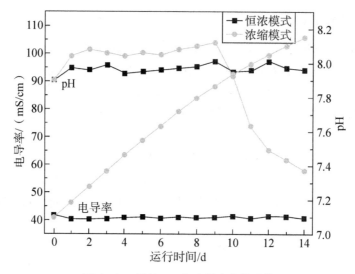

图 6 - 30　溶液 pH 和电导率变化趋势

$$Ca^{2+} + CO_3^{2-} \longleftrightarrow CaCO_3 \downarrow \qquad (6-6)$$

合并后得到

$$Ca^{2+} + 2HCO_3^- \longrightarrow CaCO_3 \downarrow + CO_2 \uparrow + H_2O \qquad (6-7)$$

在恒浓模式下,pH 在第一天发生小幅的上升,从 7.90 上升至 7.97,这是由于 CO_2 的溶解度随温度的升高而降低,加热溶液使得其中溶解的酸性气体 CO_2 脱出,从而使得溶液的 pH 上升。此后,由于没有新的离子引入,且温度保持恒定,整个系统处于稳定状态,pH 在 7.97 附近波动,波动值不大于 0.04。

在浓缩模式下,pH 呈现三阶段的变化规律,即加热浓缩阶段、稳定阶段、结晶阶段。在加热浓缩阶段(0~1 d),pH 从 7.90 上升至 8.04,其作用原理与上述恒浓模式下的小幅 pH 上升相同。在稳定阶段(1~9 d),在碳酸钠-碳酸氢钠缓冲体系的作用下,pH 没有明显的变化,稳定在 8.05 左右。在结晶阶段(9~14 d),随着钙离子浓度的不断增加,溶液中的碳酸钙浓度超过其饱和浓度,在式(6-7)所属反应的作用下,开始有碳酸钙晶体析出,进入结晶阶段,该阶段溶液的 pH 值明显下降,从 8.12 降至 7.36,这是由于在形成碳酸钙的过程中会产生二氧化碳,而二氧化碳的产生速率大于溶液中二氧化碳的脱除速率,使得溶液中溶解的二氧化碳含量上升,pH 下降。

(三)膜面污染物累积情况

1. 膜面污染物直接观测

通过工业相机对膜面进行宏观尺度的直接观察是最为普遍、简洁、明了的膜污染在线监测方式,尽管该方式得到的信息有限,无法准确分析污染物的种类,但可直观地了解膜污染发展的基本趋势,为后续的分析提供思路。由于恒浓模式下,膜面的宏观性状变化不大,本实验中仅拍摄了浓缩模式下膜面情况图,基于工业相机拍摄的图像如图 6-31 所示。

对于浓缩模式,经过 1 d 的运行,膜面污染物情况发生了一定的变化,从污染物种类上看,有少量胶体状物质在膜面沉积,这些胶体状物质可能是水体中的腐殖质等受热后发生絮凝而成的;从污染物分布上看,大部分胶体聚集于导流网附近,这一现象主要是由导流网的阻隔作用及水流条件造成的。随着运行时间的增加,直到 8 d,膜面主要污染物依然为有机胶体,且主要聚集于导流网附近,但此时膜面颜色加深,逐渐形成了调理层。调理层是指可溶性有机物以及有机胶体逐渐吸附于膜面而形成的纳米级厚度的有机污染层,它的存在提高了蒸馏膜的黏附性能。从 8 d 到 9 d,由于水体中无机物在浓缩作用下饱和,膜面开始出现无机盐颗粒,且均匀分布于膜面。到 12 d 时,大量无机盐颗粒积累黏附于导流网上,膜面由于被遮挡无法继续观测。从 12 d 直至运行结束(14 d),工业相机观察到的污染情况没有明显变化,因此需要对膜面污染物的种类、总量、微观形貌做进一步的分析表征。

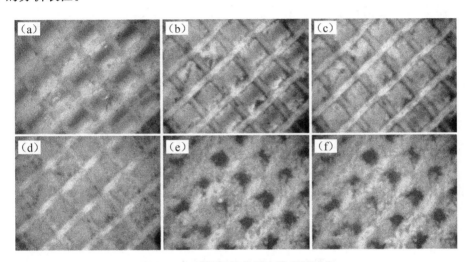

图 6 - 31　膜面污染物的直接观测图像

(a) 0 d; (b) 1 d; (c) 8 d; (d) 9 d; (e) 12 d; (f) 14 d

2. 膜面的 XRD 分析

为了定性分析膜面无机物质的种类,本实验通过 XRD 对 5 d、9 d、14 d 的浓缩模式和恒浓模式蒸馏膜样品进行了分析,其 XRD 图谱如图 6 - 32 所示。

在恒浓模式中,三张 XRD 图谱无明显区别,参考标准图谱,在 $2\theta = 18.37°$ 位置附近出现 PTFE 的特征衍射峰(参考标准图谱 PDF♯54—1595),其中 5 d、9 d、14 d 的衍射峰强度分别为 5 732 a.u.、5 954 a.u. 和 5 802 a.u.,这表明在运行过程中,膜面的有机污染层和生物污染层厚度较小,对 PTFE 特征衍射峰强度的影响不大。在 $2\theta = 21.74° \sim 27.40°$ 范围内的衍射峰,来自 PTFE 膜下方的纤维素衬层。此外,XRD 图谱中还有较小的氯化钠的衍射峰,这可能是在膜样品烘干预处理过程中产生的,可忽略不计。

通过分析浓缩模式下样品的 XRD 图谱可知,随着运行时间的增加,在 $2\theta = 26.52°$ 和 27.52° 处的衍射峰逐渐显现,而在 $2\theta = 18.37°$ 处的 PTFE 衍射峰强度则逐渐减弱。在 5 d 时,浓缩模式下的 PTFE 衍射峰强度为 6 988 a.u.,而当膜蒸馏装置运行到 9 d 时,其衍射峰强度已降至 2 692 a.u.,这是由膜面被无机盐部分覆盖造成的,且该时间节点与前述通过工业相机在膜面观测到无机物析出的时间节点基本吻合。在膜蒸馏过程的末期(14 d),PTFE 的衍射峰已几乎完全消失,其强度仅为 243 a.u.,表明膜面已完全被无机盐覆盖。此时,整体的衍射图谱与 5 d 时的完全不同,经过与标准图谱 PDF♯75—2230 的比对,发现膜面污染层的主要无机物成分为文石(碳酸钙的一种晶型),然而文石衍射峰的位置与标准图谱对比出现了约 0.3°的偏移,该现象可解释为海水中的 Mg^{2+} 部分替代了碳酸钙中的 Ca^{2+},从而造成晶格畸变。为了进一步分析膜面污染物的形貌特征及组成成分,本实验使用 SEM 对膜面进行观察。

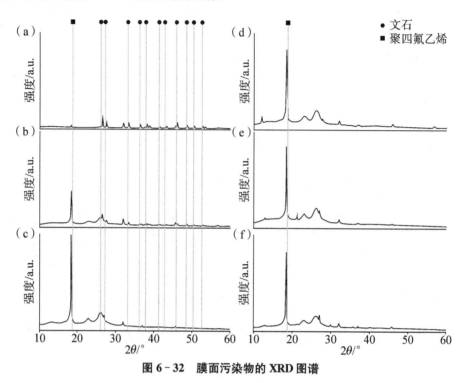

图 6-32　膜面污染物的 XRD 图谱

(a) 浓缩模式 14 d;(b) 浓缩模式 9 d;(c) 浓缩模式 5 d;
(d) 恒浓模式 14 d;(e) 恒浓模式 9 d;(f) 恒浓模式 5 d

3. 膜面污染物的 SEM 分析

为了进一步从微观尺度分析膜面的污染情况,本实验对 5 d、9 d 和 14d 的浓缩模式样品和恒浓模式样品进行了 SEM 分析,其结果如图 6-33 所示。

上述 6 个样品中,均能看到规则的立方体晶体,它们主要是膜材料预处理烘干过程中产生的氯化钠晶体,在烘干之前并不存在于膜面,因此在后续的分析过程中不再具体讨论。

由图可见,对于 5 d 的样品,浓缩模式和恒浓模式下的膜面污染情况类似,可看到明显的 PTFE 膜的丝状结构,膜面仅有少量污染物,它们均属于有机污染物,且都有着覆盖面积小、厚度较薄的特点,其来源主要是水中胶体态有机物及部分溶解态有机物,它们在水力作用及表面能的作用下黏附于膜面。根据 Liu 等的研究成果,这些初始污染物将会增大膜面的粗糙程度及膜面与污染物间的相互作用能,加速膜污染。

随着运行时间的增加,膜面的污染物逐渐增多,在 9 d 时,膜面大部分区域已被污染物覆盖,但仍有少量裸露的 PTFE 可被观察到,这一阶段浓缩模式和恒浓模式下的膜面形貌已出现了明显的差异。在恒浓模式中,膜面污染形式主要为有机污染和生物污染,而浓缩模式中则同时出现了有机污染、生物污染和无机污染,SEM 图像中存在大量的针状无机晶体,通过与其他文献中晶体形貌的比对,确定该晶体为文石,即先前由 XRD 检出的一种碳酸钙晶体。有趣的是,有机污染、生物污染、无机污染沿膜面厚度方向逐层分布,且几乎所有的碳酸钙及微生物都没有独立地出现在 PTFE 膜上,而是以有机污染层为基底出现的。对于微生物而言,这是因为有机污染物对微生物的黏附性能强于疏水膜,对于无机晶体而言,有机污染层通常为亲水性,而无机盐的晶核形成的难度为均匀水相中形成>疏水固液界面形成>亲水固液界面形成,因此亲水的有机污染层有利于晶体成核,无机晶体首先在有机污染层上形成、生长。

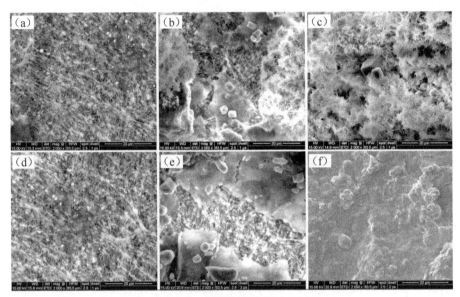

图 6-33　膜面污染物的 SEM 图

(a) 浓缩模式 5 d;(b) 浓缩模式 9 d;(c) 浓缩模式 14 d;
(d) 恒浓模式 5 d;(e) 恒浓模式 9 d;(f) 恒浓模式 14 d

在运行末期(14 d),两种模式下的膜面污染形态完全不同,在浓缩模式下,膜面完全被碳酸钙结晶覆盖,膜面下结构无法观察到,难以确认微生物的含量,而在恒浓模式下,膜面出现较厚较致密的生物膜结构,大量微生物清晰可见,如图 6-34 所示,由此可见在膜蒸馏膜污染的研究过程中不应忽视生物污染现象。

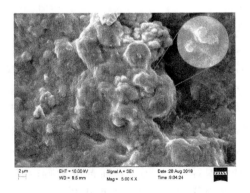

图 6-34　恒浓模式下 14 d 时膜面生物膜

（四）零排放膜蒸馏海水淡化全过程污染模式分析

1. 基于膜通量的膜污染分析

为了进一步探究膜蒸馏运行效果与膜污染的关系，本实验在完成了对水相性质、膜面污染物组成、膜面微生物群落研究的基础上，重新针对膜通量进行了分析。虽然恒浓模式与浓缩模式下实际通量的变化趋势存在着较大差异，但均显现出三阶段的趋势，各阶段情况如表 6-2 所示：

表 6-2　恒浓模式与浓缩模式下实际通量的三阶段

模式	阶段	时间	相对通量下降速率
恒浓模式	阶段 1	0～<170 h	0.02%/h
	阶段 2	170～<220 h	0.35%/h
	阶段 3	220～335 h	0.05%/h
浓缩模式	阶段 1	0～<110 h	0.07%/h
	阶段 2	110～<210 h	0.11%/h
	阶段 3	210～335 h	0.23%/h

在恒浓模式中，蒸馏膜的相对通量经历了缓慢下降—快速下降—通量稳定的过程，第一阶段（0～<170 h）膜通量几乎不变，其通量下降速率为 0.02%/h，这表明在运行初期膜面的轻度污染对膜的性能影响不大，该阶段可溶性有机物以及有机胶体逐渐吸附于膜面，提高了蒸馏膜的黏附性能，形成可供微生物吸附并生长的调理层，调理层的厚度为纳米级，其中包含各种微生物必需的有机物如蛋白质、脂质和多糖前体以及腐殖质、核酸、氨基酸。第二阶段（170～<220 h）膜通量出现显著下降，从 92.48% 降至 73.65%，其通量下降速率高达 0.35%/h，SEM 图像显示，膜面开始被成片的有机物及微生物覆盖，此外，高通量测序的结果也显示，在运行过程中，膜面微生物群落结构发生明显的改变，说明该阶段存在微生物大量生长的现象。第三阶段（220～335 h）膜通量呈缓慢下降趋势，其通量下降速率为 0.05%/h，膜面被有机物和微生物完全覆盖，膜面可观察到较为致密的生物膜，该阶段通量下降缓慢，可能是由于膜面污染已趋于饱和，吸附点位均已被占据，进一步的污染难以发生。

在浓缩模式中，蒸馏膜的相对通量经历了缓慢下降—加速下降—快速下降的过程。第一阶段（0～<110 h）通量的下降趋势与理论通量的变化趋势基本相符，相对通量从98.73% 下降至 92.31%，其通量下降速率为 0.07%/h。在本阶段，除了有机污染物及微生物在膜面的黏附作用外，溶液浓缩造成水蒸气的分压下降也是膜通量下降的重要原因，随着溶液中 NaCl 浓度的增加，水蒸气的分压会逐渐下降，而作为膜蒸馏过程的驱动力，膜两侧的蒸汽压差直接影响着系统的出水通量。第二阶段（110～<210 h）相对通量从 92.31% 下降至 77.77%，下降速率相比第一阶段有所增加，达到了 0.11%/h，该阶段的相对通量曲线已偏离理论值，除了上述第一阶段的影响因素外，该阶段的通量下降还与膜面附近的溶液发生浓度极化现象有关。浓度极化现象是指在膜蒸馏过程中，随着传质过程的进行，海水中被 PTFE 膜截留的离子和颗粒会在膜表面附近积累，在膜表面形成极化层或边界层的现象，在极化层内 NaCl 浓度会远高于水相中浓度，造成更低的蒸汽

压和产水通量。第三阶段(210~335 h)相对通量从 77.77%降到 46.13%,下降速率达到 0.23%/h。原位观测装置拍摄得到的图像显示,在 216 h 时,膜面已有明显的白色晶体产生,并且随着浓缩过程的进行,膜面的晶体逐渐增多直至覆盖整个膜面。XRD 及 SEM 分析同样可以佐证,在运行中后期,膜面会有明显无机盐结晶析出,且无机盐主要成分为碳酸钙。到 335 h 为止,浓缩模式总产水量为 12 L,溶液被浓缩了 3.4 倍,未达到氯化钠的饱和浓度,但碳酸钙在溶液中的浓度已超过饱和浓度,析出的碳酸钙晶体会在膜面沉积、生长,并堵塞膜孔,使得膜通量降低。因此,在膜面溶液浓度极化现象、膜面无机物结晶沉积、有机及生物污染的共同作用下,第三阶段的膜通量呈现快速下降的趋势。

综上,恒浓模式的膜通量变化,主要是由有机污染和生物污染两大因素造成的,在运行前期,有机污染物附着于膜面,阻塞部分膜孔并形成调理层,中后期膜面微生物加速生长,微生物及 EPS 使得膜通量大幅下降,在覆盖满膜面后,膜通量下降趋势又趋于平缓。浓缩模式的膜通量变化,是由无机盐的浓缩及有机、生物污染共同造成的,运行前期,溶液的浓缩及少量有机污染使得通量缓慢下降,运行中期浓度极化现象及生物污染的形成使得膜通量下降趋势增强,运行后期,在无机盐晶体阻碍传质、膜面溶液浓度极化现象、有机污染及生物污染的共同作用下,膜通量下降趋势更为明显。

2. 膜蒸馏海水淡化的膜污染全过程解析

经过对膜面和水相的系统分析及对膜通量的实时监测,本研究针对膜蒸馏海水淡化过程中的膜污染现象进行了深入研究,实现了对膜污染的全过程形成模式解析,并重点分析了该过程中生物污染层形成及微生物群落演替的规律。膜面污染层形成过程如图 6-35 所示。

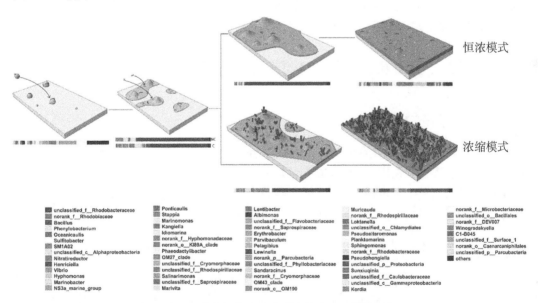

图 6-35　膜蒸馏海水淡化膜污染全过程模式解析

在本实验中,浓缩模式对应膜蒸馏海水淡化过程,而恒浓模式由于其盐度变化小,可一定程度上类比湖泊水的膜蒸馏净化过程。

在恒浓模式下,膜蒸馏中的膜污染现象主要分为三阶段:(1) 初始污染层的形成:在此阶段,水体中的悬浮颗粒物及胶体物质在短时间内即能黏附于蒸馏膜上,与此同时微生物也会随悬浮颗粒物一同移动至膜面,膜面黏附的污染物还会增大膜面粗糙度,通过增大表面使得可溶性有机污染物更快地转移至膜面,形成厚度约为几纳米的调理层,微生物在未被污染的疏水蒸馏膜上较难黏附,但由于调理层的存在,微生物在膜面的黏附性大大加强。除此以外,该阶段系统内的微生物群落结构发生巨大变化,无法适应高温环境的微生物将大量死亡,以 *Bacillus* 为代表的耐热微生物开始逐渐成为优势菌种。(2)微生物与环境的相互作用:在膜污染初期,膜面的环境相对较为恶劣,以 *Rhodobacteraceae* 为代表的 *Alphaproteobacteria* 微生物可以适应污染初期营养较为贫瘠的膜面环境并大量繁殖,造成了微生物群落多样性的下降。在 *Rhodobacteraceae* 的作用下,膜面的初始生物膜形成,使得营养物质聚集于生物膜内,并通过温度极化现象降低了生物膜内的温度,微生物的生存环境逐步改善,膜通量也因为温度极化及膜孔阻塞现象快速下降。(3)生物膜的成熟:在此阶段,初始生物膜已经形成,对环境中营养物要求较高的 *Bacteroidetes* 等微生物逐渐繁殖成为优势菌种,部分微生物还会释放 EPS 使得生物膜的结构更为紧密、厚度持续增加,在此过程中膜通量也随着生物膜的加厚继续缓慢下降。

在浓缩模式下,膜蒸馏中的膜污染过程同样也可分为三阶段:(1)初始污染层的形成:由于该阶段海水的浓缩度不高,膜面污染层的形成过程与恒浓模式基本相同。(2)无机污染及浓缩效应:在此阶段,随着浓缩度的升高,以 *Bacillus* 及 *Marinomonas* 为代表的嗜热嗜盐微生物成为微生物群落中重要的组成成分,逐渐形成生物膜,此外水体中的碳酸钙在膜蒸馏的浓缩作用下逐渐析出,由于生物膜的疏水性远低于干净的蒸馏膜,无机盐通常首先在生物膜表面形成结晶核并进一步生长。(3)无机-生物混合污染:随着浓缩的进一步进行,生物污染层上已覆盖满无机污染物,在生物污染与无机污染的共同作用下,膜通量急速下降,必须通过膜清洗才能保持蒸馏膜的高效运行。

6.6 新型膜分离技术面临的问题及其对策

6.6.1 存在的问题

近年来,随着膜分离技术成为一大研究热点,一批新型膜工艺将在新概念低碳水处理厂建设中发挥重要作用,在节能减排领域占据显著的优势。然而,上述工艺大多还处在实验室规模以及中试规模,究其原因主要是在长时间运行后系统在运行效率、稳定性等方面的性能会逐渐降低,下文将针对此类问题进行详述。

(一)运行效率的降低

膜分离过程中,影响处理效率的因素众多,其中最大的共性问题便是膜污染。按照污染物组分的不同,膜污染通常可分为有机污染、无机污染和生物污染三大类。

有机污染是膜分离过程中广泛存在的膜污染形式,常见的有机污染物包括腐殖类物质、蛋白质类物质以及乳化油等。通常情况下,有机污染的形成过程可利用 XDLVO 模型进行描述,该模型可通过计算污染物从溶液迁移到膜面所需克服的作用能势垒,判断膜污染形成的难易程度。此外,研究者们还通过引入膜面形貌等变量、耦合泊松-玻尔兹曼方程等方式,对传统的 XDLVO 模型进行优化,使其预测结果更接近实际情况。

在一些可截留无机盐的膜分离工艺中,随着离子浓度的提高以及浓度极化现象的加剧,各类无机物浓度将逐渐超过其饱和溶解度并形成结晶,覆盖膜表面甚至进入膜孔,对膜通量造成不利的影响。鉴于无机污染的形成过程中影响因素众多,研究者们以经典成核理论为基础,构建了膜蒸馏系统内的无机污染形成机理模型,并以此为基础不断扩充,将水流流态、膜面形貌、润湿状态等作用机制引入其中。

生物污染主要由微生物细胞、胞外聚合物(EPS)以及溶解性生物产物(SMP)共同组成,随着膜分离系统的长时间运行,微生物会不断在膜表面累积、繁殖,并在胞外聚合物的作用下形成生物膜,使得系统的传质阻力显著增大。研究表明生物污染层的形成主要包括营养物质调节层形成、微生物群落演替、污染层的成熟稳定三个阶段,而原料液中的微生物组成、系统的运行温度、料液的浓缩比例、溶液中的重金属元素、膜面的温度梯度等因素均会对膜面的微生物群落结构以及生物膜形貌造成一定的影响。

通过深度解析不同污染物质在膜面的聚集、发展规律,帮助研究者和工程人员从机理层面了解膜污染的形成条件,为延缓膜污染的形成,延长膜材料的寿命提供重要的理论指导。然而,现阶段虽然已有大量针对膜污染形成机理的研究,但由于实际处理水体的组分往往更为复杂,工程中的变量也更为多样,这些微观的机理分析有时很难用于指导宏观的实际生产,因此构建一套适用于实际工程的膜污染评估、预测模型仍然是一大技术难题。

(二) 系统稳定性的降低

在长时间的运行后,膜分离系统中的部分物理结构、生物组分、界面状态等也会逐渐发生变化,使得系统难以实现原来的水处理目标。以涉及电化学过程的 MCDI 工艺为例,在运行过程中,电极材料表面可能会发生法拉第反应,使得电极材料受到腐蚀,同时,产生的 H_2O_2 等氧化性物质还会破坏离子交换膜,既劣化了处理效果,也增加了耗材用量;对于 AnMBR 等涉及微生物的工艺,系统中的微生物会受到温度、盐度以及纳米颗粒、抗生素等新兴污染物的抑制与胁迫,使得污染物去除率和生物气的产量显著下降;在MD 这类纯物理工艺中,膜面污染物的不断堆积会改变膜材料的界面状态,造成膜润湿现象,从而对膜通量和离子截留率造成显著的影响。

这些由各不相同现象所带来的不利因素,比单纯的膜污染更为麻烦,因为其不可逆性往往意味着系统无法通过简单的维护,恢复其原有的性能,只有停机维修并更换受损的组件,才能使得系统重新正常运行,而这一过程不但会耽误工作进度,而且带来了大量的耗材和人工费用,因此,此类破坏膜分离系统稳定性的不利因素,是将来迫切需要克服的。

6.6.2　优化方向

在水处理要求不断提高以及"碳达峰、碳中和"的大背景下,具有优异节能减排能力的新型膜分离工艺应尽快朝向产业化发展,实现对真实水环境与复杂污水体系的稳定高效处理。为了实现这一目标,需在运行管理、工艺设计、膜材料优化乃至交叉学科融合等方面做出更多努力。

（一）优化系统运行参数

影响膜污染形成速率的因素众多，包括污染物的性质（如污染物尺寸、表面基团、zeta电位）、溶液环境（如运行温度、离子强度、pH）、操作条件（如水流流态、跨膜压差）等，这些参数一方面源于系统的初始设置，另一方面也会随着系统的长时间运行逐渐发生变化。研究者们通过合理优化运行的初始条件，可一定程度上延缓膜污染的发生、提高系统的能源利用率；随着计算机技术的不断发展，膜分离系统的运行工况可利用深度学习、神经网络等人工智能手段结合在线监测设备实现评估和动态调整，从而使得系统长期处于高效状态；在长时间的运行过程中，系统中可能还会出现温度极化、浓度极化等现象，为了抑制此类不利影响的出现，研究者们尝试了多种方式优化装置结构，其中3D打印技术因其设计多样化、结构易实现以及复杂结构的低成本生产能力成为一个极具优势的手段，如Lia等人利用3D打印技术设计的膜蒸馏组件缓解了膜表面的极化现象，同时提高了水流在膜面的剪应力，在提高膜通量的同时有效地抑制了膜面的无机污染，为膜组件的设计提供了一个新颖高效的思路。

相比于设计新型工艺以及高级膜材料的制备，优化系统参数是一种较为直接且简单的工艺调控手段，但这一途径能达到的效果往往是有限的，仍然需要结合新材料及新工艺才能发挥最佳的效果。

（二）设计新型工艺结构

新型工艺既可以是对系统内某一结构的拓展创新，也可以是设计新型组合工艺。如流动电极式的MCDI就是一个典型的优化单一组件的例子，该工艺通过使用无固定形态的电极浆料代替固体平板电极，实现了MCDI系统吸附和脱附过程的同步进行，从而使得电极材料长期处于高效的非饱和状态，显著提高了系统的吸附速率。此外，对导流网以及膜材料本身的改进也可实现工艺的优化，如Alexander等人在疏水膜表面负载碳纳米管构建导电电热膜，左奎昌等人在不锈钢导流网表面负载性质稳定的六方氮化硼，实现了膜蒸馏组件内的原位电加热，这两种原位电加热手段均大大提高了系统的产水速率。

膜分离系统内组合工艺开发通常有两种思路，一种为串联思路，即在膜蒸馏装置前设置其他处理工艺，可看作对系统进水进行了预处理。如朱亮、陈琳等在膜蒸馏组件前端设置电化学氧化预处理工艺，同步实现了电化学氧化过程中热能的利用及污水中有机污染物的降解，提高了系统的能源利用率及稳定性。另一种组合工艺设计思路为原位耦合，如朱亮、陈琳等制备了一种导电膜材料，并由此开发了膜组件内膜面原位电气浮工艺，实现了高效的抗污染和抗润湿效果。

近年来，在膜分离系统中耦合其他物理、化学手段构建新型工艺逐渐成为一大热点，此类方法可以为原有的系统带来强有力的干预，实现性能的显著提升，但同时也增加了系统的复杂程度，对系统的管理、维护能力提出了更高的要求。

（三）开发新型膜材料

设计新型膜材料则是另一个极具前景的选择，如膜蒸馏中常采用特殊亲疏水性膜材料以有效地抑制膜污染与膜润湿的发生，代表性的膜材料包括具有优良抗无机污染性能的超疏水膜材料、水下疏油的非对称 Janus 膜以及不受表面活性剂润湿的双疏膜。除此以外,一些具有特殊形貌结构及理化性质的膜材料对抑制膜分离过程中的膜污染现象也有着显著的效果,如光催化自清洁膜材料、碳纳米管导电膜材料、具有规则微观纹理的纳米压印膜以及具有超薄分子筛涂层的石墨烯复合膜等。在上述调控措施的优化集成下,新型膜分离工艺中的膜污染问题有望在不久的将来得到有效的解决。

此外,提高膜材料的初始通量在构建低碳水处理新格局的过程中同样非常重要,因为这意味着单位能耗下可处理更多废水,实现了能耗的显著降低。在传统膜分离过程中高截留能力和高传质效率往往难以兼得,近年来研究者们在该方面做了大量努力,通过材料设计和工艺优化,一定程度上克服了这种通量与截留能力间的竞争效应。谭喆等人通过调控界面聚合过程中的扩散速率,设计出了具有规则图灵结构的膜材料,这种压力驱动膜相比于常规的膜材料有着更多的透水点位,因此使得初始膜通量大大提高。赵爽等人基于共价有机框架材料,制备了具有垂直对齐纳米通道的蒸馏膜,获得了高达 $600\ \mathrm{L}/(\mathrm{m}^2 \cdot \mathrm{h})$ 的膜通量。

现阶段已有大量性能优异的膜材料被设计、制备并报道,然而此类研究依然面临着材料制备烦琐、成本高昂等问题,离工业化应用还有着较大的距离,因此膜材料的设计不单需要考虑其优异的理化性质和底层原理,更要从实际出发,在性能与成本之间找到合适的平衡点。

第七章　非点源污染控制技术

7.1　概述

7.1.1　非点源污染的基本概念

（一）非点源污染的定义

根据污染源和污染分布类型的不同,水生环境中的污染源分为点源和非点源(Nonpoint Source,NPS)。其中,非点源污染也被称为面源污染。

点源污染主要包括固定排污口排放的工业废水和城市生活污水。非点源污染是指分布相对分散,由许多点源或没有明显污染源导致的污染,如农田化肥和农药、城市道路和建筑物等,它一般不是由单一来源导致,而是由多种经济活动共同导致的环境污染问题。这种污染往往不易被察觉,但对生态系统和水资源的危害十分严重,成为当前环境治理和保护的重要问题之一。

（二）非点源污染的特点

相比于点源污染的集中式排放,降雨径流造成的污染强度相对较低,排放原因复杂多变,排放范围广泛,没有固定的出口,使得水污染具有随机性、滞后性、不确定性和长期性。其主要特点归纳起来有以下几点:

1. 广泛性和分散性

随着化学材料的需求和发展,许多人造的、自然环境难以降解的化学物质广泛分布并逐年增多。因此,非点源污染具有分散性且面积大,往往涉及多个污染源,较难获得单个污染源的具体信息。

2. 随机性和高不确定性

由于非点源污染主要由径流造成,所以它与区域降水情况密切相关。此外,非点源污染的形成还与土壤结构、作物类型、气候和地质特征等因素有关。非点源污染的释放时间和方式是不确定的,具有分散性、突发性和不规则浓度等特点。总之,非点源污染的变动性比点源污染大得多。

3. 形成机制模糊

非点源污染的形成与土壤结构、作物类型、气候类型和地质地貌密切相关。土壤侵蚀是非点源污染中最重要和最具破坏性的类型。土壤侵蚀的强度取决于降雨强度、地形、土地利用模式和植被覆盖。

4. 间歇性

以施用农药和化肥为例,在没有降雨或灌溉的情况下,非点源污染强度很低。大多数情况下,非点源污染直接归因于降水和灌溉期。同样的特点也适用于城市径流污染。

5. 研究和控制难度大

非点源污染的复杂性、形成机制的模糊性、随机性和潜伏性使其更难研究和控制。

(三) 非点源污染的分类

非点源污染的来源非常广泛,如林业、农业、放牧、化粪池系统、城市径流、建筑、河道侵蚀和变形、动植物栖息地的改变等,这些都会导致非点源污染的产生和传播。非点源污染可分为城市非点源污染、农业非点源污染和其他非点源污染,这取决于它们所处的地区和特点。第一类是城市环境系统功能失调的结果,它产生的污染物分布广,数量多,成分复杂。此外,根据污染源的不同,非点源污染还可以分为土壤侵蚀、地表径流、农田施肥和农药、农村生活污水和垃圾以及干湿大气沉积。

1. 城市非点源污染

城市非点源污染是指城市降雨径流携带大气和集水区表面的各种污染物对受纳水体造成的污染。这个过程受各种因素的影响,如地形、气候、降水、交通强度和流域面积。污染物经过降水—淋洗—径流—地表冲刷—受纳水体的过程,实现在地表径流中的运输和转化。城市非点源污染模型如图 7-1 所示。

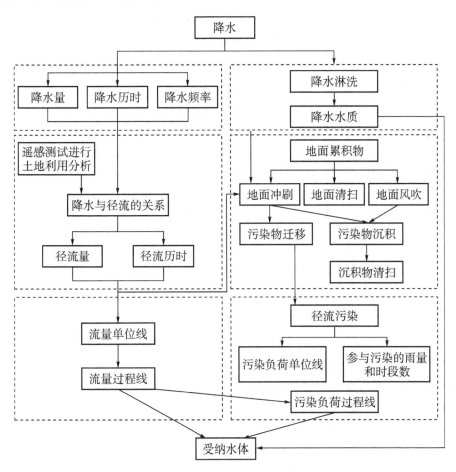

图 7-1　城市非点源污染模型

城市非点源污染的主要特点如下：① 大多数城市表面的不透水导致城市地表径流的四个过程持续时间很短。② 与不透水表面相比，城市地区的透水表面一般植被良好，所以侵蚀的影响较小。③ 如果积累在不透水表面的污染物不被扫除、不被风吹走、不被降解，这些污染物最终会进入地表径流。④ 鉴于城市热岛效应，大气中的污染物不太可能散布到周围地区，空气中的颗粒物体积小，进入受纳水体时不容易沉降。⑤ 在时间上，其污染物排放具有间歇性，污染物在晴天积聚，雨天排放；在空间上，受排水系统的影响，具有小规模点源和大规模非点源的特点。

2. 农业非点源污染

农业非点源污染是指在农业生产活动中，形成的氮、磷等营养物质、农药和有机或无机污染物通过农田地表径流和农田入渗对水环境的污染。它主要包括化肥污染、农药污染、集约化农场污染等。

在美国，非点源污染约占污染问题的 60%，而其中农业约占 75%。在欧洲国家也存在同样的问题。大部分的氮和磷污染是由农业非点源引入的。非点源污染在中国的河流和湖泊中也非常严重，在安徽的巢湖、云南的洱海和滇池、江苏的太湖和北京的密云水库等水域，非点源污染的比例超过了点源污染。

农业非点源污染的主要来源是化肥和农药的滥用、水产养殖、畜禽粪便、农业废弃物和农村生活垃圾。因此，农业非点源污染主要有两种形式，一种主要来自化肥、畜禽粪便和生活污水，其形式是氮磷排放等污染物造成的富营养化；另一种主要来自农药、除草剂和一些化肥，其形式是有机磷、有机氯和重金属及其他有毒污染物造成的污染。

3. 其他非点源污染

其他非点源污染包括土壤侵蚀、林业活动的污染以及大气中的干湿沉降。其中，土壤侵蚀是最重要和最具破坏性的。土壤侵蚀破坏了土壤表层的有机物，使许多污染物进入水体，形成非点源污染。土壤侵蚀使土壤颗粒及其所含的污染物迁移和运输，最终进入水体并造成污染。造成非点源污染的主要林业活动是地表径流、森林砍伐、肥料和农药的使用以及烧荒。其中，林区的地表径流污染主要是指降雨时发生的地表侵蚀，使地表的植物碎屑和树叶以及形成的侵蚀物随着地表径流进入水体，在一定程度上形成非点源污染。大气中的干湿沉降是指大气中的尘埃、烟尘和有毒有害物质直接落到水体表面或随降水落下，造成水环境的非点源污染。酸雨是世界上最著名的环境灾难之一，是最典型的湿沉降污染类型之一。

（四）非点源污染的形成

与非点源污染的产生、分布、运输和转化相对应的过程分别是降雨径流过程、土壤侵蚀过程、地表溶质流失过程和土壤溶质渗漏过程。污染物的后续迁移主要通过水和沉积物这两种介质进行。

非点源污染形成过程如图 7-2 所示。

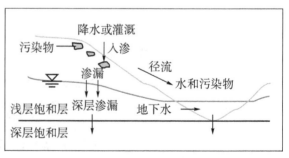

图 7-2　非点源污染形成过程

1. 降雨径流

暴雨径流的过程是非点源污染的主要驱动力。积聚在地表的污染物被降水冲刷,随着径流和沉积物运输的形成,在坡面上产生污染负荷,随着径流和沉积物运输在流域内增加和分解,最终进入水体。影响地表径流形成的决定性因素包括降水量、强度、持续时间和空间分布,这些因素首先影响扩散性污染形成的第一步,即降水径流过程,然后显著影响后续扩散性污染物的形成。降水产生的地表径流和土壤侵蚀产生的泥沙将营养物质从山坡表面剥离和输送,最终流入河流和湖泊,造成非点源污染。

2. 土壤侵蚀

降雨条件下的山坡土壤侵蚀过程是雨水—渗透—产流—土壤侵蚀的产生,而养分流失过程是雨水—渗透—径流—土壤养分。雨滴撞击地面,会使土体表层所赋存的固态养分发生解吸过程,以溶解态的形式随地表径流迁移,而未能从土壤中解吸出来的养分就会变成沉积物,部分沉积物可能被地表径流冲走,而其他沉积物则在径流容量不足时沉淀和积累,等待被下一次径流冲走。

3. 地表溶质流失

在雨滴打击及径流冲刷作用下,土壤表面形成一定厚度的混合层,混合层内的溶质参与径流过程而发生土壤养分流失。由土壤养分流失造成的非点源污染是当前水质恶化的最大威胁。分析我国各地的氮、磷流失状况,氮的年流失强度范围为 $0.01 \sim 249.60$ kg/hm^2,磷的年流失强度范围为 $0.005 \sim 77.66$ kg/hm^2,氮、磷流失强度比值(N/P)变化范围为 $0.01 \sim 50$,氮素流失强度约为磷素流失强度的 10 倍。

4. 土壤溶质渗漏

土壤溶质渗漏是指可溶性土壤物质随土壤溶液向下迁移。同时,还会形成侧向流动的壤中流,这对污染物的分布过程和输出过程有很大影响。多数研究集中在氮上,因为硝酸盐比磷酸盐更容易运输,破坏性更大。氮的泄漏会导致地下水中硝酸盐含量过高,威胁到人类健康,而且地下水被污染后极难治理。

7.1.2　非点源污染治理原则、目标与步骤

(一)治理原则

非点源污染治理总体方案设计的原则如下:① 非点源治理与点源、内源治理协调统一;② 非点源污染治理与生态治理措施相结合;③ 非点源治理与管理同步实施,强化非点源管理;④ 非点源的分散治理与集中治理相结合;⑤ 突出非点源重点治理区域及对象;⑥ 非点源治理与区域经济的发展相结合;⑦ 非点源治理与农村自然资源循环开发利用相结合,提高资源利用率及利用价值;⑧ 非点源治理工程建设与村镇、水利、农业和林业工程建设相结合;⑨ 对非点源污染物进行总量控制,因地制宜选择治理措施,实现社会、经济和环境的协调发展。

(二)设计目标

非点污染源负荷控制指标体系通常包括:总氮、总磷、泥沙、COD_{Cr} 等。另外还可以参考以下设计目标:非点源污染发生量、水土流失(土壤侵蚀)强度、绿化覆盖率、农村废水

和垃圾处理利用率、农村环境卫生、居民健康状况、农村生态环境质量、农村基础设施建设、农村土地利用状况等。

（三）设计步骤

非点源污染影响因素很多,情况复杂,很难规定统一的总体治理程序与方法。根据国内外长期以来对非点源研究、规划和治理工作的经验,提出了四个阶段总体治理程序。

（1）非点源污染负荷量及特征调查,通过现场观测和非点源模拟计算,查清流域非点源污染的来源、强度及其特征,定量确定非点源的污染负荷量;

（2）计算流域非点源允许负荷量,通过对流域污染源调查,根据水质保护目标,确定允许进入水体负荷量,进而明确非点源允许负荷量;

（3）确定非点源污染控制最佳方案;

（4）设计流域非点源污染控制的最佳总体方案。

7.1.3　非点源污染控制与管理

（一）非点源污染控制与管理研究现状

非点源污染是在 20 世纪 30 年代首次提出的,但真正开始被认识和研究是在 20 世纪 60 年代,当时滥用杀虫剂,特别是 DDT,对河流水体造成了严重破坏。20 世纪 60 年代的欧洲、美国和其他发达国家最先开始研究非点源污染,然后在 20 世纪 70 年代形成了全球关注。"最佳管理措施"(BMPs)是技术手段(如植被缓冲带)和非技术手段(如街道清洁)的结合,目的是减少或防止水污染。美国联邦政府于 1948 年通过了《联邦水污染控制法》(也称为《清洁水法》),以建立废水排放的基本法规。此后,该法案被多次修订,但对农业和采矿业的排放标准一直存在争议。1972 年的《清洁水法》中引入了"最大日负荷"系统,作为保护水生环境的点源和非点源的综合管理系统。在 20 世纪 90 年代末,低影响开发(LID)方法被引入雨水管理和非点源污染处理。LID 方法通过分散和小规模的源头控制来控制雨水径流和污染,主要包括生态滞留设施、绿色屋顶、透水路面和雨水利用。

在中国,2008 年修订的《中华人民共和国水污染防治法》提到了农业面源污染,但没有规定与之配套的法律责任,也没有提供明确的、可操作的管理方法。《中华人民共和国环境影响评价法》和《建设项目环境保护管理条例》明确了建设项目环境影响评价或登记的管理制度,环境影响评价必须包括非点源污染对水体的影响。此外,《中华人民共和国水土保持法》的部分内容也适用于与水土流失有关的非点源污染控制。2021 年,为落实习近平总书记关于加强农业面源污染治理的指示精神,生态环境部、农业农村部印发了《农业面源污染治理与监管实施方案(试行)》,在各省开展试点示范工作。这项工作的目标如下:到 2025 年,重点地区农业面源污染得到初步控制,绿色农业得到明显发展,化肥、农药减量工作定期推进,试点地区农业面源污染监测网络初步建成,监管、政策、标准体系和工作机制基本建立;到 2035 年,重点地区农业面源污染负荷明显减轻,监测网络和监管体系全面建立,绿色农业基本建立。

（二）非点源污染控制与管理的措施

非点源污染控制主要有三条途径：一是源头控制，控制和减少污染源释放污染物进入水体；二是过程阻断，在污染物向水体迁移的过程中，对污染物进行拦截阻断和强化净化，尽可能地减少进入水体的污染物量；三是末端治理，在污染物即将进入水体的末端采取有效的治理技术进行污染物的净化去除。

1. 源头控制

（1）化肥减量化技术：化肥减量化是通过合理减少农田养分投入，提高氮磷养分利用率，从而减少农田面源污染。化肥减量化可以通过提高耕地质量、改进施肥方式（如水肥一体化、化肥深施和机械化施肥等）、调整化肥使用结构、推广测土配方施肥技术、有机肥资源化利用（如秸秆还田、沼渣沼液还田和畜禽粪污利用等）等方式实现化肥的高效使用，从而达到减量化的目的。

（2）优化种植制度和种植结构：根据不同地域条件和作物种类，选择合适的种植制度和种植结构，发展绿色生态农业。如轮作制可改善土壤结构与提升土壤肥力，减少氮素流失的环境风险；丘陵山坡地上可修筑梯田，控制水土流失、涵养水土，实现农业高产稳产。

（3）节水灌溉技术：节水灌溉是解决农作物缺水用水的根本性措施，是缓解旱情和防止污染物迁移的有效措施，常见的节水灌溉措施有喷灌、微灌和低压管道灌溉。采用节水灌溉技术可以减少水资源浪费，节约化肥用量，减少了地表径流过程，从而控制农业非点源污染的发生。

（4）生活污水和垃圾收集：针对污水收集不全面，污水处理不彻底，污水直接入河的问题，宜争取污水接管全覆盖全收集，管网定期维护，强化污水处理设施运行管理，从源头解决农村生活污水排放不达标的问题。对建筑施工场地、垃圾堆放场、煤堆等地进行监测管理，将其覆盖以减少扬尘和沉积物的产生，最好在非点源污染形成前将其迅速清除处理。

（5）水土保持技术：水土流失的源头控制主要依托水土保持技术，如植被恢复、河岸带修复等。以预防为主，对天然河道进行坡面治理，减少坡面径流量，减缓径流速度，提高土壤吸水能力和坡面抗冲能力。强化植树造林，对流域内植被稀疏的裸土地与空闲地进行植被恢复，多层次造林。加大对陡坡地开垦的执法力度，并逐步对不符水土保持要求的耕地进行退耕还林。

（6）管理措施：对区域进行污染总量控制和非点源污染的排污权交易；合理制定土地利用规划，加强地面清洁管理，减少地面累积污染物的数量。

2. 过程阻断

（1）生态工程：开展植树造林种草，建设林带，以此减少裸露的地面，增加绿地面积，减少地表径流的同时还能拦截和净化径流中的污染物。此外，还可以建设生态沟渠、小微水体和人工湿地（如堰塘湿地）等系统拦截地表径流，有效阻断和吸收污染物，当最终出水满足水质要求时可用于回灌农田或景观水体。

（2）雨污分流：采用分流制排水系统，避免暴雨时期污水外泄增加径流污染。一般地，降雨初期产生的径流污染最强，所以可以着重对初雨径流进行工程处理。

（3）其他工程措施：采用多种透水地面，包括透水砖、透水混凝土路面、透水沥青，使得更多的地表径流可以渗入地下，或者是在不透水区域设置透水带。另外，可以在建设工地等地上修建沉淀池或储存池拦截和储蓄因暴雨而产生的非点源污染，后续再对其进行处理。

3. 末端治理

（1）前置库技术：前置库是指位于湖泊或者水库的上游，容积相对较小，通过水力调控和生态净化削减进入水体的污染物以保护下游湖泊或者水库的生态工程。根据河流入库河口的条件，选择合适的地理位置建设前置库。利用前置库收集地表径流，通过前置库的物理和生物净化作用，进一步净化水体中的氮、磷、悬浮颗粒物等，实现对非点源污染的有效控制。

20世纪90年代以来，前置库技术已被推广应用，如云南滇池、江苏太湖流域都得到了显著成效。

（2）河口湿地技术：河口湿地是指海水回水上限至海口之间咸淡水河段、沿岸与河漫滩地形成的湿地。河口湿地一般具有优越的地理位置、充足的水资源和丰富的生物多样性，拥有结构稳定、功能良好的湿地生态系统，对防洪蓄水、调节气候、提供栖息地、防止水体富营养化和净化水体都具有重要作用。

（3）污水再利用技术：污水再利用技术包括物理法、化学法和生物法。一般情况下，经过净化处理的生活污水应用在城市建设用水、生态景观和农业浇灌方面。物理法包括筛滤截留、重力分离、离心分离等，化学法包括化学沉淀、中和、氧化还原、电解等，生物法包括曝气、生物膜法、生物稳定塘等。

7.2 非点源污染最佳管理措施

7.2.1 概述

（一）最佳管理措施简介

最佳管理措施（Best Management Practices，BMPs）是指在特定条件下经济、技术和生态可行的方法，用于控制非点源污染，降低其对水体的影响。BMPs可以分为工程性措施和非工程性措施，两者相辅相成，共同应对非点源污染问题。

BMPs通过控制农业活动中污染物的产生和迁移，防止污染物进入水体，从而避免农业非点源污染的形成。另外，通过技术、规章和立法等手段有效减少农业非点源污染，重点在于污染源的管理而不是污染物的处理。

英、美等国是最早实行BMPs来控制非点源氮、磷危害水环境的国家。1972年美国《联邦水污染控制法》首次明确提出控制非点源污染，倡导以土地利用方式合理化为基础的最优管理实践。1977年的《清洁水法》进一步强调非点源污染控制的重要性。1987年的水质法案则明确要求各州对非点源污染进行系统的识别和管理，还给予资金支持。

表7-1为BMPs评估技术方法特点总结。

表 7－1　BMPs 评估技术方法特点总结

评估方法	适用范围	优点	缺点	是否适用于评估源头控制措施	是否适用于评估过程阻断措施
实际监测	社区、城区、城市、地块、农场、流域	获得实际污染负荷及削减效果,适用于各种空间尺度、BMPs	对于大尺度区域成本高,短期监测难以评估BMPs效果	是	是
模型预测	社区、城区、城市、地块、农场、流域	适用于各种空间尺度和BMPs,可模拟不同削减措施的效果	对工作人员技术要求高、数据需求较大	是	是
养分平衡计算	地块、农场、流域	计算简单、数据需求低、成本低	难以进行传输阻断措施的评估,无法反映BMPs效果的滞后性	是	否
风险评估	地块、农场、流域	所需数据易于获取,可识别关键源区	仅能评价潜在污染风险,难以评估	否	是

（二）最佳管理措施分类

最佳管理措施（BMPs）主要分为工程性措施和非工程性措施两类,它们采用不同的手段实现控制非点源污染的目的。

1. 工程性措施

工程性措施主要依赖于工程设施和技术手段,通过改变污染物的流动途径,降低污染物的排放量。工程性措施主要包括排水系统改造、沉淀池、植被缓冲带、沟渠、人工湿地、灌溉技术等。

主要原理是在严重污染的地段下方建造截留污染物和使污染物循环利用的工程设施,针对非点源污染突发性、大流量、低浓度的特点,通过物理、化学和生物过程,控制暴雨径流,分割污染源与河流、湖泊间的直接连接,截流与沉淀径流中的悬浮物与 N、P 污染物等。特点是投资较大,实施周期较长,但效果相对明显,可直接降低污染物排放量。

2. 非工程性措施

非工程性措施主要依赖于政策法规、管理策略、教育培训等手段,引导和规范人类行为,从源头上减少污染物的产生和排放。非工程性措施包括政策法规、规划、培训、宣传教育、生产方式改进等。

其原理是增加作物对化肥、农药和牲畜废弃物的利用率,通过不同作物种植技术、耕作方式、农药化肥使用方法、灌溉制度等农田土地利用管理方式的相互组合,来降低污染物流向地表和地下水体的程度,在非点源污染的源头控制污染物的产生和扩散,从而降低污染环境的风险。同时,管理措施也能促使生产者在生产过程中同时考虑环境与经济因素的影响,从源头上遏制农业非点源污染。特点是投资较小,实施周期较短,但效果需要长期观察,依赖于人们的参与和行为改变。

7.2.2 农业非点源污染最佳管理措施

(一)工程性措施

1. 缓冲带

缓冲带是一种生态工程技术,指在农田与河流、湖泊等水体之间设置的宽度适当的植被带。缓冲带通过植被的生长、根系的固定作用以及对土壤的改良,有效地过滤农田径流中的悬浮物、养分和农药等污染物,从而减少其进入水体的概率。缓冲带具有较强的生态服务功能,可以提高生物多样性、改善景观美学、促进地区生态平衡等。选择不同类型的缓冲带要综合考虑当地的土壤类型、地形和气候条件等因素。

根据植被种类和结构,缓冲带可分为草带、林带和复合缓冲带等类型。(1)草带:草带是由草本植物组成的缓冲带,具有较强的过滤和稳定作用。草带适用于土壤肥力较高、地形较平坦的区域。(2)林带:林带是由乔木、灌木等木本植物组成的缓冲带,具有较强的吸附和降解作用。林带适用于土壤肥力较低、地形较陡峭的区域。(3)复合缓冲带:复合缓冲带是由草本植物和木本植物共同组成的缓冲带,兼具草带和林带的优点。复合缓冲带适用于土壤肥力和地形条件较为复杂的区域(图7-3)。

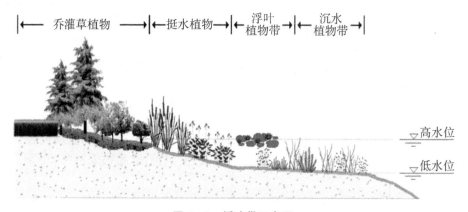

图7-3 缓冲带示意图

缓冲带具有以下主要功能:(1)过滤作用:植被可以过滤农田径流中的悬浮物和颗粒物,减少其对水体的污染。(2)吸附作用:植被根系和土壤微生物可以吸附农田径流中的养分和农药等污染物,减少其迁移。(3)降解作用:土壤微生物可以分解农田径流中的有机物和农药等污染物,降低其毒性。(4)稳定作用:植被根系可以稳定土壤结构,减少水土流失,降低农田径流的速度和量。

2. 人工湿地

人工湿地是一种模拟自然湿地生态系统的人造生态工程,主要用于对农田径流、城市雨水和工业废水等水源中的污染物进行处理。通过植物吸收、微生物降解、沉淀等多种途径,人工湿地可以有效地去除水中的悬浮物、养分、重金属和有机污染物等。

人工湿地净化原理主要依赖于其独特的生态系统,通过物理、化学和生物学过程相互作用,实现对水体中污染物的去除。净化原理如下:(1)植物吸收。湿地植物可以直接吸收水中的养分(如氮、磷)和重金属等污染物,将其转化为植物体。此外,植物还可以通过蒸腾作用促使水分子从湿地中散发到大气中,从而降低污染物浓度。(2)微生物降解:湿地中的微生物群落(如细菌、真菌、原生动物等)可以分解水中的有机物和农药等污染物,将其转化为无害或低毒的物质。同时,微生物也可以参与氮循环过程,通过硝化和反硝化作用,将水中的氮化合物转化为氮气排放到大气中。(3)土壤过滤与吸附:湿地底部的土壤和填料可以通过物理过滤作用去除水中的悬浮物和颗粒物。同时,土壤中的黏土矿物和有机质等成分还可以吸附水中的重金属和有机污染物,降低其迁移速度。(4)沉淀与絮凝:在湿地水体中,重金属离子、颗粒物和有机物等污染物会因为重力作用或絮凝作用而沉降到湿地底部,从而实现对污染物的去除。(5)湿地生态系统的协同作用:湿地生态系统中的植物、微生物和土壤等多种生物与非生物因素相互作用,共同构建成一个高效的水质净化和污染物处理系统。例如,植物可以为微生物提供生长和附着的空间,同时释放有机物为微生物提供能量来源;而微生物则可分解有机物,为植物吸收养分创造条件。

综上所述,人工湿地净化原理主要依赖于湿地生态系统中的多种生物与非生物因素相互作用,共同实现对水中污染物的去除。这种生态净化方式具有处理效果稳定、运行成本低、环境友好等优点,适用于农田非点源污染、城市雨水和工业废水等水质治理场景。

不同类型人工湿地工艺比选如表7-2所示。

表7-2　不同类型人工湿地工艺比选表

指标	人工湿地类型			
	表面流人工湿地	水平潜流人工湿地	上行垂直流人工湿地	下行垂直流人工湿地
水流方式	表面漫流	水平潜流	上行垂直流	下行垂直流
水力与污染物削减负荷	低	较高	高	高
占地面积	大	一般	较小	较小
有机物去除能力	一般	强	强	强
硝化能力	较强	较强	一般	强
反硝化能力	弱	强	较强	一般
除磷能力	一般	较强	较强	较强
堵塞情况	不易堵塞	轻微堵塞	易堵塞	易堵塞
季节气候影响	大	一般	一般	一般
工程建设费用	低	较高	高	高
构造与管理	简单	一般	复杂	复杂

3. 梯田工程

梯田是在坡地上修建的阶梯状农田。梯田能够减缓水土流失,降低径流速度,从而减少污染物的迁移。通过设置横向沟渠、梯田坎等工程措施,可以有效地阻止农田径流携带的污染物进入水体。同时梯田工程通过增加田面面积使得地表蒸发量变大。另外，在梯田增加植被覆盖，可以防止雨滴溅蚀，并使地表入渗能力提高，减少径流冲刷，以此达到更好的水土保持效益。

4. 农业生态工程

农业生态系统是人们运用生态学原理和系统工程方法，利用农业生物与环境之间，以及生物种群之间相互作用建立起来的，按社会需求进行物质生产的有机整体，是一种被人类驯化、较大程度上受人为控制的自然生态系统。

"生态农业"一词最初由美国土壤学家 Albrecthe 于 1970 年提出。其原来的含义主张完全不用或基本不用化肥、农药生长调节剂，尽量依靠作物轮作、秸秆还田、施用粪肥、种植豆科作物、绿肥等维持地力，并以生物防治的方法防治病虫害。发展生态农业的目的是在洁净的土地上，用洁净的生产方式生产洁净的食品，提高人们的健康水平，促进农业的可持续发展。

（二）非工程性措施

1. 耕作管理

耕作管理是通过不同的农作物耕作方式降低污染物随降雨径流迁移转化的手段。主要包括作物轮作、保护性耕作、等高种植、条状种植等。

作物轮作是指在同一块土地上，按一定的顺序和时间间隔轮流种植不同类型的作物。轮作有助于提高土壤肥力，减轻病虫害，降低化肥和农药的使用量。同时，根据当地的气候、土壤和水资源条件调整作物种植结构，选择适宜的耐旱、耐盐碱、高产高效的品种，有利于降低农业对环境的影响。合理的轮作种植制度可减少 30% 以上的土壤侵蚀和 20% 以上的氮素流失。

保护性耕作是一种减少土壤翻动、保持土壤覆盖、减少水土流失的农业耕作方式。常见的保护性耕作方法有秸秆还田、覆盖作物、最小耕作等。保护性耕作有助于维持土壤结构，减少农田径流，从而减少污染物的迁移。

等高种植是指在山坡同等高度的地上种植农作物，坡的走向与山坡等高线一致。等高种植同顺坡种植相比可多减少约 30% 的土壤流失，一定程度上减少了农田土壤养分的流失，能够实现对农业非点源污染的控制。

条状种植是一种阻止土壤流失和防治泥沙携带污染物的有效方法。条状种植有两种形式：（1）等高条状种植，是沿着田间等高线条状种植作物的一种方法；（2）田间条状种植，是作物按条带种植，主要是与田地的总体坡面垂直。这两种条状种植方法可保护土壤侵蚀，而等高条状种植比田间条状种植有更好强保护作用。

2. 养分管理

若为了追求经济效益而不顾生态效益，在农业生产中往往会出现盲目施肥的问题，导致养分过剩，植物吸收不了多余养分，多余养分只能累积在土壤中，之后随着径流进入水体或渗透进土壤进入地下水，最终产生农业非点源污染。而氮、磷等元素随地表径流流失的一个主要原因就是化肥大量的投入使用和施肥的不科学性。而养分管理就是制定科学的施肥方案，减少化肥和农药的使用量，降低污染物产生。这包括进行土壤测试，根据作物需求和土壤养分状况精确施肥，同时采用有机肥和缓释肥，提高肥料利用率。

此外,可通过深施、定位施肥等方式,将肥料更准确地送达作物根部,减少养分的流失。

3. 宣传培训

加强农民培训和宣传教育是增强农民环保意识,推广绿色农业技术的重要途径。通过培训班、示范基地、农业技术推广等方式,向农民普及环保农业知识,提高农民对非点源污染的认识,引导农民采用环保的农业生产方式。

4. 政策法规

制定和实施相关政策法规是规范农业生产行为,减少非点源污染的重要手段。政府部门应加强对农业生产的监管,制定农药、化肥使用等方面的标准和限制,鼓励绿色农业发展。同时,通过补贴、贷款等政策措施,支持农民采用环保农业技术。

综上所述,农业非点源污染最佳管理措施(BMPs)包括工程性措施和非工程性措施两大类。工程性措施主要通过建设缓冲带、梯田、排水沟和人工湿地等设施,降低农田径流中污染物的迁移。非工程性措施则侧重于改进农业生产方式,增强农民环保意识,制定和实施相关政策法规。

7.2.3　城市非点源污染最佳管理措施

城市非点源污染是指雨水径流过程中,由于城市地表的杂散污染物被冲刷而引起的一种污染现象。非点源污染物包括悬浮物、营养物质、重金属、石油类物质和有机化合物等。城市面源污染是城市发展中面临的重要问题。近几十年来,随着城市不透水率的增高和人类活动的增强,城市面源污染物如颗粒物、营养盐和有机物通过降雨进入城市水体,引起城市水质恶化。中国提出建设海绵城市,目的之一是改善城市水环境。海绵城市规划中,如何有效估算城市面源污染负荷并通过管理措施控制污染是亟待解决的问题。

(一)工程性措施

1. 植被覆盖

植被覆盖是一种重要的城市非点源污染控制措施,通过增加城市绿化面积和改善植被结构,来达到减少雨水径流、降低污染物输移速度和去除水中污染物的目的。扩大城市公共绿地、街道两侧绿化带、屋顶花园等绿化区域,提高植被覆盖率,可减少雨水径流对城市地表的冲刷作用,降低径流中悬浮物、颗粒物和其他污染物的含量。定期对城市植被进行养护和管理,保持植被的健康生长,确保其在非点源污染控制中的持续有效作用。例如,可采取适时修剪、病虫害防治、施肥等管理措施。

2. 渗滤系统

渗滤系统是城市非点源污染控制的一种有效手段,主要通过减缓雨水径流速度、增加地表水渗透、降低径流量来减少污染物的排放。渗滤系统的主要类型包括渗透井、渗透沟、渗透带和渗透池等。

渗透井是一种垂直向下的渗水设施,通常在城市道路、停车场等地设置。渗透沟是沿城市道路、建筑物基座等地形设置的一种水平渗水设施。通过设置渗透沟,可以收集雨水径流并增加地表水渗透,降低径流速度和污染物的输移。渗透带通常设置在城市道路、建筑物四周、绿地等区域。通过设置渗透带,可以增加地表水渗透、降低径流速度,从而减少径流中的污染物排放。

3. 滞留系统

滞留系统主要通过减缓雨水径流速度、增加水体停留时间以及促进污染物沉降等方式来降低污染物的排放,主要包括雨水滞留池、沉积沟渠、水生植物滞留系统和雨水花园等。

(1) 雨水滞留池是一种专门用于暂存雨水径流的人工结构,可以是地表或地下的设施。其主要作用是暂时存储雨水径流,减缓雨水冲刷力,降低径流速度,从而减少污染物的迁移和扩散。同时,滞留池内的水体停留时间较长,有利于悬浮物和颗粒物的沉降,降低径流中的污染物浓度。

(2) 沉积沟渠是一种沟渠式的滞留设施,主要用于收集和暂存雨水径流。通过设置沉积沟渠,可以有效减缓雨水径流速度,增加沉积沟渠内的水体停留时间,促进污染物沉降,降低径流中的污染物浓度。

(3) 水生植物滞留系统是通过种植水生植物来实现径流滞留和污染物去除的方法。水生植物具有较强的污染物吸收能力,可通过吸附、降解和转化等多种途径去除径流中的污染物。此外,水生植物还可以增加水体停留时间,促进污染物沉降,提高水质。

(4) 雨水花园是一种绿色基础设施,主要用于雨水滞留和净化。雨水花园中的植物、土壤和微生物等多种生物与非生物因素共同作用,去除径流中的污染物。

4. 湿地

湿地是一种具有丰富生物多样性和独特生态功能的自然生态系统。在城市非点源污染控制中,湿地发挥着至关重要的作用。通过建设和保护城市湿地,可以有效地减缓雨水径流速度、增加水体停留时间,以及通过生物、物理和化学等多种途径去除径流中的污染物。城市湿地在非点源污染控制中的应用主要包括自然湿地保护与修复、人工湿地建设、岸边湿地带和湿地公园。

(1) 自然湿地保护与修复:保护和修复城市自然湿地是非点源污染控制的基础性措施。通过保护现有湿地、恢复退化湿地以及扩大湿地面积等手段,提高湿地对非点源污染物的吸收和净化能力。

(2) 人工湿地建设:人工湿地是一种模拟自然湿地生态系统的工程措施,通过构建具有特定功能的植物、土壤和微生物等生物与非生物因素组合,以达到去除污染物的目的。人工湿地可应用于城市公共绿地、河道两侧、屋顶花园等地,提高城市非点源污染的处理效率。

(3) 岸边湿地带:在河流、湖泊和水库等水域的岸边建设湿地带,可以有效减缓雨水径流对水体的冲刷作用,降低悬浮物、颗粒物和其他污染物的输送速度。同时,湿地带中的植物、土壤和微生物等生物与非生物因素共同作用,去除径流中的污染物,提高水质。

(4) 湿地公园:湿地公园是一种将湿地生态系统与城市公共绿地相结合的绿色基础设施。通过建设湿地公园,可以提高城市居民的生活质量,同时发挥湿地在非点源污染控制中的作用。

(二) 非工程性措施

1. 规划设计

将非点源污染防治纳入城市规划和设计中,通过优化城市布局、提高绿地覆盖率、改善交通系统等方式,降低非点源污染的产生。例如,在城市规划设计中加强生态基础设施的布局,提高雨水收集、滞留和净化能力。

2. 政策法规

制定和完善相关政策法规,为城市非点源污染的防治提供政策支持和法律依据。例如,制定城市非点源污染防治法规,规定防治要求、责任主体和执法监管等内容,确保非点源污染防治工作的顺利推进。

3. 宣传教育

加强对公众的环保教育和宣传,增强民众对非点源污染的认识和防治意识。例如,举办环保知识讲座、开展环保主题活动,以及利用媒体、网络等渠道宣传非点源污染防治知识。

4. 行为引导

通过设立环保标准、实施经济激励和行政约束等手段,引导企业和个人采取环保行为,减少非点源污染的产生。例如,对采用清洁生产技术和低污染排放的企业给予税收优惠,对违法排污的企业和个人进行罚款、整改等处罚。

5. 环境监测与信息公开

建立非点源污染环境监测体系,定期监测污染物排放情况,及时发现和预警污染风险。同时,将监测数据和信息及时向社会公开,接受公众监督,提高非点源污染防治工作的透明度。

6. 社区参与

鼓励社区居民参与非点源污染防治工作,发挥社区组织的作用,加强对非点源污染的监控和管理。例如,组织居民开展环保志愿活动,对社区内的非点源污染进行巡查和清理,提升社区环境质量。

7. 合作与交流

加强城市之间在非点源污染防治方面的合作与交流,共享经验和技术,推动非点源污染防治工作的不断发展。例如,建立区域性非点源污染防治协作机制,共同开展技术研究、政策制定和实施等工作。

7.2.4 BMPs 评估方法

BMPs 评估是指在不同区域采取各类 BMPs 措施后,评估该流域面源污染物的削减率。其中生态环境效益评价主要是评价削减氮、磷等面源污染物的负荷量,经济效益评价通常是评价实施措施的成本。因此,用综合成本进行效益分析是评估 BMPs 的重要方法。BMPs 评估方法主要包括实地监测、风险评估、模型模拟、养分平衡,其中模型模拟法广泛应用于流域尺度的面源污染控制研究,具有较好的模拟效果。

(一)实地监测

对水体中的营养物浓度和负荷进行较长时间的现场监测,所得数据为描述减排措施的有效性提供了良好的基础,它们还可以描述 BMPs 对水质和流域生态功能的实际改善效果。获取这些数据的方法包括但不限于嵌套监测方法,即在子流域范围内进行实地监测活动,然后将结果放大到较低的流域范围内使用,收集样本以评估土壤养分移动对受纳水体的影响,以及通过水系中的上游-下游监测确定缓冲区的有效性。然而,由于非点源污染的复杂性,以及对营养物质系统动态的研究(河流中的营养物质传输过程和生态反应方面)还没有完成,因此对于监测方法对减污措施效果的积极和消极影响,还没有明确的结论。同时,年际气候变化对现场监测产生了重大影响,增加了复杂性,使减污措施的效果更难与已经不复杂的水环境问题区分开来。目前,这些问题主要通过自动分析和样品采集设备来解决,提高了测量数据的可重复性,以提供更具代表性和准确的评估。目前利用现场监测来评估 BMPs 效果也存在以下问题:

(1)评估大规模流域减排的 BMPs 效果需要高度准确的时空数据和对管理方法变化高度敏感的样本数据。目前,只有少数国家拥有详细的长期连续监测数据。因此,数据的可得性是限制现场监测评估方法广泛使用的一个主要瓶颈。

(2)BMPs 效果的滞后性也会对监测方法的评估效果产生重大影响,增加了对数据的需求,也会导致在特定的时间范围内无法达到水质目标。

(3)土壤类型、沉积物、生物滞留和重复排放也会阻碍和抵消测量的效果,这些都是监测方法难以识别的。例如,颗粒磷由沉积物滞留过程沉积,但随后被生物和非生物过程反复吸附和释放。由于过度施肥,营养物质在土壤中过度积累,使得污染物在很长一段时间内持续释放,这使得基于源头控制的减排措施的效果难以监测。因此,在使用现场监测方法时,必须考虑措施效果的滞后性。

直接现场监测是一种有效的评估方法,但由于营养物污染的来源和途径的时空异质性,该方法几乎不可能在大规模地区应用,大多适用于小规模地区,需要在大规模地区建立替代评估方法。

(二) 风险评估

污染物负荷在空间上一般呈正态或对数正态分布,即只有百分之几的流域面积贡献了大部分的污染物,这些地区被称为非点源污染的关键源区。风险评估方法是通过估计污染物同时产生和迁移的概率来量化地表源污染物负荷的发生风险,然后根据污染物损失的风险分类来确定分配 BMPs 的目标区域(关键源区)。最常用的风险评估方法是磷指数(PI)及其相应的推导模型,它是通过考虑多种因素相互作用对磷损失的影响而构建的。磷指数可以识别磷损失的潜在风险,也可以定量估计实际的磷损失,不需要使用复杂的数学模型,而且使用方便、灵活。但由于大尺度流域磷污染的来源、传输和转化过程非常复杂,要对其进行概率和定量评价非常困难,因此 PI 方法主要还是应用在地块尺度上,大尺度流域的 PI 体系建设有待加强。风险评估法基于对流域内污染物流失风险的定性分析,而流域内面源污染的控制和 BMPs 的配置需要定量的风险指标作为依据。

PI 方法基于八个因素,包括土壤侵蚀、地表径流、土壤有效磷、化学磷肥和有机磷肥施用以及施用方法。每个因子根据其测量值分为五个等级(无、低、中、高、非常高),每个等级对应一个等级值(0、1、2、4、8),并为每个因子分配相应的权重,权重按以下公式计算:

$$PI = \sum (W_i \times V_i) \qquad (7-1)$$

式中,W_i 为各个影响因子(包括源因子和迁移扩散因子)的权重,V_i 为各因子的等级值。

最后将计算的磷指数从小到大分为 4 类风险等级（低、中、高、很高），从而获得研究区域的磷流失潜在风险空间分布，界定出磷流失高风险区的位置和范围。

近年来，通过对源因子和迁移控散因子分配权重值，对磷指数进行了改进，使该方法可以根据特定区域的情况进行调整，而不必扩大具体参数。但是，由于体系架构的限制，应用这类方法存在一些问题。

（1）通过调整源因子和迁移控散因子的类型和参数，有可能模拟实施 BMPs 的效果，其中控制源因子和迁移控散因子是首要目标。然而，要准确评估 BMPs 在年度时间尺度上对作物的控制效果是比较困难的。例如，粪便下渗的时间、施肥的时间和种植的间隔都会影响评估的结果。

（2）风险评估可以反映出在缺乏现场监测数据的情况下，污染物传输过程对扩散性污染形成的影响。然而，这一方法往往因某些结构和参数的不确定性而受到影响。这种方法结果可以通过增加敏感因素和参数的数量来改善，但会导致数据需求和方法的原始设计之间的冲突。同时，磷指数法也主要应用于农场和小流域范围，因为磷在流域内的传输和转化过程非常复杂，较难归纳。

（3）磷指数值只是一个潜在的磷流失风险值，而不是实际的磷流失量，这将直接影响风险区判定的合理性。另外，目前在确定因子权重和划分风险等级方面还没有统一的标准，主观性较强，会影响污染指数法的计算和重点源区识别的结果。

（三）模型模拟

模型模拟方法主要结合地理信息数据（如 DEM）、土壤属性数据以及土地利用数据，以更准确地描述流域内地表污染产生和迁移过程中的复杂水文和污染物传输过程。这一方法主要用于计算地表污染负荷，识别关键污染源区域，评估不同最佳管理措施（BMPs）在研究区域从田间到流域范围内的长期效果，为优化 BMPs 配置提供重要依据。目前广泛应用的机理模型包括 ANSWERS、SWAT、AnnAGNPS 和 HSPF 等。然而，随着研究尺度的扩大，流域水文过程和土壤侵蚀过程可能会被简化或同质化，从而影响对小尺度污染产生单元的污染特征的准确考虑。因此，小尺度面源污染模型研究变得尤为重要。IFSM 模型是一种全方位的田间尺度模型，能够评价在地块尺度上设计和管理的BMPs 在长期内的环境和经济效益。该模型可以预测作物生长、畜牧生长以及养分平衡（包括饲料和肥料的输入，输出仅包括动植物产品中的 P、N 和 K）。保持地块层面的养分平衡是预防养分富集的关键。此外，IFSM 还能预测典型地块之外的土壤侵蚀和地表径流中的磷损失，成为模拟田间规模地表污染特征的有效工具。

模型模拟通常使用描述物理机制的经验方程来定性和定量地评估营养物质的传输、保留和转化过程。许多模型还包括优化选项，以确定基于特定控制目标的污染物输入和输出之间的关系。

经验模型使用所谓的"黑箱"方法模拟污染物的输入和输出，不考虑污染物的传输和转化过程。这种类型的模型需要的数据较少，因此可以评估的减排措施数量有限，但对区域范围的研究具有很大价值。概念性模型包含污染物传输和转化过程的部分信息，并得到大量实验数据的支持，但它们并不能模拟污染物运行机制的全部过程。与经验模型相比，这些模型需要更多种类和数量的系数，可用于确定营养物质流失的高风险区域，并评估一系列的削减措施。

机理模型侧重于量化污染物流失的整个过程，允许识别高污染风险区域和营养物流失途径。这使管理者能够采取更有针对性的减排措施。然而，这些模型需要密集的计算、高水平的专业知识和大量的数据来支持。

对 BMPs 减排措施效果的模型模拟也存在以下问题：

（1）从理论上讲，如果模型能够模拟某种 BMPs 去除污染物的机制，就可以非常准确地评估 BMPs 的效果。但在实践中，能被模型较准确评估的措施只有轮作、保护性耕作和肥料管理，这些措施都可以通过调整一个模型参数来评估。但对于常用的植物过滤带的测量，调整一个参数就很难进行有效的评价。这是因为宽度和粗糙度等因素并不是设计滤带时需要考虑的唯一因素。污染物传输途径也很重要。因此，常用的模型，如流域水土评估模型及流域水文和水质模拟模型（HSPF），很难准确评估这一措施的效果。

（2）随着计算机技术的发展，非点源污染模型的模拟规模越来越大，可以模拟由几千个子流域组成的大规模流域，也可以在子流域范围内有效地确定 BMPs 的目标。然而，由于模型的结构设计，现有的 BMPs 目标配置只能在水文响应单元尺度上实现。水文响应单元是基于地形、土地利用和土壤类型的模型运行的基本单位，其边界往往与自然农田不相容，基于它的 BMPs 配置很难被农民接受。

（3）模型结构的复杂性、所需数据的多样性以及参数之间的相互作用，常常导致模拟结果的严重不确定性。例如，美国威斯康星州的一项研究发现，由于分布式水文模型没有考虑土壤对污染物浓度变化的缓冲作用、长期农业遗留影响和气候变化影响，在大规模实施 BMPs 后，虽然模型估计结果表明非点源污染物有明显减少，但现场监测发现大多数河段的水质没有明显的统计学改善。与全流域模型相关的固有不确定性受到空间数据准确性和数据要求的限制。因此，对于全流域或全国范围的模拟，经验模型可能更适用，而受限的机理模型更适合于地块范围的模拟。

（四）养分平衡

养分平衡是量化养分管理最常用的方法之一。它以物质守恒原则为基础，通过量化研究区域内氮的输入和输出来评估。该方法可应用于广泛的范围，在大多数研究地区，从田间到国家都能应用。根据研究的规模和目的，国外研究人员总结了三种类型的养分平衡模型，即场域养分平衡、土壤表观平衡及土壤系统平衡。

场域养分平衡模型以农场为研究对象，通过"农场大门"这一假设的输入和输出端口，对农场的所有养分输入和输出进行核算。在评估氮肥管理的环境影响时，以农田系统中氮的增减为基础的土壤表观养分平衡模型被用来计算土壤作物根际深度的养分平衡，重点是土壤表面的输入和输出流，而不是土壤内部的转化。该方法使用起来很简单，可以在区域范围内估计养分的环境影响负荷。土壤表观养分平衡模型是考虑农业系统养分平衡的主要方法，主要是确定农业生态系统内的养分过剩和亏损状态。它被用来分析农业生产和农业环境状况。土壤系统平衡是一个常用的宏观养分平衡模型，它以大范围的区域为研究对象，揭示研究区域内剩余养分的分布。该模型除了考虑上述两个模型的输入和输出成分外，地表径流、沥滤和矿化也被纳入模型，从而更适用于宏观尺度研究。

养分平衡方法在评价 BMP 方面的有效性受几个因素制约：

（1）数据的可用性直接决定了养分平衡方法的应用规模。养分平衡法特别适合于农场研究,在那里可以确定耕作系统和相关个体之间的关系。污染物来源和传输过程的空间和时间异质性表明,从田间剩余物中预测的结果不适用于较大研究区域的规模。另外,使用低精度数据估计的大规模区域剩余量不能用于推断单个农场的剩余量。

(2)剩余和损失之间关系的不确定性对养分平衡方法的应用有很大影响。该方法没有考虑从饱和土壤中释放出的养分量,对确定养分保留和长期盈余不够敏感。也有可能在作物吸收养分之前发生沥滤,这也会导致养分盈余和损失之间关系的弱化。

(3)使用养分平衡方法进行估算时出现的错误,也会使 BMP 效果的评估变得不准确。养分平衡方法是对复杂多变的耕作系统的一种解释和简化。由于所需投入的来源和精度的变化,所涉及的误差不容易知道。例如,粪便的营养成分差别很大,而且很难获得有代表性的样本,导致估算氮含量时有很大的误差,因此在计算粪便投入和产出时有很大的不确定性。在欧盟,对牧草生产量和脱氮的实际调查显示,由于缺乏牧草和样本数据,土壤表面系统的氮含量有很大的不确定性。因此,区域养分预算通常被认为比土壤表面和土壤系统的养分预算更准确。

7.3 城市雨洪控制与管理

7.3.1 概述

城市雨洪控制与管理是城市发展中至关重要的环节,社会经济飞速发展使得人类对城市雨洪的控制与管理面临越来越多的挑战。随着城市化进程的加快,城市硬化程度不断提高,地表径流系数增大,导致城市内涝、水质恶化等问题日益严重。同时,气候变化和极端天气事件的发生频率和强度增加,给城市雨洪管理带来了更大的压力。传统的雨洪管理方法往往侧重于排水,而非综合管理,这在一定程度上加剧了城市水资源短缺和生态环境恶化。因此,面对新的挑战,城市雨洪管理亟须转变思路,寻找更加科学合理的方法。

城市雨洪,是对城市化地区的降雨产流、管网汇流与河道行洪过程中的径流的统称。城市雨洪管理是针对城市中存在的洪水灾害、水资源短缺、水循环利用和环境优化等问题,全面统筹考虑雨水的资源价值,从简单地排洪发展为雨洪综合利用的现代化管理。

传统的雨洪管理利用竖向设计,以"管网收集"加"终端处理"模式排出雨水。至 20 世纪 70 年代,发达国家经研究产生了新的雨洪管理理念,最具代表性的有美国的最佳管理措施(BMPs)和低影响开发(LID)、英国的可持续排水系统(SUDS)、澳大利亚的水敏性城市设计(WSUD)、新西兰的低影响城市设计与开发(LIUDD)、中国的海绵城市等。

7.3.2 雨洪管理模式

(一)最佳管理措施

为了控制雨水径流造成的非点源污染,美国环保局(USEPA)于 20 世纪 70 年代提出雨水管理技术体系。1972 年通过的《联邦水污染控制法》修正案首次引用最佳管理措施(BMPs)。

BMPs 是一系列高效、经济且符合生态原则的雨水径流控制方法,它们是实现城市降水径流面源污染控制的关键技术和管理体系。在法律政策的支持下,BMPs 主要采用工程性(例如滞留池、渗透设施、人工湿地、生物过滤和停滞系统等)和非工程性(如土地利用规划、废物管理、公众教育等)手段,达到控制面源污染的目标,如图 7-4 所示。

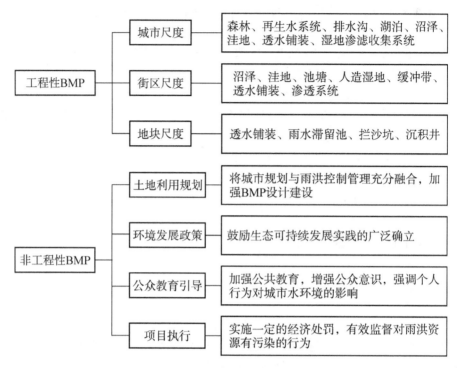

图 7-4 最佳管理措施类型

BMP 是一个或多个措施的组合,旨在减少地表径流量和各类污染物浓度,预防和减少径流污染物进入受纳水体。BMP 要求采取实际行动,使雨水达到所需水质目标,并在经济和技术上具有可行性。BMP 的控制目标包括:洪水与洪峰流量控制;特定污染物控制(如悬浮颗粒物 SS);水量控制(如年均径流量);多参数控制(涵盖洪水、洪峰流量、水质控制、地下水回灌等);生态环境保护和可持续发展战略。

(二)低影响开发

尽管 BMP 可以实现对雨水径流的控制,但其体系终究是一种末端处理方式,控制效率较低,投资较大,且在用地比较紧张的城市使用范围内受到限制,于是美国在 BMP 体系的基础上进行创新,提出低影响开发。

1. 低影响开发的内涵

低影响开发(Low Impact Development,LID)是一种可持续城市发展理念,旨在减小城市建设和土地利用对自然水文过程和生态系统的影响。LID 采用多种生态友好的设计和管理手段,在城市发展过程中尽量保持原有的水文和生态平衡,降低环境风险,提高城市的生态环境质量。

2. 低影响开发的原则

(1)遵重自然系统原则:在规划设计中尊重自然系统,保护生态敏感区域,保持生态廊道连通性,减少对自然生态系统的干扰。

（2）分散处理原则:在城市设计中分散布置各种生态设施,将雨水管理、污水处理等功能分散到各个小区域,降低对自然水文系统的影响。

（3）多功能一体化原则:将景观、生态、休闲等多种功能融入城市规划,实现多功能空间的一体化,提高城市的综合效益。

（4）可持续性原则:在规划设计中采用资源节约、环境友好的技术和方法,实现城市可持续发展。

（5）教育和维护:为城市公共区域的雨水管理措施的实践和维护提供足够的培训和资金,并指导人们如何在私人场地实施雨水管理措施;建立协议以确保长期实施和维护。

3. 低影响开发的措施

低影响开发一经提出就迅速受到澳大利亚、新西兰以及欧洲部分国家的认可和发展,例如,澳大利亚的"水敏性城市设计"和英国及其他欧洲国家的"可持续排水系统"。低影响开发是一种自然的、景观导向的雨水管理方法,强调尊重场地开发前的自然水循环功能。主要通过雨水控制、雨水阻滞、雨水滞留、雨水过滤、雨水渗透、雨水处理等分散控制设施从源头控制开发引起的地表径流及污染,降低非点源污染排放,实现开发区域的可持续水循环。LID策略包括结构性措施和非结构性措施两大类。结构性措施涉及湿地、生物滞留池、雨水收集槽、植被过滤带、池塘、凹地等。非结构性措施包括街道和建筑的合理布局,例如扩大植被面积和增加透水路面面积。在不同气候条件和地区,各种措施的处理效果也各有差异。与国外相比,低影响开发技术在国内的应用尚较少,但已纳入国家"十二五"水专项重大课题研究范畴。

我国哈尔滨市群力公园的低影响开发主要体现在以下几个方面:

（1）公园保留了现存湿地的大部分区域,禁止人类干预,让植被在其中自然演替。

（2）设计尊重原有场地形态,通过湿地边缘土方平衡技术,创造出一条曲线优美的植被缓冲带。

（3）环湿地城市管网收集雨水资源后,雨水经充分过滤再汇入核心湿地储存,保持水质优良,同时成为天然巨大的储水湿地。

（4）深入的高架栈道的设置可使游人近距离体验公园自然美景,减少了铺装对雨水循环的阻碍,也为湿地自然生态循环系统提供了保障。

（三）海绵城市

1. 海绵城市的内涵与特点

海绵城市(Sponge City)是一种城市规划和设计理念,旨在解决城市化进程中的水资源管理、水污染、洪水防控等问题,提高城市生态系统的自然恢复能力。海绵城市的核心理念是通过模仿自然界的海绵特性来达到城市水资源的合理利用与管理的目的。

海绵城市的内涵包括以下几点:(1) 雨水收集和利用:通过雨水花园、绿色屋顶、透水铺装等设施收集雨水并将其用于城市绿化、补充地下水等方面;(2) 蓄水、渗透和净化:通过人工湿地、生态沟渠等设施,减缓雨水径流,提高地下水补给,减少洪涝风险;(3) 污水处理和回用:运用生物处理、物理过滤等技术对城市污水进行处理和净化,达到可再利用的标准;(4) 生态修复:通过绿化、生态廊道等手段,提高城市生态系统的自我修复能力,改善城市环境；(5) 多功能设计：通过灵活、多功能的设计，实现城市基础设施和景观的多功能互补。

海绵城市的主要特点如下：(1) 自然系统优先：尊重自然，模拟自然生态系统，运用生物、生态工程等自然技术手段，减少人工干预。(2) 以人为本：关注城市居民的需求，提高城市居住环境质量，为居民提供舒适的生活空间。(3) 系统整体考虑：从源头到终端，全面整合城市水系统的规划、设计和运营，实现水资源的高效管理。(4) 低影响开发：尽量减少对自然环境的干扰，降低城市化进程对水资源和生态系统的影响。(5) 可持续发展：关注长期的生态、社会、经济效益，实现资源节约、环境友好的城市发展。

2. 海绵城市的目标

海绵城市建设的主要目标是，构建一个雨水收集、渗透、自然净化的健康水循环系统来减弱城市化和气候变化对城市的影响。具体目标可以概括为缓解城市洪涝灾害、改善城市水质、恢复城市水生态弹性、利用雨水作为资源和改善城市局部气候。

(1) 缓解城市洪涝灾害：通过增加城市地面的透水性，建设绿色设施，完善给水排水管网系统，降低城市发展对自然水文过程的影响，同时也降低雨洪对城市的影响，提高城市抗洪能力。

(2) 提高城市水资源利用率：通过雨水收集、污水处理和再利用等手段，提高水资源利用率，缓解水资源紧张问题。

(3) 保护城市生态环境：通过生态修复、绿化等手段，改善城市环境质量，提高城市生态系统的自我修复能力。

(4) 提高城市居民生活质量：通过改善城市水环境和提高绿化水平，为居民提供美丽、宜居的城市空间。同时海绵城市的建设还能有效减缓"热岛效应""雨岛效应"等地理效应，改善气候条件。

3. 海绵城市的主要技术

(1) 雨水收集系统：包括屋顶收集系统(如绿色屋顶、雨水管道等)、雨水花园、透水铺装等，用于收集雨水并将其引导至储存或利用设施。

(2) 蓄水、渗透和净化设施：包括生态沟渠、渗透池、生物滞留池、人工湿地等，这些设施可以减缓雨水径流速度，增加雨水渗透，提高地下水补给，减轻洪涝风险。

(3) 污水处理和回用技术：包括生物处理(如活性污泥法、生物膜法等)、物理过滤(如砂滤、膜过滤等)等技术，将污水处理成可用于绿化、冲洗、冷却等的再生水。

(4) 城市生态修复技术：通过绿化种植(如植被覆盖、绿色屋顶、绿色墙等)、生态廊道建设等手段，提高城市生态系统的自我修复能力，改善生态环境。

(5) 雨水调蓄设施：如雨水蓄水池、雨水调蓄湖等，用于临时储存雨水，以减轻城市排水系统的压力，降低洪涝风险。

通过以上技术和设施的综合运用，海绵城市可以实现城市水资源的高效利用、生态环境的保护和居民生活质量的提高。这种理念在全球范围内越来越受到关注和采纳，为城市的可持续发展提供了一种有效的途径。

7.3.3 雨洪管理方法

城市雨洪管理主要从海绵城市的内涵出发，本节介绍了一些具体方法。

1. 雨水收集与利用

(1) 屋顶雨水收集:通过绿色屋顶、雨水管道等设施收集屋顶雨水,并将其引导至储存或利用设施。

(2) 雨水花园:通过设置雨水花园,将雨水收集并渗透至地下,以补充地下水资源,减轻排水系统压力。

(3) 透水铺装:采用透水材料铺设道路、广场等地面,增加雨水的渗透能力,降低径流系数。

2. 雨水蓄存、渗透和净化

(1) 生态沟渠:利用植被和多孔性材料修建沟渠,减缓径流速度,促进雨水渗透和净化。

(2) 渗透池:设置渗透池以收集雨水并促进其渗透,增加地下水补给,缓解内涝问题。

(3) 生物滞留池:通过生物滞留池实现雨水的净化和滞留,降低径流速度,减轻排水系统压力。

(4) 人工湿地:构建人工湿地以实现雨水的收集、净化和渗透,提高城市生态系统的自净能力。

3. 污水处理与回用

(1) 生物处理:利用活性污泥法、生物膜法等生物处理技术,将污水中的有机物和氮、磷等营养物质去除。

(2) 物理过滤:通过砂滤、膜过滤等物理过滤技术,去除污水中的悬浮物和微生物。

(3) 污水回用:经过处理的污水可用于城市绿化、冲洗、冷却等用途,提高了水资源利用率。

4. 城市生态修复

(1) 植被覆盖:通过绿化种植,增加城市植被覆盖面积,提高城市生态系统的自我修复能力。

(2) 生态廊道建设:构建生态廊道,连接城市生态绿地,增强生态系统的稳定性和生物多样性。

(3) 绿色基础设施:推广绿色屋顶、绿色墙等绿色基础设施,提高城市对雨水的吸收和处理能力。

5. 水资源管理

通过智能监测和控制技术,实时监测城市水资源状况,调度各类水资源设施,以实现水资源的高效利用和管理。

下面分别从城市、社区和场地三个层面对以上提及的具体工程措施进行阐述。

(一)城市层面雨洪管理

1. 城市湿地

城市湿地是城市绿色基础设施体系中面积较大的网络中心,由特定的动植物群落和自身的环境相互作用而成。在城市雨洪管理规划中,首先要确定城市雨洪过程,需要研究雨水降落后对现状水系、排水系统、城市硬质地面积水区域的影响,通过对城市地形和雨水径流流向的分析,得到城市雨水径流汇流区域,在汇水区域建立湿地或通过城市的排水设施将雨水径流汇集到城市湿地中。自然雨水进入湿地后储蓄在湿地表面,湿地水域大量的植被和微生物吸收雨水径流中的营养物质,对雨水径流起到净化作用,明显改善水质,见图7-5。净化后的水资源一部分储存在湿地内,经过下渗补给给地下水,并形成湿地栖息地的生态环境,另一部分可用于城市绿地灌溉,过量的部分排入城市受纳水体,减少对水体的污染。

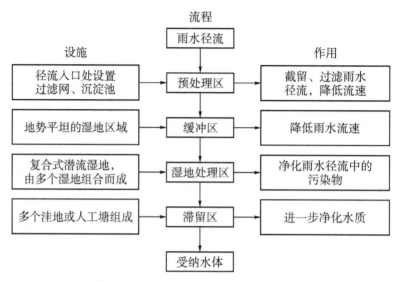

图 7-5　湿地调蓄、净化雨水径流过程图

2. 城市生态公园

城市生态公园是利用城市中的荒地或废弃地以及城郊地区,运用生态学原理和技术,借鉴自然植被的结构进行公园绿地设计、建设和管理,利用以土和水为主的自然环境差异性,构建多样并具地域特色的生境类型,并利用管理演替技术,增加公园的生物多样性,形成自然、高效、稳定和经济的绿地结构。城市生态公园与传统公园有着本质的区别,它的基本目标是保护和修复区域性的生态系统,从满足生态系统的要求出发,构建城市景观生态格局,而传统的公园以满足人的要求为出发点,只是给公众提供休闲的场所。

生态公园以多种形式存在,包括公园、林荫道、河流、植物园等,以服务生态保护和修复为中心,通过景观设计、城市规划和基础设施工程相结合来实现对城市雨洪的管理,使城市、自然和市政基础设施实现有机的结合。

3. 城市生态廊道

生态廊道是由植被、水体等生态结构要素构成,具有防风固沙、防止水土流失、调蓄雨洪、过滤污染物、保护生物多样性等生态服务功能的廊道类型。城市生态廊道植根于城市生态环境中,在城市绿色基础设施中作为连接廊道,不仅仅是道路、河流或绿带系统,从空间结构上看,更主要的是指由纵横交错的廊道和生态斑块有机构建的城市生态网络体系,使城市生态系统基本空间格局具有整体性,系统内部具有高度关联性。

根据城市的地形地貌特点及生态廊道的功能特点,城市生态廊道可分为城市山体生态廊道、城市河流生态廊道、城市道路生态廊道。不同的生态廊道对于城市雨洪的控制作用也是不同的。城市山体生态廊道应以林地为主,绿化覆盖率在70%以上,以乡土植物景观为主,建造城市的生态屏障,促进城市水土保持、涵养水源、净化空气,进而改善城市环境。城市河流生态廊道应以城市水系为依托,以足够的水面、绿地和生态空间保持城市的生态结构。作为天然的蓄水池,能够吸纳大量的城市雨水径流,减缓排水系统的压力。河流廊道还可以与城市农业相结合,发展特色种植业和林果业,增加生物的多样性。城市道路生态廊道对于城市雨水径流,首先要发挥滞留的作用,而道路是城市中最大的不透水地面,主干道道路绿化断面应占道路宽度30%以上,与绿色街道、雨水花园相结合,林种搭配以乔、灌、草为主以发挥第一时间对雨水径流的截留作用,也为生物提供迁徙、休憩的良好空间。

(二) 社区层面雨洪管理

城市层面的雨洪管理属于宏观调控和指挥,而社区层面的雨洪管理由于范围的缩小,重点在于将具体的雨洪管理规划设计方法更有计划性和针对性地落实到具体的场地中去,切实地在社区层面起到减少和净化雨水径流的作用。

1. 绿色停车场

绿色停车场是既能满足汽车承载的要求,又可以改善生态环境,减少雨水径流的停车场。地面所使用的材料一般为铺砌可植草的铺装和透水路面。植被可以在砖缝中生长,起到减少雨水径流和回补地下水的作用。透水路面可以减少地面雨水的汇集,雨水通过孔隙快速渗滤。

2. 绿色街道

绿色街道是将雨水径流作为一种资源,通过不同的雨水管理景观设施,收集街道、街旁建筑雨水,通过土壤和植被过滤污染物,并协调街道交通的街道形式。绿色街道以一种有效的方式恢复水域的水质,改善街区的生态环境,增强行人和慢行交通的安全性,加强街道社区居民的归属感。

绿色街道的工作原理是,降雨时雨水径流沿着街道,通过路牙石的垭口汇集到两侧的种植池内,当种植池内的水深达到植物和土壤吸收水分的容量极限时,多余的雨水径流会流到下一个种植池,以此类推,当最后一个种植池也达到容量极限时,雨水径流将无法被容纳而进入城市排水系统。美国雨洪管理学者经过多次模拟实验得出结论,绿色街道可以处理25年一遇的暴雨雨水径流量的85%,有效缓解城市排水系统的压力。

3. 小型雨水湿地

小型雨水湿地可以应用于小区、园区以及河流湖泊的局部区域,针对小区域内的雨水径流进行集中净化。小型雨水湿地一般由以下几部分构成:底部的防渗层;由填料、土壤和植物根系组成的基质层;植被落叶及微生物尸体等组成的腐殖质层;水体层和以挺水植物为主的植物层。雨水经收集后流经雨水管网进入生态湿地,可在湿地前端设置拦截网格,截留漂浮物,而雨水径流得到湿地中填料和植物的净化作用,减少污染。

4. 绿色屋顶

绿色屋顶广义上是在各类建筑物的顶层、露台或者大型人工假山体上进行绿化的统称,狭义上仅指在屋顶平台上种植植物以扩大城市绿色空间和绿色面积。绿色屋顶利用了植物、土壤对城市雨水径流的截留、吸收、贮存和净化作用,形成了近自然的雨水管理过程。

绿色屋顶从下往上依次是建筑物的屋顶,用于支撑绿色屋顶系统的重量;隔离层,保护建筑和屋顶自身结构,必要时也需要增加隔根层以防植物根系的穿刺;排水层,储存植物根系吸收的水分和部分屋面雨水,延缓屋面雨水的排水时间;过滤层,防止人工合成的土壤基质颗粒随雨水流失,以维持绿色屋顶植被生长;栽培基质层,选择沙子混合物、砾石、碎砖、泥炭或人工合成的有机土壤,使栽培基质质地轻、保水性好、透水性强,减轻屋顶的承重负荷;植被层的植物具备适应能力强、耐干旱、植物根系较浅的特点,能够在高温、低温、大风、强降雨等恶劣气候条件下生存。

(三)场地层面雨洪管理

场地层面的雨洪管理为地块内部的控制与传输雨水径流的措施,强调在集水面附近就地处理,从源头上削减雨水径流,以保证城市排水系统的正常排水,减少径流外溢的情况。

1. 雨水桶

雨水桶可以直接连接到建筑物的落水管以收集雨水用于灌溉,减少雨水径流进入管网系统,旱季时也能缓解供水紧张。还可以在雨水桶下方设置水龙头或者接软管以便于使用。

2. 透水铺装

透水铺装可以简便地收集、管理、渗透地表径流,补给地下水。渗透铺装可以减少对地下排水系统的需要,它的设计具有很强的灵活性,可以与其他雨洪管理技术搭配使用,作为雨水的泄洪区域。

3. 植被浅沟

植被浅沟是一种底部设砂石过滤床、表层用地被植物覆盖的渠道,以较低的流速输送雨水径流,促进雨水径流的自然过滤和渗透。雨水径流进入植被浅沟,通过沉淀、过滤、渗透、吸收、生物降解等共同作用,其携带的污染物被去除,达到雨水径流的收集利用和污染控制的目的。

7.4 非点源污染工程案例

以某水库农业面源污染整治为例,详细叙述了面源污染治理方案制定的具体过程。

首先,进行实地调查,从而开展农业面源污染分析,污染源主要包括农村生活污水污染、农田径流污染、农村固废污染、水土流失氮磷污染和分散式畜禽养殖污染,再进行面源污染源强和负荷分析;根据面源污染调查结果,结合功能区划和水质目标进行问题分析;针对问题提出方案并进行论证,根据水库实际情况进行工程的典型设计;后续工程的运行管理维护还需提出相应的措施。

7.4.1 农业面源污染分析

(一)农村生活污水污染

居民生活所产生的生活污水经村内的污水管网及污水处理设施处理后排入各入库河流之后再进入水库。

根据农村生活污水处理要求和规范,要求对生活污水做到全收集、全处理,并达到

《农村生活污水处理设施水污染物排放标准》(DB 32/3462—2020)一级 A 标准。水库流域农村生活污水总污染物排放量为 537 268 t/a,COD_{Cr}排放量为 32 t/a,TN 排放量为 11 t/a,TP 排放量为 0.6 t/a。

(二)农田径流污染

根据土地利用类型、土壤种类和种植作物的不同,结合实际情况取适当的修正系数,计算农田径流污染负荷量,其中 COD_{Cr} 为 956 t/a,TN 为 315 t/a,TP 为 64 t/a。

(三)农村固废污染

农村固废污染包括生活垃圾和农田种植固废。通过实地调查,水库汇水范围内所有自然村均建有统一的以"组保洁、村收集、乡(镇)转运、区处理"为运作模式的垃圾收运体系,各村设有垃圾收集站。农田种植固废主要是指水库流域内的水稻和小麦秸秆、蔬菜藤蔓及残余物等种植废物。这些农田种植固废主要以堆肥(或就地还田)为主,小部分作为生活能源使用。水库流域农村生活垃圾污染物产生量为 COD_{Cr} 107 t/a,TN 12 t/a 和 TP 1 t/a。农田种植固废污染物产生量为 COD_{Cr} 31 t/a,TN 27 t/a 和 TP 5 t/a。

(四)水土流失氮磷污染

根据年水土流失污染物负荷估算公式进行氮磷污染分析,公式如下:

$$W = \sum W_i A_i ER_i C_i \times 10^{-6} \tag{7-2}$$

式中:W 是流域/区域随泥沙运移输出的污染负荷(t);W_i 是某一种土地利用类型单位面积泥沙流失量(t/km²);A_i 是某一种土地利用类型面积(km²);ER_i 是污染物富集系数;C_i 是土壤中总氮、总磷平均含量(mg/kg)。总磷富集比约为 2.0,总氮富集比约为 2.0~4.0。氨氮流失量按总氮流失量的 10% 进行估算。

计算结果为:COD_{Cr} 280 t/a,TN 192 t/a 和 TP 4 t/a。

(五)分散式畜禽养殖污染

经实地调查,水库流域分散式养殖以禽类为主,调研时有准确养殖数量的村按其所给数量计算;无准确数量的按照实地走访的多家农户养殖量均值计算,最终 COD_{Cr} 排放量为 88 t/a,TN 排放量为 29 t/a,TP 排放量为 17 t/a。

COD_{Cr} 排放量:农田径流占比最高,高达 65%,其次是水土流失氮磷污染、生活垃圾污染;TN 排放量:依旧是农田径流占比最高,达 55%,其次是水土流失氮磷污染、畜禽养殖污染;TP 排放量:农田径流占比最高,高达 70%,其次是畜禽养殖污染、农田固废污染。

7.4.2　基本问题分析

问题分析分别从水资源、水环境、水生态、水污染和水管理五个方面进行。

(一)水资源问题

水库集水面积内涉及一百多个自然村,农田种植面积约为 350 hm²,占水库总集水面积的 40%。流域产水量和农业用水量极不平衡,各个子流域的产水量均低于农业用水量,集水面积最大的 3 个流域,其农业用水量是产水量的两倍多,其他子流域情况与此类似。用水量供需不平衡容易引起入库河流的断流和生态的恶化。

水库周边农业灌溉用水方式仍较粗放,农业灌溉用水量大且浪费严重,用水效率不高,农田用水随意性大,取水难以量化,农业节水灌溉没有得到充分重视。

(二) 水环境问题

水库全年水质监测结果显示,水库全年平均水质为Ⅲ类。平水期水质较好,丰水期、枯水期水质较差,主要超标因子为 TP、TN。

水库七条河流主要超标因子为 TP、COD_{Mn}、NH_3—N,其中 TP 全年超Ⅲ类。

(三) 水生态问题

从浮游生物和底栖生物来看,水库全年平均水质为中-重度污染,其中平水期水质较好,枯水期较差,丰水期最差。

从陆生系统来看,流域内农业用地比重过高,占整个流域面积的 36%,导致大量的农业面源污染流入水体。流域生态体系不够完善,水生态系统的结构受损严重,水生态功能明显下降。库岸缓冲带生态防护功能有待进一步完善。流域水生态系统内存在的大量坑塘洼地和堰塘湿地没能发挥其水资源调节作用和水质净化功能。

(四) 水污染问题

根据水库农业面源污染分析,水库流域面源污染物中 COD_{Cr} 的排放量为 1 664 t/a,TN 排放量为 642 t/a,TP 排放量为 104 t/a。主要污染源为农田径流污染,占比高达70%,其次为水土流失氮磷污染和畜禽养殖污染。

(五) 水管理问题

虽然流域内各村镇的生活污水处理设施基本覆盖,但是依旧存在部分污水处理设施处理效率不高,管理不够完善的状况。因此,在后续的管理工作中,需要将生活污水处理设施提质增效纳入管理范畴。

流域内已有的面源污染控制工程缺乏长效运营管理规程,各项管理措施、设施及设施维养费用等资金来源渠道难以落实到位。因此,需要进一步加强流域环境保护和污染治理工程的整合效应,以便充分发挥整体管理、全局规划的效能。

7.4.3　方案论证与设计

方案总体布局围绕总量控制目标、污染物削减目标和生态功能保护目标,强调"分区、分级、分类"的空间管控与精准治污响应的理念,并基于流域地貌、污染特征,生态功能重要性、敏感性和面源污染控制要求,划定三道生态防线,形成围绕生态保护核心区(沿库岸 0~100 m 范围及水库水面)的生态修复区、环库路以内的生态治理区、环库路以外的生态保护区。进一步划分污染控制单元,包括生态红线——生态修复区,生态黄线——生态治理区,生态绿线——生态保护区,制定相应管控策略,具体策略如下:

(1) 生态修复区:核心保护区内禁止一切开发活动,只允许进行生态建设。全面实施退人、退房、退田、退塘,还湖、还水、还湿的"四退三还",腾出生态空间。进行库岸生态缓冲带建设以及河流入库口景观湿地建设。

(2) 生态治理区:环库路以内,全面调整种植结构,实施节水灌溉,发展生态农业;全面禁止畜禽养殖。

（3）生态保护区：推进实施农业清洁生产，推广节水灌溉，控制畜禽散养规模。沿环库路部分推广种植结构调整。

（一）种植结构调整与节水灌溉

种植结构调整主要是从稻麦轮作的水田改为大豆-玉米轮作的旱田，以此减少化肥的施用量，从而减少污染。除此之外，也可以采用稻-紫云英、稻-黑麦草和稻-休闲的模式，在尽量不减少水稻产量的情况下调整种植模式。再者，利用豆科植物轮作还田，可提高土壤肥力，降低稻季施肥量，减少稻季氮肥流失引起的环境风险。除了改种常规的粮食作物外，也可以种植一些低污染的经济作物，如蓝莓、紫云英、黑麦草等，根据太湖宜兴地区的种植结构调整经验，由稻麦轮作改为稻-紫云英/黑麦草/休闲模式，可使径流总氮减少 18%～45%，总磷减少 10%～15%。

发展节水灌溉是改善农业基础设施，提高农业抗灾减灾能力的必然要求；是发展现代农业，提供及时、高效供水能力的必然要求；是提高水肥利用效率，减少水肥流失，减轻农业面源污染的必然要求。通过项目区农业高效节水减排工程的建设，基本实现项目区"旱能灌、涝能排"和灌溉"少用水、高利用、低排放"，使农业生产条件明显改善，农业水肥利用率明显提高，农田排放水质明显好转。

（二）生态缓冲带

缓冲带基本位于一级保护区内，保护区已经建设了部分生态林。库岸缓冲带群落结构单一，布局不完善，生态系统功能有待进一步提升，故结合"四退三还"，建设 0～100 m 乔-灌-草复合系统，平均宽度为 40 m，建设长度为 18.6 km。

（三）生态雨水沟——撇洪沟

生态雨水沟的主要形式有植草沟、下沉式绿地、透水铺装等，如图 7-6、图 7-7 和图 7-8 所示。

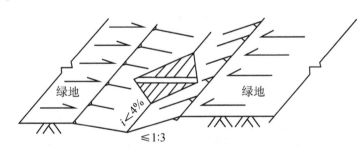

图 7-6　传输型三角形断面植草沟典型构造示意图

图 7-7　下沉式绿地典型构造示意图

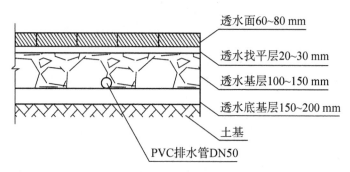

透水面60~80 mm
透水找平层20~30 mm
透水基层100~150 mm
透水底基层150~200 mm
土基
PVC排水管DN50

图7-8　透水铺装典型结构示意图

撇洪沟是指为引撇山洪而环山修建的拦截和输送洪水的沟道。本方案中的撇洪沟主要截留山上的雨洪,并最终收集后排入附近水体中。撇洪沟依道路的边而建,表面与道路坡面相平,由于道路坡度较大,因此采用C20混凝土的结构,同时采用稳定性好的梯形截面。

进行撇洪沟的典型设计时,撇洪沟的断面尺寸需满足最大洪峰时的排水量需要,还要考虑长期运行会导致大量泥沙沉积而使撇洪沟有效断面变小等因素。

(四)景观湿地

景观湿地是充分利用流域内天然或人工的沼泽和水域地带进行景观设计。

根据水库现有条件,本工程拟根据水库规模大小在现有坑塘的基础上,在几个流域进行景观湿地建设。

(五)前置库

前置库是利用库塘拦截暴雨径流和污染径流,通过物理、化学以及生物作用去除污染物,尤其是氮磷污染。利用入库河流和环库路交叉处的堰塘、流域内其他堰塘等构建不同形式的前置库,通过延长水力停留时间,促进水中泥沙及营养盐的沉降,同时利用前置库中的大型水生植物、藻类等进一步吸收、吸附、拦截营养盐,改善水质。

典型的前置库系统组成结构如图7-9所示。

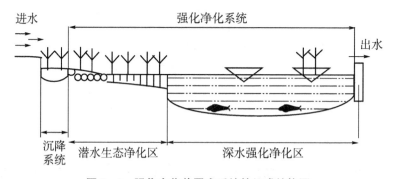

进水
强化净化系统
出水
沉降系统
潜水生态净化区
深水强化净化区

图7-9　强化净化前置库系统的组成结构图

(六)堰塘湿地-生态沟渠

堰塘湿地通过植物吸收、底泥吸附、微生物降解等综合作用,对农田排水进行净化。

它不是专门建造的人工湿地,而是在农田中选取废弃的堰塘进行稍微改造(如种植水生植物、清淤等)而成。同时通过生态沟渠与流域内的入湖河流或其他堰塘相联系。堰塘湿地水环境修复技术的最大特点是费用低廉,操作简单。

采用堰塘湿地处理农田径流污水的工艺流程如图7-10所示。

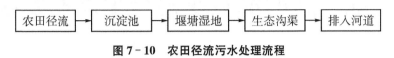

图 7-10　农田径流污水处理流程

(七) 景观河道

在已有河道的基础上进行人文景观设计,这样在改善水质、保持河道自然属性的同时,增加了观赏性和实用性。

(八) 跌水堰

在低山丘陵地带流域,入库河流有一定的坡度,适宜做多级跌水堰。跌水堰设计高度0.5 m,宽度1.0 m,可通过蓄水增加水面面积,并配合沉水植物、挺水植物的种植,增大水体与植物的接触面积。

地址主要选择河道的平缓区段,尤其是有道路和桥梁的上游地段,以增强景观效果。避免在河道的转弯处,影响行洪。同时采用自由跌流式,让河水沿部分坝顶长度直接向下游跌落,为了不冲坝脚,坝体可做成饼向下游的形式。

7.4.4　工程运行管理

工程设施建成并投入使用后,后续需对其进行维护管理,主要涉及水位管理、植被管理、病虫害控制、清淤管理、垃圾清理和日常监测等。

农业面源污染综合防治工作涉及农业的多行业、多部门,而且是一项政策性和专业技术性极强的工作,必须强化统一组织领导和分工负责,围绕流域水生态环境保护工作,明确责任,通力合作,并切实做好全程技术跟踪服务等工作。从组织保障、政策保障、技术支撑、资金保障等方面采取相关保障措施,明确方案组织实施计划,以保证工程的顺利实施,取得应有的效果。

第八章 湖泊水质改善与生态修复技术

8.1 生态恢复概述

8.1.1 生态恢复的基本概念

（一）生态恢复的发展

生态恢复作为一个独立的学科，起源于 20 世纪初。随着生态学、环境科学和自然资源管理学的发展，生态恢复逐渐成为生态环境修复的重要分支。20 世纪 80 年代以来，生态恢复理论和技术得到了迅速发展，逐渐成为全球范围内的热点领域。

20 世纪 70 年代，国外学者开始对生态恢复进行研究，并在理论和实践上都取得了较大的进展。英国是最早开展生态恢复的国家，在 20 世纪 50 年代就开始开展相关研究，并在 20 世纪 90 年代末取得了较大的进展。美国是欧洲以外第一个开展生态恢复的国家，其生态恢复的内容涉及森林、草地、湿地等多个领域，并在 20 世纪 90 年代末取得了较大进展。澳大利亚、加拿大、法国、德国、日本、韩国等国家也相继开展了生态恢复方面的研究。20 世纪 90 年代以来，我国对生态恢复问题进行了大量的研究和实践，并取得了显著成效。

目前，在生态修复理论及应用方面，欧洲、美国等处于领先地位，而在实际运用方面，新西兰、澳大利亚、中国等则处于领先地位。然而，美国偏重于水、林的恢复，欧盟偏重于矿物的恢复，新西兰、澳大利亚偏重于草地的恢复，中国由于人口众多，偏重于农业的全面恢复。20 世纪 70 年代以来，国际上较为成功的修复案例有：巴西和东南亚热带雨林的修复、干旱区的修复、坦桑尼亚的森林被毁后的修复等。这些案例涉及以下几个对象：农田、草地、林地、江河湖泊和废弃矿山，并研究了这些受干扰生态系统的恢复。

自 20 世纪 70 年代以来，我国学者对生态恢复进行了大量研究，尤其是 90 年代以来，我国学者对生态恢复的关注程度不断提高，研究内容更加广泛。从理论上来看，随着研究的深入和认识的提高，我国学者对生态恢复的认识也越来越全面和深入；从实践上来看，由于我国过去长期缺乏科学指导和实践经验，对生态恢复问题理解不够透彻；从内容上看，主要集中在森林和湿地生态系统保护方面。总的来说，我国学者对生态恢复问题进行了深入研究，其中以生态学为基础进行的研究最为广泛和深入。

（二）生态恢复的定义

现代社会的快速发展和资源环境的高强度开发导致生态系统遭到了不同程度的破坏，带来了湖泊萎缩、土地退化、森林减少、生物多样性下降等一系列严重的生态系统受损问题。因此,生态环境退化已经严重威胁人类的生存和社会的发展,如何有效处理和解决全球生态系统退化问题,恢复和重建已经受损的生态系统原有结构和功能,已经成为迫在眉睫亟待解决的重要任务。

生态恢复的概念是在 20 世纪 70 年代提出来的。美国环境保护协会(AEP)将生态恢复定义为"在一个生态系统受到严重破坏或处于崩溃边缘时,通过改变其组成成分、结构、功能,并引入外来物种,来恢复其基本结构和功能"。国内学者则将其定义为"通过人工干预(如工程措施)的方法,使受损生态系统的结构和功能逐步得到恢复或重建"。随着全球变暖、冰川融化等环境问题的加剧,人们越来越认识到生态恢复的重要性。然而,迄今为止,尚未有统一的定义。生态恢复涉及生态学、恢复生态学等诸多学科。因此,有必要对生态恢复进行系统的研究,建立统一的、科学的生态恢复定义。

生态恢复关注的是受损的生态系统。损害可以理解为由人为因素或自然因素引起的生态系统结构的改变、其组成部分之间关系的破坏、资源的短缺和某些生态过程或生态链的崩溃,以及系统功能的退化或丧失。因此,生态恢复是修改和消除导致生态系统退化的主导因素或过程,减轻负荷压力,调整、配置和优化系统内以及与外界的物质、能量和信息流动过程,依靠生态系统的自我恢复能力,使其向有序的方向发展,从而使受损的生态系统逐步恢复,向良性循环方向发展。

(三) 生态恢复的一般理论

1. 限制因子理论

土壤中的矿物质是一切植物仅有的营养素,他提出了一种"植物矿物质营养理论"。李比希还提出了"最小因素法则",认为当某一生长因素含量较少时,其他因素含量较多,产量也难以增加,因而产量受到最低营养元素的限制。

生物的存活与繁衍受多种生态因子的影响,而制约生物存活与繁衍的最重要因子就是限制性因素。每当一个生态因素接近或超过一个生物体的容忍范围时,它就成为该生物体的限制性因素。生态系统中的限制性因素严重限制了该系统的发展。在一个系统的发展过程中,往往同时存在着几个限制性因素,而且它们之间相互影响。每个因素都不能孤立存在,但在一个生物体的发展中同样重要,其中任何一个因素在数量上或质量上的不足过剩都会导致生物体的衰退或不存活。当一个生态系统被破坏时,修复工作会受到许多限制。生态恢复涉及从多个角度设计和改造生态系统及其种群。例如,在一个退化的红土生态系统中,当土壤酸度很高时,农作物或植物无法生长。因此,土壤酸度是关键因素,要想恢复生态环境,就必须改变土壤酸度,使植物能够生长,同时其他土壤特征也能得到改变。再举一个例子,在干旱和早期的沙漠地区,由于缺水,植物无法生长,所以我们需要从水这个限制性因素入手,先种植一些耐旱的草本植物,同时利用沙漠地区的地下水,打造耐旱的灌木,一步步改变水这一个限制性因素,从而逐步改变植物的种群结构。综上所述,通过对制约因子的分析,可以更好地进行生态修复规划,并能选择更适合的技术措施,以达到缩短修复周期的目的。

2. 生态系统结构理论

生态系统是生物与环境要素共同构成的一种结构性体系。生态系统的结构是组成部分在时空上的分布及它们之间的能量、物质和信息的交换方式和特征。主要包括以下几个方面：(1) 物种组成：生态系统内包含的所有生物种类及其丰度，是生态系统多样性的基础，例如，在农业生态系统中，粮食、水果、猪和羊的物种组成和数量关系；(2) 群落结构：由不同物种组成的生物群落在空间上的组织方式，如种群密度、种间关系等；(3) 能量与物质循环：生态系统内能量和物质在生物体和生物环境之间的传递与转化过程；(4) 空间格局：生态系统内生物和非生物要素在空间上的分布，如景观格局、土地利用类型等。

生态系统结构与功能之间存在密切关联。生态系统结构决定了生态系统的功能，同时生态系统的功能也反过来影响结构。它们之间的相互作用可以从以下几方面来探讨：

(1) 物种多样性与生态功能：物种多样性是生态系统结构的重要组成部分，对生态系统功能具有显著影响。物种多样性越高，生态系统的稳定性和抵抗力通常越强。多样性丰富的生态系统能提供更多的生态服务，如水源涵养、气候调节等。

(2) 能量物质流动与生态稳定性：生态系统内能量和物质的流动与转化决定了生态系统的生产力和稳定性。良好的能量物质流动有利于生态系统的恢复和维持，同时也影响着生态系统结构的演变。

(3) 群落结构与生态功能：群落结构决定了生态系统内部的物种组成和相互关系，对生态系统功能有直接影响。例如，不同植物群落结构对土壤养分循环、水文过程等生态功能的影响不同。

(4) 空间格局与生态功能：生态系统的空间格局对生态功能具有重要影响。例如，连续的森林生态系统能提供更好的水源涵养功能，而破碎化的生态系统可能导致水文过程的改变和生态功能的下降。

3. 生态位理论

生态位理论旨在解释生物个体或物种在生态系统中的地位和角色。生态位理论的提出和发展经历了一个漫长的过程，自 20 世纪初以来，许多生态学家对生态位理论进行了深入研究和阐述，使之成为生态学的一个核心理论。

生态位可以表示为一个生物体在完成其正常生命周期时，相对于特定生态因素的综合位置。生态位是生态学中的一个重要概念，它指的是由生物体对生态因子的综合适配度构成的超几何空间，它能够反映一个种群在时间和空间上的位置以及它与相关种群的功能关系。

4. 生态适宜性理论

在物种的长期进化过程中，它们对光、热、温度、水、土壤和营养物质形成了各自的适应性。有些植物喜欢光照，有些喜欢阴凉，有些只能在酸性土壤中生长，有些水生植物只能在水中生长。因此，在设计生态恢复工程时，首先要研究恢复区的自然生态条件，如土壤性质、光照特点、温度等，并根据生态环境因子来选择适当的生物种类，使得生物种类与环境生态条件相适宜。在实践中，生态适宜性理论已被应用到恢复工程中，其最重要的应用是"适地适树"，例如，沙丘地区应种植沙生植物，黄土丘陵的一些湿润地区可以种植中等生长的植物，干燥的山梁地区只能种植旱生植物。

5. 群落演替理论

在自然界中，一个社区一旦被打乱或被摧毁，就会被修复，只是需要的时间长短不同。首先，一些被称作先锋植物的物种会进入被毁坏的地区，在那里定居下来，繁衍生息。它们改变了受损系统内的生态环境，使得其他更具适应性的物种能够存活下来，并被它们所替代。这个过程一直持续到社区恢复到原来的外观和组成为止。在被破坏的群落所在地，这一系列的变化被称为演替。

群落演替是一个群落取代另一个群落的过程。裸地上的演替被称为初级演替，例如在沙丘上的演替；而在原有植被被火灾、污染、洪水等破坏的地方的演替是次级演替。初级和次生演替都可以通过人为手段来改变速度或方向。例如，可以在云杉林的烧毁区直接种植云杉，从而缩短演替的时间。

群落演替理论是生态系统恢复的最重要理论，是生态恢复的基础。生态系统的退化实际上是一个对干扰做出反应的逆向演替的动态过程。在干扰消除后，恢复原有系统的过程中，必须按照生态演替的规律，分阶段促进系统的顺向演替。在一定的时期内，植物群落会进行一系列的更替，从而获得相对的稳定性。首先，先锋物种入侵、定居和繁殖，对退化的生态系统的环境进行改善，使适宜的物种得以生存，并持续地替代劣质物种，直至群落回到最初的模样和组成。

6. 生物多样性理论

植物多样性是生态系统稳定的基石，能优化生态系统的功能。栖息地多样性是生物多样性的基础，生物多样性的增加可以增加网状食物链的复杂性，增强平衡群落的能力，提高生态系统对干扰的抵抗力和资源利用效率。在生态恢复中，重要的是要避免种植单一作物，利用不同物种的相互作用和制约来提高环境容限，从而确保生态系统的稳定性。

恢复生物多样性对生态系统有许多好处。生物多样性是生态系统健康、持久和稳定的基础。

（1）提高生态系统生产力：生物多样性丰富的生态系统通常具有更高的生产力，因为不同物种在资源利用和能量获取方面具有互补性。多样性丰富的生态系统能够更有效地利用环境中的资源，从而提高整个生态系统的生产力。

（2）增强生态系统稳定性：生物多样性有助于维持生态系统的稳定性，因为物种丰富度可以减轻生态系统对环境变化的敏感性。多样性丰富的生态系统对环境扰动具有较强的抵抗力和恢复能力，能够在扰动后更快地恢复到稳定状态。

（3）保护水土资源：生物多样性丰富的生态系统有助于保护水土资源。多样性丰富的植被可以提高土壤的结构稳定性，减少水土流失，同时有利于地下水的补给和水质的净化。

（4）提高生态系统适应性：生物多样性有助于提高生态系统对环境变化的适应性。多样性丰富的生态系统中的物种具有不同的生态位和生态功能，使得生态系统能够在不断变化的环境条件下保持其功能。

（5）维护生态服务功能：生物多样性对维护生态系统提供的生态服务功能具有重要作用。例如，丰富的植物多样性有助于提高植被对大气中二氧化碳的吸收能力，从而减缓气候变化；多样性丰富的生态系统还有助于控制病虫害，提高农业生产的稳定性和可持续性。

7. 缀块-廊道-基底理论

缀块、廊道和基底是景观的三大组分。缀块是一种特定的生态系统，它是一种与其周边环境在外表和性质上都有很大差异的生态系统，是一种具有一定内部同质性的空间单位，可以是森林、湖泊、草原、农田或居民区等。廊道是指在景观中，与其两侧的环境有着明显区别的线状或带状结构，通常包括防风林带、河流、道路、峡谷、输电线路等。基底是指景观中分布最广、连续性最大的背景植被或地域,它一般包括森林基底、草原基底、农田基底、城市用地基底等。

景观生态学理论可以广泛应用于修复项目中。大、中规模的生态系统恢复必须考虑全面的土地利用规划、栖息地破碎化、景观多样性和完整性的恢复和维护,在保护区的规划和设计中应用岛屿生物地理学理论,以及考虑物种所处的生态系统和景观的多样性和完整性。

8.1.2 生态恢复的目标与原则

(一)生态恢复的目标

(1)恢复生态功能:生态恢复的首要目标是恢复生态系统的基本功能,如物质循环、能量流动和生物多样性维持等,使退化生态系统重新具备正常的生态过程和功能。

(2)保护生物多样性:生态恢复应该关注生物多样性的保护,通过引入和保护具有不同生态功能的物种,维持生态系统的稳定性、适应性和生产力。

(3)促进生态系统稳定:生态恢复应该促进生态系统的稳定,通过提高生态系统对环境变化和扰动的抵抗力和恢复能力,确保生态系统的长期稳定。

(4)维护生态服务功能:生态恢复应该关注生态系统提供的生态服务功能,如空气净化、水源涵养、土壤保持、碳汇功能等,以保障人类生存和发展的需要。

(5)促进社会经济可持续发展:生态恢复应该与社会经济可持续发展相结合,提高生态系统的经济价值,促进地区经济和社会的和谐发展。

(二)生态恢复的原则

(1)遵循自然规律:生态恢复应遵循自然规律,尊重生态系统的内在演化和发展趋势,确保生态恢复措施符合自然过程。

(2)以人为本:生态恢复应该以人为本,关注人类需求和利益,充分考虑生态恢复对当地社区和居民的影响,实现生态恢复与社会经济发展的和谐统一。

(3)系统观念:生态恢复应该具备系统观念,关注生态系统各要素之间的相互关系和作用,确保生态恢复措施的协同性和整体性。

(4)科学决策:生态恢复应该基于科学决策,充分运用现代生态学、地理学、环境科学等学科的理论和方法,确保生态恢复方案的科学性和有效性。

(5)适度干预:生态恢复应该遵循适度干预原则,尽量减少人为干扰,充分发挥生态系统自我修复的能力。在实施生态恢复过程中,应根据具体情况采取适当的干预措施,避免过度干预导致生态系统失衡。

(6)阶段性和持续性:生态恢复是一个长期、复杂的过程,应该遵循阶段性和持续性原则。在实施生态恢复过程中,要根据生态系统的恢复阶段和发展趋势,采取逐步推进和持续跟踪的策略,确保生态恢复的长期有效性。

(7)局部与整体相结合:生态恢复应该将局部与整体相结合,既关注局部生态系统的恢复,也关注整个生态系统的稳定和发展。在实施生态恢复措施时,要兼顾生态系统各个层次和部分的关系,确保生态恢复的协调性和平衡性。

8.1.3　生态恢复的过程与机制

（一）生态恢复的过程

生态恢复的重要过程包括：（1）生态系统评估：生态恢复的第一步是对退化生态系统进行全面的评估，包括生态系统的结构、功能、服务和退化程度等。通过生态系统评估，确定生态恢复的目标和策略，为生态恢复方案的制定提供依据。（2）生态恢复方案制定：根据生态系统评估结果，制定科学、合理的生态恢复方案。生态恢复方案应包括生态恢复的目标、措施、时间表、投入、监测和评估等内容。（3）生态恢复实施：按照生态恢复方案，通过物种引入、土壤改良、水源管理等手段，逐步恢复生态系统的结构、功能和服务。在生态恢复实施过程中，应根据实际情况调整和优化生态恢复措施。（4）生态恢复监测：对生态恢复实施过程进行持续、动态的监测，评估生态恢复的效果和进展。生态恢复监测应关注生态系统的结构、功能、服务等方面的变化，为生态恢复方案的调整和优化提供依据。（5）生态恢复评估：在生态恢复实施完成后，对生态恢复的效果和影响进行全面、系统的评估。生态恢复评估应关注生态系统的结构、功能、服务等方面的恢复程度，为未来生态恢复工作提供经验和教训。

（二）生态恢复的机制

（1）自然演替：自然演替是生态系统在自然条件下逐渐发展、演变的过程。在生态恢复过程中，自然演替机制有助于生态系统的结构、功能和服务的逐步恢复和重建。

（2）物种互作：物种互作是指生态系统中物种间的相互影响和作用。在生态恢复过程中，物种互作机制（如竞争、捕食、共生等）有助于维持生态系统的稳定性和多样性。通过引入具有互补功能的物种，可以促进生态系统中物质循环、能量流动和生态过程的正常进行。

（3）生态位恢复：生态位是指生态系统中物种在资源利用和环境适应方面所处的地位。在生态恢复过程中，生态位恢复有助于生态系统结构和功能的重建。通过引入不同生态位的物种，实现生态系统的多样性和稳定性。

（4）生态过程恢复：生态过程包括生态系统中的物质循环、能量流动和生物相互作用等。在生态恢复过程中，生态过程恢复有助于生态系统功能的重建。通过加强生态系统中的生态过程，可以提高生态系统的生产力和适应性。

1993年，Hobbs和Mooney指出，退化生态系统恢复的可能方向包括：退化前的状态、持续退化、维持原来的状态、恢复到某种状态后退化、恢复到退化状态和可接受状态之间的替代状态，或者恢复到理想状态。然而，人们也注意到，退化的生态系统并不总是朝一个方向恢复，也可以在几个方向之间转换，并达到一个复合稳定状态，见图8-1。

后来，Hobbs和Norton提出了一个临界值理论。该理论假设生态系统有四种可供选择的稳定状态，状态1是未退化的，状态2和3是部分退化的，状态4是高度退化的。在不同的压力或同一压力的不同强度下，生态系统可以从状态1退化到状态2或3；当压力消除后，生态系统可以从状态2或3恢复到状态1。然而，从状态2或3到状态4的退化会越过一个临界值。反过来，从状态4恢复到状态2或3是非常困难的，通常需要大量投入。例如，草原经常因过度放牧而退化，通过控制放牧可以迅速恢复，但当草原被杂草

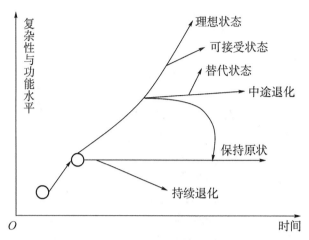

图 8-1　退化生态系统恢复的方向

（改编自 Hobbs 和 Mooney，1993）

入侵，土壤成分发生变化时，控制放牧将不再能使草原恢复，需要更多的恢复投入。在亚热带地区，上层植被常绿阔叶林在干扰下逐渐退化为落叶林、针叶阔叶混交林、针叶林和灌丛，每个阶段都是一个队列，每过一关都会有更大的恢复投入，特别是当恢复工作从灌丛开始时，如图 8-2 所示。

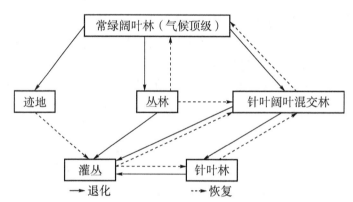

图 8-2　中亚热带、南亚热带生态系统退化的一般过程

（改编自贺金生，1995）

8.2　湖泊生态系统

8.2.1　湖泊基本问题

（一）水量下降

　　湖泊水量逐渐下降，这与气候变化和人类活动有关。气候变化导致湖泊面积和水位变化，人类活动中的水利工程、围垦和河道改道等造成湖泊水位下降。

　　水量下降的原因包括湖泊周围沼泽湿地的破坏，导致土壤蓄水能力下降，从而影响整个湖泊蓄水能力的下降；湖泊内部的泥沙淤积，导致湖泊容量减少。

（二）水污染严重

湖泊水体遭受废水排放,农业、工业和城市排放物的影响,如大气降水和固体垃圾等,造成水体污染。例如,东洞庭湖存在重金属、硒、氮、磷等污染物超标的问题,导致湖泊生态环境受到威胁。

（三）水体富营养化

富营养化是指水体中的营养物质含量过高,导致水体中的藻类、水生植物过度繁殖,造成水体富营养化问题。例如,杭州西湖是中国最著名的富营养化水体之一,这种现象已经引起了公众的关注。

《2018 年中国水资源公报》对 124 个湖泊共 3.3 万 km^2 水面进行了水质评价,Ⅰ～Ⅲ类、Ⅳ～Ⅴ类、劣Ⅴ类湖泊分别占评价湖泊总数的 25.0%、58.9% 和 16.1%。主要污染项目是总磷、化学需氧量和高锰酸盐指数。121 个湖泊营养状况评价结果显示,中营养湖泊占 26.5%;富营养湖泊占 73.5%。

（四）外来物种入侵

外来物种入侵湖泊生态系统,对原有物种和生态系统产生了负面影响。例如,江苏太湖被入侵的金鱼草、水葫芦等外来植物所侵扰,影响了水体生态环境的平衡。

（五）湖泊酸化

长期的酸雨污染会造成湖泊酸化。当湖水的 pH 低于 5.6 时,湖水就会被酸化;当 pH 低于 5.5 时,鱼类生长受到影响,甚至导致鱼类繁殖失败和停止繁殖;当 pH 低于 4.5 时,各种鱼类、两栖动物和大多数昆虫消失,水生植物死亡,水生动物灭绝。同时,湖泊酸化也会导致沉积物中有毒重金属元素的活化,导致湖泊水环境中重金属的浓度升高,生物活性增强。

8.2.2 湖泊生态系统修复

（一）湖泊生态系统修复的定义

湖泊生态系统修复是利用一系列的技术手段,对退化的湖泊进行修复,以达到长期保持稳定的目的,也就是对退化的湖泊进行修补,降低其对环境的影响程度,提高对环境的承受力。湖泊生态系统修复的终极目标是建立一个天然的、能够自我调节的、与其所处环境相协调的、能够长期自我维持的、能够被人类所接受的环境条件。

（二）湖泊生态系统修复的原理

在恢复湖泊水生植物方面,关键是要采取一些措施,将蓝藻繁殖频繁、水质浑浊的富营养化藻类湖泊生态系统转变为水生植物茂盛、水质清澈的草甸型湖泊生态系统。因此,在这方面,湖泊生态系统的外部条件的改变是至关重要的。按照生态系统恢复的有关理论,生态系统会受外界条件的影响,所以,当原有的藻类生态系统受到的压力超过了其所能承受的临界点时,原有的生态系统就会崩溃,并被可以与环境条件相适应的新的草类生态系统所替代。水生植被覆盖的湖泊,其自身具有抵御外界环境改变的能力,这也是其对水体进行净化的主要机制之一。然而,要实现这一作用,首先要有一个植被覆盖的植被-湖泊生态系统。

因此,湖泊多稳态理论是实现湖泊生态系统恢复的一个重要基础理论。水生植物的生长减缓了营养物质向沉积物的释放,减轻了水体中的营养负荷,并减少了藻类生物量,从而改善了水体的透明度。反过来,这些环境的改善又促进了水生植物的生长。在藻类湖泊中,整个系统也处于平衡状态,因为蓝藻生物量的增加降低了透明度,导致沉水植物的死亡,而营养物质从沉积物释放到上层水中,促进了藻类生长。多重稳定和藻类稳定状态的共同点是突出了自我强化的正反馈机制,这是维持稳定状态的一个关键因素。在湖泊的生态恢复过程中,随着营养物质浓度的降低,藻类生态系统会发生变化,达到生态系统稳定性受到影响的程度。如果在这种情况下再加上外部压力,生态系统的结构转变就成为可能。

(三) 湖泊生态系统修复的目标与内容

1. 水环境修复

水环境修复是湖泊生态系统修复的重要内容,主要目标是改善湖泊水质、水量和水文等水环境质量。具体实施方案包括但不限于:

(1) 减少污染源排放:针对湖泊周边城市和乡村等污染源,可采取措施减少污染物排放量,例如,提高污水处理效率,采用雨水收集处理、生态截污等工程措施;

(2) 除去已经污染的物质:例如通过化学沉淀、生物降解、活性炭吸附等方法除去水中悬浮、溶解和胶体态的污染物;

(3) 增加水量:增加湖泊进水量或减少出水量,例如开展水源调度,加强湖泊周边水源地保护等。

2. 恢复湖泊生态系统

湖泊生态系统的恢复是湖泊生态修复的长远目标。生态系统的恢复需要建立完整的生态环境体系,包括生态水文、水生态、陆生态等多个方面。在恢复过程中,需要采取多种措施,包括湖滨带建设、湿地修复、水生植物的种植、生态养殖等,以重建湖泊生态系统的完整性。

3. 提高湖泊生态系统的维护能力

湖泊生态系统的修复不仅仅是一个工程项目,更是一项长期的管理任务。因此,必须建立健全湖泊生态系统管理体制和工作机制,加强生态环境监测和评估,完善湖泊生态环境监测网络,实施常规监测和事件响应,及时发现和处理湖泊生态环境问题。

在管理方面,应加强湖泊保护的宣传教育工作,增强社会公众的环境保护意识和法律意识,推广绿色生态生产方式和消费理念,促进湖泊生态经济发展。同时,需要加强湖泊生态环境管理能力建设,培养湖泊生态环境管理人才,推进湖泊生态文明建设。

4. 湖泊生态系统修复成效评估

湖泊生态系统修复是一个长期的过程,需要进行中期和终期评估,对修复效果进行监测和评价,为后续的湖泊管理提供科学的参考依据。评估的重点是对水质、水生态和水资源等方面进行监测和评价,评估结果将直接影响湖泊生态系统的管理决策。

评估的方法包括常规监测、统计分析和专家评价等,要全面、客观、科学地评估修复成效,为湖泊生态系统的长期稳定和持续发展提供支持和指导。

总之,湖泊生态系统修复是一项艰巨的任务,需要政府、企业、科研机构和公众的共同参与和努力。通过采取合理的修复策略、创新的修复技术和科学的管理机制,湖泊生态系统的修复和保护将取得显著成效,为人类创造更加美好的生态环境。

8.3 湖泊现状调查与诊断

湖泊生态系统现状调查是对湖泊及其周边生态环境进行全面、系统的调查和分析,以了解湖泊生态系统的健康状况、存在问题和保护需求。根据湖泊生态系统的监测结果,分析现状,诊断湖泊现有问题,依据污染控制和生态修复的原则,制定合适的治理方案。

8.3.1 湖泊环境现状调查

对湖泊生态系统进行功能和目标定位,调查范围为湖泊全流域,调查内容主要为湖泊基本信息、水质状况、水生动植物、湖泊岸线及周边土地利用、湖泊水文特征。这些资料以从相关部门处得到为主,辅以现场观测调查。

(一)自然地理特征

1. 湖泊水文特征调查

水文特征是湖泊生态系统的重要组成部分,包括湖泊水位、水温、流速、波浪等,通过监测这些水文特征,可以了解湖泊的水体动态特征,为湖泊管理和保护提供数据支撑。

通过采集水样分析水质指标,如总氮、总磷、化学需氧量、氨氮等,了解湖泊水质状况。同时,还可以观察湖泊的透明度、颜色、异味等情况,以判断是否存在水污染问题。通过监测湖泊的水位变化情况,了解湖泊的水文状况。可以使用水文指标(如平均水位、水位变化幅度、水位周期等)评估湖泊的水文状况。

2. 地质地貌调查

地质调查包括湖泊流域内的地质条件,通常指湖区矿物、岩石、地质年代、地层系统和地质构造调查;地貌调查包括地形调查、河流调查与湖岸类型及湖岸的变化调查。其中,地形调查主要包括流域高度分布、流域平均高度和流域平均坡度及起伏量;河流调查包括入湖河流数、河网密度、主要河流的纵断面及其堆积物等;湖岸类型及湖岸的变化调查包括湖岸类型,湖岸崩塌现状、原因及发展趋势,及土岸的堆积和扩展调查。

3. 山地调查

山地调查包括平均高度、高度图、平均斜度。

4. 河流调查

河流调查包括支流数、河网密度、河流纵断面图、堆积物。

（二）社会特征

1. 人口调查

了解湖泊周边人口数量和分布情况，包括人口密度、人口结构、迁移情况等，以便更好地了解人类活动对湖泊生态系统的影响。

2. 土地利用状况调查

土地利用状况调查由土地利用类型调查和土地利用现状调查两部分组成。

（1）土地利用类型调查

了解湖泊周边的土地利用情况，包括农业、城市化等，判断是否存在对湖泊生态系统构成的潜在威胁。

当前国内土地利用类型主要根据地质地貌、土壤植被及土地利用的特点来划分。主要的土地利用类型划分如下：

① 耕地：分水田和旱田；

② 园林地：园地和林地；

③ 草地：疏林草地和草地；

④ 水域和湿地：河流、湖泊、水库、沟渠、滩涂、堤坝；

⑤ 交通用地；

⑥ 工矿用地；

⑦ 城乡居民用地；

⑧ 其他用地：特殊用地（如国防用地、风景区、疗养区、自然保护区等），难利用地（裸岩、石滩地、沼泽等）。

（2）土地利用现状调查

土地利用现状调查步骤如下：

① 确定调查范围和制图比例尺。

土地利用现状调查根据湖泊流域的范围确定，制图比例尺按流域范围的大小而定。

② 土地利用类型制图单元。

一般大比例尺的土地利用现状图，其图斑尺寸为 1 mm×2 mm，并要确定单元符号。

③ 田间调查和填图。

调查最好是将实地调查与航片判读两种方法相结合，并根据预先确定的土地利用类型、制图单元符号与精度要求，分别填绘或转绘在地形底图上。对于已收集到流域内土地利用资料，由于流域内不同地区或不同行政单位采用的土地类型分类、制图单元符号和精度要求有差异，需按统一要求重新整理编制。

④ 室内清绘成图。

根据野外填绘草图，按设计到室内清绘，同时编写说明书。

随着科技的发展，我们可以利用现代遥感技术进行水土资源状况的分析利用，这种方法更加精确便捷。

（三）自然资源及其保护情况调查

1. 水资源

了解湖泊水资源的分布、质量、数量等情况，包括地下水、地表水等，以便更好地了解湖泊水资源的利用和管理状况，为湖泊保护和可持续利用提供依据。

2. 土地资源

了解湖泊周边土地资源的类型、利用情况等，以便更好地了解湖泊周边土地资源利用与湖泊生态系统之间的关系，为湖泊保护提供科学依据。

3. 生物资源

了解湖泊生物资源的种类、分布、数量等情况，包括水生生物、陆生生物等，以便更好地了解湖泊生态系统的组成结构，为湖泊保护提供依据。研究该地区的生境特征和各个生命阶段对生境因素的要求，比较不同类型栖息地内各种群数量的时间变化。

生物资源调查以浮游动物、底栖动物、维管束植物及鱼类为对象。湖泊生态环境的调查主要涉及水边植被、滩涂植被、湿地鸟类等。对岸坡、滩涂等区域的生物种群分布及活动规律进行调查。对规划区域内珍稀濒危、特有物种进行重点普查，明确生态环境中的主要物种，并对其种群动态、生态习性及生命周期进行详尽的研究。

4. 森林资源

了解森林覆盖率，木材蓄积量，森林砍伐量，毁林开荒、乱砍滥伐和森林火灾情况，以及林业建设管理和保护情况。

5. 矿产资源

调查与湖泊水体水环境有关的能源矿、有色金属矿、化工原料非金属矿、矿产开发中存在的问题及矿产资源的保护情况。

6. 自然保护区

了解湖泊流域内自然保护区名称、位置、面积及其现状和保护区情况，珍稀濒危动植物种类、数量、分布。自然保护区机构建立时间及管理现状。

（四）经济交通状况调查

1. 工业结构

① 轻工业企业数、产值及其占流域内总数和总产值的比例；

② 大中小企业数、产值及其占总数和总产值的比例；

③ 全民所有制、集体所有制、私营等企业数和产值及其占流域内总数和总产值的比例。

2. 农业结构

农业结构的调查一般包括农、林、牧、副、渔业的产值占农业总产值的比例，如总产量、单位面积产值，农药、化肥投放种类和数量，水产养殖面积，饵料投放量、鱼产量，家禽、家畜数量及饲料量等。

3. 能源结构

调查内容主要是流域内各种能源的年使用量及占总数的比例，生产和生活燃料的使用量及占总数的比例。

4. 旅游业

了解湖泊周边的旅游业情况,包括旅游景点、旅游活动等,以便更好地了解人类活动对湖泊生态系统的影响,为湖泊保护提供科学依据。

5. 交通

了解湖泊周边的交通设施情况,包括公路、铁路、水运等,以便更好地了解湖泊周边的人类活动与湖泊生态系统之间的关系,为湖泊保护提供依据。

(五) 污染产生及排放负荷量调查

(1) 污染源调查:了解湖泊周边的污染源类型、数量、分布等情况,包括工业、农业、城市污水等,以便更好地了解湖泊受污染的来源,为湖泊治理提供科学依据。

(2) 污染物排放调查:了解湖泊周边的污染物排放情况,包括污染物类型、排放量、排放途径等,以便更好地了解湖泊面临的污染问题,为湖泊治理提供科学依据。

(3) 污染物负荷量调查:了解湖泊受到的污染物负荷量,包括进流污染负荷、出流污染负荷等,以便更好地了解湖泊的污染状况,为湖泊治理提供科学依据。

8.3.2 湖泊生态系统问题诊断

水体的污染和富营养化是由于外界环境因素的影响而引起的一系列生物效应。对于任何一个湖泊,其"驱动力(水量、营养盐、能量等的投入)-状态(生物量、水质参数等)"之间总是有一种响应关系。如何用合适的方式对其状态的改变进行描述,并由此推论导致其改变的动因(驱动因素),是对当前湖泊生态系统中存在的问题进行诊断与研究的重要内容。

(一) 湖泊主要环境问题分析

针对湖泊环境问题的分析应该包括以下内容:(1) 湖泊的自然生态特征;(2) 湖泊流域环境现状;(3) 主要污染源问题;(4) 湖泊水质问题;(5) 水资源开发利用和生物资源捕捞;(6) 流域自然保护及其变迁。

(二) 社会和经济损益评估

对主要环境问题的社会和经济损益评估应该包括:(1) 水质污染的损益分析;(2) 湖泊资源破坏的损益分析;(3) 湿地、沼泽减少的损益分析;(4) 生物多样性保护费用分析;(5) 社会经济发展对环境的影响。

(三) 主要环境问题原因解析

湖泊环境问题的产生原因可以归纳为以下几个方面:(1) 环境管理和行政管理不到位;(2) 资源不合理开发,导致生态环境破坏;(3) 渔业的过度捕捞,导致水生资源减少;(4) 沿湖污染负荷过量排放,导致湖泊水质降低。

8.4　方案制定

8.4.1　污染控制要求、思路与方案

（一）湖泊污染控制要求

1. 目标和任务

湖泊生态保护与修复方案应该紧密结合生态系统的自然、经济社会特点，根据水生态修复目标和水土资源开发利用的方针与需求，提出规划目标和任务。具体包括生态需水、水质维护与改善、湖泊地貌形态的维护与恢复，以及一些重要的生态环境和生物的保育。根据规划区的具体情况，可以选择相应的指标来描述规划的目的。

湖泊生态保护与修复应在污染控制目标的基础上，依据湖泊水生态状况，综合考虑经济社会发展需求，针对性地提出生态需水、水质维护与改善、湖泊地貌形态保护与修复、重要生物栖息地与生物多样性保护、重要区域生态保护与修复、湖泊生态监控与综合管理等任务。通过适宜的生态保护与修复措施，促进湖泊生态系统恢复到较为自然的状态，使湖泊生态系统的结构稳定、功能改善，形成良性循环。

2. 规划分区

规划分区主要包括主体功能区规划、生态功能分区以及水资源分区的衔接，需要考虑流域水文水资源特征、湖泊生态功能和流域开发利用治理任务等因素，明确规划湖泊的生态功能定位，根据湖泊水生态现状及其生态功能，进行规划分区。在规划分区时，需要遵循区域相关性、协调性和主导功能的原则，并尽可能采用统一的分区定量分析方法，以便于不同区域间分区成果的比较。

3. 总体布局

需要依据规划目标，结合规划区划水生态功能需求，按照规划水平年度，提出规划整体方案，并对具体措施进行总体布局。湖泊生态保护和恢复规划的总体布局，应当以规划分区作为基本单位，考虑流域或者区域特点，兼顾干支流、上下游、湖泊水库等不同的区域关系，从关键内容的空间分布、时间安排和其他方面来布局。总体布局要和流域综合规划及其他相关成果协调一致。

按照规划的总体布局，合理组织生态需水、水质保持和提高、保护和恢复湖泊的地貌形态、重要生物栖息地和生物多样性的保护、对重要地区的生态保护和恢复湖泊进行生态监控和综合管理。健康状况较好的湖泊生态系统，注重保护措施；破坏较轻的湖泊生态系统，注重修复措施；遭到严重破坏的湖泊生态系统，着重进行重建。必要时可进行方案比选，确保总体布局合理。

4. 控制指标

（1）制定湖泊生态保护与修复的控制指标是确保规划实施效果的关键。控制指标应根据规划目标来具体明确，并可在规划期内量化考核。

（2）控制指标应根据规划水平年分阶段提出，阶段控制指标应反映阶段目标的量化考核要求。

（3）控制指标可从生态需水、水质保持和提高、湖泊地貌形态保护和恢复、重要生物栖息地和生物多样性的保护、对重要地区的生态保护和恢复湖泊进行生态监控和综合管理等方面进行制定。

（二）污染控制思路

治理和保护湖泊环境的关键措施之一是治理和控制入湖污染物排放源和湖泊内部污染源。对于水质较好的湖泊，污染源排放控制建议采取总量控制。

对于水质改善的湖泊（目标水质优于现状水质的湖泊），湖泊污染源治理要以生态承载力为约束，以环境容量为手段。根据水污染控制管理目标和水质目标，核实污染负荷出入湖削减量，统筹流域经济社会发展水平和污染治理技术经济可行性，合理分配污染负荷削减量。具体方案制定思路见图8-3。

对于水质维持现状的湖泊，此类湖泊污染源治理方案应在现有排放水平基础上，进一步适度减少污染负荷量入湖量，实现湖泊良好水质的长期稳定维持。

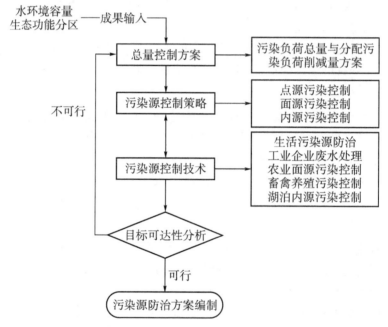

图8-3 湖泊流域污染源控制方案编制思路

（三）污染控制方案

1. 点源污染控制方案

点源污染控制方案主要针对流域内重要的点源污染，包括城市生活污染、工业污染、旅游污染、船舶污染和规模化养殖污染。控制措施包括建设污水处理厂、加强工业废水处理和养殖废物处理，以及推广垃圾分类和回收利用等。同时，需要建立完善的监测和评估机制，定期对污染源的排放情况和污染物浓度进行监测和评估。

该方案主要针对流域内威胁湖泊水环境与生态环境安全的重要点源污染，实施防治工程措施。

（1）城市生活污染防治工程方案：城市生活污染可以通过建设污水处理厂、加快城市污水收集管网建设、实施雨污分流和环湖截污等工程措施来控制。

（2）工业污染防治工程方案：工业污染则可通过加强工业园区污水集中处理和深度处理来控制。

（3）旅游污染防治工程方案：旅游污染则可通过宣传活动和经济管理措施，提高旅游者环保意识和环境道德水平来控制。

（4）船舶与规模化养殖污染防治工程方案：船舶和规模化养殖污染则可通过港口、码头污染控制工程和规模化水产养殖污染控制工程措施来控制。

2. 面源污染控制方案

面源污染控制方案主要针对分散、难以确定的污染源，如农业非点源污染、城市垃圾等。

（1）农村污水及垃圾污染防治：农村污水及垃圾污染可以通过推进农村生活污水治理，采取集中式或分散式等处理方式，加快农村生活污水处理设施建设来控制。

（2）农业面源污染防治：农业面源污染则可通过控制农田氮磷流失、推广使用生物农药或高效、低毒、低残留农药等措施来控制。

（3）入湖河流污染防治：入湖河流污染可以通过建设河滨湿地和缓冲区域、削减入河污染负荷等措施来控制。

（4）小型分散式养殖污染控制：小型分散式养殖污染则可通过规划畜禽饲养区域、明确湖泊流域禁养区和限养区划分、采取适宜的技术措施等方式来控制。

3. 内源污染控制方案

内源污染控制主要是针对湖泊局部内源污染分布特征，采取综合措施进行前端防治，降低内源污染物释放量，为湖泊生态修复提供适宜的物理条件。

（1）湖内网箱养殖污染防治：湖内网箱养殖污染可以通过加大水产养殖污染防治力度，根据湖泊功能分类控制网箱养殖规模，鼓励发展生态养殖等方式来控制。

（2）底泥环保疏浚：底泥环保疏浚是对湖泊或入湖河流重污染区域进行重污染底泥环保疏浚，有效处理与处置疏浚污泥，避免二次污染。

（3）湖面漂浮物清理：湖面漂浮物清理是对湖面垃圾等漂浮物定期清理，确保湖面清洁，防止二次污染的产生。

（4）航运污染防治：航运污染则可通过加强湖泊内航运船舶污染防治、加快油船改造、使用清洁能源等、建立航运船舶油污水和垃圾收集处置长效机制等方式来控制。

8.4.2　生态保护与修复思路与方案

湖泊生态系统保护与修复方案是为了解决湖泊生态环境和水资源受到污染和破坏的问题，保护和修复湖泊的自然生态系统而制定的。

（一）生态保护与修复思路

（1）生态恢复与重建：通过重建、重构或恢复原生湖泊生态系统，提高湖泊的自净能力和自我修复能力。恢复原生生态系统主要包括湖泊水体、岸线带、湿地生态系统等的恢复。

（2）环境治理：加强污染物控制和环境治理，减少污染物对湖泊的影响。主要包括点源污染控制和面源污染控制两方面。点源污染控制主要针对重点工业污染源和城市污水处理厂等，采取污水收集、处理、排放等措施，以控制和减少污染物的直接排放。面源污染控制主要针对农业、畜牧业、城市雨水等面源污染，通过土地治理、水资源利用等措施，减少污染物入湖，从而减轻湖泊污染的压力。

（3）提高管理水平：加强湖泊环境和生态的管理，包括湖泊监测、信息管理、规划管理、综合执法、公众参与等。加强湖泊环境和生态管理的目的是更好地保护湖泊生态系统和水资源的安全。

（二）生态保护与修复方案

1. 治理水污染

建立湖泊污染物排放许可制度，完善排污费制度，对重点排污企业进行排污许可证管理，实行"谁污染、谁治理、谁付费"的原则，加大对违法排污行为的惩罚力度，加强对城市生活污水、工业废水等各种污水的收集、输送、处理，降低湖泊水质污染。

2. 修复湖泊生态环境

主要采用湖泊生态修复技术，包括湖泊生态水利工程、人工湿地等，特别是利用人工湿地来提高水体的自净能力，改善水质，减少富营养化程度，保障水生态环境的稳定。

3. 加强湖泊周边生态环境建设

主要措施包括沿湖绿化、湖泊岸线保护、湿地保护、水源涵养、野生动植物保护等，既可以美化湖泊周边环境，增强人们的环保意识，也可以增强生态环境的稳定性和湖泊水质的稳定性。

4. 加强湖泊监测

建立完善的湖泊环境监测体系，及时掌握湖泊的水质、生物多样性等指标，进行科学评估和分析，及时发现湖泊环境问题，为湖泊生态保护与修复提供科学依据和数据支撑。

5. 开展湖泊环境教育和宣传

开展湖泊环境教育和宣传活动，提高公众对湖泊生态环境保护的认识和重视程度，强化环保意识，促进环保行动，营造良好的湖泊生态环境保护氛围。

6. 建立完善湖泊生态环境保护制度体系

建立一套完善的湖泊生态环境保护法律法规体系，加强对湖泊生态环境保护工作的监督和管理，落实各项措施的实施情况，建立起一套系统、科学的湖泊生态环境保护制度体系。

8.4.3 项目投资与目标可达性分析

湖泊生态系统的保护与修复需要大量的资金投入，因此需要进行项目投资与目标可达性分析。该分析涉及资金投入的数量、投资方式、投资效益等方面的问题，以及实现目标的可行性、可操作性等方面的问题。

（一）项目投资分析

湖泊生态系统的保护与修复需要大量的资金投入,这些资金主要用于生态修复、环境保护和污染防治等方面的工作。在进行项目投资分析时,需要综合考虑以下因素:

(1) 项目需求:在进行项目投资分析前,首先要了解湖泊生态系统保护与修复的具体需求,例如生态修复、环境保护、污染防治等方面的工作,以此来确定资金投入的方向和数量。

(2) 项目成本:项目成本主要包括工程建设、设备采购、人工费用等各方面的开支。需要综合考虑成本与效益的关系,确保资金的合理使用。

(3) 项目周期:湖泊生态系统的保护与修复是一个长期而持续的过程,需要考虑项目的长期投入,以确保项目的顺利实施和后期效益的获得。

(4) 资金来源:湖泊生态系统的保护与修复需要大量资金的支持,资金来源包括政府投资、社会捐赠、银行贷款等多个方面,需要合理分配和利用各方资源。

（二）目标可达性分析

对于投资湖泊生态系统保护与修复项目,需要进行目标可达性分析,以确定项目的可行性和投资效益。以下是针对湖泊生态系统项目投资与目标可达性分析的一些建议。

(1) 确定目标:在投资湖泊生态系统保护与修复项目前,首先需要明确项目的目标和预期效果。例如,是否旨在改善湖泊水质,促进湖泊生态恢复,提高湖泊旅游价值,或是改善湖泊周边社区的生活环境等。确定目标可以为投资人和决策者提供方向和指导,确保项目的目标和效果与投资人的利益相一致。

(2) 评估湖泊生态系统现状:在投资湖泊生态系统保护与修复项目前,需要对湖泊生态系统现状评估。这包括湖泊水质、生态环境、社会经济等方面的调查和分析,以便确定项目的投资规模和具体修复措施。

(3) 分析项目投资成本:投资湖泊生态系统保护与修复项目需要考虑各方面的成本,如技术、材料、人力、设备、运输、管理等。投资人需要对这些成本进行详细的分析和预算,以便确保项目的可行性和投资效益。

(4) 分析项目投资回报:投资湖泊生态系统保护与修复项目需要进行投资回报分析,以确定投资的可行性和效益。投资回报分析需要考虑项目的直接收益和间接收益,如改善湖泊生态环境、提高湖泊旅游价值、增加周边社区经济活动等。

(5) 确定目标可达性:在评估了项目的投资成本和投资回报后,需要确定项目的目标可达性。这包括确定投资的实际效益是否能够达到项目的目标,投资的回报是否足够高,以及项目是否可以在可预见的未来实现可持续发展。

总之,投资湖泊生态系统保护与修复项目需要进行全面的目标可达性分析。通过评估现状,分析成本和回报,确定项目的目标可达性,帮助投资人确定投资的规模和方向,以确保项目的可行性和效益。

8.4.4　保障措施及实施计划

围绕流域水生态环境保护工作,阐明在组织保障、政策保障、技术支撑、资金保障等方面采取的相关保障措施,明确方案组织实施计划。

（一）保障措施

1. 强化主体责任，严格绩效考核

落实地方政府治污责任，推动落实"党政同责、一岗双责"。制定流域保护的组织制度，明确组织目标任务，协调组织内部关系。

将流域水生态环境整治工作纳入绩效评估范畴，明确年度任务与评估指标。实施信息公开，拓宽投诉举报渠道，发挥群众监督作用。

2. 完善政策措施，建立长效机制

按照生态文明建设要求，完善制度和政策体系，建立湖泊生态环境保护长效机制。主要从湖泊法律、法规、条例方面完善湖泊管理制度，从制定的有利于湖泊流域经济发展方式转变的激励政策入手，探索湖泊流域污染负荷削减的财政、税收、投资等方面的经济政策，建立并完善湖泊流域内跨市断面考核和生态补偿机制，形成相关政策保障。

流域水生态环境系统保护的目标涵盖水质、水量和水生态三方面，坚持目标导向、问题导向，完善制度和政策体系，建立流域水生态环境保护长效机制。

3. 拓宽融资渠道，创新融资方式

坚持政府引导、市场为主、公众参与，建立政府、企业、社会多元化投入机制。积极争取政府生态发展专项资金，充分发挥财政资金的引导示范作用，加大流域生态环境建设的资金投入力度。

鼓励创新投融资机制，通过建立流域上下游生态补偿机制、特许经营、政府购买服务等方式拓宽融资渠道。同时，制定流域水生态环境保护资金使用管理办法及监管措施。

4. 整合科技资源，落实管理监督

加强与高校、科研院所合作，整合科技资源，通过相关国家科技计划，加快以农业面源污染调查、监测、评估技术为重点的联合攻关和试点示范。

落实流域日常管理与监督，加强流域生态环境保护管理信息系统建设，实现更加高效科学现代化的管理，如智慧流域实时监控管理平台、巡河/库助手、公众号等。

5. 构建全民行动格局，推动流域生态环境保护与建设

加大流域保护宣传力度，创新教育宣传模式，吸引公众自觉参与。加强政府与群众的沟通联系，吸收有志有识有理想的年轻人和民间人士加入流域环境保护行动，形成良性健康的公众参与体制机制。

（二）实施计划

按照目标导向、循序渐进的原则，研究湖泊生态环境保护方案的实施路线，明确不同阶段、各项保护方案的工作进程和任务节点，按季度制订实施计划，绘制实施路线图。

8.5　湖泊水体水质改善与生态修复技术

8.5.1　湖泊水体水质改善方法

（一）物理法

（1）曝气法：通过增加氧气的浓度，促进水体中的氧气交换，提高水体中的溶解氧含量，从而促进水体中的微生物分解有机物，改善水质。曝气设备主要有机械曝气设备、喷氧设备和曝气轮设备。

（2）水力气泡混合法：将空气以气泡形式喷入水体底部，利用气泡的上升运动来实现水体的混合和氧气的输送，从而改善水体的水质。

（3）深水通气：在水体底部布置一定数量的通气管，通过通气管向水体注入气体，使底部的水体循环流动，增加水体中的溶解氧含量，改善水质。

（4）底泥疏浚：通过清除污染的淤积底泥，有效降低内源污染负荷，改善水质和底栖环境，促进水生态系统恢复。

（二）化学法

（1）沉淀法：通过添加沉淀剂将水中的磷、氮等污染物沉淀下来，减少污染物的浓度，从而改善水质。

（2）活性炭吸附法：通过活性炭的吸附作用去除水中的有机物，净化水质。

（3）重金属化学固定法：重金属在水体中积累到一定的限度就会对水体-水生植物-水生动物系统产生严重危害并可能通过食物链直接或间接地影响到人类的健康。许多重金属在水体溶液中主要以阳离子存在，加入碱性物质，使水体 pH 升高，能使大多数重金属生成氢氧化物沉淀。所以，向重金属污染的水体中施加 $Ca(OH)_2$、$NaOH$、Na_2S 等物质能使很多重金属形成沉淀，从而降低重金属对水体的危害程度。但是这种方法不能从根本上解决重金属污染的问题。

（4）植物吸收法：通过在水体中种植具有吸收能力的水生植物，如水葫芦、芦苇等，吸收水中的氮、磷等营养物质，降低水体中营养物质的浓度，改善水质。

（三）生物法

（1）人工增氧：通过加强曝气设备的运作，促进水体中的氧气交换，增加水体中的溶解氧含量，促进水体中有机物的分解，改善水质。

（2）生态修复：在水体中引入适宜的生物，如浮游植物、浮游动物等，形成水生态系统，从而降低水体中营养物质的浓度，改善水质。

（3）网箱养殖：利用网箱养殖的方式，将水产养殖和水质改善相结合，通过养殖过程中的废水净化和生物吸收等作用，降低水体中的氮、磷等污染物质浓度，改善水质。

8.5.2 湖泊生态修复技术

(一)除藻技术

水华是影响湖泊生态稳定的重要因素之一,除藻技术是常见的水华治理措施。常用的除藻技术包括物理除藻、化学除藻和生物除藻。

(1)物理除藻:物理除藻是通过物理方法将水华收集起来并进行后续处理的技术。常用的物理除藻方法包括网罩拦截、网箱收集、刮板收集等。其中,网罩拦截是最常用的物理除藻技术,其原理是在湖面设置固定的拦藻网罩,将浮游藻类截留在网罩上。

(2)化学除藻:化学除藻是通过投加化学剂,破坏水华细胞结构,使藻类死亡,从而达到除藻的目的。常用的化学除藻剂包括氧化铜、过氧化氢、高锰酸钾等。然而,化学除藻容易产生二次污染,影响水体生态环境。

(3)生物除藻:生物除藻是利用某些生物(如细菌、藻类)对有害藻类进行控制和减少的技术。常用的除藻生物包括水生植物、浮游细菌、淡水厌氧氨氧化细菌等。例如,利用某些浮游细菌能够吞噬有害藻类的优势,将其引入水体中,能够起到减少有害藻类数量的效果。

(二)人工湿地技术

人工湿地技术是指通过人工构建植物湿地,利用湿地植物和微生物对废水进行净化和降解有害物质的技术。人工湿地可分为自流式和人工循环式两种,其中自流式人工湿地是指将废水通过湿地植物自然净化后排放,而人工循环式人工湿地则是将废水通过人工设备循环注入湿地,增加湿地对污染物的降解效果。

人工湿地对污染物的去除涉及物理、化学和生物作用,具体原理如表 8-1 所示。

表 8-1 人工湿地净化污水原理

作用机理		对污染物的去除
物理	沉淀	可沉淀固体在湿地中因重力沉降而去除
	过滤	颗粒间相互引力作用及植物根系的阻截作用使可沉降及可絮凝固体被阻截而去除
生物化学	微生物代谢	利用悬浮的底泥和寄生于植物上的细菌的代谢作用将悬浮物、胶体、可溶性固体分解成无机物;通过生物硝化、反硝化作用去除氮;部分微量元素被微生物、植物利用氧化,并经阻截或结合而被去除
	自然死亡	细菌和病毒处于不适宜环境中自然衰败及死亡
植物	植物代谢	利用植物对有机物的吸收而去除,植物根系分泌物对大肠杆菌和病原体有灭活作用
	植物吸收	相当数量的氮和磷能被植物吸收而去除;多年生沼泽植物,每年收割一次,可将氮、磷吸收并合成后移出人工湿地系统

(三)生物操纵技术

生物操纵技术是指通过增加或减少某些生物种群,改变湖泊生态系统结构和功能,实现湖泊生态修复的技术。例如增加某些水生植物和藻类，可以降低湖泊中营养盐浓度，控制蓝藻、水华等现象。而对于某些有害生物，如水螅、水蛭等，可以通过生物防治或人工捕捉等手段，控制其数量和分布，维护湖泊生态平衡。

（四）湖滨带技术

湖滨带是指湖泊周围的生态系统，是湖泊和陆地之间的过渡带，对湖泊水环境和生态环境具有重要的影响。湖滨带技术是指在湖泊周围建立生态带，通过植物、微生物等对污染物的吸附、降解和稳定化等作用，去除湖泊入口污染物，保持湖泊周边生态系统的稳定。

恢复开始阶段，首选耐受能力强的植物先适应初期环境，初步构建水生植物体系；中期，配置其他植物以提高生物多样性，优化群落结构；后期，全面恢复水生动植物生态系统，维持系统稳定性和完整性。

植物物种选择上，以生物多样性保护为主的修复区，应根据历史调查数据，确定合理的物种数及种类，在此基础上，尽量多地选择物种；以入湖径流净化为主的修复区，应选择污染物富集能力强的本土物种；以水土保持与护岸为主的修复区，应选择固土能力强的物种。

（五）前置库技术

前置库技术是指在湖泊入口处建设一定规模的沉淀池或前置水库，通过物理沉淀和植物吸附等作用，去除湖泊入口污染物，提高湖泊进水的水质。前置库技术适用于入口污染物浓度较高、水流速度较快的情况。

入湖河口前置库系统主要由导流收集单元、调蓄缓冲单元、拦截沉降单元、强化净化单元和生态稳定单元构成，如图 8-4 所示。

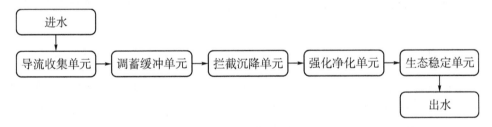

图 8-4　前置库系统工艺单元

前置库各单元逐级净化入湖进水，去除区域内入湖河流中氮、磷等营养盐，悬浮物和其他有机污染物，提升河流入湖水体水质。

8.6　工程案例

以某水库水源地保护为例，进行湖泊水质改善与生态修复的具体阐述。水库水源地保护方案主要包括区域基本概况、水环境功能区划、环境调查评价、污染源调查分析、污染防治工程设计、生态保护与修复规划、监测管理系统建设、项目可达性分析、投资和效益评估及保障措施。下面主要介绍环境调查评价、污染源调查分析、污染防治工程设计和生态保护与修复规划这四个部分。

8.6.1　环境调查评价

（一）水库水质

结合集中式饮用水源地近年来水质污染情况,针对水库选取 39 项指标进行水质评价。分别用丰水期(6—9 月)、平水期(10—次年 1 月)、枯水期(2—5 月)平均值和年平均值,采用单因子评价方法,给出主要超Ⅱ类标准污染物和超标倍数,确定库区水质达标状况,再利用库区水质年平均值进行各单项水质指标的水质评分值计算,从而获得各水库的水质综合评分值,以判定水库水质类别。

水库水质全年基本属于Ⅳ类,取水口的水质属于Ⅲ类,主要超标指标为 TP、TN。枯水期,水库水质整体上属于Ⅲ类水,主要超标指标是 TN;取水口处的水质属Ⅱ类水。平水期,水库水质整体上属于Ⅲ类水,主要超标指标为 TN;取水口的水质为Ⅱ类水。丰水期,水库水质整体属于Ⅴ类水,水质较差,主要超标指标为 TP、TN、IMn(高锰酸盐指数);取水口处的水质为Ⅳ类水。为进一步了解枯水期后第一场大雨(桃花雨)及梅雨季节对水库水质的具体影响,进行了加测。桃花雨过后,水库水质严重恶化,属于Ⅴ类水,取水口水质为Ⅲ类水,主要超标指标为 TP、TN;此外,梅雨季节,水库水质整体属于Ⅴ类水,取水口水质为Ⅳ类水,主要是 TP、TN 以及 IMn 超标。

（二）入库河流水质

用相同方法对入库河流进行了水质测试。平水期水质相对较好,基本属于Ⅱ类～劣Ⅴ类水;而枯水期及丰水期水质较差,基本属于Ⅳ类～劣Ⅴ类水。桃花雨过后及梅雨季节期间,大量面源污染物通过地表径流进入河道,导致入库河流水质严重恶化,整体上属于劣Ⅴ类水;面源污染物再通过入库河流冲刷到水库,是导致水库水质严重恶化,水质超标严重的主要原因。

（三）底泥调查

(1) 重金属:按照丰、平、枯水期,进行水库和入库河流底泥调查。水库枯水期整个库区的镉指标均超标(镉的一级标准限值为 0.20 mg/kg),但超标不严重;水库的其他重金属指标未超标,基本上都满足一级标准限值要求。

入库河流的镉指标基本均超标(镉的一级标准限值为 0.20 mg/kg)。同时,据调查土壤平均镉浓度为 0.32 mg/kg,说明水库底泥镉轻微超标,原因是库区镉背景值偏高。

(2) 有机质:水库主要是 TP 超标,并且库区部分范围超标相对比较严重,所以这些超标严重的区域需要进行清淤处理。

8.6.2　污染源调查分析

（一）点源污染

经过整治和拆迁,水库水源地一级保护区内无工业污染源;二级保护区内有一家大型工业企业,污水排放量为 8 000 t/a。除此之外还有两家小型企业,但因其都设有回收池,回收率均为 100%,故无污水排放。

水库一级保护区内没有集约化畜禽养殖场,二级保护区内有五家集约化畜禽养殖场。根据《全国城市饮用水水源地环境保护规划(2008—2020)》计算年污染物排放量,COD_{Cr} 总排放量为 15 t/a,其中工业污染源占 11%,集约化畜禽养殖场占 89%;TN 总排放量为 3 t/a,其中工业污染源占 7%,集约化畜禽养殖场占 93%;TP 排放量为 1.5 t/a,其中工业污染源占 3%,集约化畜禽养殖场占 97%。故水库保护区内集约化畜禽养殖污染是其点源污染的主要来源。

(二)面源污染

1. 农村生活污水污染

所有的粪尿污水均排入化粪池中,但生活所产生的厨余废水及洗澡废水等生活污水则通过村内的沟渠排入各入库河流之后进入水库,排放方式主要为明沟和暗沟排放。

2. 农田径流污染

水库保护区有耕地五万多亩,土壤种类为黏土,种植作物主要为水稻、小麦、苗木及菌类,进行系数修正后计算农田径流污染排放量。

若按植物种类计算污染物量,则苗木种植污染排放量所占比例最大,其污染排放量占农田径流总排放量的 59.37%;其次为水稻小麦轮作种植,其污染贡献率达到了 34.97%;菌类和瓜果蔬菜因种植面积较少,污染贡献率较低。苗木种植和水稻小麦轮作种植污染所占比例较大,其共同原因是二者的种植面积均较大,均达到两万亩以上;但是苗木种植的污染排放在农田径流中的贡献率却远高于普通轮作种植,达到了 60%,主要原因是苗木种植的施肥量过高,经实地调查,其施肥量是普通作物种植的 2~3 倍。

3. 农村固废污染

水库汇水范围内所有自然村均建设有统一的以"组保洁、村收集、乡(镇)转运、区处理"为运作模式的垃圾收运体系,各村设有垃圾收集站,但仍存在小部分生活垃圾随意丢弃、堆放的现象。

水库汇水区域内主要种植苗木、菌类、水稻、小麦及蔬菜,其中废弃的部分菌棒经发酵遇雨流入河道,导致入库河道污染。水库汇水区域内的水稻和小麦秸秆及蔬菜藤蔓及残余物等种植废物主要以堆肥或就地还田为主,小部分作为生活能源使用。

4. 水土流失氮磷污染

水库汇水区域内因水土流失产生的面源污染中,TN 的排放量为 96 t/a,TP 的排放量为 7 t/a,NH_3—N 的排放量为 10 t/a。其中苗木种植的水土流失产生的氮磷污染量最大,其污染量占水土流失氮磷污染总量的 34%;其次为荒地和水田,其占比也达到了水土流失氮磷污染总量的 27% 和 17%。

5. 分散式畜禽养殖污染

水库汇水区分散式养殖以禽类为主,产生的面源污染中,COD_{Cr} 的排放量为 3.8 t/a,TN 的排放量为 0.8 t/a,TP 的排放量为 0.4 t/a,NH_3—N 的排放量为 0.4 t/a。

总之,所有水库污染源中,农田径流污染占比最大,达到 80% 以上,其余占比都很小。

（三）内源污染

水库保护区内源污染主要为水库底泥释放污染。通过计算，水库每年通过底泥释放的 TN、TP、NH_3—N 污染负荷分别为：291 t、64 t 和 58 t。

8.6.3 污染防治工程设计

（一）点源污染控制

1. 工业污染源治理工程

水源地保护区内一律严禁新增企业及排污口。与此同时，应定期开展区域内排污口清查，加强对已有工业企业的检查工作，确保已有企业实现"零排放"。

2. 集约化畜禽养殖污染治理工程

禁养、限养工作：彻底清查保护区内现有规模化畜禽养殖场，一级保护区内规模化畜禽养殖场目前已经关停或搬迁；一级保护区和二级保护区内不得新建、改建和扩建规模化畜禽养殖场；二级保护区内的已有规模化畜禽养殖场必须加强污染综合整治，在规划中期实现污染"零排放"，远期搬迁出保护区。

集中式畜禽养殖污染控制：提出规划水平年养殖场搬迁或关闭计划。对暂时不能搬迁的养殖场要采取防护措施，对养殖场排放的废水、粪便要集中处理，畜禽废水不得随意排放，必须处理后达标排放，废渣要采取还田、生产沼气、制造有机肥料、制造再生饲料等方法进行综合利用。养殖污染治理可采取"厌氧＋还田"模式，该模式通常包括粪污收集贮存、预处理、厌氧处理和沼液沼渣储运等过程。厌氧处理产生的沼气经脱硫脱水后可能源化利用，沼液沼渣等可作为农田、大棚蔬菜田、苗木基地、茶园等的肥料。

（二）面源污染控制

在近期，针对重点地区，围绕总量控制，以输移路径控制和末端控制为主，减少面源污染负荷；在中、远期，遵循生态经济理念，着重从源头控制污染负荷，进一步保障水质，与此同时，继续巩固近期末端控制的各类工程措施的成效，实现综合控制。

1. 农田径流污染控制工程

随着搬迁及退耕还林工作的进行，一级保护区内逐步实现全面禁种，二级保护区部分区域限种。到 2030 年一级保护区内人口全部搬迁，耕地全部退耕还林还草，化肥、农药全部停止使用。同时，在二级保护区采取相应的工程措施以控制农田径流污染，合理调整种植结构，强化无公害农业生产措施，把以蔬菜、花卉、菌棒可回收型菌类种植为主的无公害生产列为重点发展对象，控制苗木种植面积不再增加。到远期，一级保护区内无耕地，二级保护区耕地面积控制在 50 000 亩左右。

通过坑、塘、池等工程措施，减少径流冲刷和土壤流失，并通过生物系统拦截净化污染物。本规划可通过建设生态拦截型沟渠及生态塘坝实现对农田径流污染的控制。同时，可结合生态沟渠建设、生态塘坝建设工程，进一步建设明沟暗管排水系统，建设科学高效的生态节水型灌区。

2. 农村污水收集处理工程

由于处理对象处于水源保护区,对水质要求较高,要达到较高的处理出水水质,应从当地实际经济水平出发,尽可能地降低处理设施成本,减少运行费用。因此,本方案考虑人工处理技术和生态技术相结合方式。

考虑到人口搬迁和农村规模小的问题,一级保护区内每个村选用小型污水处理设施,建议选用缺氧池＋脉冲多层复合滤池＋人工湿地(生态塘)组合工艺。针对二级保护区的农村生活污水,近期建设小型污水处理设施,远期以行政村为单位,拟建设农村集中污水处理厂及其配套管道,通过污水收集管网的铺设,实现对农村生活污水的收集。

3. 垃圾清运及农村垃圾处置工程

对于已搬迁地区,居民搬迁后将不再产生生活生产垃圾,垃圾收集清运工作应伴随搬迁同时展开,做到拆除一部分,收集清运一部分,使垃圾在最短时间内被清除。对于未搬迁地区,实施垃圾处置工程,继续推进"组保洁、村收集、乡(镇)转运、区处置"的城乡生活垃圾及农业种植垃圾无害化收运处置四级管理体制,进一步完善垃圾处置工程。

生活垃圾、畜禽粪便和农业废弃物等固体废弃物均以有机物为主,可在保护区内推广集中与分散式相结合的方式进行处理处置,即生活垃圾和畜禽粪便主要采用"源头分拣-强制通风堆肥"处理处置技术,零星垃圾与圈养畜禽粪便采用"粗腐熟-蚯蚓处理床"分散式处理方式,再与生活垃圾混合堆肥一起制作有机肥,农业秸秆作为堆肥添加剂。同时应在流域全面推进农作物秸秆综合利用和禁止焚烧工作。

4. 水土流失氮磷污染治理工程

根据水库水土流失特点及多发原因采取不同治理措施,应做到治坡与治沟、工程与林草配合协调发展、相互促进。可采取的措施如下:① 生产用地措施,包括坡改梯措施、经果林措施、植物护埂措施、保土耕作措施、植物篱措施、坡面水系措施、作业便道措施等。② 水土保持措施,包括种草措施、封禁治理。③ 小型水利水保工程措施,包括塘堰整治、溪沟整治、谷坊、拦沙坝等。④ 充分结合区域宜林地造林建设,做好水土流失防护措施,城镇、村庄和交通沿线面山绿化,经济林基地建设等项目的有机结合,形成各类生态建设与保护项目相辅相成的高效工程系统,以减缓地表径流速度,增加渗透,变地表径流为土内径流,层层拦蓄径流,达到减流沉沙,控制水土流失污染,阻截从坡地上部带来的暴雨径流的目的。

5. 分散式畜禽养殖污染治理工程

规划近期应在水源保护区范围内要求所有散养户实行圈养,禁止放养。同时制定长效机制,加强监督管理,巩固禁养成果,查缺补漏,控制散养规模。

要求所有散养户将养殖粪便、尿等排入化粪池或沼气净化池,避免畜禽养殖废水、粪便等进入水体。

6. 人口搬迁及退耕还林工程

人口搬迁所涉及的主要工作内容为搬迁地选择、搬迁补偿、移民工作保障等。近期移民搬迁工作对象为溧水区水库生态红线一级管控区域内紧靠水库周边的部分未搬迁村落及违章建筑等。同时,逐步开展退耕还林工程,在规划远期实现一级保护区内所有耕地完成退耕还林还草工作。

（三）内源污染控制

水库自建设以来未曾清淤,水库底泥中的氮、磷等营养盐会不断释放到水中,形成严重的内源污染。因此,应对污染严重的底泥进行疏浚处理,减少底泥污染物的释放,进而减少库内污染源,增加水库容量。

（1）应对水库底泥情况进行勘察研究,定点测量水下地形、淤泥等,确定清淤范围及污染负荷,之后在调查研究的基础上组织实施水库清淤工程规划,选择合适清淤方法,全面推进水库清淤工作。

（2）后期清淤工程应分期进行,近期应对底泥污染较为严重的重点区域进行清淤,到规划远期对整个库区进行环保清淤。

（3）在开展库区底泥清淤工作的同时进行保护区内入库河流的河道清淤工作。在污染较重河段应进行适当清淤。实施过程中要求彻底清除河道内及河岸外 5 m 范围内建筑垃圾、生活垃圾和淤泥,保证河床平整,河岸整洁,无明显阻水障碍物,实现水系畅通、水质提高,改善河道生态环境。

（4）为避免对环境造成二次污染,应对疏浚后的污泥进行合适的处置与处理,实现无害化和资源化。

8.6.4　生态保护与修复规划

通过库内生态修复工程、库岸缓冲带建设工程、小流域治理工程,改善陆生和水生生态系统多样性,增强森林水源涵养和水土保持的功能,提高河库水体自净能力,达到以林护水、以水养林的良性生态循环,从水质和水量两方面达到水源改善的目的。

（一）库内生态修复工程

水库部分入库口已经建设了生态湿地,同时,在取水口附近建立了太阳能水生态修复系统。但水库依然存在暴雨期水质差,夏季富营养化水平较高,水生动植物多样性较低,生态系统不够完善等问题。因此,考虑在水库原有湿地的基础上进行修复与扩建,增强面源污染拦截能力,改善水生态环境。

（二）库岸缓冲带建设工程

库岸缓冲带建设工程重点是截留农田径流、生活污水、生活垃圾以及畜禽粪便等面源对库区水体的污染,更全面地控制水库的面源污染,保护水库饮用水安全。在库区面源负荷与汇水分析的基础上,选择水库库岸缓冲带的建设区域。

（三）小流域治理工程

采用护岸固土建设工程、岸边带保护与修复工程、前置库工程和生态湿地修复与建设工程,对水库的主要入库支流进行生态治理。

1. 护岸固土建设工程

护岸固土建设工程应遵循因地制宜、技术可靠、经济合理的原则,分类型研究确定。工程实施过程中要结合实际地形地貌在河道中形成浅滩和深潭,岸线呈不规则的线条,有宽有窄,有陡有缓,扩大水面和绿地,与岸边绿地、树林之间形成水、陆网络,增强岸边动植物栖息地的连续性,营造出多种多样的、丰富的环境条件,形成丰富、稳定的生态系统,从而提高河流的自净能力。

2. 岸边带保护与修复工程

河湖岸边带作为水体的天然屏障,具有过滤、渗透、吸收、滞留、沉积等物理、化学和生物作用,以及控制、减少来自地表径流的污染物的功能。同时,河湖岸边带植被可降低岸边带径流冲刷,减轻水土流失。并且,河湖岸边带植被的固岸作用可以降低风浪对水岸线的侵蚀强度,提高河湖岸边带的稳定性。

应结合保护区现状,在入库河道以及水库迎水坡采用生态护坡,护坡形式基本为自然草皮护坡。在流态复杂、冲刷较明显堤段,采用五绞格网生态护坡;在背水坡进行绿化带建设,营造结构合理、物种多样的生境。

3. 前置库工程

前置库技术是指在受保护的湖泊水体上游支流,利用天然或人工库塘拦截暴雨径流,通过物理、化学以及生物过程使径流中的污染物得到去除的技术。

目前水库墩库区已建成一座前置库,其对于污染物的拦截和净化有很好的效果。因此,对于污染较为严重、地形地貌适合的河段,拟规划建设前置库工程,拦截净化入库污染物。

4. 生态湿地修复与建设工程

湿地生态系统是水生植物、微生物、动物的栖息地,具有生物多样性,是生物产出量最大的系统之一,可以有效地调蓄洪水、拦截面源污染物、改善环境,为生物提供良好的栖息环境。同时,能够为当地的社会经济发展提供重要的旅游资源,可以有效地保护库区水体环境,保护库区生态完整性,保护库区资源利用的可持续性。

本规划主要考虑在适合湿地植物生长的地区种植湿地物种,建设生态湿地,拦截上游面源污染物,改善河道环境。同时,结合农田径流污染控制工程,在靠近村庄的一些塘坝建设人工湿地处理系统。

第九章 河流水质改善与生态修复技术

9.1 河流生态系统定义及结构

（一）河流生态系统定义

河流生态系统是指在河流和河岸带内，由各种生物和非生物因素相互作用而形成的一个生态系统。它包括河流水体和河岸带两个方面，是陆地和海洋联系的纽带。河流生态系统是一个复杂的生态系统，其中许多生物和非生物因素都相互作用，达到一个相对稳定的生态平衡。

河流生态系统中的生物多样性非常丰富，包括各种水生植物和动物，如鱼类、甲壳类、腹足类、藻类等。这些生物在河流生态系统中发挥着重要的作用，它们通过食物链相互联系，维持着河流生态系统的平衡。

河流生态系统还包括了非生物因素，如水流、水温、水质、土壤、岩石等。这些因素对生态系统的稳定性和生物多样性都有着重要的影响。

河流生态系统的重要性在于它对人类和自然环境的影响。河流生态系统对水循环、水质、气候等方面都有着重要的影响。河流生态系统也为人类提供着重要的生态服务，如提供清洁的水资源、支持渔业和旅游业等。因此，保护和管理河流生态系统对于维护生态平衡和实现可持续发展至关重要。

（二）河流生态系统结构

河流生态系统包括了许多不同的生物和非生物因素，它们相互作用并达到一个相对稳定的生态平衡。

1. 河流生物群落

河流生物群落是河流生态系统的核心组成部分，包括了各种水生植物和动物，如藻类、浮游生物、底栖生物、鱼类等。这些生物通过食物链相互联系，维持着河流生态系统的平衡。

2. 河流水体

河流水体是河流生态系统的物质基础，包括了水流、水深、水温、水质等。这些因素对河流生态系统的稳定性和生物多样性都有着重要的影响。

3. 河岸带

河岸带是河流生态系统的过渡地带，连接着河流和陆地。河岸带包括了河岸、湿地、河滩等，是许多生物的栖息地和繁殖地。河岸带还可以吸收和过滤污染物质，减少河流污染。

4. 河床和沉积物

河床和沉积物是河流生态系统的重要组成部分，它们可以提供生物的栖息地和食物来源，同时还可以吸收和储存营养物质和污染物质。

以上是河流生态系统的主要结构，它们相互作用并形成了一个相对稳定的生态平衡。了解河流生态系统的结构可以帮助我们更好地保护和管理河流生态系统，维护生态平衡和实现可持续发展。

9.2　河流生态系统修复

9.2.1　河流生态系统修复的理论依据

（一）生态系统恢复原理

生态系统恢复原理指的是通过人为干预，使受到干扰或破坏的生态系统恢复到原有的结构、功能和稳定性，以实现生态系统的自我修复和发展。生态系统恢复原理主要包括以下几个方面：

1. 生态系统自我修复能力

生态系统具有一定的自我修复能力，即在一定条件下，受到干扰或破坏的生态系统可以通过自身的恢复机制，逐渐恢复到原有的结构、功能和稳定性。

2. 恢复策略的选择

生态系统恢复需要根据具体的生态系统类型、干扰程度、恢复目标等因素，选择合适的恢复策略。恢复策略可以通过调整环境条件、引入适当的物种、改变管理方式等方法来实现。

3. 恢复过程的监测和评估

需要对生态系统恢复过程进行监测和评估，以了解恢复效果和生态系统的变化趋势。监测和评估可以通过采样调查、数据分析、生态学模型等方法来实现。

4. 恢复目标的制定

生态系统恢复需要明确恢复目标，即恢复到何种程度和状态。恢复目标应该基于生态系统的本地特征、环境条件、社会需求等因素来制定，同时需要考虑生态系统的可持续性和稳定性。

生态系统恢复原理为生态系统修复提供了理论基础，并指导着实践工作的开展。在河流生态系统修复中，也需要遵循生态系统恢复原理，选择合适的恢复策略，明确恢复目标，进行监测和评估，以实现河流生态系统的恢复和保护。

（二）生态系统稳定性原理

生态系统稳定性原理指的是生态系统在一定条件下维持其结构和功能的能力。生态系统稳定性原理主要包括以下几个方面：

1. 生态系统多样性

生态系统中的生物多样性可以提高生态系统的稳定性,因为不同物种之间可以相互协调和互补,从而使生态系统更加稳定。

2. 生态系统结构和功能

生态系统的结构和功能可以相互支持和保持平衡,从而增强生态系统的稳定性。

3. 生态系统的适应性和弹性

生态系统具有一定的适应性和弹性,可以在外部环境发生变化时进行自我调节和适应,从而维持生态系统的稳定性。

4. 生态系统的能量和物质循环

生态系统的能量和物质循环可以支持生态系统的结构和功能,从而提高生态系统的稳定性。

生态系统稳定性原理为生态系统修复和保护提供了理论基础,指导着生态系统管理和保护的实践工作。在河流生态系统修复中,需要注意维护河流生态系统的稳定性和平衡,保护和恢复生态系统的多样性,优化生态系统的结构和功能,同时加强对生态系统的监测和评估,以实现河流生态系统的可持续发展。

(三)生物多样性保护原理

生物多样性保护原理是生态学的一个基本理论,指的是保护和维护生物多样性,维持生态系统的稳定性和平衡。生物多样性包括物种多样性、遗传多样性和生态系统多样性,是生态系统的重要组成部分,对维持生态系统的稳定性和功能具有重要作用。

生物多样性保护原理主要包括以下几个方面:

1. 保护物种多样性

物种多样性是生物多样性的重要组成部分,对维持生态系统的稳定性和功能具有重要作用。因此,保护物种多样性是生物多样性保护的基本原则之一。

2. 保护生态系统多样性

生态系统多样性是生物多样性的重要组成部分,包括不同类型的生态系统和生态系统内的不同生境。保护生态系统多样性可以维持生态系统的稳定性和功能。

3. 保护遗传多样性

遗传多样性是生物多样性的重要组成部分,包括物种内部的遗传变异和物种之间的遗传差异。保护遗传多样性可以维持物种的适应性和生态系统的稳定性。

4. 保护生物多样性的生境和栖息地

生物多样性的生境和栖息地是生物多样性保护的关键。生物多样性的生境和栖息地可以提供足够的食物、水源、避难所和繁殖场所,使物种能够生存和繁殖。

生物多样性保护原理为生物多样性保护提供了理论基础,并指导着实践工作的开展。在河流生态系统保护中,也需要遵循生物多样性保护原则,保护和维护河流生态系统的生物多样性,维持生态系统的稳定性和平衡,以实现河流生态系统的可持续发展。

（四）生态工程学原理

生态工程学是应用生态学原理和工程技术手段,通过调节和优化生态系统结构和功能,以实现生态系统修复、保护和管理的学科。生态工程学原理主要包括以下几个方面:

1. 生态系统的结构和功能

生态工程学需要了解生态系统的结构和功能,以便在修复和管理过程中进行合理的调节和优化。这包括物种组成、生境条件、物质和能量循环等方面。

2. 生态系统的稳定性和可持续性

生态工程学需要考虑生态系统的稳定性和可持续性,以确保修复和管理的效果能够持久。这包括生态系统的多样性、适应性和弹性等方面。

3. 修复和管理策略的选择

生态工程学需要根据受损生态系统的类型、程度和修复目标等因素,选择合适的修复和管理策略。这包括生态系统的物理、化学和生物修复等方面。

4. 生态工程项目的评估和监测

生态工程学需要对修复和管理项目进行监测和评估,以了解项目的效果和影响。这包括生态系统的生物多样性、生态系统功能、水质、土壤质量等方面。

生态工程学原理为生态工程项目的设计、实施和管理提供了理论基础,并指导着实践工作的开展。在河流生态系统修复和保护中,也需要遵循生态工程学原理,以实现河流生态系统的可持续发展。

9.2.2　河流生态恢复的原则与方法

（一）生态恢复的原则

河流生态恢复的原则是指在河流生态系统修复和保护过程中需要遵循的一些基本准则和指导思想,以实现河流生态系统的可持续发展。

1. 生态系统的可持续性原则

河流生态系统的修复和保护应该遵循生态系统的可持续性原则,以确保生态系统的长期稳定和功能。这包括保护生态系统多样性、维持生态系统结构和功能、促进生态系统的自净。

2. 生态系统的整体性原则

河流生态系统是一个复杂的整体,河流生态恢复应该遵循生态系统的整体性原则,尊重生态系统的自然规律和生态过程,避免单一因素的过度干预和破坏。

3. 生态系统的适应性原则

河流生态系统是一个具有适应性的生态系统,河流生态恢复应该遵循生态系统的适应性原则,尊重生态系统的自然演替和适应能力,促进生态系统的自我修复和升级。

4. 生态系统的参与性原则

河流生态系统是一个具有参与性的生态系统,河流生态恢复应该遵循生态系统的参与性原则,尊重生态系统的多元主体性,加强与各类主体的合作与沟通,实现生态系统的多方参与和共治。

5. 生态系统的风险管理原则

河流生态系统是一个具有风险管理的生态系统,河流生态恢复应该遵循生态系统的风险管理原则,加强对生态系统的监测和风险评估,制定有效的风险管理策略,防范和减轻生态系统的风险和灾害。

(二)生态恢复的方法

不同河流在地貌单元、生态群落、退化历程与可能的恢复目标等方面都有所不同。因此,河流生态恢复很难总结出简单而又行之有效的固定的方法。国内外多河流生态恢复与重建实例已清楚地说明了这一点。但为了便于理解,在此主要介绍有关生态恢复的几种方法。在具体的恢复实践中,由于恢复的需要往往会用到几种不同的方法或措施。

1. 恢复生态系统的多样性

生态系统的多样性是维持生态系统稳定和健康的重要保障以及景观多样性、功能多样性。因此,恢复河流生态系统的多样性是河流生态恢复的重要方法之一。具体而言,可以通过保护和增加生物种类和数量,增加植被覆盖率,建立生态廊道等手段来恢复生态系统的多样性。

2. 恢复生态系统的结构和功能

河流生态系统的结构和功能是指生态系统内部组成和相互作用的关系。恢复生态系统的结构和功能是河流生态恢复的重要方法之一,可以通过改善河岸和河床的结构,增加河流的水量和改善水质,促进水生生物繁衍等方式来实现。

3. 恢复生态系统的生态过程

河流生态系统的生态过程是指生态系统内部物质和能量的转换和流动过程,包括水文循环、营养循环、能量流动等。恢复生态系统的生态过程是河流生态恢复的重要方法之一,可以通过改善水文条件、恢复植被覆盖、促进土地保持等方式来实现。

4. 保护和改善生境和栖息地

生境和栖息地是生物生存和繁衍的基础,保护和改善生境和栖息地是河流生态恢复的重要方法之一。具体而言,可以通过建立水生生物保护区、恢复湿地和河流水域的自然景观等方式来保护和改善生境和栖息地。

5. 水文和水资源管理

水文和水资源管理是河流生态恢复的重要方法之一,可以通过控制河流的水位和水流速度,合理利用水资源,调节水文条件等方式来实现。同时,水文和水资源管理也是河流流域管理的重要组成部分。

6. 河床和岸线修复

河床和岸线修复是河流生态恢复的重要方法之一,可以通过修复河床和岸线的结构和功能,增加水生植被覆盖等方式来恢复河流的生态系统。

7. 生物多样性保护

生物多样性保护是河流生态恢复的重要方法之一,可以通过保护和增加物种的种类和数量,建立生态廊道等方式来保护和促进生物多样性。

8. 水生态工程

水生态工程是河流生态恢复的重要方法之一,包括湿地恢复、人工湿地建设、河流生态修复等。这些工程可以通过人工干预的手段来恢复和改善河流生态系统的结构和功能,提高水质,保护生态环境。

总之,河流生态恢复是一项复杂而重要的任务,需要综合运用多种方法和手段来实现。除了上述提到的方法外,还需要注重河流生态系统的监测和评估,制定科学合理的恢复方案,同时也需要加强对相关法律法规的制定和执行,加强公众意识的培养和宣传,共同推动河流生态恢复工作的开展。

在实际工作中,河流生态恢复需要在政府、企业和公众的共同努力下才能够取得成功。政府部门需要出台相关政策和法规,加强监督和管理;企业需要履行社会责任,减少环境污染和生态破坏;公众也需要增强环保意识,积极参与到河流生态恢复工作中来,共同推动河流生态系统的健康发展。

9.2.3 河流生态恢复的目标与内容

(一)生态恢复的目标

河流生态恢复的目标方面,学术界存在着不同的表述,这些表述也反映了不同的学术观点,从过程、目标到相关措施都有很大的差别。对于河流生态恢复定义主要有以下表述。

"完全复原",定义为使生态系统的结构和功能完全恢复到干扰前的状态。完全复原首先是河流地貌学意义上的恢复,这就意味着拆除大坝和大部分人工设施以及恢复原有的河流蜿蜒形态。然后,在物理系统恢复的基础上促进生物系统的恢复。

"修复",定义为部分地返回到生态系统受到干扰前的结构和功能。

"增强",定义为环境质量有一定程度的改善。

"创造",定义为开发一个原来不存在的新的河流生态系统,形成新的河流地貌和河流生物群落。

"自然化"的出发点是,由于人类对于水资源的长期开发利用,已经形成了一个新的河流生态系统,而这个系统与原始的自然动态生态系统是不一致的。在承认人类对水资源利用的必要性的同时,强调要保护自然环境质量。通过河流地貌及生态多样性的恢复,达到建设一个具有河流地貌多样性和生物群落多样性的动态稳定的、可以自我调节的河流系统的目的。

1. 区域目标

区域目标从关注人类生活质量出发,包括改善退化河流环境的美学价值与保护文化遗产和历史价值。这样,那些看似"无用"的环境价值可能成为河流恢复工程的目标之一。但有时河流的美学价值和科学价值并不一致。例如,在以娱乐休闲为目标的恢复工程中,虽然可策划其他公共目标,但基本出发点是不同的。只有在保护目标与运动、垂钓等娱乐休闲活动在经济利益上一致时,才有利于生态恢复的启动。

河流生态恢复可以直接由区域行动来发起,也可以通过"以河流为荣"的理念借助社区凝聚力或增强环境意识来实现。而且,这些恢复往往以生态目标为导向。在一些项目中,需要进行中心交易,以实施恢复项目中的某些替代方案。

2. 专项目标

专项目标多数由河流管理机构发起。许多河流的管理以生态恢复为保护伞,人们只采用一些"传统"的河流管理措施,河流的防洪工程就是一个典型例子。而重新淹没河滩地、重建河岸林与蓄水池等一系列措施,虽然既可以恢复湿地生境,又有利于下游区域抵抗洪灾,但这些措施基本上与人们长期形成的河流保护观念相悖,因此实施起来很难。目前河流恢复的专项目标还包括减小河道系统的不稳定性、减少有关淤泥维护费用和改善水质(DO 含量)等,这些目标往往与生态效益有关。

3. 生态目标

河流生态恢复目标多种多样。为达到各项目标之间的平衡,必须有一个"折中"的目标。只有从生态角度出发,确立的整体目标才能有效地改善河流功能。也只有这样,才能改善河流生物多样性、动植物群落和河流廊道。因此,生态目标确定的一个关键因素就是明确目标动植物群落生存发展所需的物理生境条件,包括鉴定目标物种、了解不同发育阶段的生境需求以及掌握与目标物种有依赖或共生关系的物种的生境需求。以上鉴定工作有助于地理学家和工程师利用河流生态系统现状特征做出可持续的河流生境规划,而且,这一规划可以作为河流防洪、改善娱乐休闲空间等河流管理目标的框架。

(二) 生态恢复的主要内容

根据河流生态系统的组成,河流生态恢复的主要内容有河流自然生境恢复、河道整治恢复、河口地区恢复、河漫滩恢复和湿地恢复等。河流环境的恢复应综合考虑河流污染程度、自净能力、周围环境变化、土地开发、流域景观、河流功能以及财政支持等因素。恢复形态结构和自然特征是恢复成功与否的关键,生态系统结构与功能的恢复是生态恢复的主要目标。

不同的河流恢复内容根据工程建设对环境影响的内容、程度不同而有所不同,应该采取不同的生态修复方法。而且,必须认识到工程建设必然会对环境产生冲击;应当重视生态恢复对自然营造力的适宜度,不能强行修复,必须依靠自然规律来维持和发展。

1. 河道整治恢复

目前,中小河流的整治一般采取顺直河道、加大河宽、疏挖河床、修建护岸工程等措施,提高防洪的安全度。但其使得项目建设区域内珍贵植物消失,深潭及浅滩消失或规模缩小,河宽增加导致水深减少,断面形状单一化、河床材料单一化,滞流区减少,滩地变平整和自然裸地减少等。与此同时,河床坡降的改变使泥沙的输送量、输送形态都发生变化,从而可能影响到上下游的栖息地。

为了减缓河流整治的负面影响,首先,在河道整治线的选择上,应考虑项目区域是否有重要的生物栖息地、是否需要保留原有大型深潭的弯道,并采取措施保护现存河畔林及濒临灭绝物种等;在确定滩地高程时,应考虑洪水脉冲频率及水深;在选择河床坡降时,要考虑其对河流冲淤的影响等。

2. 河口地区的恢复

人类对河口地区生态环境的影响主要是河床的疏挖造成盐水上溯,使鱼类产卵场减少,并对盐沼产生影响,甚至使其减少或消失。从生态和经济角度考虑,拆除人工海岸堤防十分合理。1991 年,黑水河口地区进行了海岸堤防重建的试验工程,以此来恢复盐沼,建设自然"软"堤防。从自然角度和国际角度来讲,这种恢复工程十分有益于鸟类保护。

日本九州地区遭受巨大洪灾后,进行了北川河道改造。改造工程严重影响了河口地区环境。例如,建筑物对滨枣等植物的影响、河道滩地削低后外来植物对裸地的大规模入侵、河床疏挖后盐水上溯、修筑堤防导致盐沼减少、人工堤造成景观质量下降等。为了保护生态环境,当地政府针对以上问题,采取了以下基本治理对策:有控制地进行河床疏挖、向其他适合地区移植滨枣、移植芦苇防止外来物种入侵、采用特殊堤防使遭受破坏的湿地面积最小、人工堤防的景观设计要与现有景观相和谐等。

3. 河漫滩与河岸带恢复

河漫滩与河岸带是河流的主要结构,但由于人类开发、河流改造等,这两类有机结构已经被严重破坏,取而代之的是笔直的河道、零星的人工植被。河岸带改变和河漫滩消失而造成的洪灾、水质恶化和生物多样性减少等问题,已经很好地证明了河漫滩、河岸带恢复的重要性。

4. 湿地恢复

河流截弯取直、衬砌河道等措施,虽然提高了防洪安全度,但却使得河流多重有机结构(如湿地、深潭及浅滩等)规模缩小或消失,河流自身的防洪功能得不到发挥。湿地是河流生态系统的主要结构,在河流生物、景观多样性以及生态功能方面发挥着不可忽视的作用。

9.3　河流功能及生态修复措施

9.3.1　河流功能

河流是自然界中重要的水资源,具有多种生态功能。在人类的生产生活中,河流发挥着水文、生态、社会等多种功能。下面将从几个方面介绍河流的功能。

(一) 水文功能

河流的水文功能是指河流对水资源的储存、输送、调节和分配等作用。河流是自然界中水资源的重要载体,通过地表径流和地下径流,将水源输送到下游,形成大规模的水循环系统。河流的水文功能对于维护生态系统的稳定和健康至关重要。

1. 储存水资源

河流是水资源的重要储存地,它们通过接受来自上游的雨水、融雪等降水,将水储存在河道中。同时,河流还能通过洪水过程,将降水多余的水分储存在河流中,为干旱季节的水资源提供储备。

2. 输送水资源

河流是将水资源从上游输送到下游的重要通道。在雨水和融雪等降水的作用下,河流将水源输送到下游,为下游地区提供水资源,满足人类生产和生活的需求。同时,河流还通过地下径流,将水源输送到下游地区。

3. 调节水位和流速

河流还能调节水位和流速,为沿岸地区提供水资源。在雨季和融雪期,河流的水位和流速都会增加,为沿岸地区提供丰富的水资源。在旱季和低水期,河流的水位和流速都会下降,以保证沿岸地区有足够的水资源供应。同时,河流的水位和流速也影响着河流生态系统的稳定和健康。

4. 分配水资源

河流还能分配水资源,为不同地区提供水资源。在河流流经不同地区时,会根据不同地区的需求和地形地貌条件,分配不同的水资源。河流的水资源分配是人类生产和生活所必需的,同时也是维护河流生态系统的健康和稳定的重要保障之一。

(二)生态功能

河流的生态功能是指河流对自然生态系统的维护和调节作用,包括水循环、物质循环、能量流动、生物多样性维护等。河流的生态功能对于维护生态系统的健康和稳定至关重要。

1. 水循环

河流是水循环系统中的重要组成部分,通过蒸发、降水、地下和地表径流等过程,将水源输送到下游地区,形成水资源的循环利用。河流的水循环功能不仅影响着河流生态系统的稳定和健康,还对人类生产和生活产生重要影响。

2. 物质循环

河流的物质循环功能是指河流对水中物质的吸收、转化和释放作用。河流生态系统通过自身的物质循环,对水中的污染物进行吸收、转化和去除,保证水的质量和生态系统的稳定。同时,河流还能为周边地区提供水资源和营养物质等生态服务。

3. 能量流动

河流的能量流动功能是指河流对太阳能的吸收、转化和传递作用。河流生态系统通过植物的光合作用、生物的呼吸和分解等过程,将太阳能转化为化学能和生物能,并在生态系统中进行物质和能量的转移和转化。

4. 生物多样性维护

河流生态系统是生物多样性的重要载体,包含着众多的生物群落和物种。河流的生态功能对于维护生物多样性至关重要,它们提供了适宜的生态环境和资源,支持着丰富的生物群落和物种。同时,河流生态系统还承载着人类文化的重要内涵,是人类社会和文化发展的重要基础。

(三)社会功能

河流的社会功能是指河流对人类社会和经济发展的支撑和促进作用,包括水资源利用、交通运输、灌溉农业、能源开发、旅游娱乐等方面。河流的社会功能对于人类社会和经济发展的重要性不言而喻。

1. 水资源利用

河流是人类社会和经济发展中不可或缺的水资源来源。河流水资源对于维持人类生产和生活至关重要,包括城市供水、工业用水、农业灌溉等。河流水资源的开发利用,能够促进经济发展和社会进步。

2. 交通运输

河流是人类社会和经济发展中的重要交通运输通道,通过航运、港口等设施,人类社会拥有了更快速高效的交通运输方式。河流交通运输不仅能够促进地区经济的发展,还能够加强地区之间的联系和交流。

3. 灌溉农业

河流的水资源对于农业生产的发展起着至关重要的作用。通过河流的灌溉,农田得以获得充足的水分,不仅提高农作物的产量和品质,而且促进农业生产的发展和经济效益的提高。

4. 能源开发

河流是水能、水电等清洁能源的重要来源,通过将水能转化为电能,为人类社会提供了清洁、环保的能源。河流能源的开发利用,不仅能够满足人类社会对能源的需求,还能够降低环境污染和碳排放。

5. 旅游娱乐

河流景观的独特性和美丽性,使得河流成为重要的旅游和娱乐场所。由此,人们能够享受到美丽的自然景观和休闲娱乐的乐趣,同时还能够促进地区经济的发展和就业机会的增加。

9.3.2 河流生态修复措施

为了保护河流生态环境,需要采取一系列的生态修复措施,恢复河流的自然生态系统,提高河流的生态和社会功能。

(一)工程措施

河流生态修复需要采取一系列的工程措施,包括河道工程、湿地恢复、生态岸线建设、植被种植等。这些工程措施可以恢复河流的自然生态系统,提高河流的生态和社会功能,促进河流生态环境的可持续发展。

1. 河道工程

河道工程是河流生态修复的重要手段之一。通过河道的整治和改善,可以恢复河流的自然生态系统,提高河流的水环境质量和生物多样性。具体措施包括河道清淤、河道改道、河道护岸等。

2. 湿地恢复

湿地是河流生态系统中的重要组成部分,对水环境的净化和生物多样性的维护具有重要作用。通过湿地的恢复和建设,可以增加河流的湿地面积和湿地类型,提高湿地的生态功能和水环境质量。具体措施包括人工湿地建设、湿地恢复和保护等。

3. 生态岸线建设

生态岸线建设是指在河流河岸带内进行生态修复和保护,通过植被种植、岸线建设等措施,增加河岸带的生态功能,提高河流的水环境质量和生物多样性。具体措施包括绿化、种植草本植物、建设湿地等。

4. 植被种植

植被是河流生态系统的重要组成部分,对河流生态环境的维护和修复起着重要作用。通过植被种植,可以增加河流生态系统的生物多样性,提高水环境质量和生态功能。具体措施包括种植沿岸植物、水生植物、湿地植物等。

(二)非工程措施

除了工程措施外,河流生态修复还需要采取一些非工程措施,包括生态保护、环境监测、宣传教育、法律法规等。这些措施可以提高公众对河流生态环境保护的认识和重视程度,增加公众参与度,促进河流生态环境的可持续发展。

1. 生态保护

生态保护是河流生态修复的重要环节。通过加强生态保护,可以保护和维护河流的自然生态系统,增加生物多样性,提高河流的生态功能和社会功能。具体措施包括加强生态保护区建设、加强自然保护区管理等。

2. 环境监测

环境监测是河流生态修复的重要手段之一。通过环境监测,可以了解河流生态环境的变化和趋势,为生态修复措施的制定和实施提供科学依据。同时,还可以及时发现和处理生态环境的问题,保障河流生态环境的稳定和健康。

3. 宣传教育

宣传教育是河流生态修复的重要环节。通过宣传教育,可以增加公众对河流生态环境保护的认识和重视程度,提高公众参与度,促进河流生态环境的可持续发展。具体措施包括开展环境教育、增强公众环保意识等。

4. 法律法规

法律法规是河流生态修复的重要保障。通过建立和完善法律法规体系,可以加强对河流生态环境的保护和治理,规范和引导河流生态修复的实施。具体措施包括建立和完善环境保护法律法规、加大执法力度等。

(三)生态措施

1. 恢复和保护河流生态系统

恢复和保护河流生态系统是河流生态修复的核心任务。生态系统包括水体、岸线、湿地、植被、鱼类等多个组成部分。针对不同的生态系统,可以采取不同的措施,如恢复水体的水质和流动状态,保护岸线的自然状态,恢复或建设湿地,种植沿岸植被等。

2. 增加生物多样性

生物多样性是河流生态系统的重要组成部分,对河流生态环境的维护和修复起着重要作用。可以通过增加河流生态系统的生物多样性,提高水环境质量和生态功能。具体措施包括保护和恢复河流中的濒危物种,增加河流生态系统的物种数量和物种多样性等。

3. 加强生态监测和评估

生态监测和评估是河流生态修复的重要手段之一。通过生态监测和评估,可以了解河流生态环境的变化和趋势,为生态修复措施的制定和实施提供科学依据。同时,还可以及时发现和处理生态环境的问题,保障河流生态环境的稳定和健康。

4. 加强生态教育和宣传

生态教育和宣传是河流生态修复的重要环节。通过生态教育和宣传,可以增加公众对河流生态环境保护的认识和重视程度,提高公众参与度,促进河流生态环境的可持续发展。具体措施包括加强环境教育,增强公众环保意识等。

9.4　污染河流水质改善与生态修复技术

生态修复技术的相关理论最早起源于欧美,近三十年来得以迅速发展并积累了大量成功的范例。20世纪80年代,德国、瑞士等国提出了"重新自然化"概念,将河流修复到接近自然的程度;英国在修复河流时强调"近自然化",同时必须优先考虑河流的生态功能;荷兰强调河流生态修复要与防洪相结合,提出了"给河流以空间"的理念。在工程实践方面,欧洲实施了"莱茵河行动计划",该计划不仅要改善河流水质,而且要提高河流栖息地质量,使鲑鱼重回莱茵河。日本1997年对"河川法"进行了大幅度的修改,在河道治理方面,提出"多自然型河川工法",强调用生态工程方法治理河流环境、恢复水质、维护景观多样性和生物多样性。日本自20世纪90年代初就实施了"创造多自然型河川计划",仅在1991年全国就有600多处实验工程兴建。国外在恢复河流自然形态方面的成功措施主要有:① 恢复缓冲带;② 重建植被;③ 修建人工湿地;④ 降低河道边坡;⑤ 重塑浅滩和深渊;⑥ 修复水边湿地/沼泽地森林;⑦ 修复池塘。表9-1列举了一些河流污染治理技术分类及其适用范围。

表9-1　河流污染治理技术分类及其适用范围表

技术分类	技术名称	适用河流污染类型	适用的河流类型	主要机理
物理法	人工增氧	严重有机污染	有一定水深的河流	促进有机污染物降解
	底泥疏浚	严重底泥污染	小型河流	移除河流内源污染物
	引水冲污/换水稀释	富营养化	小型河流	直接改善河流水质
化学法	化学除藻	富营养化	中、小型河流	直接杀死藻类
	絮凝沉淀	磷污染	中、小型河流	将溶解态磷转化为固态磷
	重金属的化学固定	重金属污染	中、小型河流	抑制重金属从底泥溶出

（续表）

技术分类	技术名称	适用河流污染类型	适用的河流类型	主要机理
生物/生态技术	微生物强化技术	有机污染	中、小型河流	促进有机污染物降解
	植物净化技术	富营养化	中、小型河流	提高河流生态系统稳定性
	人工湿地技术	有机污染、富营养化、面源污染输入	中、小型河流	促进污染物迁移转化
	稳定塘技术	有机污染、富营养化	中、小型河流	促进污染物稳定化
	渗流生物膜净化技术	有机污染	小型河流	促进有机污染物降解
	多自然型河流构建技术	生态破坏、水土流失	大、中、小型河流	恢复河流生态系统

9.4.1　生物修复与净化技术

生物修复，主要是指微生物修复，是一种利用特定的生物（植物、微生物或原生动物）吸收、转化、清除或降解环境污染物，实现环境净化、生态效应恢复的生物措施。生物修复之所以主要是指微生物修复，是因为人类最早利用生物来修复污染环境的生命形式主要是微生物，而且对于污水处理来说其应用技术比较成熟，影响也极其广泛。但生物包括微生物、植物、动物等生命形式，特别是近些年来，植物修复已成为环境科学的热点，同时也为公众所接受。因而，广义的生物修复既包括微生物修复、植物修复，也包括植物与微生物的联合修复，甚至还涉及土壤动物修复和细胞游离酶修复等有生命活动参与的修复方式。

（一）微生物修复技术

微生物修复技术是指利用天然存在或特别培养的微生物，在可调控环境条件下将有毒污染物转化为无毒物质的处理技术，其实质是就地创造适合微生物生长的条件，以微生物为主体，以污染物为碳源或能源的生物处理过程。因此水环境微生物修复能否成功运行，主要取决于以下 3 方面因素：① 微生物因素。即微生物浓度和数量、微生物种群多样性以及生物酶活性等；② 基质因素。即基质的生化特性、分子结构、浓度等；③ 环境因素。即 pH、温度、电子受体、碳源及能源等。其中，基质可生化性及作为碳源和能源的污染物浓度在很大程度上决定了生物修复可行性与微生物形态发生变化的可能性。

污染环境的微生物修复主要采用的是原位生物修复，在一些特殊的情况下，也可采用异位生物修复的方法。

1. 原位生物修复

原位生物修复（insitu bioremediation）是指利用微生物和生物化学反应的原理，在污染现场通过添加适当的营养物质和微生物等方式，促进污染物降解和转化的过程，达到修复污染现场的目的。与传统的污染修复方法相比,原位生物修复具有效率高、成本低、无二次污染等优点。

原位生物修复的原理是通过添加适当的营养物质和微生物,刺激土壤中天然存在的微生物活性,使其分解和转化污染物,从而达到修复污染现场的目的。微生物可以利用污染物作为能量来源和营养物质,将有机污染物转化为无机物,从而降低其毒性和危害性。在原位生物修复中,可以使用不同类型的微生物,如厌氧菌、好氧菌、细菌和真菌等,来降解不同类型的污染物。

原位生物修复的操作步骤包括:现场勘察和污染评估、修复方案设计、现场实施、监测和评估等。在现场实施中,需要根据具体情况添加适当的营养物质和微生物,如有机物、氮、磷等,以促进微生物的生长和代谢活动。同时,需要注意修复过程中的监测和评估,以确保修复效果符合要求。

总之,原位生物修复是一种有效的污染修复方法,具有高效、低成本和无二次污染等优点。在实际应用中,需要根据污染物类型和现场情况选择适当的微生物和营养物质,设计合理的修复方案,并进行严密的监测和评估,以确保修复效果达到预期目标。

2. 异位生物修复

异位生物修复(exsitu bioremediation)是将污染物移位,在异地(场外或运至场外的专门场地)进行生物修复的一类技术。

异位生物修复在污染土壤中的应用较多,尤其是污染严重、污染面积又不是很大的污染土壤的修复。这种处理更好控制,结果容易预料,技术难度较低,但投资成本较大。水污染异位生物修复主要是指地下水污染的异位修复,即将地下水抽取至地面,再通过原位生物修复的方法进行最终净化。

(二)植物修复技术

植物修复技术是指利用植物的吸收、转运、转化、代谢等生理生化作用,修复污染土壤和水体的一种生物修复技术。植物修复技术具有成本低、环境友好、能够修复大面积污染土壤等优点,被广泛应用于污染土壤和水体的修复工作中。

植物修复技术的原理是利用植物的吸收、转运、转化、代谢等生理生化作用,将污染物从土壤或水中吸收到植物体内,并利用植物代谢的能力在植物体内进行降解和转化,最终将污染物转化为无毒或低毒物质,并释放到大气中或通过植物根系排出体外。植物修复技术可以利用不同类型的植物,如油菜、向日葵、柳树、竹子等,来修复不同类型的污染物。

植物修复技术的操作步骤包括:现场勘察和污染评估、植物选择和培育、现场实施、监测和评估等。在现场实施中,需要根据具体情况选择适当的植物,并通过种植、播种等方式将植物引入污染土壤或水体中,促进植物的生长和代谢活动,从而降解和转化污染物。同时,需要注意修复过程中的监测和评估,以确保修复效果符合要求。

植物修复技术是一种有效的污染修复方法,具有成本低、环境友好等优点。在实际应用中,需要根据污染物类型和现场情况选择适当的植物,并设计合理的修复方案,进行严密的监测和评估,以确保修复效果达到预期目标。

植物修复技术主要有以下两种:

生态浮床与浮岛技术:生态浮床或生态浮岛是以水生植物为主体,运用无土栽培技术原理,使用可漂浮于水面的材料为载体和基质,采用现代农艺和生态工程措施综合集成的水面无土种植植物技术。它是应用物种间共生关系及水体空间生态位和营养生态位的原则,建立高效的人工生态系统,以削减水体中的污染负荷。目前,国内已有多处利用生态浮床技术的示范性工程。福州市白马支河运用生态浮床修复技术进行治理,在河道内安装面积达 2 352 m² 的浮岛,浮岛上栽培的植物有近 40 种,还栖息着多种昆虫、两栖类和鸟类等动物,该实验河道每天排入的污水约 5 000 t,进水水质 BOD_5 为 80～120 mg/L,经处理后 BOD_5 小于 11 mg/L,昔日的恶臭已基本消失。

人工湿地技术:利用人工湿地进行污水净化的研究始于 20 世纪 70 年代末。在人工湿地技术的应用中,其选择使用的水生植物的耐污和净化性能是这一技术能否正常发挥污染治理效能的关键所在。表 9-2 是部分常见水生植物污染去除功效表。德国利用水平流和垂直流湿地芦苇床系统处理富营养化水体中营养物质(N、P 等),并进行比较,结果表明,超过 90% 的有机污染和 N、P 等污染被去除。加拿大潜流湿地芦苇床系统在植物生长旺季中的 TN 平均去除率为 60%,TKN 为 53%,TP 为 73%,磷酸盐平均去除率为 94%。英国芦苇床垂直流中试系统用于处理高氨氮污水,平均去除率可达 93.4%。日本为渡良濑蓄水池修建的人工芦苇湿地不仅使得蓄水池水质得到明显改善,而且水体生物多样性也有所恢复。

表 9-2　部分常见水生植物污染去除功效表

植物名称	去除氮、磷能力	耐污能力	净化能力和污染去除功能
凤眼莲	很强	十分强,耐污种	强,富集铬、铅、铜、汞、镉、砷、硒等,吸收降解酚、氰,抑制藻类生长
满江红	强	耐污种	中强,对高浓度 N、P 净化效果好,富集铅、汞、铜
水花生	强	耐污种	中强,对低浓度 N、P 净化效果好
芦苇	强	强	强,抑制藻类生长
茭白	很强	耐污种	强,对高浓度 N、P 净化效果好
菱角	中	强,耐污种	强,对低浓度 N、P 净化效果好
菹草	强	中等耐污种	中强,对低浓度 N、P 净化效果好
金鱼藻	中	耐污种	中强,对高浓度 N、P 净化效果好

(三)生物促生剂技术

生物促生剂技术是一种利用微生物或植物等生物体产生的物质,促进作物生长和增加产量的技术。生物促生剂技术可以改善土壤环境,增加土壤有机质含量,提高土壤肥力和微生物活性,从而促进作物的生长和发育,增加产量。

生物促生剂技术的原理是通过添加微生物或植物等生物体产生的物质,刺激土壤微生物活性,增加土壤有机质含量,改善土壤环境,提高土壤肥力和养分利用效率,从而促进作物的生长和增加产量。生物促生剂可以分为两类,一类是微生物促生剂,另一类是植物促生剂。微生物促生剂可以促进土壤微生物活性,增加土壤养分的供应和转化,从而促进作物生长和增加产量。植物促生剂可以促进作物根系的生长和发育,增加根系吸收养分和水分的能力,从而促进作物的生长和增加产量。

生物促生剂技术的操作步骤包括:现场勘察和土壤分析、生物促生剂选择和应用、现场实施、监测和评估等。在现场实施中,需要根据具体情况选择适当的生物促生剂,并通过施肥、浇水等方式将促生剂应用到土壤中,促进土壤微生物的生长和活性,或促进作物根系的生长和发育。同时,需要注意修复过程中的监测和评估,以确保促生剂的应用效果符合要求。

9.4.2 河流水体曝气增氧技术

(一)曝气增氧的主要功能

河流水体曝气增氧是指通过将空气中的氧气通入水体中,增加水体中氧气含量的过程。河流水体曝气增氧的主要功能包括:

提高水体中氧气含量:曝气增氧可以将空气中的氧气通入水体中,增加水体中氧气浓度,提高水体中氧气含量,从而改善水体环境,促进水生生物生长和发育。

促进水生生物代谢:水生生物对氧气的需求很大,曝气增氧可以满足水生生物的氧气需求,促进其代谢活动,增加其生长速度和产量。

改善水体环境:氧气是水体中重要的生物和化学因素之一,曝气增氧可以提高水体中氧气含量,改善水体环境,促进水生生物的生长和繁殖,减少水体富营养化等问题。

提高水体自净能力:曝气增氧可以促进水体中微生物的代谢活动,增加其对水体中有机物和污染物的分解和降解能力,从而提高水体的自净能力。

(二)河流增氧设备

现有的河流增氧设备种类很多。从设备工作原理来看,常用的河流曝气设备可分为:(1)鼓风机-微孔布气管曝气系统;(2)纯氧增氧系统;(3)叶轮吸气推流式曝气器;(4)水下射流曝气器。各曝气系统的定性比较见表9-3:

表9-3 曝气系统定性比较表

项目	鼓风机-微孔布气管曝气系统	纯氧,微孔布气设备曝气系统	纯氧,混流增氧系统	叶轮吸气推流式曝气器	曝气船	水下射流曝气器
航运影响	一般	一般	较小	较小	无	较小
占地面积	较大	很小	很小	无	无	较小
水位影响	一般	一般	一般	很小	很小	较小
环境协调	一般	好	好	好	无	一般
噪声	大	无	一般	一般	一般	较大
故障率	较大	较大	较小	一般	大	较小
安装维修	困难	困难	一般	方便	方便	方便
购置费	较低	较高	较高	较高	高	较高
运行费用	低	较高	较高	高	高	较高
工程实例(国内)	上海市徐汇区上澳塘河道曝气系统			北京清河河道曝气复氧工程	苏州河河道曝气复氧工程	

9.4.3 河流的水动力调控技术

（一）水动力调控的作用

水动力调控是一种通过调整水流速度、水流方向和水位等参数，改变水体运动状态的技术。水动力调控的主要作用包括：

防治水害：水动力调控可以通过调整水位、水流速度和水流方向等参数，控制水体运动状态，减少水害的发生和影响。

改善水体环境：水动力调控可以调整水体运动状态，改变水体流动路径和速度，提升水体的自净能力，改善水体环境，提高水质。

促进水生态系统的恢复和保护：水动力调控可以改善水体环境，促进水生态系统的恢复和保护，增加水生物的生存和繁殖条件，提高水生态系统的稳定性和健康度。

优化水资源利用：水动力调控可以通过调整水位、水流速度和水流方向等参数，优化水资源利用，提高水资源利用效率和水利设施的利用率。

保障水利工程安全：水动力调控可以通过调整水位、水流速度和水流方向等参数，保障水利工程的安全运行，延长水利设施的使用寿命。

（二）流向和流量控制

控制流向和流量是实施河网水力调度，改善调水水体水质的关键。为改善河网地区一定区域范围内河流的水质而实施的综合调度，流向要依照下列原则进行控制。

（1）在有外来清水水源保证的前提下，流向的控制要最大限度地增加调水流经的河道，提高区域内河道的清污比和水流流速，改善河网的水动力条件。

（2）没有外来清水水源时，要因地制宜，通过河网内部泵闸的开启与关闭控制水流流向，控制污染物进入主要河道，并保证河道内污染物及时排出。

（3）静态河网、动态水体、科学调度。科学、合理地调度泵闸系统，充分利用水资源，尽量使水体流动起来。

9.4.4 河流污染底泥的治理技术

河流中沉积物与悬浮物是众多污染物在环境中迁移转化的载体、归宿和蓄积库。沉积物又称底泥，城市河流的底泥由于历年排放的污染物大量聚集，已成为内污染源。在外源污染控制达到一定程度后，底泥的污染将会突出表现出来，成为与水质变化密切相关的问题。河流底泥中的污染成分较复杂，主要污染物为重金属和有机污染物等。底泥中的 S 和 N 含量较高，是河流黑臭的主要原因之一。当河流污染较严重时，底泥污染物释放对上覆水质的影响不明显。河水污染程度减轻、水质改善后，污染物浓度梯度加大，底泥中污染物释放就会增加，造成污染。

（一）底泥污染物种类

1. 重金属

重金属通过吸附、络合、沉淀等作用沉积到底泥中，同时与水相保持一定的动态平衡。当环境化学条件和水力紊动条件发生变化时，重金属极易再次进入水体，形成二次污染。

2. 有机物和营养元素

经各种途径进入水体的有机物和 N、P 等营养元素吸被附在悬浮颗粒上,其中相当一部分沉积到底泥中。水生植物的根系、茎叶死亡残余物以及浮游植物等沉降到水底也会污染底泥,使底泥的水-固界面耗氧。更重要的是,底泥扩散和冲刷运动引起的再悬浮会向水体大量释放有机污染物,成为水体不可忽视的内污染源。

3. 难降解有机物

PAHs、PCBs 等有机物,由于疏水性强,难降解,在底泥中大量积累。通过生物富集(bioaccumulation)作用,有毒有机物可以在生物体内达到较高的水平,从而产生较强的毒害作用,通过食物链还可能危害人类。

(二)污染底泥的治理方法

污染底泥治理是一种重要的水体修复技术,主要目的是通过有效的方法清除底泥中的有害物质,减少对水体的污染和影响。常见的污染底泥治理方法包括:

生物修复:生物修复是一种利用生物技术清除污染物的方法,可以利用微生物和植物等生物体分解和转化底泥中的有害物质。常见的生物修复方法包括植物修复、微生物修复和生态修复等。

物理清除:物理清除是一种通过物理方法清除底泥中的有害物质的方法,包括吸附、筛选、沉淀、过滤等。常见的物理清除方法包括机械清除、吸附剂清除、超声波清除等。

化学清除:化学清除是一种利用化学物质清除底泥中的有害物质的方法,包括氧化、还原、沉淀等。常见的化学清除方法包括氧化还原法、络合沉淀法、离子交换法等。

热解清除:热解清除是一种利用高温加热分解底泥中有害物质的方法,可以将有机物质分解成水、二氧化碳和无害的无机物质。常见的热解清除方法包括热氧化法、微波热解法等。

9.5 多自然型河流整治技术

9.5.1 多自然型河流概念

多自然型河流是指在保持河流自然特征和生态系统功能的前提下,通过适度的人工干预和管理,调整河流形态和水动力条件,以提高河流的生态系统服务功能和水环境质量,同时降低洪涝灾害风险的河流类型。与传统的直排式河道相比,多自然型河流更加注重自然生态与人工干预的平衡,强调河流的生态系统服务功能,也更加符合人们对于生态环境的需求和期待。

多自然型河流的特点主要包括以下几个方面:

(1)河流形态和水动力条件更加多样化,既有自然的河流形态,也有适度的人工干预和调整,以提高河流的生态系统服务功能和水环境质量。

(2)河流的生态系统功能得到更好的保护和恢复,包括水质净化、生物多样性保护、生态景观塑造等方面,能够更好地满足人们对于自然环境和景观的需求。

(3)河流洪涝灾害风险得到有效的控制和降低,通过适度的河道整治和水动力调控,可以减少河流侵蚀和泥沙淤积,降低洪涝灾害的发生概率和影响程度。

(4)多自然型河流注重社会参与和生态管理的共同推进,需要多方面的合作和协调,包括政府、社会组织、企业、居民等各方面的力量。

多自然型河流是一种注重生态系统保护和水环境质量提升的河流类型,既保留了河流的自然特征,又通过适度的人工干预和管理,提高了河流的生态系统服务功能和洪涝灾害风险控制能力。

9.5.2　多自然型河流技术方法

多自然型河流建设方法是一项复杂的工程,涉及生态学、水生生物学、水文与水力学、气象学、地貌学、工程、规划、信息与社会科学等诸多学科。多自然型河流建设方法是把水边作为多种生物生息空间的核心,并把河流建设成尽量接近于自然的形态,即把自然河流的状况作为样本,在确保防洪安全的基础上,努力创造出丰富自然的水边环境。

(一)河道治理技术

河道治理技术是指通过各种技术手段和措施,改善河道水环境质量、保护河流生态系统、降低洪涝灾害风险等的技术方法。

河道整治:河道整治是指通过改变河流形态、水动力条件和岸线环境等手段,改善河流的水环境质量和生态系统,降低洪涝灾害风险的一种方法。具体技术包括河道疏浚、河床改造、河道防护等。

河道生态修复:河道生态修复是通过生态学原理和生态工程方法,改善水环境质量,恢复河流生态系统,提高河流自净能力的一种方法。常用的生态修复技术包括湿地建设、水生植物引种、河道生物修复等。

河道水动力调控:河道水动力调控是通过调整河道形态和水动力条件,控制河流的水流速度、水深、水位等参数的一种方法。具体技术包括河道疏浚、河床改造、河道防护等。河道水动力调控可以控制水土流失和降低洪涝灾害风险。

河道污染治理:河道污染治理是指通过控制和减少各种污染源的排放,改善河流水环境质量的一种方法。常用的污染治理技术包括污水处理、废水回用、河道生物修复等。

河道综合管理:河道综合管理是指通过整合各种管理手段和资源,协同推进河流治理的一种方法。具体手段包括政策法规制定、河长制实施、河流监测等。河道综合管理可以促进各方面的合作和协调,提高治理效率和管理水平。

(二)河岸治理技术

多自然型护岸是一种被广泛采用的生态护岸。生态护岸是指恢复自然河岸或具有自然河岸"可渗透性"的人工护岸。它可以充分保证河岸与河水之间的水分交换和调节功能,同时具有抗洪的基础功能。

生态护岸具有以下特征:① 可渗透性,河流与基底、河岸相互连通,具有滞洪补枯、调节水位的功能;② 自然性,河流生态系统的恢复使河流生物多样性增加,为水生生物和昆虫、鸟类提供生存栖息的环境,使河流自然景观丰富,为城市居民提供休闲娱乐场所;③ 人工性,生态护岸不一定是完全的自然护岸,石砌工程可以增加河流的抗洪能力和堤岸持久性;④ 水陆复合性,生态护岸将堤内植被和堤岸绿地有机联系起来,为城市绿色通道的建设奠定坚实的基础,同时建立的人工湿地可利用水生植物增强水体的自净能力和水体的自然性。

生态护岸是在保证护岸结构稳定和满足生态平衡要求的基础上,营造一个环境优美、空气清新、人人向往的舒适宜人环境。水体生态护岸的设计兼顾了自然发展和人类需要的共同需求,使人类和自然真正达到和谐、统一。

生态护岸的主要功能:① 物能交换,水源涵养;② 提供多生物生态系统;③ 滞洪补枯,调节气候;④ 增强水体的自净能力;⑤ 增强城市的生态景观。

生态型河岸分为非结构性河岸和结构性河岸中的柔性河岸两类。非结构性河岸在景观效果、生态效果、经济方面较具优势;柔性河岸在安全性、游憩功能和适用范围方面优于非结构性河岸。因此,在选择使用中需要根据护岸自身的特点和适用范围,综合考虑经济、环境和景观等诸要素,确定断面形式及组合方式。非结构性河岸和结构性河岸两类河岸的特点和适用范围详见表9-4。

表9-4 不同河岸的特点及适用范围表

类型	护岸性质	使用材料及做法（安全性）	景观效果	生态效果	游憩功能（适用性）	经济性	适用范围
非结构性河岸	自然河岸	运用泥土、植物及原生纤维物质等形成自然草坡沙滩、卵石滩等	软质景观层次性好,季节特征明显	对生态干扰最小,是仿自然性的河岸	适宜静态个体游憩和自然研究性游憩	工程量小,取材本土化,经济性好	坡度较缓,一般要求坡度在土壤安息角内,且水流平缓
	生态工程河岸						
结构性河岸	柔性河岸	格垒（木、金属混凝土预制构件）、金属网垒、预制混凝土构件等	软硬景观相结合,质感层次丰富	对生态系统干扰小,允许生态流的交换	适宜静态和动态、个体和群体游憩	有一定工程量,但施工方便,周期短	适用于各种坡度,水流平缓或中等,一般护岸高度不超过3 m
	刚性河岸	浆砌块石、卵石和现浇混凝土及钢筋混凝土等	硬质景观效果差,绿化覆盖有助于改善形象	隔断了水、陆之间生态流的交换,生态性差	适宜静态和动态游憩,陡直护岸会影响亲水可达性	工程量大,人力、物力投入多且工程周期长,投资较大	水流急、岸坡高陡（3~5 m以上）且土质差的水岸

城市河道水体建设应以体现城市的特色风貌,反映地方文化及体现开放、发展的时代精神为规划设计的基本点,立足山水园林文化的特征,创造具有时代感的、生态的和文化的景观。生态设计需要坚持持续性原则,应该保护护岸原有的生物特征以及维护自然景观资源,维持原有的自然景观生态过程及功能,这是保持护岸生态持续性的基础。

它们对保持护岸区域基本的生态过程和维护生物多样性以及生态系统的完整性具有重要意义。把整个河道的景观作为一个整体考虑,对整个河道景观综合分析并进行多层次的设计,方式上要依地就势,追求自然古朴,体现野趣,考虑景观和生态的要求,使整个河道的利用类型、格局和比例与原有的自然特征相适应,也就是要坚持设计的自然化。

针对不同地区的河道,要依照不同特点设计出不同特色的生态景观,要选取不同的结构、格局和生态过程,还要注重原有环境资源中的变异性和复杂性,同时也要注意各方面之间的相互衔接、呼应,各具特色,联成整体。并要考虑周围城市居民的要求,建设一些与城市整体景观相和谐的水体公园,使城市河流周边的空间成为最引人入胜的休闲娱乐空间。力求做到生态、社会、经济三大效益的协调统一与同步发展。

(三)河岸带植被恢复技术

河岸带具有廊道、缓冲带和植被护岸等功能。河岸带的生态恢复与重建,是修复丧失的河岸带植被和湿地群落的延伸,通过种植水生植物以及为水生动物营造栖息环境,吸引各种水生生物,修复河水中的生物链,达到丰富水体和净化水质的目的。另外,水生植物本身可以提高河道的自净能力。

河岸带水生植物可根据坡面的三个区域,即常水位以下区、水位变化区和洪水位以上区的不同特征进行。常水位以下区由于常年浸泡在水下,因此可选择一些耐水性的、对水质有一定净化作用的水生植物,如芦苇、水葱、野茭白等(表9-5)。水位变化区是受风浪淘蚀最严重的区域,因此宜选择深根类且耐淹的灌木或半灌木植物,如灌木柳、沙棘等。洪水位以上区是指洪水位到坡顶之间的区域,该区域植被的主要作用是减少降雨对坡面的冲刷、防止水土流失及美化环境等,因此可与景观规划结合起来,选择一些观赏性强,同时又耐旱、耐碱性的植物,如百喜草、狗牙根、苜蓿等(表9-6)。具体应用时还应充分考察当地的乡土植物。

表9-5 常水位以下区常用的水生植物表

类型	生理特点	使用较多的种类	功能特征
挺水植物	根扎生于水底淤泥,植体的上部或叶挺出水面	芦苇 香蒲 喜旱莲子草 茭白 水芹 灯芯草 菖蒲 水葱	挺水植物一般具有很广的适应性和很强的抗逆性;对水质有很好的净化作用,尤其是对富营养化水体,对重金属也有一定的吸收作用;生长快,产量高,能带来一定的经济效益;有的耐寒性强,四季常绿,如水芹、灯芯草和菖蒲等。通过搭配种植可达到良好的景观效果
浮水植物	植物体完全浮悬于水面上或只叶片浮生于水面	凤眼莲 浮萍 菱角 睡莲	浮水植物大多为喜温植物,夏季生长迅速,耐污性强,对水质有很好的净化作用,对风浪也有很强的适应性;有的浮水植物具有很好的耐寒性,如浮萍可在1℃的低温下生长;浮水植物大多观赏性比较强,也有一定的经济价值,但扩展能力过强易泛滥
沉水植物	植物体完全沉没于水中,部分根扎于底泥,部分根悬沉于水中	苦草 菹草 金鱼藻 伊乐藻 眼子菜 黑藻	沉水植物耐寒性强,一般在冬春至初夏季节生长;耐污性不强,对水质有一定的要求,因此操作和实施的难度较大,它一般作为水体恢复的指示性植物;目前,沉水植物在生态恢复研究和应用上的例子都较少

表9-6　洪水位以上区常用的草种类型及其特性表

品种	类型	特性
狗牙根	禾本科多年生草本植物	适应性强,繁殖容易,能通过种子、地下茎、地下匍匐茎迅速繁殖增生,耐干旱性强,抗寒性能好,但对土壤肥力要求高,且不耐阴
结缕草	禾本科多年生草本植物	适应性强,喜阳光及温暖气候,耐高温、干旱,但不耐阴,与杂草有较强的竞争能力,适于肥沃、排水性好的壤土和砂壤土种植,形成草坪后耐磨、耐践踏,有良好的柔韧性
地毯草	禾本科多年生匍匐型草本植物	呈匍匐茎缓慢生长,能适应贫瘠及酸性土坡,适于粗放型管理
百喜草	禾本科雀稗属多年生草本植物	根系发达,抗干旱能力强,叶片粗糙,耐践踏,耐阴,能适应贫瘠的土坡环境,生长期短,有较强的侵占性
野牛草	禾本科多年生草本植物	具匍匐茎,叶片细长,抗干旱且耐寒,不耐阴,适于在深厚、肥沃且排水性好的砂壤土中生长
白三叶	豆科车轴草属多年生草本植物	植株较矮,根系发达,主茎短,具有很强的侵占性,繁殖性强,喜光及温暖湿润气候,能耐半阴,对土壤要求不严,冬季可保持常绿
假俭草	禾本科蜈蚣草属多年生草本植物	植株低矮,根深,耐旱、耐阴、耐踏、耐寒,对土壤环境要求不高,可在贫瘠的土壤中生长,成坪快,覆盖率高
香根草	禾本科香根草属多年生草本植物	根系深,固土能力强,既耐干旱,也耐水淹,对土壤环境要求不严,存活时间长
寸草苔	莎草科苔草属多年生草本植物	植株低矮,青绿期长,再生和占空力强,耐寒、耐旱,对贫瘠和盐碱性土坡有很强的适应性,耐刈割、耐践踏
多年生黑麦草	禾本科丛生型多年生草本植物	生长力强,再生速度快,侵占力强,耐寒性中等
高羊茅	禾本科多年生草本植物	根系深而发达,耐旱、耐热、耐寒,绿期长,对贫瘠和盐碱性土坡有很强的适应性,特别适宜在疏松的土坡中生长
扁穗冰草	多年生草本植物	根系分布广而深,根须状密生,入土深达1 m以上,有短地下根茎,典型的广幅旱生植物,耐旱、耐寒
小冠花	豆科车轴草属多年生草本植物	开有粉红色的蝶形花,根系深且分布广,由根上不定芽生新植株,极耐寒,-28℃仍能安全过冬,耐旱,能适应贫瘠的土壤,且其根系具有很好的固氮功能

(四) 河道的生态线形设计

　　天然河流具有浅滩和深潭的交替结构。河流中浅滩和深潭是水生生物不同生命周期所必需的生存环境,河道的直线或渠道化常常会破坏这些地带。河道整治工程削减的洪水效益往往被生境多样性减少引起的生态损失所抵消。从生态学的角度看,弯曲的河流具有更高的生态效益,如减少水土流失、扩大生境面积、增加生境多样性等。因此恢复河道的曲线流行对提高生物多样性、增加物种、维护生态结构具有促进作用。生态恢复的过程就应该尽量恢复河道的最原始模样,蜿蜒弯曲是其最自然的形态,对河道进行设计时应该尽量使其呈曲线。

河道沿岸植被形态的设计也是河道生态线形设计的一个方面,为了使尽量多的植物都充分接受光照,在植被种植上就应该对其进行规划。垂向结构上应该分层次种植不同植被,草丛到灌木丛再接着到乔木,每一层种一类植被,充分利用空间结构。水平结构上应该按由河道向内陆发展的层次种植不同植被,不同的生态物种会适应不同的生态线形结构,最终找到最适合自己生存的栖息地。

河道的生态线形越接近自然状态则越能恢复其原始状态,生态物种的种类也会越多,因而在生态线形设计方面应该统筹兼顾,尽量使人类和自然协调发展,共同进步。

9.6 城市河流景观设计技术

9.6.1 河流景观的构成景物

河畔风景必须以河流为中心,河流景观构成景物分类如表9-7所示。

表9-7 河流景观构成景物的基本分类表

		河道(平面形状、纵横剖面形状、高河滩等)
		河道内的局部地形(沙洲河床地质构造等)
	河流	水面(流向、水质、倒影等)
		河流的构筑物(堤防、护岸、水闸等)
		附属设施(长椅、公告板、基座等)
		植被(树木、防护林、草坪等)
		道路(自行车道、通道等)
河流景观	沿岸	道路附属设施(路标、电杆、道路绿化等)
		建筑物(大厦、住宅、排水站等)
		空地(公园、广场、农田等)
	跨越结构	桥梁(公路桥、铁路桥、高架桥等)
		其他(供电线、管道栈桥等)
	远景	自然景观(山岳、丘陵、森林等)
		人工景观(高层大厦、城郭、烟囱等)
	人的活动	人、汽车、自行车、船等
	自然生态	鸟、鱼等
	变动因素	季节、气候、时间等

9.6.2 河流景观设计的特点

河流景观设计的特点是指在设计河流环境的过程中,所特有的设计风格和特性。以下是河流景观设计的特点:

1. 自然、生态环境的保护和塑造

河流景观设计的重要目标是保护和塑造河流的自然和生态环境。设计师需要根据河流的自然特征,结合当地的气候、土壤、植被等因素,制定合适的设计方案,保护和恢复河流的生态环境,打造更加自然、健康的河流环境。

2. 强调景观的可持续性

河流景观设计需要考虑景观的可持续性。设计师需要在设计过程中考虑河流环境的长期稳定和可持续发展,使景观的设计方案能够经受住时间的考验,同时满足当地社区和居民的需求。

3. 突出文化、历史的特色

河流景观设计需要突出河流所处地区的文化和历史特色。设计师可以通过在景观设计中融入当地的文化元素、历史遗迹等,使河流景观设计更具有地域特色和文化内涵。

4. 人性化的设计

河流景观设计需要考虑人类的需求和感受。设计师需要将人的需求放在首位,设计出适合人们活动、休闲、观赏的河流景观。同时,在设计中注重人性化和舒适性,使人们在河流环境中感受到愉悦和舒适。

5. 综合性的设计

河流景观设计是一项综合性的设计工作,需要涵盖多种设计元素,如水文、地形、植被、建筑、艺术等。设计师需要充分考虑各种元素之间的关系,使设计方案更加协调、统一和完整。

9.6.3 城市河流景观设计内容

城市河流景观设计是城市规划和景观设计中的重要组成部分,它与城市的历史、文化、环境、社会等方面息息相关,对于提升城市品质和人民生活质量有着重要的作用。城市河流景观设计的具体内容包括河畔公园设计、河岸景观设计、河道步行道设计、河流文化景观设计以及河流水质治理等方面。

(一)河畔公园设计

河畔公园是城市居民休闲娱乐、健身锻炼和社交活动的重要场所。河畔公园的设计需要考虑人们的活动和休闲需求,设计师可以设计出沿岸的自行车道、运动场、游乐设施等,满足不同年龄段人们的需求。同时,公园的植被和景观元素也需要与河流的环境相协调,营造出自然、美丽的河流环境。在公园的设计中,可以融入当地的历史文化元素,比如在公园设置雕塑、纪念碑、文化广场等,展现城市的文化底蕴和历史传承。另外,还需要注意公园的安全性和可持续性,保证公园的使用安全和环保。

（二）河岸景观设计

城市河流的河岸景观设计是非常关键的，主要包括河岸的绿化、景观建筑、步道、广场等。设计师需要根据河流的特点和城市的文化背景，综合考虑河岸的环境、历史、文化等因素，设计出符合当地特色和人们需求的河岸景观。在河岸的绿化方面，可以选择一些当地适宜的植物，如杨柳、枫树等，营造出自然的河岸环境。在景观建筑方面，可以考虑在河岸上建设一些与城市历史文化相关的建筑，如城墙、古塔等，营造出浓郁的历史文化氛围。步道和广场的设计需要考虑河流环境的特点和人们的需求，设计出舒适、美观、安全的步道和广场，为市民提供一个愉悦的休闲场所。

（三）河道步行道设计

河道的步行道是人们沿着河岸行走、观赏河流环境的重要路径。设计师需要考虑步行道的功能和使用需求，如步行、自行车道等，同时还需要考虑步行道的舒适度和安全性。步行道的设计可以采用不同的材料和形式，如木质、水泥、石材等。在步行道的设计中，需要注意与河流环境的协调，营造出自然、美丽的河流环境。设计师还可以在步行道两侧设置一些景观元素，如绿化、雕塑等，让步行道更具观赏性和文化内涵。

（四）河流文化景观设计

河流文化景观设计是展现城市历史和文化的重要途径。设计师可以在河流的景观设计中融入当地的历史文化元素，比如在河岸设置雕塑、纪念碑、文化广场等，展现城市的文化底蕴和历史传承。在设计中，需要考虑如何将历史文化元素与现代城市建筑相融合，使其更具有吸引力和观赏性。同时，设计师还需要考虑文化景观的可持续性和环保性，保护和维护好历史文化遗产。

（五）河流水质治理

城市河流的水质治理是城市河流景观设计的重要组成部分，它是维护城市河流生态环境和促进人民健康的重要保障。设计师需要考虑河流的水质问题，设计出符合当地特点和环保要求的治理方案。在水质治理方案中，可以采用生物治理、物理治理和化学治理等多种方式，保证河流的水质达到国家环保标准。同时，设计师还需要考虑如何将水质治理与景观设计相结合，营造出自然、美丽的河流环境。

9.7 案例分析

下面结合具体案例对河流水质改善和生态修复进行分析，以某县 A 河等 8 条河流为例，进行健康状况汇报。

基于已建立的不同水功能特性下的河流健康评价指标体系及模糊综合评价模型，以某县境内的 8 条主要河流为例，对这几条河流按是否为饮用水源地的主导功能区进行分类。根据分类结果，针对不同类别的河流选用相应的评价指标体系并结合整体流域内情况展开河流健康评价。

9.7.1　基于不同主导功能特性下的河流健康评价

（一）以饮用水源地为主导功能的河流健康评价

对 A 河、B 河、C 河以及 D 河这 4 条以饮用水源地为主导功能的河流进行健康评价。

（1）通过文献阅读、专家打分等方法，确认各指标的重要性。利用层次分析法确定各评价指标权重，如表 9-8 所示。

表 9-8　评价指标权重 1

目标层	准则层	指标层（权重）
河流健康	河道物理结构	岸坡植被结构完整性(0.07) 岸线开发利用程度(0.15)
	水文水资源 水质状况 水生生物 社会服务功能	流动性(0.19) 河流水质综合指数(0.36) 浮游植物丰富度指数(0.05) 供水保证率(0.18)

由表 9-8 可知，对以饮用水源地为主导功能的河流来说，在所有评价指标中，河流水质综合指数这一指标的权重最大，为 0.36，水质达标才能保证供水的安全，故水质状况是评价河流健康程度的关键性因子；流动性指标的权重次之，为 0.19，流动性是河流生命存在的标志，河流不间断的流动过程可以以水流作为载体实现营养盐的输送，实现水体自净功能；供水保证率指标的权重也较为重要，为 0.18，由于河流的主导功能是供水，供水保证率是对河流的生态流量和供水流量的体现，旨在满足河流的主导功能，同时也可维持河道内水生生物生存和生物多样性，以及防止水质污染、河道断流等。

（2）利用模糊综合评价模型，对 A 河、B 河、C 河以及 D 河这 4 条河流在 2016—2018 年间的健康状况进行评价，其最大隶属度评价结果及最终健康状态如表 9-9 所示。

表 9-9　以饮用水源地为主导功能的最大隶属度评价结果

时间	河流	健康	基本健康	不健康	很不健康	健康状态
2016 年	A 河	0.375	0.398	0.186	0.041	基本健康
	B 河	0.297	0.453	0.203	0.047	基本健康
	C 河	0.344	0.315	0.201	0.140	健康
	D 河	0.166	0.276	0.413	0.145	不健康
2017 年	A 河	0.408	0.355	0.147	0.090	健康
	B 河	0.388	0.312	0.300	0	健康
	C 河	0.289	0.367	0.241	0.103	基本健康
	D 河	0.211	0.331	0.377	0.081	不健康
2018 年	A 河	0.339	0.301	0.211	0.149	健康
	B 河	0.406	0.287	0.197	0.110	健康
	C 河	0.387	0.285	0.206	0.122	健康
	D 河	0.279	0.345	0.211	0.165	基本健康

（二）以非饮用水源地为主导功能的河流健康评价

对 E 河、F 河、G 河以及 H 河这 4 条以非饮用水源地为主导功能的河流进行健康评价。

（1）通过文献阅读、专家打分等方法，确认各指标的重要性。利用层次分析法确定各评价指标权重，如表 9-10 所示。

表 9-10　评价指标权重 2

目标层	准则层	指标层（权重）
河流健康	河道物理结构	岸坡植被结构完整性(0.11) 岸线开发利用程度(0.17)
	水文水资源 水质状况 生物 社会服务功能	流动性(0.19) 生态流量满足程度(0.13) 河流水质综合指数(0.22) 浮游植物丰富度指数(0.07) 公众满意度(0.11)

由表 9-10 可知，对以非饮用水源地为主导功能的河流来说，岸线开发利用程度、流动性、河流水质综合指数以及生态流量满足程度等指标权重都较高。其中，河流水质综合指数指标是所有指标中权重最大的，为 0.22，在以非饮用水源地为主导功能的河流中，水质状况依旧需要加以重视，无论是以灌溉、航运还是以景观等为主导功能的河流水质情况是其中必须得以重视的指标，只有水质达标才能使后续的河流各项功能得到保障。流动性指标的权重次之，为 0.19，流动性是河流生命存在的标志，河流不间断的流动过程可以以水流作为载体实现营养盐的输送，实现水体自净功能，所以河流的流动性是评价河流健康与否的最基本的指标。岸线开发利用程度指标的权重为 0.17，该指标主要包括河岸稳定以及防洪工程达标，河岸的稳定是河流健康发展的前提，稳定的河岸为河流生态系统的健康发展提供保障；防洪工程达标用于评估河道的安全泄洪能力，河道的安全泄洪能力得到保证，社会的发展以及人们的生产、生活才能有序进行。生态流量满足程度指标的权重为 0.13，该指标可维持河道内水生生物生存和生物多样性，以及防止水质污染、河道断流等。

（2）利用模糊综合评价模型，对 E 河、F 河、G 河以及 H 河这 4 条河流在 2016—2018 年间的健康状况进行评价，其最大隶属度评价结果及最终健康状态如表 9-11 所示。

表 9-11　以非饮用水源地为主导功能的最大隶属度评价结果

时间	河流	健康	基本健康	不健康	很不健康	健康状态
2016 年	E 河	0.256	0.479	0.205	0.060	基本健康
	F 河	0.146	0.325	0.488	0.041	不健康
	G 河	0.298	0.401	0.212	0.089	基本健康
	H 河	0.209	0.398	0.286	0.107	基本健康

时间	河流	健康	基本健康	不健康	很不健康	健康状态
2017 年	E 河	0.306	0.481	0.158	0.055	基本健康
	F 河	0.187	0.365	0.410	0.038	不健康
	G 河	0.108	0.411	0.312	0.169	基本健康
	H 河	0.326	0.413	0.165	0.096	基本健康
2018 年	E 河	0.388	0.298	0.266	0.048	健康
	F 河	0.212	0.421	0.302	0.075	基本健康
	G 河	0.301	0.416	0.211	0.072	基本健康
	H 河	0.372	0.256	0.299	0.073	健康

9.7.2　江苏省河流健康状况评价标准下的河流健康评价

2016—2018 年间,根据江苏省河流健康状况评价标准对某地境内 8 条河流进行为期三年的河流健康评价工作。其中,河流健康的评价指标体系以及各指标权重已给定。

根据给定的评价指标体系和指标权重,通过水质监测、现场勘探、无人机航拍、公众调查以及历史资料的收集等工作,确定各评价指标的赋分结果,从而进行 8 条河流的整体健康评价。2016—2018 年的主要评价结果如表 9-12～表 9-14 所示。

表 9-12　2016 年某 8 条河流健康评价结果

河流名称	物理结构	水文水资源	水质	生物	岸线利用	水功能区	满意度	防洪	供水	综合	评价等级
A 河	16.9	20	16.0	18	72	100	63	100	100	76	良
B 河	15.0	20	14.2	20	84	0	69	100	100	70	良
C 河	16.7	20	14.4	21	65	100	69	100	100	77	良
E 河	16.8	20	11.2	22	55	0	91	100	100	69	良
F 河	16.0	20	11.5	17	58	50	61	100	100	67	中
G 河	15.0	20	12.7	20	52	100	70	100	100	67	中
H 河	16.6	20	15.0	19	60	100	80	100	100	76	中
D 河	16.4	20	12.7	15	57	0	89	100	100	66	中

表 9-13　2017 年某 8 条河流健康评价结果

河流名称	物理结构	水文水资源	水质	生物	岸线利用	水功能区	满意度	防洪	供水	综合	评价等级
A 河	19.8	20.5	21.0	16.6	72	100	82.2	100	100	82	良
B 河	21.7	21.3	20.0	16.1	74	0	77.4	100	100	76	良
C 河	19.7	25.0	20.0	16.8	75	100	83.9	100	100	85	良
E 河	18.2	22.7	19.0	16.3	75	100	74.9	100	100	80	良
F 河	19.0	12.5	18.0	16.7	80	50	79.9	100	100	71	良

续表

河流名称	物理结构	水文水资源	水质	生物	岸线利用	水功能区	满意度	防洪	供水	综合	评价等级
G河	17.6	25.0	18.5	17.0	61	100	73.6	100	100	81	良
H河	19.9	20.5	20.0	17.3	70	100	75.5	100	100	81	良
D河	15.9	21.6	18.5	16.8	79	100	84.3	100	100	79	良

表 9－14　2018 年某 8 条河流健康评价结果

河流名称	物理结构	水文水资源	水质	生物	岸线利用	水功能区	满意度	防洪	供水	综合	评价等级
A河	21	22	20.0	16.7	74.8	100	88	100	100	84	良
B河	21	25	200	17.1	71.8	0	84.6	100	100	79	良
C河	19	25	205	17.1	76.4	100	84.1	100	100	84	良
E河	17	24	21.0	16.7	69.8	100	81.1	85	100	81	良
F河	16	13	17.0	17.1	74.8	50	81.6	100	100	69	良
G河	19	25	18.0	17.5	61.2	0	83.3	100	100	72	中
H河	19	19	19.0	17.3	72.2	100	78.5	100	100	83	良
D河	18	25	19.0	15.7	79.2	100	89.8	100	100	82	良

由表 9－12～表 9－14 可知,三年来 8 条河流的健康评价等级主要变化情况为: A 河、B 河、C 河以及 E 河 2016—2018 年健康评价等级均为良;F 河、H 河以及 D 河 2016 年健康评价等级为中,2017—2018 年健康评价等级为良;G 河 2016 年健康评价等级为中,2017 年健康评价等级提高为良,2018 年健康评价等级又降为中。

9.7.3　两种评价方法的分析比较

根据以上对某境内 8 条河流的两种健康评价方法,分别从评价过程以及评价结果对这两种方法进行比较。

1. 基于河流主导功能下的河流健康评价

基于河流主导功能下的河流健康评价是将河流按是否为饮用水源地来进行分类,根据分类结果、指标选取原则以及环境因子间相关性分别筛选河流健康评价指标,建立不同的河流健康评价指标体系。利用层次分析法和模糊综合评价法来评价不同主导功能下的河流健康程度,层次分析法主要通过建立系统层次结构、构造判断矩阵来确定不同主导功能下的河流健康评价指标权重;模糊综合评价法主要通过建立评价因素集、确定河流健康评价集、评价指标隶属度计算、建立隶属度矩阵、确定各评价指标的模糊权重向量得出不同主导功能下的河流最终健康程度。

2. 基于江苏省河流健康状况评价标准下的河流健康评价

基于江苏省河流健康状况评价标准下的河流健康评价是根据江苏省现有的一套河流健康评价指标体系,对各个河流的相关指标进行赋分,并根据给定的指标权重计算得出河流最终的健康评价等级。

　　从两种评价方法的过程来看,基于河流主导功能下的河流健康评价考虑到河流之间的差异性,不同主导功能的河流使用不同的评价指标体系,并通过层次分析法和模糊综合评价法更加科学、合理地确定指标权重及河流健康程度;基于江苏省河流健康状况评价标准下的河流健康评价考虑到河流之间健康程度的可比性,使用同一套河流健康指标体系与指标权重,得出基于同一标准下的河流健康评价等级。

第十章 水污染控制与生态补偿经济学方法

10.1 经济分析概况

10.1.1 生态补偿经济分析的基本概念

水污染控制工程是保护水资源、改善水环境的重要手段。而在实施水污染控制工程时,我们也需要考虑生态补偿的问题。生态补偿是指在生态系统保护和修复过程中,对受损生态系统的补偿行为,来达到生态系统可持续发展的目标。本节将重点介绍生态补偿经济分析概况。

(一) 基本概念

生态补偿:生态补偿是生态环境保护和修复中的一种措施,通过对受损生态系统的补偿行为,来达到生态系统可持续发展的目标。生态补偿可以包括各种形式的经济和非经济补偿方式,如货币补偿、生态保护区划定、生态公益林建设等。

生态补偿经济分析:生态补偿经济分析是对于生态补偿行为进行经济学分析的一种方法,主要包括成本效益分析、支付意愿调查、生态系统服务价值评估等内容。通过生态补偿经济分析,可以确定生态补偿的适宜方式和水平。

生态系统服务:生态系统服务是指生态系统为人类提供的各种经济和非经济价值,包括物质和非物质价值。例如,水资源的供应、空气净化、气候调节、景观美化等。

(二) 分析方法

成本效益分析:成本效益分析是一种常用的经济学分析方法,通过比较生态补偿行为的成本和效益,确定适宜的生态补偿方式和水平。成本包括直接成本和间接成本,直接成本包括生态补偿的货币成本,而间接成本包括各种因素引起的间接成本,如生态系统服务的减少等。效益包括直接效益和间接效益,直接效益包括生态补偿的直接效益,而间接效益包括各种因素带来的间接效益,如生态系统服务的增加等。

支付意愿调查:支付意愿调查是一种通过调查公众对于生态系统服务的支付意愿情况,评估生态系统服务的经济价值的方法。通过支付意愿调查,可以确定生态系统服务的市场价值,从而为生态补偿的经济分析提供依据。

生态系统服务价值评估:生态系统服务价值评估是一种通过评估生态系统服务的经济价值,确定生态补偿的适宜方式和水平的方法。生态系统服务价值评估包括直接价值和间接价值,直接价值包括生态系统服务的市场价值,而间接价值包括各种因素带来的间接价值,如景观美化带来的旅游收入等。

（三）计算公式

成本效益分析公式：

$$CBR＝（直接效益－直接成本）/间接成本 \qquad (10-1)$$

式中，CBR 为成本效益比，直接效益为生态补偿带来的直接效益，直接成本为生态补偿的货币成本，间接成本为各种因素带来的间接成本。

支付意愿调查公式：

$$WTP＝（样本中愿意支付的平均价格）/受访人数 \qquad (10-2)$$

式中，WTP 为每个受访人的支付意愿，样本中愿意支付的平均价格即为受访人中愿意支付的平均价格，受访人数即为参与调查的人数。

生态系统服务价值评估公式：

$$V = \sum (E_i \times C_i) \qquad (10-3)$$

式中，V 为生态系统服务的总价值，E_i 为第 i 项生态系统服务的单位价值，C_i 为第 i 项生态系统服务的数量。

（四）生态补偿经济分析程序与内容

1. 生态补偿经济分析程序

（1）确定生态补偿的目标和范围，明确分析的对象和内容。

（2）选择适宜的分析方法，根据实际情况确定计算公式。

（3）收集相关数据，包括生态系统服务数据、成本数据、支付意愿数据等。

（4）进行数据处理和分析，计算生态系统服务的价值、生态补偿的成本和效益、成本效益比等指标。

（5）根据分析结果，确定适宜的生态补偿方式和水平，并提出建议和措施。

2. 生态补偿经济分析的内容

生态系统服务的价值评估：生态系统服务的价值评估是生态补偿经济分析的重要内容之一。生态系统服务的价值评估可以分为直接价值和间接价值。直接价值包括市场价值和非市场价值。市场价值是指可以通过市场交易来确定的价值，如水资源的供应、木材的采伐等。非市场价值是指不可以通过市场交易来确定的价值，如景观美化、氧气供应等。间接价值是指生态系统服务对人类福利的影响，如对健康的促进、对旅游业的支持等。

生态补偿的成本评估：生态补偿的成本评估是指对生态补偿所需的成本进行评估。生态补偿的成本包括直接成本和间接成本。直接成本是指生态补偿的货币成本，包括生态补偿的资金支出、管理费用、监测费用等。间接成本是指生态补偿所带来的间接成本，如生态补偿对当地经济的影响、对社会的影响等。

生态补偿的效益评估：生态补偿的效益评估是指对生态补偿所带来的效益进行评估。生态补偿的效益包括直接效益和间接效益。直接效益是指生态补偿所带来的直接经济效益，如提高生态系统的稳定性、增加生态系统服务的供给等。间接效益是指生态补偿所带来的间接经济效益,如对当地旅游业的促进、对当地居民生活质量的提高等。

成本效益比的计算和分析:成本效益比是指生态补偿的成本与效益之比。成本效益比的计算和分析是生态补偿经济分析的重要内容之一。通过成本效益比的计算和分析,可以确定适宜的生态补偿方式和水平。

生态补偿经济分析的建议和措施:生态补偿经济分析的建议和措施是指根据分析结果,提出适宜的生态补偿方式和水平,并提出具体的实施建议和措施,如生态补偿的具体方式、时间、地点、金额等。

10.1.2 水污染防治经济损益分析方法

水污染防治经济损益分析方法是一种经济学工具,用于评估水污染防治措施的经济成本和效益。该方法可以为决策者们提供制定水污染防治政策和规划方案的科学依据,从而实现水资源的可持续利用和经济社会的可持续发展。

(一) 概述

水污染防治经济损益分析方法是一种综合性的评估方法,包括经济学、环境学、工程学等多个学科,主要用于评估水污染防治措施的经济成本和效益。该方法主要通过对水污染防治措施的直接成本和间接成本进行分析,同时考虑水污染防治带来的经济效益,从而确定水污染防治措施的经济效益是否高于成本。

(二) 方法步骤

1. 确定分析目标和范围

首先,需要明确分析的对象、时间和空间范围。例如,分析某水体的污染治理措施的经济成本和效益,需要确定分析的时间期限、治理范围和治理目标等。

2. 收集数据

收集与水污染防治相关的数据,包括水质监测数据、治理成本数据、环境损失数据等。数据的收集需要准确、全面、可靠,以便保证分析结果的科学性和可靠性。

3. 评估水污染防治的直接经济成本

评估水污染防治的直接经济成本需要考虑多个方面,包括治理设施建设和运营维护成本、水污染控制技术成本、水资源开发和调配成本、监测和评估成本、生态补偿成本等。

治理设施建设和运营维护成本:治理设施建设和运营维护成本是水污染防治的重要组成部分。包括污水处理厂、污水管网、污水处理设备、固废处理设施等治理设施的建设成本,以及设施的维护、管理、运营等成本。这些成本通常需要根据具体项目和设施估算。

水污染控制技术成本:水污染控制技术成本主要包括污染物排放限制和减排技术的成本。根据不同的污染物种类和排放限制要求,采用不同的控制技术,如化学、生物、物理等技术手段。控制技术成本包括技术研发、设备采购、安装调试、运行维护等多个方面。

水资源开发和调配成本:水资源开发和调配成本主要包括水库、水闸、输水管道等水资源利用设施的建设和运营维护成本。同时,还需要考虑水资源分配和调配的成本,如水价和输水费用等。

监测和评估成本：监测和评估成本包括对水环境质量的检测和监测、对治理效果的评估等。这些成本包括水质监测设备、水样采集、分析检测、数据分析等多个方面。

生态补偿成本：生态补偿成本是指为了保护和修复生态环境所产生的成本。在水污染防治中，生态补偿成本通常包括湿地保护、河道修复、水生态系统恢复等多个方面，这些成本需要根据具体项目和地区估算。

4. 评估水污染防治的间接经济成本

评估水污染防治的间接经济成本也需要考虑多个方面，主要包括以下方面：

健康损失成本：水污染会对人体健康产生负面影响，如水源污染导致疾病发生率增加、水中重金属和有机物污染导致慢性病和癌症等。因此，水污染防治的间接经济成本包括因疾病治疗和健康损失所产生的医疗费用和生产力损失等。

生态环境损失成本：水污染不仅对人类健康产生负面影响，还会对生态环境造成破坏。水污染会对水生态系统、物种多样性、水土流失等产生影响。因此，水污染防治的间接经济成本还包括生态环境损失所产生的生态补偿费用和生态系统修复费用等。

社会资本损失成本：水污染会对当地社会资本造成负面影响，如水污染会影响当地的旅游业和渔业等产业。这些影响会导致当地经济和社会发展受到限制。因此，水污染防治的间接经济成本还包括社会资本损失所产生的经济损失等。

5. 评估水污染防治的经济效益

评估水污染防治的经济效益需要考虑治理前后的水质改善程度和治理成本，主要包括以下几个方面：

健康效益：水污染防治可以减少水污染对人体健康的负面影响，包括降低慢性病和癌症等疾病的发生率，减少医疗费用和生产力损失等。这些健康效益可以通过对疾病负担、医疗费用和生产力损失的估算来评估。

环境效益：水污染防治可以改善水环境质量，减少水生态系统破坏和物种灭绝等，同时提高水资源的可持续利用。这些环境效益可以从对水环境质量改善和生态系统保护等方面进行估算。

经济效益：水污染防治可以促进当地经济和社会发展，提高当地的产业竞争力和吸引力，促进当地旅游和渔业等产业的发展。这些经济效益可以通过当地产业、就业和税收等方面的增减进行估算。

社会效益：水污染防治可以提高当地居民的生活品质和环境质量，增强当地居民的环保意识，促进社会和谐稳定。这些社会效益可以通过居民生活品质、环保意识和社会和谐等方面的变化进行估算。

6. 分析评估结果

将评估结果进行汇总、比较和分析，以确定水污染防治措施的经济效益是否高于直接经济成本和间接经济成本。

（三）优点和局限性

优点：

（1）能够全面、客观地评估水污染防治措施的经济成本和效益。

（2）能够为决策者提供科学依据,辅助其制定水污染防治政策和规划方案。

（3）能够促进水资源的可持续利用和经济社会的可持续发展。

局限性:

（1）评估结果受到数据质量、评估方法等因素的影响,因此需要注意数据的准确性和评估方法的科学性。

（2）主要考虑经济效益,而忽略了社会和环境效益,因此需要综合考虑各方面的效益。

（3）不能完全预测水污染防治措施的效益,因为水环境具有复杂性和不确定性。

水污染防治经济损益分析方法是一种重要的评估方法,能够为决策者提供科学依据,辅助其制定水污染防治政策和规划方案。该方法虽然存在一定的局限性,但是在实践中已经得到了广泛的应用,并取得了显著的效果。因此,建议在水污染防治工作中,加强对该方法的应用和研究,提高水资源的利用效率和经济社会的可持续发展水平。

10.1.3　经济分析程序和内容

（一）经济分析程序

城市水污染集中控制的经济分析程序通常包括以下步骤:

确定治理目标和措施:首先需要确定治理目标和措施,如治理范围、污染物种类、污染物排放标准等。

估算成本:根据治理目标和措施,估算治理成本,包括直接成本和间接成本。

估算效益:根据治理目标和措施,估算治理效益,包括直接效益和间接效益。

评估影响:根据治理目标和措施,评估治理措施对环境和社会的影响。

进行成本效益分析:根据成本和效益的估算结果,进行成本效益分析,判断治理措施的经济可行性和社会可接受性。

制定实施方案:根据成本效益分析的结果,制定实施方案,明确治理措施的具体实施过程、时间表、责任主体等。

监测和评估:在治理措施实施过程中,需要对其进行监测和评估,以确保治理效果的实现和效益的最大化。监测和评估的内容包括治理措施的实施情况、污染物排放量、环境质量变化、社会影响等。

城市水污染集中控制的经济分析是治理措施制定的必要前提,通过成本效益分析和影响评估,可以评估治理措施的可行性和效果,制定最优的治理方案,提高治理效率和效果。需要注意的是,城市水污染集中控制的经济分析应该结合具体情况进行,因地制宜,科学决策,以实现经济效益和社会效益的统一。

（二）经济分析内容

城市水污染集中控制的经济分析主要包括成本效益分析和影响评估两个方面。

1. 成本效益分析

城市水污染集中控制的成本包括直接成本和间接成本两个方面。直接成本主要包括建设和运营管理成本,如污水处理厂的建设和运营管理费用,管网建设和维护费用等。

间接成本则包括政策调整和法律法规执行成本,如制定和执行环保政策的成本,对污染企业的处罚和补偿费用等。

城市水污染集中控制的效益主要包括直接效益和间接效益两个方面。直接效益包括改善水环境质量,降低健康风险,提高城市形象等;间接效益则包括增加就业机会,促进经济发展,提高居民生活质量等。这些效益可以通过市场价格、投入产出模型等方法量化,从而得出城市水污染集中控制的总效益。

2. 影响评估

城市水污染集中控制的影响评估主要包括环境影响评估和社会影响评估两个方面。环境影响评估主要是评估治理措施对环境的影响,如污水处理厂的建设和运营是否会对周边环境造成影响等。社会影响评估则是评估治理措施对社会的影响,如治理措施是否会对当地居民的生产、生活和就业等方面产生影响。

10.2　水污染防治规划决策分析方法

10.2.1　费用-效益分析

(一)费用-效益分析原理

费用-效益分析是一种经济学方法,用于评估项目或政策的经济效益与成本之间的关系。该方法通过对项目或政策的成本和效益进行分析,确定其是否值得实施或继续实施。

费用-效益分析是经济学领域的一个重要分析方法,可以用于评估各种项目和政策的经济效益,并提供决策支持。该方法最早起源于 20 世纪 40 年代的美国,随着经济理论和应用的发展,逐渐成为一种广泛应用的经济学工具。

费用-效益分析的基本原理是将项目或政策的成本和效益进行系统分析和比较,以确定其经济效益与成本之间的关系。该方法的核心是将所有的成本和效益转化为货币价值,然后使用净现值、内部收益率、成本效益比等指标进行比较和评估。

具体而言,费用-效益分析的步骤包括:

(1)确定项目或政策的目标和范围,明确评估的对象和时间范围。

(2)确定项目或政策的成本和效益,包括直接成本、间接成本、外部成本和效益等方面。

(3)将成本和效益转化为货币价值,通常采用折现法,即将未来的现金流折现至当前期。

(4)计算费用-效益分析的指标,包括净现值、内部收益率、成本效益比等。

(5)对不同的方案进行比较和评估,选择最优方案。

净现值(Net Present Value,NPV)是指项目或政策的总效益减去总成本,折现后的现值。净现值为正表示该项目或政策经济效益大于成本,为负则表示经济效益小于成本。

$$\text{NPV} = \sum \left[C_t / (1+r)^t \right] - I \tag{10-4}$$

式中，C_t 为第 t 年的现金流量，r 为折现率，I 为初始投资。

内部收益率(Internal Rate of Return，IRR)是指使净现值等于零的折现率。它表示项目或政策的回报率，即实现该项目或政策所需的最低收益率。

$$\text{NPV} = \sum [C_t/(1+IRR)^t] - I = 0 \qquad (10-5)$$

成本效益比(Cost Benefit Ratio，CBR)是指项目或政策的总成本与总效益之比。成本效益比小于 1 表示效益大于成本，反之则表示效益小于成本。

$$\text{CBR} = \sum C_t / \sum B_t \qquad (10-6)$$

式中，C_t 为第 t 年的成本，B_t 为第 t 年的效益。

(二) 水污染防治的费用

1. 工程费用评价

水污染防治方案是由一系列工程项目组成的，工程项目的费用可以借助专业方法计算。水污染防治的费用主要包括两部分：基本建设费用 K 与年运行费用 S。对一个具体的工程项目费用的评价，一般可以采用三个指标：基本建设费用 K、年运行费用 S 和年总费用 C。总费用 C 是基本建设费用 K 和年运行费用 S 的综合指标，可以用投资偿还年限总费用或年总费用表示：

$$C_1 = K + T_0 S \qquad (10-7)$$

或
$$C_2 = K/T_0 + S \qquad (10-8)$$

式中，C_1 为在投资偿还年限内的工程总费用（万元）；C_2 为工程年总费用（或贷款），（万元/a）；S 为年经营费用，（万元/a）；T_0 为投资偿还年限，(a)。

K 和 S 都可以按一般的工程经济方法计算；T_0 可以理解为一个衡量当前利益与远期利益的权系数，它的取值由国家有关部门规定。

2. 费用函数

在水污染防治规划中，费用函数常常被用来计算污水处理的费用。污水处理费用函数建立方法：在数据丰富条件下，可通过调查和数据收集，建立费用矩阵，求出不同处理率、不同处理规模下的费用。数据少时，可先建立费用函数，然后根据收集到的数据，计算出费用函数中的各项参数。

对同一类型的污水处理厂来说，污水处理费用函数可以表示为单位时间里除去污染物的数量的函数，具体来说，就是污水流量与处理效率的函数：

$$C = f(Q, \eta) \qquad (10-9)$$

式中，Q 为污水处理厂的规模，即接受处理的污水流量（m³/s）；η 为污水处理厂的处理效率。

通过对已建污水处理厂的调查，可以建立起具体的函数形式。在一定的处理效率之下，目前应用较多的表示费用与处理流量之间关系的为幂函数，即

$$C = \alpha Q^\beta \qquad (10-10)$$

其中，α 又可以表示为处理效率 η 的函数：

$$\alpha = k_1 + \gamma_1 \eta^{\beta_1} \tag{10-11}$$

将式(10-11)代入式(10-10)，并整理，得

$$C = k_1 Q_2^{k_2} + k_3 Q_2^{k_2} \eta^{k_4} \tag{10-12}$$

式(10-12)就是污水处理费用函数的一般形式。参数 $k_1 \sim k_4$ 可以根据污水处理厂的费用与处理流量、处理效率统计数据估计。

式(10-12)具有两个明显的特征：① 反映了污水处理的规模经济效应，也就是说，在污水处理效率定常的条件下，处理单位污水所需的费用随污水处理规模的增大而下降，这是一个十分重要的特性，它确立了大型污水处理厂在经济上的优势地位，是水污染控制规划的主要依据之一；② 反映污水处理效率的经济效应，在处理规模定常时，随着处理效率的提高，除去单位数量污染物所需的费用会加速增长，由于这一特征的存在，我们在规划水污染控制系统时，不应盲目追求局部污水的高级处理，而应首先提高那些尚未处理或进行低水准处理的污水处理程度，污水处理效率的经济效应同样是水污染控制规划的主要依据。

（三）水污染防治的效益

水污染防治的效益主要体现在以下几个方面。

1. 保障人民健康

水污染对人体健康造成的危害是不可忽视的。水污染可能导致水源地的水质下降，从而影响水厂的水质处理效果，进一步影响人们的生活用水和饮用水安全。此外，水污染还可能导致水中寄生虫、细菌、病毒等致病物质增加，从而引发疾病的发生和传播。因此，水污染防治的效益在于保障人民健康。

2. 维护生态环境

水污染对水生态环境和生物多样性的破坏也是不可忽视的。水污染可能导致水中的溶解氧和营养物质浓度升高，从而影响水生态系统的平衡和稳定。此外，水污染还可能使水生生物栖息地受到破坏，导致物种数量减少和生态系统的演替过程被打乱。因此，水污染防治的效益在于维护生态环境的健康和可持续发展。

3. 促进经济发展

水污染防治的效益还体现在促进经济发展方面。水资源是人类赖以生存和发展的重要资源，水污染防治的实施可以改善水质、保障水量，从而促进各个行业的发展。例如，水污染防治可以提高农业生产的水利用效率，降低工业生产的水耗费，从而降低生产成本，提高企业竞争力。此外，水污染防治还可以促进旅游业和水产业的发展，增加当地经济收入。

4. 提升社会形象

水污染防治的效益还体现在提升社会形象方面。一个城市或地区水污染如果得到有效治理，水质得到保障，其环境形象和社会形象会得到提升。这可以吸引更多的投资和人才，促进城市和地区的可持续发展。

5. 降低治理成本

水污染防治的效益还体现在降低治理成本方面。如果水污染得到及时防治,治理成本会相对较低,因为治理过程中需要的技术或工程设施会相对简单,所需投入的人力、物力和财力也会减少。此外,如果水污染得到有效防治,可以避免因污染造成的生态、环境、经济等方面的损失,从而降低治理成本。

在水污染防治的经济效益方面,尽管环境经济学者提出了很多计算方法,但迄今还没有令人满意的结果。一种比较实际的考虑是以水环境质量代表效益,将水环境改善工程的费用与对应的水环境质量的改进程度进行直接比较,相当于将问题定义为:以什么样的经济代价实现什么样的水质目标? 如果在水污染防治规划中,存在若干个规划方案,每个方案都对应一定的工程费用和水质目标,这时的决策就是选定一个费用和水质目标的综合评价最优(或较优)的方案。但是,在这种情况下,由于费用和效益之间存在不同的量纲,不属于费用-效益分析范畴,就需要通过其他方法解决,如多目标规划方法、层次分析方法或多准则决策分析。

10.2.2　多目标规划方法

多目标规划是一种决策方法,旨在找到可以满足多个不同目标的最佳方案。多目标规划方法可以用于许多领域,包括工程、经济、环境等。

多目标规划方法的基本思路是将决策问题转化为一个多目标优化问题,通过寻找一组最优解,使得这些解能够同时满足多个目标要求。根据决策者的目标、约束条件和权重等因素的不同,可以选择不同的多目标规划方法。下面介绍一些常见的多目标规划方法。

(一) 加权线性规划法

加权线性规划法是一种常见的多目标规划方法,它将多个目标函数转化为一个加权的目标函数,通过对各个目标函数的权重进行加权求和,从而得到一个最终的综合目标函数。其基本思路是将决策问题转化为一个线性规划问题,通过线性规划求解器求解最优解。

具体来说,加权线性规划法的数学模型可以表示为:

$$\text{minimize:} z = c_1 x_1 + c_2 x_2 + \cdots + c_n x_n \text{(目标函数)}$$

$$\text{subject to:} a_{11} x_1 + a_{12} x_2 + \cdots + a_{1n} x_n \text{(第 1 个约束条件)}$$

$$a_{21} x_1 + a_{22} x_2 + \cdots + a_{2n} x_n \text{(第 2 个约束条件)}$$

$$\cdots\cdots$$

$$a_{m1} x_1 + a_{m2} x_2 + \cdots + a_{mn} x_n \text{(第 } m \text{ 个约束条件)}$$

$$x_j \geqslant 0, j = 1, 2, \cdots, n \text{(所有决策变量非负)}$$

给每个目标变量添加对应的权重 w_j,得到新目标函数。

$$\text{minimize:} z' = w_1 c_1 x_1 + w_2 c_2 x_2 + \cdots + w_n c_n x_n \text{(加权目标函数)}$$

其中，$w_j \geqslant 0$ 是对第 j 个变量 $c_j x_j$ 的权重，其余约束条件不变。

加权线性规划法的求解过程如下：

（1）确定各个目标函数的权重，并构建一个多目标优化问题。

（2）将多目标优化问题转化为一个加权线性规划问题。

（3）使用线性规划求解器求解加权线性规划问题，得到最优解。

（4）根据最优解计算每个目标函数的值，得到最终的多目标优化解。

需要注意的是，在确定各个目标函数的权重时，决策者需要根据自己的偏好和目标，进行权重的调整。一般来说，权重越大的目标函数对最终结果的影响越大。

加权线性规划法在实际应用中有着广泛的应用，例如在投资组合优化、生产计划和资源分配等领域。它在满足多个目标的情况下，可以帮助决策者找到最优的决策方案，并且具有计算简单、易于理解的优点。

（二）约束优化法

约束优化法是一种常见的多目标规划方法，它将多个目标函数作为优化问题的约束条件，通过求解这些约束条件下的最优解，来得到一个满足多个目标的最优解。相比于加权线性规划法，约束优化法可以更好地考虑不同目标之间的相互制约关系。

具体来说，约束优化法的数学模型可以表示为：

$$\text{minimize } f(x) \text{ 或 maximize } f(x)$$

$$\text{subject to:} g_1(x) \leqslant 0, g_2(x) \leqslant 0, \cdots, g_m(x) \leqslant 0 \text{（不等式约束）}$$

$$h_1(x) = 0, h_2(x) = 0, \cdots, h_k(x) = 0 \text{（等式约束）}$$

$$x_1 \leqslant x \leqslant x_n \text{（变量上下界约束）}$$

其中，x_1 和 x_n 代表决策变量 x 的下限和上限。

目标函数：$\text{minimize } f(x)$ 或 $\text{maximize} f(x)$，其中，$f(x)$ 是关于决策变量 x 的函数，$X = (x_1, x_2, \cdots, x_n)$，代表 n 个决策变量。

约束条件：$g_1(x) \leqslant 0, g_2(x) \leqslant 0, \cdots, g_m(x) \leqslant 0, h_1(x) = 0, h_2(x) = 0, h_k(x) = 0$，$g_i(x)$ 与 $h_j(x)$ 是 m 个不等式约束函数和 k 个等式约束函数，分别界定了决策变量 x 的取值范围或确定了一些必要的平衡条件。

约束优化法的求解过程如下：

（1）将多个目标函数作为优化问题的约束条件，构建一个多目标优化问题。

（2）使用优化求解器求解多目标优化问题，得到一组 Pareto 最优解。

（3）对 Pareto 最优解进行分析和比较，选择最优的解作为最终的多目标优化解。

需要注意的是，在求解 Pareto 最优解时，通常使用多目标优化算法，例如 NSGA-Ⅱ、MOEA/D 等。这些算法可以有效地搜索多维空间中的 Pareto 最优解，以得到最优的解。

约束优化法在实际应用中有着广泛的应用，例如在交通规划、环境管理和金融投资等领域。它可以帮助决策者找到最优的决策方案，并且具有较好的全局搜索能力和鲁棒性。

（三）多目标决策树法

多目标决策树法是一种常见的决策分析方法，它可以用于处理多个目标和不确定性因素下的决策问题。该方法使用决策树作为决策分析的工具，将多个目标和不确定性因素转化为一系列决策节点和结果节点，通过对决策树进行分析和比较，得到最优的决策方案。

具体来说，多目标决策树法的步骤如下：

（1）确定决策问题的目标和不确定性因素，并将其转化为一系列决策节点和结果节点。

（2）对每个决策节点进行分析和比较，确定每个决策节点对应的最优决策方案。

（3）对每个结果节点进行分析和比较，确定每个结果节点对应的最优结果。

（4）根据最优决策方案和最优结果，选择最终的决策方案。

多目标决策树法的优点在于可以考虑多个目标和不确定性因素的影响，同时可以通过决策树的结构，直观地展示决策过程和决策结果。然而，该方法也存在一些缺点，例如需要对决策树进行建模和分析，需要考虑不同决策节点和结果节点之间的影响等。

多目标决策树法在实际应用中有着广泛的应用，例如在金融风险管理、医疗决策和环境规划等领域。它可以帮助决策者找到最优的决策方案，并且具有较好的可解释性和决策可行性。

（四）多目标进化算法

多目标进化算法是一种常见的优化算法，它可以用于解决多个目标的优化问题。与传统的单目标优化算法不同，多目标进化算法将多个目标同时考虑，通过在多维空间中搜索 Pareto 最优解，以得到一组最优的解。

具体来说，多目标进化算法的求解过程如下：

（1）定义目标函数和决策变量，构建一个多目标优化问题。

（2）初始化种群，并对种群中的个体进行评估和排序，得到一组 Pareto 最优解。

（3）对种群中的个体进行选择、交叉和变异，生成新的子代种群。

（4）对子代种群进行评估和排序，得到一组 Pareto 最优解。

（5）重复步骤（3）和步骤（4），直到达到预设的停止条件。

（6）对 Pareto 最优解进行分析和比较，选择最优的解作为最终的多目标优化解。

需要注意的是，在求解 Pareto 最优解时，通常使用多目标进化算法，例如 NSGA-Ⅱ、MOEA/D 等。这些算法可以通过有效的进化操作和多样性维护策略，搜索多维空间中的 Pareto 最优解，以得到最优的解。

多目标进化算法在实际应用中有着广泛的应用，例如在工程设计、金融投资和资源分配等领域。它可以帮助决策者找到最优的决策方案，并且具有较好的全局搜索能力和鲁棒性。同时，由于其能够生成 Pareto 最优解，因此可以提供多个可行的决策方案供决策者选择。

10.2.3　层次分析方法（AHP）

层次分析方法（AHP）是一种常见的决策分析方法，它可以用于处理复杂的决策问题，并帮助决策者进行权衡和决策。该方法通过分解决策问题为多个层次或因素，以及对这些因素进行比较和权重分配，来得到最优的决策方案。

具体来说，AHP 的步骤如下：

（1）确定决策问题的层次结构，包括目标层、准则层和方案层。

（2）对每个层次的因素进行两两比较，并确定它们之间的相对重要性。比较可以采用成对比较矩阵的方式进行，其中矩阵元素表示两个因素之间的相对重要性。

（3）根据成对比较矩阵，计算出每个因素的权重，并进行一致性检验。

（4）对于方案层的备选方案，根据各个因素的权重和得分，计算出每个方案的综合得分，以得到最优的决策方案。

AHP 的优点在于可以将复杂的决策问题分解为多个层次或因素，并通过比较和权重分配来得到最优的决策方案。同时，AHP 具有较好的可解释性和决策可行性，可以帮助决策者更好地理解问题和决策。然而，该方法也存在一些缺点，例如需要进行成对比较矩阵的构建和一致性检验，需要考虑不同因素之间的影响等。

AHP 在实际应用中有着广泛的应用，例如在工程设计、投资决策和供应链管理等领域。它可以帮助决策者找到最优的决策方案，并且具有较好的可解释性和决策可行性。

10.2.4　多准则决策分析

多准则决策分析（Multi-Criteria Decision Analysis，MCDA）是一种常见的决策分析方法，它可以用于处理多个准则和不确定性因素下的决策问题。该方法通过将多个准则和不确定性因素转化为一组决策因素，并利用数学模型和决策工具进行分析和比较，以得到最优的决策方案。

MCDA 的基本步骤如下：

（1）确定决策问题的不确定性因素和准则，并将其转化为一组决策因素。

（2）对每个决策因素进行评估和比较，确定每个决策因素的权重和得分。

（3）根据每个决策因素的权重和得分，计算出每个备选方案的综合得分。

（4）对备选方案进行排序和比较，以得到最优的决策方案。

MCDA 的优点在于可以考虑多个准则和不确定性因素的影响，同时可以通过数学模型和决策工具进行分析和比较，以得到最优的决策方案。此外，MCDA 还具有较好的可解释性和决策可行性，可以帮助决策者更好地理解问题和决策。然而，该方法也存在一些缺点，例如需要考虑权重的确定和准确性、需要考虑不同因素之间的相互影响等。

常见的 MCDA 方法包括层次分析法（AHP）、层次过程结构模型（ANP）、多属性决策（MAUT）等。这些方法在实际应用中有着广泛的应用，例如在企业管理、投资决策、城市规划等领域。它们可以帮助决策者找到最优的决策方案，并且具有较好的可解释性和决策可行性。

总之，MCDA 是一种重要的决策分析方法，可以用于处理多个准则和不确定性因素下的决策问题，是现代决策科学领域的重要方法之一。

10.3　水生态系统服务功能内涵与评估

10.3.1　水生态系统服务功能内涵

水生态系统服务功能是指水生态系统为人类社会提供的各种生态服务和生态产品。这些生态服务和生态产品直接或间接地满足了人类社会的各种需求，包括水资源供给、水循环调节、水质净化、生物多样性保护、洪涝灾害调节和温室气体减排等方面。这些服务功能相互交织、相互作用，构成了复杂的水生态系统，对人类社会的生产、生活和消费等方面产生了巨大的影响。

水资源供给：水生态系统是人类获取水资源的重要来源。水生态系统可以通过自然降水、河流、湖泊、湿地等水体为人类提供丰富的水资源。这些水资源被广泛用于人类的生产、生活、消费等方面。同时，水生态系统也通过自身的水循环和净化过程来维持水体的水质和水量，进一步保障了水资源的供给和质量。

水循环调节：水生态系统是维持水循环平衡的重要组成部分。水生态系统通过自身的生态功能，维持着水体的水循环调节作用。例如，水生态系统可以通过根系吸收和蓄水、植物蒸腾和蒸发、土壤渗透和过滤等过程，控制水体的水分蒸发和渗漏，保持水体的水量和水质。

水质净化：水生态系统是自然水质净化的重要力量。水生态系统通过植物和微生物等生物体的作用，将水中的污染物质转化为有机物、无机物和气体，从而净化水体。例如，湿地植物可以吸收和分解水中的营养盐和有机物，使其转化为生物体可利用的养分。微生物可以分解水中的有机物和污染物，从而净化水质。

生物多样性保护：水生态系统是维持生物多样性的重要生态系统。水生态系统中生物种类繁多，包括鱼类、水生植物、浮游生物、底栖动物等。这些生物体之间相互作用，形成了复杂的生态系统。水生态系统的生物多样性保护，有助于维持生态系统的稳定性和可持续性。

洪涝灾害调节：水生态系统对洪涝灾害的调节作用是非常重要的。水生态系统通过河流、湖泊、湿地等水体的自然储水和缓释作用，可以减缓洪涝灾害的影响。例如，湿地可以缓存洪峰，减少洪水的冲击力，从而保护下游地区的安全。

温室气体减排：水生态系统对温室气体减排也有一定的作用。水生态系统通过植物的光合作用和微生物的呼吸过程，吸收和释放大量的二氧化碳和氧气等气体，调节大气中的气体浓度，从而减缓气候变化的影响。

水生态系统服务功能的重要性在于它们对人类社会的生存和发展具有不可替代的作用。例如，水资源供给和水循环调节是维持人类社会生存的基本要求，而水质净化和生物多样性保护则直接关系到人类健康和生态环境的可持续性，洪涝灾害调节和温室气体减排则涉及人类社会的安全和气候环境的稳定性。

因此，保护水生态系统服务功能是维持人类社会可持续发展的重要任务。要实现这一目标，需要采取一系列措施，包括加强水生态系统保护和管理、减少水污染和生态破坏、促进生态修复和恢复等。这些措施需要政府、企业和公众的共同参与和努力，共同推动水生态系统的可持续发展，为人类社会创造更加美好的未来。

10.3.2 水生态系统服务功能评估

水生态系统服务功能评估是指对水生态系统提供的各种生态服务和生态产品进行评估和分析，了解其贡献和价值的过程。水生态系统服务功能评估可以为水资源管理、环境保护和生态修复等决策提供科学依据和参考。

水生态系统服务功能评估的方法和指标有很多种，下面列举几种常见的方法和指标：

生态系统服务价值评估：生态系统服务价值评估是一种将水生态系统服务功能转化

为经济价值的方法。通过将各种生态服务和生态产品转化为货币单位,评估其经济价值,从而为决策提供参考。例如,湿地可以提供水质净化、生物多样性保护、洪涝灾害调节等服务功能,通过评估这些服务功能的经济价值,可以为湿地保护和管理提供经济支持和激励。

生态系统健康评估:生态系统健康评估是一种评估水生态系统服务功能的状态和健康程度的方法。通过评估水生态系统的生态环境状况、生物多样性、生态过程等方面的指标,了解水生态系统服务功能的状态和健康程度,为生态修复和管理提供参考。例如,通过评估水体水质、植被覆盖率、鱼类数量等指标,可以了解水生态系统的健康状况和服务功能的质量。

生态系统服务供需平衡评估:生态系统服务供需平衡评估是一种评估水生态系统服务功能供需平衡情况的方法。通过对水生态系统服务功能的供给和需求进行分析和比较,了解水生态系统服务功能供需平衡的情况,为生态系统管理和调控提供参考。例如,通过水资源供给和水需求量的比较,可以了解水生态系统服务功能供需平衡情况,为水资源管理提供参考。

根据我国陆地水生态系统特征,将全国陆地水体分为河流、水库、湖泊、沼泽 4 个类型进行评价(表 10-1)。根据研究的目的和统计资料、基础数据的可获得性,建立评价指标体系。

表 10-1　水生态系统服务功能及其评价指标体系

生态系统类型	供水	水力发电	内陆航运	水产品生产	休闲娱乐	调蓄洪水	河流输沙	蓄积水分	土壤持留	净化功能	C固定	生物多样性维持
河流	√	√	√	√	√	—	√	—	—	—	—	√
水库	√	√	√	√	√	√	—	√	√	—	√	√
湖泊	√	√	√	√	√	√	—	√	√	—	√	√
沼泽	√	—	—	√	√	√	—	√	—	—	√	√

注:"√"表示具备该类生态效益并可进行价值评估;"—"表示不具备该类生态效益或由于数据原因本研究暂没有进行价值评估。

10.4　生态补偿机制与流域生态补偿

10.4.1　生态补偿机制

(一)生态补偿机制建立原则

生态补偿机制建立的原则包括以下几点:

公平原则:生态补偿应该遵循公平原则,即提供相同生态环境服务的服务提供者应该得到同样的补偿,不因地区、种族、性别等因素造成任何不平等待遇。

可持续原则:生态补偿应该遵循可持续原则,即补偿应该鼓励生态环境服务提供者采取可持续的生态环境保护和改善措施,以保证生态环境服务的长期稳定性。

量化原则:生态补偿应该遵循量化原则,即应该根据生态环境服务的贡献量和质量,量化出相应的补偿标准,以确保补偿的公正性和准确性。

多元化原则:生态补偿应该遵循多元化原则,即应该采用多种补偿方式,包括直接补偿、间接补偿和市场化补偿等,以满足不同生态环境服务提供者的需求和特点。

透明原则:生态补偿应该遵循透明原则,即应该公开补偿标准、补偿对象、补偿金额等信息,保证补偿的公开、透明和可监督性。

可操作性原则:生态补偿应该遵循可操作性原则,即应该制定具体可行的补偿方案,并建立相应的监督和评估机制,以确保补偿机制的实施效果和效率。

(二)生态补偿机制基本内容

生态补偿机制是以保护生态环境、促进人与自然和谐为目的,根据生态系统服务价值、生态保护成本、发展机会成本,综合运用行政和市场手段,调整生态环境保护和建设相关各方之间利益关系的一种制度安排。

生态补偿的方式与途径是补偿得以实现的形式。目前,生态补偿的方式和途径很多,按照不同的准则有不同的分类体系,倡导因地制宜地确定生态补偿方式;补偿实施主体和运作机制是决定生态补偿方式本质特征的核心内容,按照实施主体和运作机制的差异,大致可以分为政府补偿和市场补偿两大类型。

政府补偿机制是以国家或上级政府为实施和补偿主体,以区域、下级政府或农牧民为补偿对象,以国家生态安全、社会稳定、区域协调发展等为目标,以财政补贴、政策倾斜、项目实施、税费改革和人才技术投入等为手段的补偿方式。市场补偿机制主要以交易为手段,以市场为导向,通过市场交易或支付,兑现生态(环境)服务功能的价值。

流域水生态补偿机制流程见图 10-1:

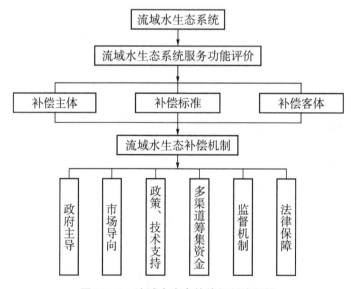

图 10-1　流域水生态补偿机制流程图

10.4.2　流域生态补偿

1. 流域生态补偿的基本概念

流域是指一个地理区域内所有水体汇聚到同一个出口的区域。流域内存在着复杂的生态系统,包括山地、森林、湿地、草原、河流、湖泊等。这些生态系统为人类提供着众多的生态环境服务,如水源涵养、水土保持、气候调节、生物多样性维护等。由于人类活动的影响,流域内的生态环境服务逐渐退化和破坏,导致环境问题逐渐加剧。

流域生态补偿是指在流域范围内,对生态环境服务提供者进行补偿的一种生态补偿模式。流域生态补偿的目的是通过对生态环境服务的评估和补偿,促进生态环境保护和改善,实现经济社会与生态环境的协调发展。

（1）流域生态补偿含义

流域生态补偿是指对于流域或水资源管理区域内的生态环境服务功能进行保护、恢复或改善所产生的经济成本和社会成本,由政府或水资源管理机构向生态环境服务提供者(如农民、村民、企业等)进行经济补偿的一种措施。

流域生态补偿的目的是通过经济激励机制,促进流域内各类生态环境服务提供者参与生态环境保护和改善工作,使流域生态环境得到有效保护和恢复,提高生态环境服务功能的质量和稳定性,实现流域生态系统的可持续发展。

流域生态补偿的对象主要包括以下几类:

① 水土保持和防护林等生态保护和修复项目的实施者。

② 农民、村民等农业生产者,他们通过采取生态农业等方式,为流域提供水源涵养、水土保持、生物多样性保护等生态环境服务。

③ 水资源管理和利用单位,包括水库、水厂、水电站等。

④ 工业企业等各类污染源,他们通过减少污染排放、治理污染等方式,为流域提供水质净化、生态修复等服务功能。

（2）流域生态补偿模式

流域生态补偿模式有多种,下面列举几种常见的模式:

① 直接补偿模式

直接补偿模式是指政府或水资源管理机构直接向生态环境服务提供者支付补偿费用。该模式适用于服务提供者数量较少、服务内容明确、补偿费用较高的情况。例如,对于一些防护林、湿地等生态保护和修复项目,政府可以直接向实施者支付一定的补偿费用。

② 间接补偿模式

间接补偿模式是指通过优惠政策或其他方式,鼓励生态环境服务提供者参与生态环境保护和改善工作。该模式适用于服务提供者数量较多、服务内容难以量化、补偿费用较低的情况。例如,政府可以通过税收减免、贷款优惠等方式,鼓励农民采取生态农业种植方式,为流域提供生态环境服务。

③ 市场化补偿模式

市场化补偿模式是指通过建立生态环境服务市场,让生态环境服务提供者通过出售环境服务权益获得经济收益。该模式适用于服务提供者数量较多、服务内容难以量化、服务内容具有市场交易价值的情况。例如,政府可以发行生态环境服务权益,让生态环境服务提供者将其服务权益出售给需要购买生态环境服务的单位或个人，从而实现生态环境服务的交易。

④ 组合补偿模式

组合补偿模式是指将直接补偿、间接补偿和市场化补偿等多种模式结合起来，形成一种多元化的补偿方式。该模式适用于服务提供者数量较多、服务内容复杂、补偿方式多样的情况。例如，政府可以在直接补偿的基础上，采用间接补偿和市场化补偿等方式，形成一种多元化的补偿模式，以更好地保护流域生态环境。

2. 流域生态补偿模式的实施步骤

流域生态补偿模式的实施包括以下几个步骤：

（1）流域生态环境服务评估

流域生态环境服务评估是指对流域内生态环境服务的贡献和价值进行评估。评估内容包括水源涵养、水土保持、气候调节、生物多样性维护等方面。评估方法包括生态系统服务评估、生态足迹分析、生态效益评估等。通过评估，可以确定流域内生态环境服务的贡献和价值，为后续补偿标准的制定提供依据。

（2）确定补偿对象和标准

流域生态环境服务评估的结果可以确定流域内生态环境服务提供者的种类、数量、质量、时空分布等因素，以确定其应该获得的补偿金额和方式。同时，应该制定科学、合理、公正和透明的补偿标准，以确保补偿的公平性和有效性。

（3）筹集补偿资金

流域生态补偿需要筹集补偿资金。补偿资金可以来源于政府、企业、个人等渠道。补偿资金应该来源于生态环境损害者的赔偿、环境税、生态保护费等渠道，以确保补偿的合法性和有效性。

（4）分配和使用补偿资金

流域生态补偿的补偿资金应该按照制定的补偿标准分配和使用。补偿资金应该优先用于生态环境保护和改善项目，如生态修复、生态保护、生态补偿等项目。同时，应该建立监督机制，确保补偿资金的使用效果和公正性。

（5）评估和调整补偿模式

流域生态补偿应该建立评估和调整机制，定期对补偿效果进行评估，并根据评估结果对补偿标准、补偿对象、补偿资金等进行调整。评估和调整可以提高补偿效果和公平性，促进流域生态环境的保护和改善。

3. 流域生态补偿模式的优势和挑战

流域生态补偿模式的优势在于：

（1）促进生态环境保护和改善。流域生态补偿模式可以激励生态环境服务提供者保护和改善生态环境，从而提高生态环境的质量和稳定性。

（2）促进经济社会与生态环境协调发展。流域生态补偿模式可以使生态环境服务提供者的贡献和价值得到充分认可和回报，促进经济社会与生态环境的协调发展。

（3）增强公民环保意识和责任感。流域生态补偿模式可以激励公民积极参与生态环境保护和改善，增强公民环保意识和责任感。

流域生态补偿模式的挑战在于：

（1）补偿对象的确定和补偿标准的制定。流域生态补偿模式需要对生态环境服务提供者进行准确的识别和评估，并制定科学、合理、公正和透明的补偿标准。

（2）补偿资金的筹集和使用。流域生态补偿需要筹集大量的补偿资金，并确保补偿资金的使用效果和公正性。

（3）监督和评估机制的建立和完善。流域生态补偿模式需要建立监督和评估机制，确保补偿的公正性和有效性。

流域生态补偿模式是一种有效的生态补偿模式，可以促进生态环境保护和改善，实现经济社会与生态环境的协调发展。在实施流域生态补偿模式时，应该根据流域内的生态环境特点和实际情况，制定科学、合理、公正和透明的补偿标准和机制，确保补偿的公正性和有效性。

参考文献

朱铁群.活性污泥法生物学原理[M].西安:西安地图出版社,2009.

[1] 国家发展改革委,水利部,住房城乡建设部,工业和信息化部,农业农村部."十四五"节水型社会建设规划(发改环资〔2021〕1516号).2021年10月28日.

[2] 国家发展改革委."十四五"重点流域水环境综合治理规划(发改地区〔2021〕1933号).2021年12月31日.

[3] 国家发展改革委,水利部."十四五"水安全保障规划.2022年1月11日.

[4] 水利部."十四五"水文化建设规划.2022年2月22日.

[5] 蔡明,李怀恩,庄咏涛,等.改进的输出系数法在流域非点源污染负荷估算中的应用[J].水利学报,2004,35(7):40-45.

[6] 欧阳威,郝芳华,林春野.冻融集约化农区面源重金属流失转化特征及原位稳定[M].北京:科学出版社,2016.

[7] 关小敏.流域水污染控制规划[J].绿色环保建材,2017(2):177.

[8] 谭雪梅.城市水污染以及控制规划的问题分析[J].资源节约与环保,2015(4):128-129.

[9] 王刚.关于县级区域水污染总量控制研究[J].黑龙江科技信息,2014(28):127.

[10] 李科.当前水污染问题的有效防治及控制优化规划思考[J].科技与创新,2015(7):22-23.

[11] 王婧.城市水污染的控制规划研究[J].科技创新与应用,2017(6):185.

[12] 徐敏,张涛,王东,等.中国水污染防治40年回顾与展望[J].中国环境管理,2019,11(3):65-71.

[13] 刘永,阳平坚,盛虎,等.滇池流域水污染防治规划与富营养化控制战略研究[J].环境科学学报,2012,32(8):1962-1972.

[14] 王思童.实现"双碳"目标央企在行动[J].质量与认证,2021(5):30.

[15] 雷学军.人民币与标准碳金国际交易结算研究[J].中国能源,2020,42(10):4-15.

[16] 王丰,王红瑞,来文立,等.再生水利用激励机制研究[J].水资源保护,2022,38(2):117-118,146.

[17] 李深林,洪昌红,邱静,等.广东省不同区域污水资源化建设需求分析[J].水资源保护,2021,37(5):43-47.

[18] 曲久辉,王凯军,王洪臣,等.建设面向未来的中国污水处理概念厂[N].中国环境报,2014-01-07(10).

[19] Liu C, Chen L, Zhu L. Fouling behavior of lysozyme on different membrane

surfaces during the MD operation: An especial interest in the interaction energy evaluation[J]. Water Research, 2017,119:33 - 46.

[20] Jiang L J, Chen L, Zhu L. Electrically conductive membranes for anti-biofouling in membrane distillation with two novel operation modes: Capacitor mode and resistor mode[J]. Water Research, 2019,161:297 - 307.

[21] Liu C, Zhu L, Chen L. Effect of salt and metal accumulation on performance of membrane distillation system and microbial community succession in membrane biofilms[J]. Water Research, 2020,177:115805.

[22] Chen L, Yin X H, Zhu L, et al. Energy recovery and electrode regeneration under different charge/discharge conditions in membrane capacitive deionization [J]. Desalination, 2018,439:93 - 101.

[23] Chen L, Hu Q Z, Zhang X, et al. Effects of ZnO nanoparticles on the performance of anaerobic membrane bioreactor: An attention to the characteristics of supernatant, effluent and biomass community[J]. Environmental Pollution, 2019,248:743 - 755.

[24] Jiang L, Chen L J, Zhu L. In-situ electric-enhanced membrane distillation for simultaneous flux-increasing and anti-wetting[J]. Journal of Membrane Science, 2021,630:119305.

[25] 孟凡生,王业耀. 生物反应器在我国的研究发展展望[J]. 水资源保护, 2005,21(4): 1 - 3,33.

[26] Zhu Y J, Cao L J, Wang Y Y. Characteristics of a self-forming dynamic membrane coupled with a bioreactor in application of anammox processes[J]. Environmental Science & Technology, 2019,53(22):13158 - 13167.

[27] Chen L, Hu Q Z, Zhang X, et al. Effects of salinity on the biological performance of anaerobic membrane bioreactor[J]. Journal of Environmental Management, 2019,238:263 - 273.

[28] Chen L, Wang C Y, Liu S S, et al. Investigation of the long-term desalination performance of membrane capacitive deionization at the presence of organic foulants[J]. Chemosphere, 2018,193:989 - 997.

[29] Kullab A, Martin A. Membrane distillation and applications for water purification in thermal cogeneration plants[J]. Separation and Purification Technology, 2011, 76(3):231 - 237.

[30] Zhu X X, Liu Y J, Du F, et al. Geothermal direct contact membrane distillation system for purifying brackish water[J]. Desalination, 2021,500:114887.

[31] Chiavazzo E, Morciano M, Viglino F, et al. Passive solar high-yield seawater desalination by modular and low-cost distillation[J]. Nature Sustainability, 2018, 1(12):763 - 772.

[32] Wang W B, Shi Y, Zhang C L, et al. Simultaneous production of fresh water and electricity via multistage solar photovoltaic membrane distillation [J]. Nature Communications, 2019,10(1):3012.

[33] Chen Y W, Chen J F, Lin C H, et al. Integrating a supercapacitor with capacitive

deionization for direct energy recovery from the desalination of brackish water[J].
Applied Energy, 2019,252:113417.

[34] 胡勤政. 面向毒性物质和冲击负荷的厌氧膜生物反应器处理性能的研究[D]. 南京：
河海大学,2019.

[35] 殷绪华. 电容去离子技术的脱盐能耗与电能回收研究[D]. 南京：河海大学,2018.

[36] 姜龙杰. 基于导电膜的膜蒸馏抗生物污染技术研究[D]. 南京：河海大学,2019.

[37] 李兴旺. 水处理工程技术[M]. 北京：中国水利水电出版社,2010.

[38] 白润英. 水处理新技术、新工艺与设备[M]. 北京：化学工业出版社,2012.

[39] 朱亮,张文妍. 水处理工程运行与管理[M]. 北京：化学工业出版社,2004.

[40] 苏冰琴,崔玉川. 水质处理新技术[M]. 北京：化学工业出版社,2022.

[41] 朱亮. 水污染控制理论与技术[M]. 南京：河海大学出版社,2011.

[42] 许保玖,龙腾锐. 当代给水与废水处理原理[M]. 北京：高等教育出版社,2000.

[43] 赵晨阳,刘明华,孟庆龙,等. 超滤膜技术在饮用水处理中的应用现状及膜污染控
制[J]. 给水排水,2024(4):1-8.

[44] 陈梁擎,樊宝康. 水环境技术及其应用[M]. 北京：中国水利水电出版社,2018.

[45] 张文启,薛罡,饶品华. 水处理技术概论[M]. 南京：南京大学出版社,2017.

[46] 刘旭升,杨继富. 辽宁省农村饮水安全技术研究与应用[M]. 北京：中国水利水电出
版社,2016.

[47] 张宝军,王国平,袁永军. 水处理工程技术[M]. 重庆：重庆大学出版社,2015.

[48] 李哲,张璐,梁舒娟,等. 油田采出水处理技术的研究进展[J]. 化学工程师,2024,
38(3):59-62,103.

[49] 李茂清. 全膜分离技术在电厂化学水处理中的运用探讨[J]. 电气技术与经济,2024,
38(3):103-104.

[50] 郭彩荣,王为民,张岩岗,等. 膜分离技术在饮用水处理的应用[J]. 广东化工,
2024,51(2):84-86.

[51] 张祥霖. 关于环保工程水处理过程中的超滤膜技术应用[J]. 清洗世界,2023,39(11)：
16-18.

[52] 刘昕,郝秀娟,宋虹苇,等. "双碳"目标下低压膜水处理技术的发展[J]. 水处理技
术,2023,49(11):21-26.

[53] 孙玥,贾美,赵加庆. 水处理中环境监测技术的应用策略研究[J]. 皮革制作与环保
科技,2023,4(18):97-99.

[54] 常定明. 工业水处理中高级氧化技术的开发和应用[J]. 上海轻工业,2023(4)：
152-154.

[55] 李旭芳,沈鹏飞,马鲁铭. 水处理中臭氧氧化技术有机物氧化原理解析[J]. 净水技
术,2023,42(S1):18-25.

[56] 孙同之. 浅析水处理中环境监测技术的作用及应用[J]. 皮革制作与环保科技,2023,
4(10):22-24.

[57] 陈东旭. 基于水处理的高级氧化技术综述[J]. 中国资源综合利用,2023,41(3)：
119-121.

[58] 张金梅.水处理中的消毒技术现状及发展趋势[J].微量元素与健康研究,2023,40(3):61-62,68.

[59] 苏醒.现代化膜分离技术在环境工程中的应用策略[J].山西化工,2023,43(12):132-133,136.

[60] 刘德桦.反渗透技术在水处理中的应用研究[J].山西化工,2023,43(10):125-126,153.

[61] 舒清涌.水处理技术在污水处理中的应用[J].石河子科技,2023(5):74-75.

[62] 秦宇,李健鹏,毛鑫,等.膜分离技术去除水中新兴污染物的研究进展[J].水处理技术,2023,49(7):1-6,26.

[63] 张鹿笛.绿色节水环保型水处理技术研究[J].能源与环保,2023,45(2):210-214.

[64] 邵娜.水处理技术在污水处理中的意义及应用前景[J].皮革制作与环保科技,2022,3(9):7-9.

[65] 孙娜,阚二姐,诸葛炳森,等.电容去离子水处理技术综述报告[J].广州化工,2022,50(10):11-13.

[66] 陈卫东,刘金瑞.膜分离技术在水处理中应用研究进展[J].广州化工,2022,50(7):30-32,61.

[67] 张岱平.水处理技术在微污染水源中的应用进展及前景[J].中小企业管理与科技,2022(6):185-187.

[68] 朱惠良,陈阳,邱晓鹏,等.膜法水处理过程中水质预处理技术研究进展[J].西北水电,2021(06):1-7.

[69] 孙泉.水处理技术在污水处理中的意义及应用微探[J].冶金管理,2021(21):175-176.

[70] 高文郑,熊文浩,陈超,等.城市河流黑臭水体形成原因与水质改善技术研究[J].工程技术研究,2023,8(14):225-227.

[71] 王强,支磊磊,窦寅博.城市河流水环境修复与水质改善技术的对比选择[J].清洗世界,2021,37(12):90-91.

[72] 王革林,于鲁冀,王莉,等.生态修复河流微生物群落组成及影响因素研究[J].环境工程技术学报,2023,13(4):1562-1572.

[73] 牟晓明,郑福超,张天歌,等.中国河流生态修复专利技术发展与可视化分析[J].湿地科学与管理,2021,17(4):2-7.

[74] 王伟,刘玥含,杜悦,等.城市河流景观廊道生态修复技术研究[J].西安建筑科技大学学报(自然科学版),2020,52(4):602-609.

[75] 张炜华,刘华斌,罗火钱.河流健康评价研究现状与展望[J].水利规划与设计,2021(4):57-62.

[76] 蒋丹烈,马洁云,马爱洁,等.基于生态产业发展需求的市场化生态补偿机制[J].环境生态学,2021,3(5):25-31.

[77] 姜莎,马矗,凌佳,等.城市滨河带状公园绿地生态服务功能提升技术[J].科技创新与应用,2022,12(30):52-55.

[78] 焦蒙蒙,何理,王喻宣.基于水资源格局和保险增益的区域横向生态补偿及生态系统服务价值[J].应用生态学报,2023,34(3):751-760.

[79] 夏勇,张彩云,寇冬雪.跨界流域污染治理政策的效果:关于流域生态补偿政策的环境效益分析[J].南开经济研究,2023(4):181-198.

[80] 郑涛,穆环珍,黄衍初,等.非点源污染控制研究进展[J].环境保护,2005(2)：31-34.

[81] 薛联青,郝振纯,李丹.流域水环境生态系统模拟评价与治理[M].南京：东南大学出版社,2009.

[82] 刘侨博,刘薇,周瑶.非点源污染影响分析及防治措施[J].环境科学与管理,2010,35(6)：106-110.

[83] 孟春红,赵冰.城市降雨径流污染因素与防治[J].灌溉排水学报,2007,26(3)：97-100.

[84] 李占斌.丹汉江流域水土流失非点源污染过程与调控研究[M].北京：科学出版社,2017.

[85] 金相灿.湖泊富营养化控制和管理技术[M].北京：化学工业出版社,2001.

[86] 郑一,王学军,吴斌,等.城市非点源污染管理的制度、信息和决策支撑[J].水科学进展,2010,21(5)：726-732.

[87] 梁玉好.农业非点源污染控制最佳管理措施(BMPs)研究[J].吉林水利,2013(10)：1-4,9.

[88] 智新.城市生活污水回收再利用技术探讨[J].四川建材,2020,46(1)：20-21.

[89] 郭文献.城市雨洪资源生态学管理研究与应用[M].北京：中国水利水电出版社,2015.

[90] 薛亦峰.基于HSPF模型的潮河流域非点源污染模拟研究[D].北京：首都师范大学,2009.

[91] 王晓燕.非点源污染过程机理与控制管理[M].北京：科学出版社,2011.

[92] 黄康.基于SWAT模型的丹江流域面源污染最佳管理措施研究[D].西安：西安理工大学,2020.

[93] 侯越.农业非点源污染的危害与防治措施[J].水资源与水工程学报,2008(4)：103-106.

[94] 向璐璐.雨水生物滞留技术设计方法与应用研究[D].北京：北京建筑工程学院,2009.

[95] 耿润哲,梁璇静,殷培红,等.面源污染最佳管理措施多目标协同优化配置研究进展[J].生态学报,2019,39(8)：2667-2675.

[96] 赵迎春,刘慧敏.城市雨洪及其管理体系[J].中国三峡,2012(7)：28-33.

[97] 秦伯强,许海,董百丽.富营养化湖泊治理的理论与实践[M].北京：高等教育出版社,2011.

[98] 杨高升,董洪麟.海绵城市战略下城市雨洪管理探析[J].科技管理研究,2019(7)：215-220.

[99] 杨晶.低影响开发实践探索：以梨园公园为例[J].工程技术研究,2017(3)：251-252.

[100] 乔翠平,孙绪金,孙万里,等.城市雨水利用技术开发及推广应用研究[M].北京：中国水利水电出版社,2015.

[101] 崔长起,金鹏,任放,等.海绵城市概要[M].北京：中国建筑工业出版社,2018.

[102] 汪洁.生态恢复设计在城市景观规划中的应用[J].消费导刊,2009(3)：224.

[103] 刘克锋,张颖.环境学导论[M].北京：中国林业出版社,2012.

［104］周凤霞.环境生态学基础［M］.北京:科学出版社,2011.

［105］王堃.草地植被恢复与重建［M］.北京:化学工业出版社,2004.

［106］王艳玲,李莉.环境工程微生物［M］.北京:石油工业出版社,2011.

［107］宋敏.水源地湖库区生物控藻技术探讨［J］.科技与创新,2020(14):101-102,104.

［108］邬红娟,李俊辉,华平.湖泊生态学概论［M］.2版.武汉:华中科技大学出版社,2020.

［109］杨丽蓉.湖泊生态恢复的基本原理与实现［J］.现代园艺,2019(8):151-152.

［110］陈玲,郜洪文.现代环境分析技术［M］.2版.北京:科学出版社,2013.

［111］中国环境科学研究院,等.湖泊生态安全保障策略［M］.北京:科学出版社,2013.

［112］田海碧,于水利,李平,等.太阳能驱动膜蒸馏中光热疏水膜研究进展［J］.水处理技术,2024,50(2):1-6.

［113］尹冬年,肖小兰,刘皓,等.厌氧膜生物反应器处理垃圾渗滤液的研究进展［J］.广东化工,2022,49(2):71-73.